电力行业职业技能鉴定考核指导书

继电保护工

国网河北省电力有限公司人力资源部　组织编写

《电力行业职业技能鉴定考核指导书》编委会　编

U0284167

中国建材工业出版社

图书在版编目(CIP)数据

继电保护工/国网河北省电力有限公司人力资源部组织
编写. --北京:中国建材工业出版社,2018.11
电力行业职业技能鉴定考核指导书
ISBN 978-7-5160-2207-8

Ⅰ.①继… Ⅱ.①国… Ⅲ.①继电保护—职业技能—
鉴定—自学参考资料 Ⅳ.①TM77

中国版本图书馆 CIP 数据核字(2018)第 062589 号

内 容 简 介

为提高电网企业生产岗位人员理论和技能操作水平,有效提升员工履职能力,国网河北省电力有限公司根据电力行业职业技能鉴定指导书、国家电网公司技能培训规范,结合国网河北省电力有限公司生产实际,组织编写了《电力行业职业技能鉴定考核指导书》。

本书包括了继电保护工职业技能鉴定五个等级的"理论试题""技能操作大纲"和"技能操作"考核项目,规范了继电保护工各等级的技能鉴定标准。本书密切结合国网河北省电力有限公司生产实际,鉴定内容基本涵盖了当前生产现场的主要工作项目,考核操作步骤与现场规范一致,评分标准清晰明确,既可作为继电保护工技能鉴定指导书,也可作为继电保护工的培训教材。

本书是职业技能培训和技能鉴定考核命题的依据,可供劳动人事管理人员、职业技能培训及考评人员使用,也可供电力类职业技术院校教学和企业职工学习参考。

继电保护工

国网河北省电力有限公司人力资源部 组织编写
《电力行业职业技能鉴定考核指导书》编委会 编

出版发行:中国建材工业出版社
地 址:北京市海淀区三里河路 1 号
邮 编:100044
经 销:全国各地新华书店
印 刷:北京鑫正大印刷有限公司
开 本:787mm×1092mm 1/16
印 张:31.75
字 数:640 千字
版 次:2018 年 11 月第 1 版
印 次:2018 年 11 月第 1 次
定 价:96.00 元

《继电保护工》

前　言

为进一步加强国网河北省电力有限公司职业技能鉴定标准体系建设，使职业技能鉴定适应现代电网生产要求，更贴近生产工作实际，让技能鉴定工作更好地服务于公司技能人才队伍成长，国网河北省电力有限公司组织相关专家编写了《电力行业职业技能鉴定考核指导书》（以下简称《指导书》）系列丛书。

《指导书》编委会以提高员工理论水平和实操能力为出发点，以提升员工履职能力为落脚点，紧密结合公司生产实际和设备设施现状，依据电力行业职业技能鉴定指导书、中华人民共和国职业技能鉴定规范、中华人民共和国国家职业标准和国家电网公司生产技能人员职业能力培训规范所规定的范围和内容，编制了职业技能鉴定理论试题、技能操作大纲和技能操作项目，重点突出实用性、针对性和典型性。在国网河北省电力有限公司范围内公开考核内容，统一考核标准，进一步提升职业技能鉴定考核的公开性、公平性、公正性，有效提升公司生产技能人员的理论技能水平和岗位履职能力。

《指导书》按照国家劳动和社会保障部所规定的国家职业资格五级分级法进行分级编写。每级别中由"理论试题"和"技能操作"两大部分组成。理论试题按照单选题、判断题、多选题、计算题、识图题五种题型进行选题，并以难易程度顺序组合排列。技能操作包含"技能操作大纲"和"技能操作项目"两部分内容。技能操作大纲系统规定了各工种相应等级的技能要求，设置了与技能要求相适应的技能培训项目与考核内容，其项目设置充分结合了电网企业现场生产实际。技能操作项目中规定了各项目的操作规范、考核要求及评分标准，既能保证考核鉴定的独立性，又能充分发挥对培训的引领作用，具有很强的系统性和可操作性。

《指导书》最大程度地力求内容与实际紧密结合，理论与实际操作并重，既可作为技能鉴定学习辅导教材，又可作为技能培训、专业技术比赛和相关技术人员的学习辅导材料。

因编者水平有限和时间仓促，书中难免存在错误和不妥之处，我们将在今后的再版修编中不断完善，敬请广大读者批评指正。

《电力行业职业技能鉴定考核指导书》编委会

编 制 说 明

国网河北省电力有限公司为积极推进电力行业特有工种职业技能鉴定工作，更好地提升技能人员岗位履职能力，更好地推进公司技能员工队伍成长，保证职业技能鉴定考核公开、公平、公正，提高鉴定管理水平和管理效率，紧密结合各专业生产现场工作项目，组织编写了《电力行业职业技能鉴定考核指导书》（以下简称《指导书》）。

《指导书》编委会依据电力行业职业技能鉴定指导书、中华人民共和国职业技能鉴定规范、中华人民共和国国家职业标准和国家电网公司生产技能人员职业能力培训规范所规定的范围和内容进行编写，并按照国家劳动和社会保障部所规定的国家职业资格五级分级法进行分级。

一、分级原则

1. 依据考核等级及企业岗位级别

依据国家劳动和社会保障部规定，国家职业资格分为 5 个等级，从低到高依次为初级工、中级工、高级工、技师和高级技师，其框架结构如下图。

初级工	中级工	高级工	技师	高级技师
（五级）	（四级）	（三级）	（二级）	（一级）

个别职业工种未全部设置 5 个等级，具体设置以各工种鉴定规范和国家职业标准为准。

2. 各等级鉴定内容设置

每级别中由"理论试题"和"技能操作"两大部分内容构成。

理论试题按照单选题、判断题、多选题、计算题、识图题五种题型进行选题，并以难易程度顺序组合排列。

技能操作含"技能操作大纲"和"技能操作项目"两部分。技能操作大纲系统规定了各工种相应等级的技能要求，设置了与技能要求相适应的技能培训项目与考核内容，使之完全公开、透明。其项目设置充分考虑到电网企业的实际需要，充分结合电网企业现场生产实际。技能操作项目规定了各项目的操作规范、考核要求及评分标准，既能保证考核鉴定的独立性，又能充分发挥对培训的引领作用，具有很强的针对性、系统性、操作性。

目前该职业技能知识及能力四级涵盖五级；三级涵盖五、四级；二级涵盖五、

四、三级；一级涵盖五、四、三、二级。

二、试题符号含义

1. 理论试题编码含义

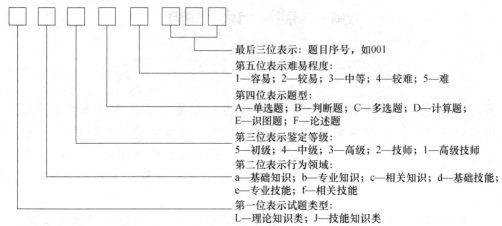

最后三位表示：题目序号，如001

第五位表示难易程度：
1—容易；2—较易；3—中等；4—较难；5—难

第四位表示题型：
A—单选题；B—判断题；C—多选题；D—计算题；
E—识图题；F—论述题

第三位表示鉴定等级：
5—初级；4—中级；3—高级；2—技师；1—高级技师

第二位表示行为领域：
a—基础知识；b—专业知识；c—相关知识；d—基础技能；
e—专业技能；f—相关技能

第一位表示试题类型：
L—理论知识类；J—技能知识类

2. 技能操作试题编码含义

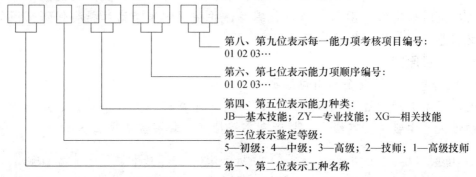

第八、第九位表示每一能力项考核项目编号：
01 02 03…

第六、第七位表示能力项顺序编号：
01 02 03…

第四、第五位表示能力种类：
JB—基本技能；ZY—专业技能；XG—相关技能

第三位表示鉴定等级：
5—初级；4—中级；3—高级；2—技师；1—高级技师

第一、第二位表示工种名称

其中第一、第二位表示具体工种名称，如：GJ—高压线路带电检修工；SX—送电线路工；PX—配电线路工；DL—电力电缆工；BZ—变电站值班员；BY—变压器检修工；BJ—变电检修工；SY—电气试验工；

JB—继电保护工；FK—电力负荷控制员；JC—用电监察员；CS—抄表核算收费员；ZJ—装表接电工；DX—电能表修校工；XJ—送电线路架设工；YA—变电一次安装工；EA—变电二次安装工；NP—农网配电营业工配电部分；NY—农网配电营业工营销部分；KS—用电客户受理员；DD—电力调度员；DZ—电网调度自动化运行值班员；CZ—电网调度自动化厂站端调试检修员；DW—电网调度自动化维护员。

三、评分标准相关名词解释

1. 行为领域：d—基础技能；e—专业技能；f—相关技能。

2. 题型：A—单项操作；B—多项操作；C—综合操作。

3. 鉴定范围：对农网配电营业工划分了配电和营销两个范围，对其他工种未明确划分鉴定范围，所以该项大部分为空。

目 录

第一部分 初 级 工

第二部分 中 级 工

第三部分 高 级 工

第四部分　技　　师

1　理论试题 ┄┄┄┄┄┄┄┄┄┄┄┄┄┄┄┄┄┄┄┄┄┄┄┄┄┄┄┄┄┄┄┄ 311

2　技能操作 ┄┄┄┄┄┄┄┄┄┄┄┄┄┄┄┄┄┄┄┄┄┄┄┄┄┄┄┄┄┄┄┄ 372

第五部分　高级技师

1　理论试题 ┄┄┄┄┄┄┄┄┄┄┄┄┄┄┄┄┄┄┄┄┄┄┄┄┄┄┄┄┄┄┄┄ 407

第一部分　初　级　工

1 理论试题

1.1 单选题

La5A1001 一个 VLAN 可以看作是一个（　　）。
（A）冲突域；（B）广播域；（C）管理域；（D）阻塞域。
答案：B

La5A1002 智能变电站的变电站配置描述文件简称是（　　）。
（A）ICD；（B）CID；（C）SCD；（D）SSD。
答案：C

La5A1003 智能变电站继电保护装置的采样输入接口数据采样频率宜为（　　）。
（A）80kHz；（B）400kHz；（C）40kHz；（D）4kHz。
答案：D

La5A1004 国外提出的以"一个世界，一种技术，一种标准"为理念的信息交换标准是（　　）。
（A）IEC 61850；（B）IEC 61970；（C）IEC 60870—5—103；（D）IEC 61869。
答案：A

La5A1005 微机保护模拟量在采样前应采用模拟低通滤波器滤除频率高于采样频率（　　）倍的信号。
（A）2；（B）4；（C）1/2；（D）1/4。
答案：C

La5A1006 要提高系统的电压水平，最根本有效的措施是（　　）。
（A）增加发电机容量；（B）减小无功负荷；（C）投入充足的无功电源；（D）调节变压器电压分接头。
答案：C

La5A1007 基尔霍夫第一定律，即节点（　　）定律。
（A）电阻；（B）电压；（C）电流；（D）电功率。
答案：C

La5A2008 只要有( )存在，其周围必然有磁场。

（A）电压；（B）电流；（C）电阻；（D）电容。

答案：B

La5A2009 若正弦交流电压的有效值是 220V，则它的最大值是( )。

（A）380V；（B）311V；（C）440V；（D）242V。

答案：B

La5A2010 已知某节点 A，流入该节点电流为 10A，则流出该节点电流为( )。

（A）0A；（B）5A；（C）10A；（D）不能确定。

答案：C

La5A2011 坚强智能电网的三个基本技术特征是( )。

（A）信息化、自动化、可视化；（B）专业化、自动化、可视化；（C）信息化、自动化、互动化；（D）数字化、集成化、互动化。

答案：C

La5A2012 温度对三极管的参数有很大影响，温度上升，则( )。

（A）放大倍数 β 下降；（B）放大倍数 β 增大；（C）不影响放大倍数；（D）不能确定。

答案：B

La5A3013 我国电力系统中性点接地方式主要有三种，分别是( )。

（A）直接接地方式、经消弧线圈接地方式和经大电抗器接地方式；（B）直接接地方式、经消弧线圈接地方式和不接地方式；（C）不接地方式、经消弧线圈接地方式和经大电抗器接地方式；（D）直接接地方式、经大电抗器接地方式和不接地方式。

答案：B

La5A3014 系统发生两相短路，短路点距母线远近与母线上负序电压值的关系是( )。

（A）与故障点的位置无关；（B）故障点越远负序电压越高；（C）故障点越近负序电压越高；（D）不确定。

答案：C

La5A3015 当系统频率下降时，负荷吸取的有功功率( )。

（A）随着下降；（B）随着上升；（C）不变；（D）如何变化不确定。

答案：A

La5A3016 叠加原理适用于( )。

（A）线性电路；（B）晶体管电路；（C）由铁磁性材料组成的磁路；（D）含有压敏电阻的电路。

答案：A

La5A3017 在电网的同一点发生以下各类型的故障时，正序电压最大的是（   ）。

（A）单相短路；（B）两相短路；（C）两相接地短路；（D）三相短路。

答案：A

La5A3018 电力系统发生振荡时，各点电压和电流（   ）。

（A）均作往复性摆动；（B）均会发生突变；（C）在振荡的频率高时会发生突变；（D）不变。

答案：A

La5A3019 零序电流的大小不受（   ）的影响。

（A）发电机开停机方式；（B）负荷电流；（C）变压器中性点接地方式；（D）电网的运行方式。

答案：B

La5A3020 基尔霍夫第二定律（回路电压定律）：在复杂电路的任一闭合回路中，电动势的代数和等于各（   ）电压降的代数和。

（A）电流；（B）电压；（C）电阻；（D）电功率。

答案：C

La5A3021 有一个直流电路，电源电动势为10V，电源内阻为1Ω，向负载 R 供电。此时，负载要从电源获得最大功率，则负载电阻 R 为（   ）Ω。

（A）∞；（B）9；（C）1；（D）1.5。

答案：C

La5A3022 按对称分量法，A相的正序分量可按（   ）计算。

（A）$FA1=（\alpha FA+\alpha 2FB+FC）/3$；（B）$FA1=（FA+\alpha FB+\alpha 2FC）/3$；（C）$FA1=（\alpha 2FA+\alpha FB+FC）/3$；（D）$FA1=FA+\alpha FB+\alpha 2FC$。

答案：B

La5A3023 线圈中感应电动势的大小与（   ）。

（A）线圈中磁通的大小成正比，还与线圈的匝数成正比；（B）线圈中磁通的变化量成正比，还与线圈的匝数成正比；（C）线圈中磁通的变化率成正比，还与线圈的匝数成正比；（D）线圈中磁通的大小成正比，还与线圈的匝数成反比。

答案：C

La5A3024 我国交流电的标准频率为 50Hz，其周期为( )s。

(A) 0.01；(B) 0.02；(C) 0.1；(D) 0.2。

答案：B

La5A3025 正弦交流电的三要素是最大值、频率和( )。

(A) 有效值；(B) 最小值；(C) 周期；(D) 初相角。

答案：D

La5A4026 CPU 是按一定规律工作的，在计算机内必须有一个( )产生周期性变化的信号。

(A) 寄存器；(B) 控制器；(C) 运算器；(D) 时钟发生器。

答案：D

La5A4027 电力系统在很小的干扰下，能独立地恢复到它初始运行状况的能力，称为( )。

(A) 系统的抗干扰能力；(B) 暂态稳定；(C) 静态稳定；(D) 动态稳定。

答案：C

La5A4028 电力元件继电保护的选择性，除了决定于继电保护装置本身的性能外，还要求满足：由电源算起，越靠近故障点的继电保护装置的( )。

(A) 灵敏度相对越小，动作时间越短；(B) 灵敏度相对越大，动作时间越短；(C) 灵敏度相对越小，动作时间越长；(D) 灵敏度相对越大，动作时间越长。

答案：B

La5A4029 要使负载上得到最大的功率，必须使负载电阻与电源内阻( )。

(A) 负载电阻>电源内阻；(B) 负载电阻<电源内阻；(C) 负载电阻=电源内阻；(D) 使电源内阻为零。

答案：C

La5A4030 在短路故障发生后经过大约半个周期的时间，将出现短路电流的最大瞬时值，它是校验电气设备机械应力的一个重要参数，称此电流为( )。

(A) 暂态电流；(B) 次暂态电流；(C) 冲击电流；(D) 稳态电流。

答案：C

La5A4031 功率因数用 $\cos\varphi$ 表示，其大小为( )。

(A) $\cos\varphi = P/Q$；(B) $\cos\varphi = R/Z$；(C) $\cos\varphi = R/S$；(D) $\cos\varphi = X/R$。

答案：B

La5A4032 基尔霍夫电压定律是指(　　)。

(A) 沿任一闭合回路各电动势之和大于各电阻压降之和；(B) 沿任一闭合回路各电动势之和小于各电阻压降之和；(C) 沿任一闭合回路各电动势之和等于各电阻压降之和；(D) 沿任一闭合回路各电阻压降之和为零。

答案：**C**

La5A4033 电力系统发生振荡时，振荡中心电压的波动情况是(　　)。

(A) 幅度最大；(B) 幅度最小；(C) 幅度不变；(D) 幅度不定。

答案：**A**

La5A4034 输电线路 BC 两相金属性短路时，短路电流 I_{BC}(　　)。

(A) 滞后于 BC 相间电压一个线路阻抗角；(B) 滞后于 B 相电压一个线路阻抗角；(C) 滞后于 C 相电压一个线路阻抗角；(D) 超前 BC 相间电压一个线路阻抗角。

答案：**A**

La5A4035 在研究任何一种故障的正序电流（电压）时，只需在正序网络中的故障点附加一个阻抗，设负序阻抗为 Z_2，零序阻抗为 Z_0，则单相接地短路故障附加阻抗为(　　)。

(A) $Z_2 Z_0 / (Z_2 + Z_0)$；(B) $Z_2 + Z_0$；(C) Z_2；(D) Z_0。

答案：**B**

La5A4036 两个 $10\mu F$ 的电容器并联后与一个 $20\mu F$ 的电容器串联，则总电容是(　　)μF。

(A) 10；(B) 20；(C) 30；(D) 40。

答案：**A**

La5A4037 星形连接时三相电源的公共点叫三相电源的(　　)。

(A) 中性点；(B) 参考点；(C) 零电位点；(D) 接地点。

答案：**A**

La5A4038 电力系统无功电源不足时，必将引起(　　)。

(A) 系统电压普遍下降；(B) 系统电压普遍升高；(C) 电网末端电压下降；(D) 电网末端电压上升。

答案：**A**

La5A4039 在大电流接地系统中，故障线路上的零序电流是(　　)。

(A) 由变压器中性点流向母线；(B) 由母线流向线路；(C) 不流动；(D) 由线路流

向母线。

答案：D

La5A4040 小电流接地电网中，电流保护常用的接线方式是（　　）。

（A）两相两继电器，装同名相上；（B）三相三继电器；（C）两相两继电器，装异名相上；（D）两相三继电器。

答案：A

La5A4041 在大电流接地系统发生单相金属性接地短路故障时，故障点零序电压（　　）。

（A）与故障相正序电压同相位；（B）与故障相正序电压反相位；（C）超前故障相正序电压 $90°$；（D）滞后故障相正序电压 $90°$。

答案：B

La5A5042 设功率因数等于 $\cos\phi$，若取功率的基准值为 $100MV\cdot A$，则（　　）。

（A）视在功率的基准值为 $100MV\cdot A$，有功功率的基准值为（$100\times\cos\phi$）$MV\cdot A$，无功功率的基准值为（$100\times\sin\phi$）$MV\cdot A$；（B）视在功率的基准值为 $100MV\cdot A$，有功功率的基准值为（$100/\cos\phi$）$MV\cdot A$，无功功率的基准值为（$100/\sin\phi$）$MV\cdot A$；（C）视在功率的基准值为 $100MV\cdot A$，有功功率的基准值为 $100MV\cdot A$，无功功率的基准值为 $100MV\cdot A$；（D）视在功率的基准值为 $100MV\cdot A$，有功功率的基准值为（$100\times\sin\phi$）$MV\cdot A$，无功功率的基准值为（$100\times\cos\phi$）$MV\cdot A$。

答案：C

La5A5043 所谓对称三相负载，是指（　　）。

（A）三相相电流有效值相等且相位角互差 $120°$；（B）三相相电压有效值相等且相位角互差 $120°$；（C）三相相电流的有效值相等且相位角互差 $120°$，三相相电压有效值相等且相位角互差 $120°$；（D）三相负载阻抗相等，且阻抗角也相等。

答案：D

Lb5A1044 MMS 基于（　　）传输协议集 T-Profile。

（A）UDP/IP；（B）TCP/IP；（C）GSSE；（D）SV。

答案：B

Lb5A1045 采用 VFC 数据采集系统时，每隔 Ts 从计数器中读取一个数。保护算法运算时采用的是（　　）。

（A）直接从计数器中读取的数；（B）Ts 期间的脉冲个数；（C）Ts 或以上期间的脉冲个数；（D）$2Ts$ 或以上期间的脉冲个数。

答案：D

Lb5A1046 （ ）故障属于复故障。

（A）两相接地短路；（B）两相断线；（C）采用单相重合闸方式的线路发生单相接地故障且一侧开关先跳开；（D）双侧电源线路发生的单相断线。

答案：C

Lb5A2047 微机保护装置直流电源纹波系数应不大于（ ）。

（A）±2％；（B）±3％；（C）±5％；（D）±1％。

答案：A

Lb5A2048 突变量可以反映（ ）状况。

（A）过负荷；（B）振荡；（C）短路；（D）主变过励磁。

答案：C

Lb5A2049 同一点发生以下各类型的故障时，故障点正序电压最小的是（ ）。

（A）单相短路；（B）两相短路；（C）两相接地短路；（D）三相短路。

答案：D

Lb5A2050 基于零序方向原理的小电流接地选线继电器的方向特性，对于无消弧线圈和有消弧线圈过补偿的系统，如方向继电器按正极性接入电压，电流按流向线路为正，对于故障线路零序电压超前零序电流的角度是（ ）。

（A）均为$+90°$；（B）均为$-90°$；（C）无消弧线圈为$-90°$，有消弧线圈为$+90°$；（D）无消弧线圈为$+90°$，有消弧线圈为$-90°$。

答案：D

Lb5A2051 一组对称向量 a、b、c 按逆时针方向排列，彼此相差$120°$，称为（ ）分量。

（A）正序；（B）负序；（C）零序；（D）谐波。

答案：B

Lb5A2052 突变量包括（ ）。

（A）工频分量和暂态分量；（B）正序—负序和零序分量；（C）工频正序分量和暂态正序分量；（D）工频正序分量和工频负序分量和工频零序分量。

答案：A

Lb5A2053 有名值、标幺值和基准值之间的关系是（ ）。

（A）有名值＝标幺值×基准值；（B）标幺值＝有名值×基准值；（C）基准值＝标幺值×有名值；（D）有名值＝标幺值－基准值。

答案：A

Lb5A2054 发生三相短路故障时，短路电流中包含（　　）分量。

（A）正序；（B）负序；（C）零序；（D）负荷电流。

答案：**A**

Lb5A2055 同一点发生以下各类型的故障时，故障点正序电压最大的是（　　）。

（A）单相短路；（B）两相短路；（C）两相接地短路；（D）三相短路。

答案：**A**

Lb5A2056 反映被保护设备或线路异常运行状态的保护是（　　）。

（A）异常运行保护；（B）后备保护；（C）辅助保护；（D）主保护。

答案：**C**

Lb5A2057 在电网中装设带有方向元件的过流保护是为了保证动作的（　　）。

（A）选择性；（B）可靠性；（C）灵敏性；（D）快速性。

答案：**A**

Lb5A2058 线路发生金属性三相短路时，保护安装处母线上的残余电压（　　）。

（A）最高；（B）为故障点至保护安装处之间的线路压降；（C）与短路点相同；（D）不能判定。

答案：**B**

Lb5A2059 稳定的故障分量包括（　　）。

（A）突变量和负序分量；（B）负序和零序分量；（C）突变量和零序分量；（D）突变量、负序和零序分量。

答案：**B**

Lb5A2060 SMV虚端子连线中MU数据集DO应该对应保护装置的（　　）。

（A）DO；（B）DA；（C）DO和DA都可以；（D）DO和DA都不可以。

答案：**A**

Lb5A2061 用于高质量地传输GPS装置中TTL电平信号的同轴电缆，传输距离最大为（　　）m。

（A）10；（B）15；（C）30；（D）50。

答案：**A**

Lb5A2062 在采用双重化MMS通信网络的情况下，来自冗余连接组的连接应使用（　　）报告实例号和（　　）缓冲区映像进行数据传输。

（A）不同的，不同的；（B）不同的，相同的；（C）相同的，不同的；（D）相同的，相同的。

答案：D

Lb5A2063 交换机存储转发交换工作通过（   ）进行数据帧的差错控制。

（A）循环冗余校验；（B）奇偶校验码；（C）交叉校验码；（D）横向校验码。

答案：A

Lb5A2064 IEC 61850—9—2 基于（   ）通信机制。

（A）C/S（客户/服务器）；（B）B/S（浏览器/服务器）；（C）发布/订阅；（D）主/从。

答案：C

Lb5A2065 GOOSE 服务采用（   ）来获得数据传输的可靠性。

（A）重传方案；（B）问答方案；（C）握手方案；（D）以上均不是。

答案：A

Lb5A2066 SV 的报文类型属于（   ）。

（A）原始数据报文；（B）低速报文；（C）中速报文；（D）低数报文。

答案：A

Lb5A2067 每个 GSE Control 控制块最多关联（   ）个 MAC 地址。

（A）1；（B）2；（C）3；（D）4。

答案：A

Lb5A2068 GOOSE 是一种面向（   ）对象的变电站事件。

（A）特定；（B）通用；（C）智能；（D）单一 。

答案：B

Lb5A3069 电力系统出现两相短路时，短路点距母线的远近与母线上负序电压值的关系是（   ）。

（A）距故障点越远负序电压越高；（B）距故障点越近负序电压越高；（C）与故障点位置无关；（D）距故障点越近负序电压越低。

答案：B

Lb5A3070 在大电流接地系统中，正方向发生不对称接地短路故障，保护安装处的零序电压与零序电流之间的夹角取决于（   ）。

（A）该处点到故障点的线路正序阻抗角；（B）该处到故障点的线路零序阻抗角；（C）该

处正方向到零序网络中性点之间的零序阻抗角；（D）该处反方向到零序网络中性点之间的零序阻抗角。

答案：D

Lb5A3071 切除线路任一点故障的主保护是（ ）。
（A）相间距离保护；（B）纵联保护；（C）零序电流保护；（D）接地距离保护。

答案：B

Lb5A3072 线电压中肯定没有的是（ ）。
（A）二次谐波；（B）正序电压；（C）负序电压；（D）零序电压。

答案：D

Lb5A3073 线路发生三相短路时，相间距离保护感受的阻抗与接地距离保护的感受阻抗相比，（ ）。
（A）两者相等；（B）前者大于后者；（C）前者小于后者；（D）两者大小关系不确定。

答案：A

Lb5A3074 交流电路中电流比电压滞后 90°，该电路属于（ ）电路。
（A）复合；（B）纯电阻；（C）纯电感；（D）纯电容。

答案：C

Lb5A3075 输电线路 BC 两相金属性短路时，B 相短路电流（ ）。
（A）滞后于母线 C 相电压一个线路阻抗角；（B）滞后于母线 B 相电压一个线路阻抗角；（C）滞后于母线 BC 相间电压一个线路阻抗角；（D）超前于母线 BC 相间电压一个线路阻抗角。

答案：C

Lb5A3076 在电路中，电流之所以能在电路中流动，是由于电路两端电位差造成的，这个电位差称为（ ）。
（A）电压；（B）电源；（C）电流；（D）电容。

答案：A

Lb5A4077 变压器中性点间隙接地保护由（ ）。
（A）零序电压继电器构成；（B）零序电流继电器构成；（C）零序电压继电器与零序电流继电器或门关系构成；（D）零序电压继电器与零序电流继电器与门关系构成。

答案：C

Lb5A4078 微机保护整定值一般存储在（ ）中。

（A）RAM；（B）EPROM；（C）E2PROM；（D）ROM。

答案：C

Lb5A4079 在人机交互作用时，输入/输出的数据都是以（   ）形式表示的。

（A）十进制；（B）八进制；（C）二进制；（D）十六进制。

答案：A

Lb5A4080 在中性点不接地系统中发生单相接地故障时，流过故障线路始端的零序电流（   ）。

（A）超前零序电压90°；（B）滞后零序电压90°；（C）和零序电压同相位；（D）滞后零序电压45°。

答案：B

Lb5A5081 汲出电流的存在，对距离继电器的影响是（   ）。

（A）使距离继电器的测量阻抗减小，保护范围增大；（B）使距离继电器的测量阻抗增大，保护范围减小；（C）使距离继电器的测量阻抗增大，保护范围增大；（D）使距离继电器的测量阻抗减小，保护范围减小。

答案：A

Lb5A5082 在过电流保护整定计算中，需要考虑大于1的可靠系数，这是为了保证保护动作的（   ）。

（A）可靠性；（B）选择性；（C）灵敏性；（D）速动性。

答案：B

Lb5A5083 当系统运行方式变小时，电流和电压的保护范围是（   ）。

（A）电流保护范围变小，电压保护范围变大；（B）电流保护范围变小，电压保护范围变小；（C）电流保护范围变大，电压保护范围变小；（D）电流保护范围变大，电压保护范围变大。

答案：A

Lb5A5084 电压互感器是（   ）。

（A）电压源，内阻视为零；（B）电流源，内阻视为无穷大；（C）电流源，内阻视为零；（D）电压源，内阻视为无穷大。

答案：A

Lb5A5085 电力系统的中性点直接接到接地装置上，这种接地叫作（   ）。

（A）保护接地；（B）安全接地；（C）防雷接地；（D）工作接地。

答案：D

Lc5A2086 变压器的连接组别表示的是变压器高压侧、低压侧同名（　　）之间的相位关系。

（A）线电压；（B）线电流；（C）相电压。

答案：A

Lc5A2087 变压器连接组别常用时钟法定义，以下说法正确的是（　　）。

（A）把三角形侧线电压的相量作为时钟的长针，固定在12点上，星形侧线电压的相量作为短针，看短针指在哪个数字上，就作为该连接的组号；（B）把星形侧线电压的相量作为时钟的长针，固定在12点上，三角形侧线电压的相量作为短针，看短针指在哪个数字上，就作为该连接的组号；（C）把高压侧线电压的相量作为时钟的长针，固定在12点上，低压侧线电压的相量作为短针，看短针指在哪个数字上，就作为该连接的组号；（D）把高压侧相电压的相量作为时钟的长针，固定在12点上，低压侧相电压的相量作为短针，看短针指在哪个数字上，就作为该连接的组号。

答案：C

Lc5A2088 VLAN Tag 在 OSI 参考模型的（　　）实现。

（A）物理层；（B）数据链路层；（C）网络层；（D）应用层。

答案：B

Lc5A3089 当（　　）时，按频率自动减负荷装置可能动作。

（A）系统稳态频率下降不超过 0.5Hz；（B）系统发生短路造成电压大幅下降；（C）电源失电后因电动机负荷反馈造成频率的快速下降；（D）系统进入失步振荡。

答案：D

Lc5A4090 输电线路两端电压的相量差，称为（　　）。

（A）电压降落；（B）电压损耗；（C）电压偏移；（D）线损。

答案：A

Lc5A4091 超高压输电线单相跳闸熄弧较慢是由于（　　）。

（A）短路电流小；（B）单相跳闸慢；（C）潜供电流影响；（D）断路器熄弧能力差。

答案：C

Lc5A4092 中性点经消弧线圈接地的小电流接地系统中，消弧线圈采用（　　）方式。

（A）过补偿；（B）欠补偿；（C）完全补偿；（D）三种都不是。

答案：A

Lc5A4093 接地故障时，零序电流的分配关系（　　）。

（A）与零序等值网络的状况和正、负序等值网络的变化有关；（B）只与零序等值网络的状况有关，与正、负序等值网络的变化无关；（C）只与正、负序等值网络的变化有关，与零序等值网络的状况无关；（D）与正、负、零序等值网络的变化均无关。

答案：**B**

Lc5A4094 （ ）属于供电质量指标。

（A）电流、频率；（B）电压、电流；（C）电压、频率；（D）电压、负荷。

答案：**C**

Jd5A1095 在直流总输出回路及各直流分路输出回路装设直流熔断器或小空气开关时，上下级配合（ ）。

（A）有选择性要求；（B）无选择性要求；（C）视具体情况而定。

答案：**A**

Jd5A1096 按制造光纤所用的材料分类，光纤可分为（ ）。

（A）阶跃型、渐变型；（B）单模光纤、多模光纤；（C）石英系光纤、多组分玻璃光纤、全塑料光纤和氟化物光纤；（D）短波长光纤、长波长光纤和超长波长光纤。

答案：**C**

Jd5A1097 在三相三线电路中测量三相有功功率时，可采用"两表法"，若第一只功率表接 B 相电流、BA 电压，则第二只功率表可接 C 相电流，（ ）相电压。

（A）A；（B）C；（C）CA；（D）BA。

答案：**C**

Jd5A2098 当直流继电器的线圈需要串联电阻时，串联电阻的一端应接于（ ）。

（A）正电源；（B）负电源；（C）不能直接接于电源端；（D）无规定。

答案：**B**

Jd5A2099 在进行继电保护试验时，试验电流及电压的谐波分量不宜超过基波的（ ）。

（A）2.5%；（B）5%；（C）10%；（D）2%。

答案：**B**

Jd5A2100 十进制数 25 换算到二进制数为（ ）。

（A）11000；（B）11001；（C）11100；（D）11010。

答案：**B**

Jd5A2101 n 个相同电阻串联时，总电阻 R_t 的最简公式是（ ）。

（A）$R_t = 2nR$；（B）$R_t = nR$；（C）$R_t = R/n$；（D）$R_t = n/R$。

答案：**B**

Jd5A2102 保护用电缆与电力电缆应该（　　）。

（A）分层敷设；（B）同层敷设；（C）交叉敷设；（D）通用。

答案：A

Jd5A2103 《继电保护和电网安全自动装置现场工作保安规定》要求，对一些主要设备，特别是复杂保护装置或是联跳回路，如（　　）的现场工作，应编制和执行安全措施票。

（A）母线保护、断路器失灵保护和主变压器零序联跳回路等；（B）母线保护、断路器失灵保护和用钳形相位表测量等；（C）母线保护、断路器失灵保护和用拉路法寻找直流接地等；（D）母线保护、断路器失灵保护和更换信号指示灯等。

答案：A

Jd5A2104 微机保护装置工作的环境温度为（　　）。

（A）−5～45℃；（B）−10～50℃；（C）−15～35℃；（D）−5～40℃。

答案：D

Jd5A2105 金属导体的电阻与（　　）无关。

（A）导体长度；（B）导体截面；（C）外加电压；（D）材料。

答案：C

Jd5A2106 光纤弯曲曲率半径应大于光纤外直径的（　　）。

（A）10 倍；（B）15 倍；（C）20 倍；（D）30 倍。

答案：C

Jd5A2107 想要从一个端口接收到另外一个端口的输入/输出的所有数据，可以使用（　　）技术。

（A）RSTP；（B）端口锁定；（C）端口镜像；（D）链路汇聚。

答案：C

Jd5A3108 两只电灯泡，当额定电压相同时，关于其电阻值，以下说法正确的是（　　）。

（A）额定功率小的电阻大；（B）额定功率大的电阻大；（C）电阻值一样大；（D）无法确定。

答案：A

Jd5A3109 在保护和测量仪表中，电流回路的导线截面积不应小于（　　）。

（A）1.5mm²；（B）2.5mm²；（C）4mm²；（D）5mm²。

答案：B

Jd5A3110 对一些重要设备，特别是复杂保护装置或有连跳回路的保护装置，如母线保护、断路器失灵保护等的现场校验工作，应编制经技术负责人审批的试验方案和工作负责人填写、技术人员审批的（　　）。

（A）第二种工作票；（B）第一种工作票；（C）继电保护安全措施票；（D）第二种工作票和继电保护安全措施票。

答案：C

Jd5A3111 电力系统继电保护运行统计评价范围里不包括（　　）。

（A）发电器-变压器的保护装置；（B）安全自动装置；（C）故障滤波器；（D）直流系统。

答案：D

Jd5A4112 对工作前的准备，现场工作的安全、质量、进度和工作清洁后的交接负全部责任者，属于（　　）。

（A）工作票签发人；（B）工作票负责人；（C）工作许可人；（D）工作监护人。

答案：B

Jd5A4113 各级继电保护部门划分继电保护装置整定范围的原则是（　　）。

（A）按电压等级划分，分级整定；（B）整定范围一般与调度操作范围相适应；（C）由各级继电保护部门协调决定；（D）按地区划分。

答案：B

Je5A1114 在智能变电站中，过程层网络通常采用（　　）的方法实现 VLAN 划分。

（A）根据交换机端口划分；（B）根据 MAC 地址划分；（C）根据网络层地址划分；（D）根据 IP 组播划分。

答案：A

Je5A1115 变压器非电量保护信息通过（　　）上送过程层 GOOSE 网。

（A）高压侧智能终端；（B）中压测智能终端；（C）低压侧智能终端；（D）本体智能终端。

答案：D

Je5A1116 智能终端的动作时间应不大于（　　）。

（A）2ms；（B）7ms；（C）8ms；（D）10ms。

答案：B

Je5A1117 使用 1000V 摇表（额定电压为 100V 以下时用 500V 摇表）测全部端子对

底座的绝缘电阻应不小于（　　）。

（A）10MΩ；（B）50MΩ；（C）5MΩ；（D）1MΩ。

答案：B

Je5A1118　各间隔合并单元所需母线电压量通过（　　）转发。

（A）交换机；（B）母线电压合并单元；（C）智能终端；（D）保护装置。

答案：B

Je5A1119　当合并单元正常工作时，装置功率消耗不大于（　　）。

（A）30W；（B）40W；（C）50W；（D）60W。

答案：B

Je5A1120　220kV及以上电压等级变压器保护应配置（　　）台本体智能终端。

（A）1；（B）2；（C）3；（D）4。

答案：A

Je5A1121　防跳功能宜由（　　）实现。

（A）智能终端；（B）合并单元；（C）保护装置；（D）断路器本体。

答案：D

Je5A1122　智能变电站内任两台智能电子设备之间的数据传输路由不应超过（　　）台交换机。

（A）1；（B）2；（C）4；（D）8。

答案：C

Je5A1123　下列（　　）不是智能变电站中不破坏网络结构的二次回路隔离措施。

（A）断开智能终端跳、合闸出口硬压板；（B）投入间隔检修压板，利用检修机制隔离检修间隔及运行间隔；（C）退出相关发送及接收装置的软压板；（D）拔下相关回路光纤。

答案：D

Je5A1124　当继电保护设备检修压板投入时，上送报文中信号的品质 q 的（　　）应置位。

（A）无效位；（B）Test位；（C）取代位；（D）溢出位。

答案：B

Je5A1125　以下（　　）不属于主变压器保护传输内容。

（A）GOOSE输入；（B）GOOSE输出；（C）SMV输入；（D）SMV输出。

答案：D

Je5A1126 接地距离阻抗继电器( )。

（A）能够正确反映单相接地短路故障，不能正确反映三相短路、两相短路、两相接地短路等故障；（B）能够正确反映两相接地短路、单相接地短路等故障，不能正确反映三相短路、两相短路等故障；（C）能够正确反映三相短路、两相短路、两相接地短路、单相接地短路等故障；（D）能够正确反映三相短路、两相接地短路、单相接地短路等故障，不能正确反映两相短路故障。

答案：D

Je5A1127 继电保护要求，电流互感器的一次电流等于最大短路电流时，其变比误差不大于( )。

（A）5%；（B）8%；（C）10%；（D）3%。

答案：C

Je5A1128 安装于同一面屏上由不同端子供电的两套保护装置的直流逻辑回路之间( )。

（A）为防止相互干扰，绝对不允许有任何电磁联系；（B）不允许有任何电的联系，如有需要必须经空触点输出；（C）一般不允许有电磁联系，如有需要，应加装抗干扰电容等措施；（D）允许有电的联系。

答案：B

Je5A1129 为检查微机型保护回路及整定值的正确性，( )。

（A）可采用打印定值和键盘传动相结合的方法；（B）可采用检查 VFC 模数变换系统和键盘传动相结合的方法；（C）只能用从电流电压端子通入与故障情况相符的模拟量，使保护装置处于与投入运行完全相同状态的整组试验方法；（D）可采用打印定值和短接出口触点相结合的方法。

答案：C

Je5A1130 断路器失灵保护是( )。

（A）一种近后备保护，当故障元件的保护拒动时，可依靠该保护切除故障；（B）一种远后备保护，当故障元件的断路器拒动时，必须依靠故障元件本身保护的动作信号启动失灵保护切除故障点；（C）一种近后备保护，当故障元件的断路器拒动时，可依靠该保护隔离故障点；（D）一种远后备保护，当故障元件的保护拒动时，可依靠该保护切除故障。

答案：C

Je5A2131 在以下关于微机保护二次回路抗干扰措施的描述中，错误的是( )。

（A）强电和弱电回路不得合用同一根电缆；（B）尽量要求使用屏蔽电缆，如使用普通铠装电缆，则应使用电缆备用芯，在开关场及主控制室同时接地的方法，作为抗干扰措施；（C）保护用电缆与电力电缆不应同层敷设；（D）交流-直流回路不得合用同一根电缆。

答案：B

Je5A2132 直流母线电压不能过高或过低，允许范围一般是（　　）。

（A）±3%；（B）±5%；（C）±10%；（D）±15%。

答案：C

Je5A2133 变压器差动保护为了减小不平衡电流，常选用一次侧通过较大的短路电流时铁芯也不至于饱和的 TA，一般选用（　　）。

（A）0.5 级；（B）D 级；（C）TPS 级；（D）3 级。

答案：B

Je5A2134 断路器控制电源十分重要，一旦失去电源，断路器无法操作。因此断路器控制电源消失时应发出（　　）。

（A）音响和光字牌信号；（B）音响信号；（C）光字牌信号；（D）中央告警信号。

答案：A

Je5A2135 当 CT 从一次侧极性端子通入电流 I_1，二次侧电流 I_2 从极性端流出时，称为（　　）。

（A）同极性；（B）反极性；（C）减极性；（D）加极性。

答案：C

Je5A2136 在电压回路中，当电压互感器负荷最大时，至保护和自动装置的二次线上的电压降不得超过其额定电压的（　　）。

（A）2%；（B）3%；（C）5%；（D）10%。

答案：B

Je5A2137 （　　）能反应各相电流和各类型的短路故障电流。

（A）两相不完全星形接线；（B）三相星形接线；（C）两相电流差接线；（D）三相零序接线。

答案：B

Je5A2138 主变压器的复合电压闭锁过流保护失去交流电压时（　　）。

（A）整套保护退出；（B）仅失去低压闭锁功能；（C）失去低压及负序电压闭锁功能；（D）保护不受任何影响。

答案：C

Je5A2139 变压器纵差保护不能反映(　　)故障。

（A）变压器绕组的两相短路；（B）变压器绕组的三相短路；（C）变压器绕组的轻微匝间短路；（D）变压器大电流接地系统侧绕组的单相接地短路。

答案：C

Je5A2140 绝缘电阻表（摇表）手摇发电机的电压与(　　)成正比关系。

（A）转子的旋转速度；（B）永久磁铁的磁场强度；（C）绕组的匝数；（D）以上三者。

答案：D

Je5A2141 并联补偿电容器低电压保护的动作时间与上级线路重合闸动作时间的关系是(　　)。

（A）前者小于后者；（B）两者相等；（C）前者大于后者；（D）不确定。

答案：A

Je5A2142 容量为 30V·A 的 10P20 电流互感器，二次额定电流为 5A，当二次负载小于 1.2Ω 时，允许的最大短路电流倍数为(　　)。

（A）小于 10 倍；（B）小于 20 倍；（C）等于 20 倍；（D）大于 20 倍。

答案：D

Je5A2143 当断路器的位置接点不能正确反映其实际位置状态时，可能受其影响的有(　　)。

（A）电流速断保护；（B）非全相保护；（C）零序电流保护；（D）主变差动保护。

答案：B

Je5A2144 按 90°接线的相间功率方向继电器，当线路发生正向故障时，若为 30°，为使继电器动作最灵敏，其最大灵敏角应是(　　)。

（A）30°；（B）−30°；（C）70°；（D）60°。

答案：B

Je5A2145 在相间电流保护的整定计算公式中需考虑继电器返回系数的是(　　)。

（A）电流速断保护；（B）限时电流速断保护；（C）定时限过电流保护；（D）电流电压联锁速断保护。

答案：C

Je5A2146 所谓继电器的常开触点是指(　　)。

（A）正常时触点断开；（B）继电器线圈带电时触点断开；（C）继电器线圈不带电时触点断开；（D）继电器动作时触点断开。

答案：C

Je5A2147 事故音响信号表示（　　　）。

（A）断路器事故跳闸；（B）设备异常告警；（C）断路器手动跳闸；（D）直流回路断线。

答案：**A**

Je5A2148 电压互感器低压侧一相电压为零，另两相不变，线电压两个降低，另一个不变，说明（　　　）。

（A）低压侧两相熔断器断；（B）低压侧一相熔断器断；（C）高压侧一相熔断器断；（D）高压侧两相熔断器断。

答案：**B**

Je5A2149 （　　　）不是装置检验前的准备工作。

（A）准备工具仪表；（B）准备备品备件；（C）查看历年校验记录；（D）二次回路绝缘检查。

答案：**D**

Je5A2150 （　　　）故障对电力系统稳定运行的影响最小。

（A）单相接地；（B）两相短路；（C）两相接地短路；（D）三相短路。

答案：**A**

Je5A2151 出口继电器作用于断路器跳（合）闸时，其触点回路中串入的电流自保持线圈的自保持电流应当是（　　　）。

（A）不大于跳（合）闸电流；（B）不大于跳（合）闸电流的一半；（C）不大于跳（合）闸电流的10%；（D）不大于跳（合）闸电流的80%。

答案：**B**

Je5A2152 电流保护Ⅰ段的灵敏系数通常用保护范围来衡量，其保护范围越长，表明保护越（　　　）。

（A）可靠；（B）不可靠；（C）灵敏；（D）不灵敏。

答案：**C**

Je5A2153 电容式充电重合闸的电容充电时间为（　　　）。

（A）0.5s；（B）20～25s；（C）30s；（D）10s。

答案：**B**

Je5A2154 为防止由瓦斯保护启动的中间继电器在直流电源正极接地时误动，应（　　　）。

（A）采用动作功率较大的中间继电器，而不要求快速动作；（B）对中间继电器增加0.5s的延时；（C）在中间继电器启动线圈上并联电容；（D）采用带屏蔽层的控制电缆且屏蔽层应在两端接地。

答案：A

Je5A2155 对于微机型保护而言，（　　）。

（A）因保护中已采取了抗干扰措施，弱信号线可以和强干扰的导线相邻近；（B）在弱信号线回路并接抗干扰电容后，弱信号线可以和强干扰的导线相邻近；（C）弱信号线不得和强干扰（如中间继电器线圈回路）的导线相邻近；（D）说法都不对。

答案：C

Je5A2156 变压器的过电流保护，加装复合电压闭锁元件是为了（　　）。

（A）提高过电流保护的可靠性；（B）提高过电流保护的灵敏性；（C）提高过电流保护的选择性；（D）提高过电流保护的快速性。

答案：B

Je5A2157 电容式重合闸（　　）。

（A）只能重合一次；（B）能重合两次；（C）能重合三次；（D）视系统发生故障而异。

答案：A

Je5A2158 当中性点不接地系统的电力线路发生单相接地时，在接地点会（　　）。

（A）产生一个高电压；（B）通过很大的短路电流；（C）通过负荷电流；（D）通过电容电流。

答案：D

Je5A2159 变压器差动保护投运前做带负荷试验的主要目的是（　　）。

（A）检查电流回路的正确性；（B）检查保护定值的正确性；（C）检查保护装置精度；（D）检查保护装置的零漂。

答案：A

Je5A2160 中间继电器的固有动作时间一般不应（　　）。

（A）大于20ms；（B）大于10ms；（C）大于0.2s；（D）大于0.1s。

答案：B

Je5A2161 关于电压互感器和电流互感器二次侧接地的正确说法是（　　）。

（A）电压互感器二次接地属保护接地，电流互感器属工作接地；（B）电压互感器二次接地属工作接地，电流互感器属保护接地；（C）两者均属工作接地；（D）两者均属保护接地。

答案：D

Je5A2162　线路两侧分别采用检查线路无电压重合闸和检查同期重合闸，在线路发生瞬时性故障并跳闸后，（　　）。

（A）先重合的一侧是检查同期侧；（B）先重合的一侧是检查无电压侧；（C）两侧同时合闸；（D）重合闸时间定值较小的一侧先重合。

答案：B

Je5A2163　微机保护装置的正常工作时的直流电源功耗（　　）。

（A）不大于70W；（B）不大于60W；（C）不大于50W；（D）不大于80W。

答案：C

Je5A2164　音响监视的断路器控制和信号回路，原处于热备用的断路器自动合闸时（　　）。

（A）控制开关手柄在合闸位置，指示灯发平光；（B）控制开关手柄在跳闸位置，指示灯发闪光；（C）控制开关手柄在合闸位置，指示灯发闪光；（D）控制开关手柄在跳闸位置，指示灯发平光。

答案：B

Je5A2165　小接地电流系统单相接地故障时，非故障线路$3I_0$的大小等于（　　）。

（A）本线路的接地电容电流；（B）所有非故障线路的$3I_0$之和；（C）故障线路的接地电容电流；（D）相邻线路的接地电容电流。

答案：A

Je5A2166　全电缆线路之所以不使用重合闸，主要是因为（　　）。

（A）电缆线路基本不会发生故障，故没必要使用重合闸；（B）电缆线路发生的故障大多为永久性故障，重合闸成功率极低；（C）电缆线路造价昂贵，万一重合于永久性故障，将损失惨重；（D）运行习惯。

答案：B

Je5A2167　（　　）是为提高继电保护装置的可靠性所采取的措施。

（A）双重化；（B）自动重合；（C）重合后加速；（D）备自投。

答案：A

Je5A2168　对电容器回路的相间短路，可采用（　　）。

（A）差压保护；（B）电流速断保护；（C）零序电流保护；（D）低电压保护。

答案：B

Je5A2169　双母线系统的两组电压互感器二次回路采用自动切换的接线，切换继电器的接点（   ）。

（A）应采用同步接通与断开的接点；（B）应采用先断开，后接通的接点；（C）应采用先接通，后断开的接点；（D）对接点的断开顺序不作要求。

答案：C

Je5A2170 线路的过电流保护的启动电流是按（   ）而整定的。

（A）该线路的负荷电流；（B）最大的故障电流；（C）大于允许的过负荷电流；（D）最大短路电流。

答案：C

Je5A2171 在微机型保护中，端子箱至保护屏之间控制电缆的屏蔽层（   ）。

（A）无须接地；（B）两端接地；（C）靠控制屏一端接地；（D）靠端子箱一端接地。

答案：B

Je5A2172 为防止外部回路短路造成电压互感器的损坏，（   ）中应装有熔断器或自动开关。

（A）电压互感器开口三角的 L 端；（B）电压互感器开口三角的试验线引用端；（C）电压互感器开口三角的 N 端；（D）不带断线闭锁回路的发电机自动励磁调节装置的电压回路。

答案：B

Je5A2173 相邻元件有配合关系的保护段，要完全满足选择性要求，应做到（   ）。

（A）保护范围配合；（B）保护动作时限配合；（C）保护范围及动作时限均配合；（D）快速动作。

答案：C

Je5A2174 相间方向过流保护的按相启动接线方式是将（   ）。

（A）各相电流元件触点并联后再串入各功率方向继电器触点；（B）同名相的电流和功率方向继电器的触点串联后再并联；（C）非同名相电流元件触点和方向元件触点串联后再并联；（D）同名相的电流和功率方向继电器的触点串联后启动该相各自的时间继电器。

答案：B

Je5A2175 使电流速断保护有最小保护范围的运行方式为系统（   ）。

（A）最大运行方式；（B）最小运行方式；（C）正常运行方式；（D）事故运行方式。

答案：B

Je5A2176 不属于微机保护带负荷试验项目的是（   ）。

（A）整组传动试验；（B）测量差动保护的差流；（C）测量功率方向元件的六角图；

（D）测量距离保护装置的六角图。

答案：A

Je5A2177 变压器的励磁涌流在（　　）时最大。

（A）外部故障；（B）内部故障；（C）空载投入；（D）负荷变化。

答案：C

Je5A2178 限时电流速断保护与相邻线路电流速断保护在定值上和时限上均要配合，若（　　）不满足要求，则要与相邻线路限时电流速断保护配合。

（A）选择性；（B）速动性；（C）灵敏性；（D）可靠性。

答案：C

Je5A2179 变压器中性点消弧线圈的作用是（　　）。

（A）提高电网的电压水平；（B）限制变压器故障电流；（C）补偿网络接地时的电容电流；（D）消除潜供电流。

答案：C

Je5A2180 过电流保护的星形连接中通过继电器的电流是电流互感器的（　　）。

（A）二次侧电流；（B）二次差电流；（C）负载电流；（D）过负荷电流。

答案：A

Je5A2181 变压器的非电量保护，应该（　　）。

（A）设置独立的电源回路，出口回路可与电量保护合用；（B）设置独立的电源回路与出口回路，可与电量保护合用同一机箱；（C）设置独立的电源回路与出口回路，且在保护屏安装位置也应与电量保护相对独立；（D）不必设置独立的电源回路与出口回路，且可与电量保护合用同一机箱。

答案：C

Je5A2182 电压速断保护的接线方式必须采用（　　）。

（A）单相式；（B）二相三继电器式；（C）三相式；（D）三相差接。

答案：C

Je5A2183 线路保护 NSR-304 中，保护功能硬压板开入电源一般为（　　）。

（A）380V；（B）220V；（C）110V；（D）48V。

答案：D

Je5A2184 三角形连接的供电方式为三相三线制，在三相电动势对称的情况下，三相电动势相量之和等于（　　）。

（A）E；（B）0；（C）$2E$；（D）$3E$。

答案：B

Je5A2185 对于"掉牌未复归"小母线 PM，正确的接线是使其（　　）。

（A）正常运行时带负电，信号继电器动作时带正电；（B）正常运行时不带电，信号继电器动作时带负电；（C）正常运行时不带电，信号继电器动作时带正电；（D）正常运行时带正电，信号继电器动作时带负电。

答案：A

Je5A2186 在 PST-1200 主变保护的差动保护（SOFT-CD1）中设置了（　　）制动元件，防止差动保护在变压器过励磁时误动作。

（A）二次谐波；（B）三次谐波；（C）五次谐波；（D）七次谐波。

答案：C

Je5A2187 当保护装置和智能终端检修把手均投入时，如果保护发出跳合闸命令，那么（　　）。

（A）智能终端一定不执行；（B）智能终端一定执行；（C）智能终端可能执行，也可能不执行。

答案：B

Je5A2188 智能变电站中智能终端对电源的配置要求是（　　）。

（A）单电源配置；（B）双电源配置；（C）单、双电源配置均可。

答案：A

Je5A2189 智能终端的控制电源和遥信电源（　　）。

（A）可以共享一个空开；（B）分别使用不同的空开来控制；（C）可以共享一个空开，也可以分开。

答案：B

Je5A2190 智能终端发生 SOE 事件时，事件时间分辨率误差必须保证（　　）。

（A）≤0.5ms；（B）≤1ms；（C）≤2ms；（D）≤3ms。

答案：B

Je5A2191 主变压器中性点、间隙电流应接入（　　）。

（A）相应侧合并单元；（B）独立合并单元；（C）主变压器保护；（D）主变压器测控。

答案：A

Je5A3192 对运行中的阻抗继电器而言，（　　）是确定不变的。

（A）动作阻抗；（B）测量阻抗；（C）整定阻抗；（D）负荷阻抗。

答案：C

Je5A3193 当负序电压继电器的整定值为 6～12V 时，电压回路一相或两相断线（　　）。

（A）负序电压继电器会动作；（B）负序电压继电器不会动作；（C）负序电压继电器动作情况不定；（D）瞬时接通。

答案：A

Je5A3194 微机型零序功率方向继电器的最大灵敏角一般取（　　）。

（A）70°；（B）80°；（C）90°；（D）110°。

答案：D

Je5A3195 国产距离保护采用的防止电压回路断线导致误动的方法是（　　）。

（A）断线闭锁装置动作后切断操作正电源；（B）PT 二次回路装设快速开关切操作电源；（C）保护经电流启动、发生电压回路断线时闭锁出口回路；（D）所有方法。

答案：C

Je5A3196 高压输电线路的故障，绝大部分是（　　）。

（A）单相接地短路；（B）两相接地短路；（C）三相短路；（D）两相相间短路。

答案：A

Je5A3197 双绕组变压器空载合闸的励磁涌流的特点有（　　）。

（A）变压器两侧电流相位一致；（B）变压器两侧电流大小相等、相位互差 30°；（C）变压器两侧电流、相位无直接联系；（D）仅在变压器一侧有电流。

答案：D

Je5A3198 同期继电器是反应母线电压和线路电压的（　　）。

（A）幅值之差；（B）相位之差；（C）矢量之差；（D）频率之差。

答案：C

Je5A3199 关于变压器差动速断保护，下列说法正确的是（　　）。

（A）必须经比率制动；（B）必须经五次谐波制动；（C）必须经二次谐波制动；（D）不经任何制动，只要差流达到整定值就会动作。

答案：D

Je5A3200 下列保护中，属于后备保护的是（　　）。

（A）变压器差动保护；（B）瓦斯保护；（C）高频闭锁零序保护；（D）断路器失灵保护。

答案：D

Je5A3201 在所有圆特性的阻抗继电器中，当整定阻抗相同时，允许过渡电阻能力最强的是（　　）。

（A）工频变化量阻抗继电器；（B）方向阻抗继电器；（C）全阻抗继电器；（D）偏移阻抗继电器。

答案：A

Je5A3202 当电流超过某一预定数值时，反应电流升高而动作的保护装置叫作（　　）。

（A）过电压保护；（B）过电流保护；（C）电流差动保护；（D）欠电压保护。

答案：B

Je5A3203 关于 BP-2B 母线保护装置屏上的直流空开 1K 和 2K，正确的说法是（　　）。

（A）直流空开 1K 控制装置运行电源，2K 控制操作电源（开入电源）；（B）直流空开 1K 控制装置操作电源（开入电源），2K 控制运行电源；（C）直流空开 1K 控制Ⅰ母元件的开入电源，直流空开 2K 控制Ⅱ母元件的开入电源；（D）直流空开 1K 控制装置运行电源及操作电源（开入电源），直流空开 2K 备用。

答案：A

Je5A3204 RCS-915 微机型母差保护装置的基准变比（　　）。

（A）应按照各个单元的流变变比中最大者整定；（B）应按照各个单元的流变变比中最小者整定；（C）应按照各个单元的流变变比中使用最多的整定；（D）随意整定。

答案：C

Je5A3205 按相启动接线是确保（　　）保护不受非故障相电流影响的有效措施。

（A）电流速断；（B）方向过电流；（C）电流电压联锁速断；（D）零序过流。

答案：B

Je5A3206 主变压器重瓦斯保护和轻瓦斯保护的正电源，正确接法是（　　）。

（A）使用同一保护正电源；（B）重瓦斯保护接保护电源，轻瓦斯保护接信号电源；（C）使用同一信号正电源；（D）重瓦斯保护接信号电源，轻瓦斯保护接保护电源。

答案：A

Je5A3207 关于 TA 饱和对变压器差动保护的影响，以下说法正确的是（　　）。

（A）由于差动保护具有良好的制动特性，故对区内-区外故障均没有影响；（B）只对区外故障有影响，对区内故障没有影响；（C）可能造成差动保护在区内故障时拒动或延缓动作，在区外故障时误动作；（D）只对区内故障有影响，对区外故障没有影响。

答案：C

Je5A3208 对 BP-2B 母差保护装置，关于差动保护出口回路和失灵保护出口回路，说法正确的是（　　）。

（A）每个单元的差动保护出口与失灵保护出口均合用一个出口回路；（B）每个单元的差动保护出口与失灵保护出口各使用一个出口回路；（C）母联（分段）单元的差动保护出口与失灵保护出口均合用一个出口回路，其他单元的差动保护出口与失灵保护出口各使用一个出口回路；（D）母联（分段）单元的差动保护出口与失灵保护出口各使用一个出口回路，其他单元的差动保护出口与失灵保护出口均合用一个出口回路。

答案：A

Je5A3209 电流互感器装有小瓷套的一次端子应放在（　　）侧。

（A）线路或变压器；（B）母线；（C）电源；（D）负荷。

答案：B

Je5A3210 使用1000V摇表（额定电压为100V以下时用500V摇表）测线圈间的绝缘电阻应不小于（　　）。

（A）20MΩ；（B）50MΩ；（C）10MΩ；（D）5MΩ。

答案：C

Je5A3211 YN，d11接线的变压器，是指（　　）。

（A）一次侧相电压超前二次侧相电压30°；（B）一次侧线电压超前二次侧线电压30°；（C）一次侧线电压滞后二次侧线电压30°；（D）一次侧线电压滞后二次侧相电压30°。

答案：C

Je5A3212 微机继电保护装置的使用年限一般为（　　）。

（A）12～15年；（B）8～10年；（C）6～8年；（D）10～12年。

答案：D

Je5A3213 相间方向过流保护的按相启动接线方式是将（　　）。

（A）各相的电流元件触点并联后，再串入各功率方向继电器触点；（B）同名相的电流和功率方向继电器的触点串联后再并联；（C）非同名相电流元件触点和方向元件触点串联后再并联；（D）各相功率方向继电器的触点和各相的电流元件触点分别并联后再串联。

答案：B

Je5A3214 助增电流的存在，对距离继电器的影响是（　　）。

（A）使距离继电器的测量阻抗减小，保护范围增大；（B）使距离继电器的测量阻抗增大，保护范围减小；（C）使距离继电器的测量阻抗增大，保护范围增大；（D）使距离继电器的测量阻抗减小，保护范围减小。

答案：B

Je5A3215 在220kV及以上线路主保护的双重化中，下列可不必完全彼此独立的回路是(　　)。

(A) 中央信号回路；(B) 交流电流-电压回路；(C) 直流电源回路；(D) 跳闸线圈回路。

答案：A

Je5A3216 在很短线路的后备保护中，宜选用的保护是(　　)。

(A) 三段式保护；(B) Ⅱ、Ⅲ段保护；(C) Ⅰ段保护；(D) Ⅱ段保护。

答案：B

Je5A3217 距离保护是以距离(　　)元件作为基础构成的保护装置。

(A) 测量；(B) 启动；(C) 振荡闭锁；(D) 逻辑。

答案：A

Je5A3218 欠电压继电器是反映电压(　　)。

(A) 上升而动作；(B) 低于整定值而动作；(C) 为额定值而动作；(D) 视情况而异的上升或降低而动作。

答案：B

Je5A3219 相间距离保护的Ⅰ段保护范围通常选择为被保护线路全长的(　　)。

(A) 50％～55％；(B) 60％～65％；(C) 70％～75％；(D) 80％～85％。

答案：D

Je5A3220 我国 110kV 及以上系统的中性点均采用(　　)。

(A) 直接接地方式；(B) 经消弧线圈接地方式；(C) 经大电抗器接地方式；(D) 不接地方式。

答案：A

Je5A3221 (　　)不是型式试验项目。

(A) 外观检查；(B) 绝缘试验；(C) 功率消耗；(D) 振动试验。

答案：B

Je5A3222 三相三线电路中不含零序分量的物理量是(　　)。

(A) 相电压；(B) 相电流；(C) 线电流；(D) 线电流及相电流。

答案：C

Je5A3223 当系统发生故障时，正确地跳开离故障点最近的断路器，是继电保护的(　　)的体现。

(A) 快速性；(B) 选择性；(C) 可靠性；(D) 灵敏性。

答案：B

Je5A3224 突变量保护宜在故障发生（　　）后退出。

（A）20ms；（B）30ms；（C）40ms；（D）50ms。

答案：D

Je5A3225 为了限制故障的扩大，减轻设备的损坏，提高系统的稳定性，要求继电保护装置具有（　　）。

（A）灵敏性；（B）快速性；（C）可靠性；（D）选择性。

答案：B

Je5A3226 关于 TA 饱和对变压器差动保护的影响，以下说法正确的是（　　）。

（A）由于差动保护具有良好的制动特性，区外故障时没有影响；（B）由于差动保护具有良好的制动特性，区内故障时没有影响；（C）可能造成差动保护在区内故障时拒动或延缓动作，在区外故障时误动作；（D）由于差动保护具有良好的制动特性，区外故障及区外故障时均没有影响。

答案：C

Je5A3227 国产距离保护振荡闭锁采用（　　）的方法。

（A）"大圆套小圆"，当动作时差大于设定值就闭锁；（B）由故障启动元件对距离Ⅰ、Ⅱ段短时开放；（C）"大圆套小圆"，当动作时差小于设定值就闭锁；（D）由故障启动元件对距离Ⅰ、Ⅱ段闭锁。

答案：B

Je5A3228 电流速断保护（　　）。

（A）能保护线路全长；（B）不能保护线路全长；（C）有时能保护线路全长；（D）能保护线路全长并延伸至下一段。

答案：B

Je5A3229 过电流保护的两相不完全星形连接，一般保护继电器都装在（　　）。

（A）A、B 两相上；（B）C、B 两相上；（C）A、C 两相上；（D）A、N 两相上。

答案：C

Je5A3230 直流电源监视继电器应装设在该回路配线的（　　）。

（A）尾端；（B）中间；（C）前端（靠近熔丝）；（D）任意位置。

答案：A

Je5A3231 检查二次回路的绝缘电阻，应使用（　　）的摇表。

（A）500V；（B）250V；（C）1000V；（D）2500V。

答案：C

Je5A3232 对变压器差动保护进行相量图分析时，应在变压器( )时进行。

(A) 停电；(B) 空载；(C) 带有一定负荷；(D) 过负荷。

答案：**C**

Je5A3233 当中性点不接地系统发生单相接地故障时，开口三角电压为( )。

(A) 100/3V；(B) 100V；(C) 180V；(D) 300V。

答案：**B**

Je5A3234 按继电器的作用划分，可分为测量继电器和辅助继电器两大类，而( )就是测量继电器的一种。

(A) 电流继电器；(B) 时间继电器；(C) 中间继电器；(D) 信号继电器。

答案：**A**

Je5A3235 与相邻元件有配合关系的保护段，所谓完全配合，系指( )。

(A) 保护范围（或灵敏度）配合；(B) 保护动作时限配合；(C) 保护范围（或灵敏度）及动作时限均配合；(D) 保护动作时限完全配合，保护范围（或灵敏度）尽量配合。

答案：**C**

Je5A3236 端子排一般布置在屏的两侧，为了敷设及接线方便，最低端子排距离地面不小于( )mm。

(A) 300；(B) 450；(C) 400；(D) 350。

答案：**D**

Je5A3237 电压速断保护中的电压继电器应接入( )。

(A) 相电压；(B) 线电压；(C) 零序电压；(D) 抽取电压。

答案：**B**

Je5A3238 在微机装置的检验过程中，如必须使用电烙铁，应使用专用电烙铁，并将电烙铁与保护屏（柜）( )。

(A) 在同一点接地；(B) 分别接地；(C) 只需保护屏（柜）接地；(D) 只需电烙铁接地。

答案：**A**

Je5A4239 按照《反措》的要求，防止跳跃继电器的电流线圈与电压线圈间耐压水平应( )。

(A) 不低于 2500V、2min 的试验标准；(B) 不低于 1000V、1min 的试验标准；(C) 不低于 2500V、1min 的试验标准；(D) 不低于 1000V、2min 的试验标准。

答案：**B**

Je5A4240 在变压器差动保护中，通常识别并避越变压器励磁涌流的措施有（　　）。

（A）采用差动电流速断；（B）采用二次谐波制动；（C）采用比率制动特性；（D）采用五次谐波制动。

答案：**B**

Je5A4241 来自电压互感器二次侧的 4 根开关场引入线（U_a、U_b、U_c、U_n）和电压互感器三次侧的两根开关场引入线（开口三角的 U_L、U_n）中的两个零相电缆 U_n，（　　）。

（A）在开关场并接后，合成 1 根引至控制室接地；（B）必须分别引至控制室，并在控制室接地；（C）三次侧的 U_n 在开关场接地后引入控制室 N600，二次侧的 U_n 单独引入控制室 N600 并接地；（D）在开关场并接接地后，合成 1 根后再引至控制室接地。

答案：**B**

Je5A4242 继电保护的"三误"是（　　）。

（A）误整定、误试验、误碰；（B）误整定、误接线、误试验；（C）误接线、误碰、误整定；（D）误碰、误试验、误接线。

答案：**C**

Je5A4243 按照《反措》的要求，对于有两组跳闸线圈的断路器（　　）。

（A）其每一跳闸回路应分别由专用的直流熔断器供电；（B）两组跳闸回路可共用一组直流熔断器供电；（C）其中一组由专用的直流熔断器供电，另一组可与一套主保护共用一组直流熔断器；（D）对直流熔断器无特殊要求。

答案：**A**

Je5A4244 方向阻抗继电器受电网频率变化影响较大的回路是（　　）。

（A）幅值比较回路；（B）相位比较回路；（C）记忆回路；（D）执行元件回路。

答案：**C**

Je5A4245 按照《反措》的要求，220kV 变电所信号系统的直流回路应（　　）。

（A）尽量使用专用的直流熔断器，特殊情况下可与控制回路共用一组直流熔断器；（B）尽量使用专用的直流熔断器，特殊情况下可与该所远动系统共用一组直流熔断器；（C）无特殊要求。

答案：**C**

Je5A4246 变电站 220V 直流系统处于正常状态，某 220kV 线路断路器处于断开位置，控制回路正常带电，利用万用表直流电压档测量该线路保护跳闸出口压板上口的对地电位，正确的状态应该是（　　）。

（A）压板上口对地电压为 +110V 左右；（B）压板上口对地电压为 −110V 左右；（C）压板

上口对地电压为 0V 左右；(D) 压板上口对地电压为 220V 左右。

答案：**A**

Je5A4247 对采用单相重合闸的线路，当线路发生永久性单相接地故障时，保护及重合闸的动作顺序为(   )。

(A) 三相跳闸不重合；(B) 选跳故障相，延时重合单相，后加速跳三相；(C) 三相跳闸，延时重合三相，后加速跳三相；(D) 选跳故障相，延时重合单相，后加速再跳故障相。

答案：**B**

Je5A4248 对 220kV 单电源馈供线路，当重合闸采用"三重方式"时，若线路上发生永久性单相短路接地故障，保护及重合闸的动作顺序为(   )。

(A) 选跳故障相，延时重合故障相，后加速跳三相；(B) 三相跳闸不重合；(C) 三相跳闸，延时重合三相，后加速跳三相；(D) 选跳故障相，延时重合故障相，后加速再跳故障相，同时三相不一致保护跳三相。

答案：**C**

Je5A4249 两台变压器间定相（核相）是为了核定(   )是否一致。

(A) 相序；(B) 相位差；(C) 相位；(D) 相序和相位。

答案：**C**

Je5A4250 输电线路潮流为送有功、受无功，以 UA 为基础，此时负荷电流 IA 应在(   )。

(A) 第一象限；(B) 第二象限；(C) 第三象限；(D) 第四象限。

答案：**B**

Je5A4251 对 BP-2B 母差保护装置，出现(   )异常状况时，不发"开入异常"告警。

(A) 刀闸辅助接点与一次系统运行状态不对应；(B) 误投"母线分列运行"压板；(C) 失灵接点误启动；(D) 母线 PT 失压。

答案：**D**

Je5A4252 新安装保护装置在投入运行一年以内，未打开铅封和变动二次回路以前，保护装置出现由于调试和安装质量不良引起的不正确动作，其责任改为"归"属为(   )。

(A) 设计单位；(B) 运行单位；(C) 基建单位；(D) 生产单位。

答案：**C**

Je5A4253 在没有实际测量值情况下，除大区间的弱联系联络线外，系统最长振荡周期一般可按（　）考虑。

（A）1.0s；（B）1.3s；（C）1.5s；（D）2.0s。

答案：**C**

Je5A4254 测量距离保护的动作时间，要求最小通入电流值是（　）。

（A）5A；（B）最小精工电流；（C）2倍最小精工电流；（D）1.2倍最小精工电流。

答案：**C**

Je5A4255 需要振荡闭锁的继电器有（　）。

（A）极化量带记忆的阻抗继电器；（B）工频变化量距离继电器；（C）多相补偿距离继电器；（D）零序电流继电器。

答案：**A**

Je5A4256 双母线差动保护的复合电压（U_0、U_1、U_2）闭锁元件还要求闭锁每一断路器失灵保护，原因是（　）。

（A）断路器失灵保护原理不完善；（B）断路器失灵保护选择性能不好；（C）防止断路器失灵保护误动作；（D）以上三者皆是。

答案：**C**

Je5A4257 变压器差动保护二次电流相位补偿的目的是（　）。

（A）保证外部短路时差动保护各侧电流相位一致；（B）保证外部短路时差动保护各侧电流相位一致，并滤去可能产生不平衡的三次谐波及零序电流；（C）调整差动保护各侧电流的幅值；（D）滤去可能产生不平衡的三次谐波及零序电流。

答案：**B**

Je5A4258 接在变压器中性点放电间隙回路中的零序电流保护，其电流元件的整定值一般取（　）。

（A）100A；（B）150A；（C）200A；（D）300A。

答案：**A**

Je5A4259 从原理上讲，受系统振荡影响的有（　）。

（A）零序电流保护；（B）负序电流保护；（C）相间距离保护；（D）工频变化量阻抗保护。

答案：**C**

Je5A4260 变压器差动保护采用二次谐波制动原理躲励磁涌流时，当二次谐波分量超过预先设定的制动比时，（　）。

（A）差动速断将被闭锁；（B）比率制动差动将被闭锁；（C）比率制动差动或差动速断将被闭锁；（D）比率制动差动和差动速断均将被闭锁。

答案：B

Je5A4261 当各个单元的电流互感器变比不同时，微机型母差保护装置需（　　）。

（A）修改程序；（B）加装辅助 TA；（C）提高母差保护定值；（D）整定系数。

答案：D

Je5A4262 微机继电保护装置的定检周期为新安装的保护装置（　　）年内进行 1 次全部检验，以后每（　　）年进行 1 次全部检验，每 2～3 年进行 1 次部分检验。

（A）1，6；（B）1.5，7；（C）1，7；（D）2，6。

答案：A

Je5A4263 当母线上连接元件较多时，电流差动母线保护在区外短路时不平衡电流较大的原因是（　　）。

（A）励磁阻抗大；（B）电流互感器的变比不同；（C）电流互感器严重饱和；（D）负荷较重。

答案：C

Je5A4264 采用二次谐波制动原理的差动保护，为了提高躲过励磁涌流的能力，可（　　）。

（A）增大差动速断动作电流的整定值；（B）适当减小差动保护的二次谐波制动比；（C）适当增大差动保护的二次谐波制动比；（D）增大差动保护的比率制动系数。

答案：B

Je5A4265 保护室内的等电位接地网必须用至少 4 根截面积不小于 $50mm^2$ 的铜排（缆）与厂、站的主接地网在（　　）可靠接地。

（A）电缆层处；（B）电缆竖井处；（C）电缆沟处；（D）多处。

答案：B

Je5A4266 距离保护装置的动作阻抗是指能使阻抗继电器动作的（　　）。

（A）最小测量阻抗；（B）最大测量阻抗；（C）介于最小与最大测量阻抗之间的一个定值；（D）大于最大测量阻抗的一个定值。

答案：B

Je5A4267 BP-2B 母线保护装置对双母线各元件的极性定义为（　　）。

（A）母线上除母联外各元件的极性可以不一致，但母联正极性必须在Ⅱ母线侧；（B）母线上除母联外各元件的极性必须一致，母联极性同Ⅰ母线上元件的极性；（C）母线上除母联外各元件的极性必须一致，母联极性同Ⅱ母线上元件的极性；（D）母线上除母联外各元件的极性可以不一致，但母联正极性必须在I母线侧。

答案：C

Je5A5268 变压器比率制动差动保护中制动分量的主要作用是( )。

（A）躲励磁涌流；（B）在内部故障时提高保护的可靠性；（C）在区外故障时提高保护的安全性；（D）在内部故障时提高保护的快速性。

答案：C

Je5A5269 为了使方向阻抗继电器工作在( )状态下，要求设定该阻抗继电器的最大灵敏角等于线路阻抗角。

（A）最佳选择性；（B）最灵敏；（C）最快速；（D）最可靠。

答案：B

Je5A5270 PSL-621C距离保护在突变量启动后( )内，距离I、II段保护短时开放。

（A）200ms；（B）100ms；（C）120ms；（D）150ms。

答案：D

Je5A5271 使用1000V摇表（额定电压为100V以下时用500V摇表）测单个继电器全部端子对底座的绝缘电阻应不小于( )。

（A）10MΩ；（B）50MΩ；（C）5MΩ；（D）1MΩ。

答案：B

Je5A5272 所谓母线充电保护是指( )。

（A）利用母线上任一断路器对母线充电时的保护；（B）母线故障的后备保护；（C）利用母联断路器对另一母线充电时的保护；（D）利用任一断路器对母线充电时的保护。

答案：C

Je5A5273 使用万用表进行测量时，测量前应首先检查表头指针( )。

（A）是否摆动；（B）是否在零位；（C）是否在刻度一半处；（D）是否在满刻度。

答案：B

Je5A5274 在电流互感器二次回路的接地线上( )安装有开断可能的设备。

（A）不应；（B）应；（C）尽量避免；（D）必要时可以。

答案：A

Je5A5275 在电流互感器二次回路进行短路接线时，应用短路片或导线连接，运行中的电流互感器短路后，应仍有可靠的接地点，对短路后失去接地点的接线( )。

（A）应有临时接地线，但在一个回路中禁止有两个接地点；（B）应有临时接地线，且可以有两个接地点；（C）可以没有接地线，但应在该 CT 二次回路悬挂警示标牌；（D）可以没有接地线，但应在当天恢复正常接线。

答案：A

Je5A5276 一个实际电源的端电压随着负载电流的减小而（　　）。

（A）降低；（B）升高；（C）不变；（D）稍微降低。

答案：B

Je5A5277 继电保护装置是由（　　）组成的。

（A）二次回路各元件；（B）测量元件、逻辑元件、执行元件；（C）各种继电器、仪表回路；（D）仪表回路。

答案：B

Je5A5278 微机继电保护装置室内月最大相对湿度不应超过 75％，应防止灰尘和不良气体侵入，且室内环境温度应在（　　）范围内，若超过此范围应装设空调。

（A）5～30℃；（B）10～25℃；（C）5～25℃；（D）10～30℃。

答案：A

Je5A5279 关于采用 90°接线的功率方向继电器，以下说法正确的是（　　）。

（A）所谓 90°接线，系指正常运行时，若功率因数等于 1，则功率方向继电器的电压超前电流 90°；（B）所谓 90°接线，系指正常运行时，若功率因数等于 0，则功率方向继电器的电压超前电流 90°；（C）所谓 90°接线，系指正常运行时，若功率因数等于 1，则功率方向继电器的电流超前电压 90°；（D）所谓 90°接线，系指正常运行时，若功率因数等于 0，则功率方向继电器的电流超前电压 90°。

答案：C

Je5A5280 调整电力变压器分接头，会在其差动回路中引起不平衡电流的增大，解决方法为（　　）。

（A）增大短路线圈的匝数；（B）提高差动保护的整定值；（C）减少短路线圈的匝数；（D）不需要对差动保护进行调整。

答案：B

Je5A5281 线路继电保护装置在该线路发生故障时，能迅速将故障部分切除并（　　）。

（A）自动重合闸一次；（B）发出信号；（C）将完好部分继续运行。

答案：B

Je5A5282 在保护盘上进行打眼等振动较大的工作，应采取措施，防止运行中设备掉闸，必要时经（　　）同意，将保护暂时停用。

（A）工作监护人；（B）值班负责人；（C）继保专职人；（D）管辖当值调度员。

答案：D

Je5A5283 根据技术规程的规定，当差动保护流变二次回路断线时，以下说法正确的是（　　）。

（A）各类差动保护均可不被闭锁；（B）除母差保护外，其他保护均可不被闭锁；（C）除母差保护及主变差动保护外，其他保护均可不被闭锁；（D）各类差动保护均应被闭锁。

答案：B

Je5A5284 将一根电阻为 R 的电阻线对折起来，双股使用时，它的电阻等于（　　）。

（A）$2R$；（B）$R/2$；（C）$R/4$；（D）$4R$。

答案：C

Je5A5285 变压器的二次侧电流增加时，其一次侧的电流变化情况是（　　）。

（A）随之相应增加；（B）随之相应减少；（C）不变；（D）不确定。

答案：A

Je5A5286 线路第 Ⅰ 段保护范围最稳定的是（　　）。

（A）相电流保护；（B）零序电流保护；（C）距离保护；（D）电流闭锁电压保护。

答案：C

Je5A5287 过电流保护在被保护线路输送最大负荷时，其动作行为是（　　）。

（A）不应动作；（B）动作于跳闸；（C）发出信号；（D）不发出信号。

答案：A

Jf5A2288 同一相中两只相同特性的电流互感器二次绕组串联或并联，作为相间保护使用，计算其二次负载时，应将实测二次负载折合到相负载后再乘以系数（　　）。

（A）串联乘 1，并联乘 2；（B）串联乘 1/2，并联乘 1；（C）串联乘 1/2，并联乘 2；（D）串联乘 1/2，并联乘 1/2。

答案：C

Jf5A2289 断路器最低跳闸电压及最低合闸电压不应低于 30％ 的额定电压，且不应大于（　　）额定电压。

（A）50％；（B）65％；（C）60％；（D）40％。

答案：B

Jf5A2290 两只装于同一相，且变比相同、容量相等的套管型电流互感组串联使用时（　　）。

（A）容量和变比都增加一倍；（B）变比增加一倍，容量不变；（C）变比不变，容量增加一倍；（D）变比、容量都不变。

答案：C

Jf5A2291 两台变压器并列运行的条件是（　　）。

（A）变比相等；（B）组别相同；（C）短路阻抗相同；（D）以上三者皆是。

答案：D

Jf5A2292 变压器的正序电抗与负序电抗相比，（　　）。

（A）正序电抗大于负序电抗；（B）正序电抗小于负序电抗；（C）正序电抗等于负序电抗；（D）大小关系不确定。

答案：C

Jf5A2293 某变电站电压互感器的开口三角形侧 B 相接反，则正常运行时，如一次侧运行电压为 110kV，开口三角形的输出为（　　）。

（A）0V；（B）100V；（C）200V；（D）220V。

答案：C

Jf5A2294 直流母线电压不能过高或过低，允许范围一般是（　　）。

（A）±3%；（B）±5%；（C）±10%；（D）±15%。

答案：C

Jf5A3295 交流测量仪表所指示的读数是正弦量的（　　）。

（A）有效值；（B）最大值；（C）平均值；（D）瞬时值。

答案：A

Jf5A3296 停用备用电源自投装置时应（　　）。

（A）先停交流，后停直流；（B）先停直流，后停交流；（C）交直流同时停；（D）与停用顺序无关。

答案：B

Jf5A3297 电器设备的金属外壳应（　　）。

（A）对地绝缘；（B）可靠接地；（C）不接地；（D）尽量接地。

答案：B

Jf5A4298 （　　）不是光纤通道的特点。

（A）通信容量大；（B）传输距离短；（C）不易受干扰；（D）光纤质量轻、体积小。

答案：B

Jf5A5299 当并联电容器的额定电压按系统最高工作相电压配置时，该电容器组应接成（   ）后接入电网。

（A）串联方式；（B）并联方式；（C）星形；（D）三角形。

答案：**C**

Jf5A5300 110kV 及以上电压等级的变电站，要求其接地网对大地的电阻值应（   ）。

（A）不大于 2Ω；（B）不大于 0.5Ω；（C）不大于 3Ω；（D）不大于 1Ω。

答案：**B**

1.2 判断题

La5B1001 无时限电流速断保护是一种全线速动的保护。（×）

La5B1002 当导体没有电流流过时，整个导体是等电位的。（√）

La5B1003 串联电路中，总电阻等于各电阻的倒数之和。（×）

La5B1004 电容并联时，总电容的倒数等于各电容倒数之和。（×）

La5B1005 正弦交流电压任一瞬间所具有的数值叫瞬时值。（√）

La5B1006 线圈切割相邻线圈磁通所感应出来的电动势，称互感电动势。（√）

La5B2007 外力 F 将单位正电荷从负极搬到正极所做的功，称为这个电源的电动势。（√）

La5B2008 当选择不同的电位参考点时，各点的电位值是不同的值，两点间的电位差是不变的。（√）

La5B2009 正弦交流电最大的瞬时值，称为最大值或振幅值。（×）

La5B2010 正弦振荡器产生持续振荡的两个条件，是振幅平衡条件和相位平衡条件。（√）

La5B2011 运算放大器有两种输入端，即同相输入端和反相输入端。（√）

La5B2012 单相全波和桥式整流电路，若 RL 中的电流相等，组成它们的逆向电压单相全波整流比桥式整流大一倍。（√）

La5B2013 在欧姆定律中，导体的电阻与两端的电压成正比，与通过其中的电流强度成反比。（√）

La5B2014 电流互感器不完全星形接线，不能反应所有的接地故障。（√）

La5B2015 接线展开图由交流电流电压回路、直流操作回路和信号回路三部分组成。（√）

La5B2016 励磁涌流的衰减时间为 1.5～2s。（×）

La5B2017 励磁流涌可达变压器额定电流的 6～8 倍。（√）

La5B2018 线路变压器组接线可只装电流速断和过流保护。（√）

La5B2019 在最大运行方式下，电流保护的保护区大于最小运行方式下的保护区。（√）

La5B3020 电源电压不稳定是产生零点漂移的主要因素。（×）

La5B3021 重合闸继电器，在额定电压下，充电 25s 后放电，中间继电器可靠不动。（√）

La5B3022 在额定电压下，重合闸充电 10s，继电器可靠动作。（×）

La5B3023 在 80％额定电压下，重合闸充电 25s，继电器可靠动作。（×）

La5B3024 清扫运行中的设备和二次回路时，应认真仔细，并使用绝缘工具（毛刷、吹风设备等），特别注意防止振动、防止误碰。（√）

La5B3025 预告信号的主要任务是在运行设备发生异常现象时，瞬时或延时发出音响信号，并使光字牌显示出异常状况的内容。（×）

La5B3026 可用电缆芯两端同时接地的方法作为抗干扰措施。（×）

La5B3027 过电流保护可以独立使用。（√）

La5B3028 在空载投入变压器或外部故障切除后恢复供电等情况下，有可能产生很大的励磁涌流。（√）

La5B3029 由于助增电流（排除外汲情况）的存在，使距离保护的测量阻抗增大，保护范围缩小。（√）

La5B3030 交流电的周期和频率互为倒数。（√）

La5B3031 在同一接法下（并联或串联）最大刻度值的动作电流为最小刻度值的 2 倍。（√）

La5B3032 小接地系统发生单相接地时，故障相电压为 0，非故障相电压上升为线电压。（√）

La5B3033 对电流互感器的一、二次侧引出端一般采用减极性标注。（√）

La5B3034 光电耦合电路的光耦在密封壳内进行，故不受外界光干扰。（√）

La5B3035 变压器并列运行的条件：①接线组别相同；②一、二次侧的额定电压分别相等（变比相等）；③阻抗电压相等。

La5B1039 电压互感器开口三角形绕组的额定电压，在大接地系统中为 100/3V。（√）

La5B3036 可用卡继电器触点、短路触点或类似人为手段做保护装置的整组试验。（×）

La5B3037 电动机电流速断保护的定值应大于电动机的最大自启动电流。（√）

La5B3038 变压器的接线组别是表示高低压绕组之间相位关系的一种方法。（√）

La5B3039 10kV 保护做传动试验时，有时出现烧毁出口继电器触点的现象，这是由继电器触点断弧容量小造成的。（×）

La5B4040 电力系统过电压即指雷电过电压。（×）

La5B4041 低电压继电器返回系数应为 1.05～1.2。（√）

La5B4042 过电流（压）继电器，返回系数应为 0.85～0.95。（√）

La5B4043 电流互感器一次和二次绕组间的极性，应按加极性原则标注。（×）

La5B4044 根据最大运行方式计算的短路电流来检验继电保护的灵敏度。（×）

La5B4045 减小零点漂移的措施：①利用非线性元件进行温度补偿；②采用调制方式；③采用差动式放大电路。（√）

La5B4046 零序电流的分布，与系统的零序网络无关，而与电源的数目有关。（×）

La5B4047 能满足系统稳定及设备安全要求，能以最快速度有选择地切除被保护设备和线路故障的保护称为主保护。（√）

La5B5048 电气主接线的基本形式可分为有母线和无母线两大类。（√）

La5B5049 在 10kV 输电线路中，单相接地不得超过 3h。（√）

La5B5050 自耦变压器的标准容量大于通过容量。（×）

Lb5B1051 微机保护装置与监控系统间的通信采用主从方式，监控系统为从站，微机保护装置为主站。（×）

Lb5B1052 发电机应具有必要的频率异常运行能力，并配置频率异常保护，该保护应与电网低频减载装置的整定相配合。机组低频率保护的定值应低于系统低频减载的最低一级定值。（√）

Lb5B1053 三相并联电抗器发生一相一匝短路时，故障阻抗变化不大于 10%，因此要求匝间短路保护要有较高的灵敏度。（√）

Lb5B2054 继电器线圈带电时，触点断开的称为常开触点。（×）

Lb5B2055 三相桥式整流中，RL 承受的是整流变压器二次绕组的线电压。（√）

Lb5B2056 在数字电路中，正逻辑"1"表示高电位，"0"表示低电位；负逻辑"1"表示高电位，"0"表示低电位。（×）

Lb5B2057 所用电流互感器和电压互感器的二次绕组应有永久性的、可靠的保护接地。（√）

Lb5B2058 事故信号的主要任务是在断路器事故跳闸时，能及时地发出声响，并做相应的断路器灯位置信号闪光。（√）

Lb5B2059 现场工作应按图纸进行，严禁凭记忆作为工作的依据。（√）

Lb5B2060 断路器最低跳闸电压及最低合闸电压，其值分别为不低于 30%U_e 和不大于 70%U_e。（×）

Lb5B3061 在保护屏的端子排处将所有外部引入的回路及电缆全部断开，分别将电流、电压、直流控制信号回路的所有端子各自连在一起，用 1000V 摇表测量绝缘电阻，其阻值均应大于 10MΩ。（√）

Lb5B3062 对出口中间继电器，其动作值应为额定电压的 30%～70%。（×）

La5B1059 在电压互感器二次回路中，均应装设熔断器或自动开关。（×）

Lb5B3063 变电站装设避雷器是为了防止直击雷。（×）

Lb5B4064 辅助继电器可分为中间继电器、时间继电器和信号继电器。（√）

Lb5B4065 在同一刻度下，对电压继电器，并联时的动作电压为串联时的两倍。（×）

Lb5B4066 室内照明灯开关断开时，开关两端电位差为 0V。（×）

Lb5B4067 跳合闸引出端子应与正电源适当隔开。（√）

Lb5B4068 瞬时电流速断是主保护。（×）

Lb5B4069 对双重化保护的电流、电压、直流电源、双套跳圈的控制回路等，两套系统不宜合用同一根多芯的控制电缆。（√）

Lb5B4070 Y，d11 组别的变压器差动保护，高压侧电流互感器（TA）的二次绕组必须三角形接线。（√）

Lb5B5071 变压器在运行中补充油，应事先将重瓦斯保护改接信号位置，以防止误动跳闸。（√）

Lb5B5072 三相五柱式电压互感器有两个二次绕组，一个接成星形，另一个接成开口三角形。（√）

Lb5B5073 输电线路零序电流速断保护范围应不超过线路的末端，故其动作电流应小于保护线路末端故障时的最大零序电流。（×）

Lc5B1074 我国低压电网中性点经消弧线圈接地系统普遍采用过补偿运行方式。（√）

Lc5B1075 微机继电保护装置的使用年限一般不低于 12 年。制造厂商应在微机继电保护使用说明书中标明使用年限，使用年限不应小于 15 年；微机继电保护装置中的逆变电源模块应单独标明使用年限。（√）

Lc5B1076 统一设计的距离保护使用的防失压误动方法为：整组以电流启动及断线闭锁启动总闭锁。（√）

Lc5B2077 对电子仪表的接地方式应特别注意，以免烧坏仪表和保护装置中的插件。（√）

Lc5B2078 电气主接线图一般以单线图表示。（√）

Lc5B2079 我国采用的中性点工作方式有中性点直接接地、中性点经消弧线圈接地和中性点不接地三种。（√）

Lc5B2080 继电保护装置试验所用仪表的精确度应为 1 级。（×）

Lc5B3081 监视 220V 直流回路绝缘状态所用直流电压表计的内阻不小于 10kΩ。（×）

Jd5B1082 根据反措要求，不允许在强电源侧投入"弱电源回答"回路。（√）

Jd5B1083 所谓测量阻抗 Z 即故障回路电压 $\hat{U}$ 与电流 I 之比。（√）

Jd5B1084 通信系统同继电保护、安全自动装置等复用通道的检修、联动试验需将高压设备停电或做安全措施的工作，应填用变电站第二种工作票。（×）

Jd5B1085 变压器差动保护的动作原理不是建立在基尔霍夫电流定律之上的。（√）

Jd5B1086 每组电流（电压）线与其中性线应置于同一电缆内。（√）

Jd5B1087 交、直流回路不能合用同一根电缆。强电和弱电回路不应合用同一根电缆。在同一根电缆中不宜有不同安装单位的电缆芯。对双重化保护的电流回路、电压回路、直流电源回路、双跳闸绕组的控制回路等，两套系统可以合用一根多芯电缆。（×）

Jd5B1088 来自电压互感器二次绕组的四根开关场引入线和电压互感器开口三角绕组的两根开关场引入线必须经不同电缆引入，不得公用。（√）

Jd5B1089 双重化保护的交流电流回路、交流电压回路、直流电源回路，双套跳闸绕组的控制回路等，两套系统不应合用一根多芯电缆。（√）

Jd5B1090 保护装置电压开入回路均需装设熔断器或空开。（×）

Jd5B1091 电流互感器变比越大，二次开路时的电压也越大。（√）

Jd5B2092 为提高保护动作的可靠性，不允许交、直流回路共用同一根电缆。（√）

Jd5B2093 新安装的装置验收试验时，从保护屏柜的端子排处将所有外部引入的回路及电缆全部断开，分别将电流、电压、直流控制、信号回路的所有端子各自连接在一起，用 1000V 兆欧表测量绝缘电阻，其阻值均应大于 10MΩ。定期检验时，其绝缘电阻应不小于 1MΩ。（√）

Jd5B2094 在设备投运前建议使用钳形电流表检查流过保护二次电缆屏蔽层的电流，以确定截面积为 100mm² 铜排是否有效起到抗干扰的作用，当检测不到电流时，应检查屏蔽层是否良好接地。（√）

Jd5B2095 电力系统正常运行和三相短路时，三相是对称的，即各相电动势是对称的正序系统，发电机、变压器、线路及负载的每相阻抗都是相等的。（√）

Jd5B2096 为合理利用电缆，强电和弱电回路可以合用一根电缆。（×）

Jd5B2097 "12 点接线"的变压器，其高压侧线电压和低压侧线电压同相；"11 点接线"的变压器，其高压侧线电压超前低压侧线电压 30°。（×）

Jd5B2098 微机保护中硬件或软件"看门狗"的作用是防止病毒进入到微机保护程序中。（×）

Jd5B2099　若运行中发现变压器大量漏油而使油面下降，重瓦斯应改投信号。（×）

Jd5B2100　变压器纵联差动保护在变压器过励磁时应正确动作。（×）

Jd5B2101　对双重化保护的交流电流、交流电压、直流电源回路、双跳闸绕组的控制回路等，两套系统可合用一根多芯电缆。（×）

Jd5B2102　同一型号、双重化配置的变压器保护运行时，两套保护的定值可完全相同。（√）

Jd5B2103　保护屏内跳合闸引出端子应与正电源适当隔开。（√）

Jd5B2104　继电保护的"三误"是指误整定、误碰和误接线。（√）

Jd5B3105　所谓运用中的电气设备，是指全部带有电压、一部分带有电压或一经操作即带有电压的电气设备。（√）

Jd5B3106　在继电保护现场工作中，工作票签发人可以兼作该项工作的工作负责人。（×）

Jd5B3107　变压器差动保护动作值应躲过励磁涌流。（×）

Jd5B3108　变压器差动保护配置二次谐波制动用于避免变压器差动保护在区外故障由于 CT 的饱和误动。（×）

Jd5B3109　评价规程规定：变压器纵差、重瓦斯保护及各侧后备保护按高压侧归类评价。（√）

Jd5B3110　变压器采用比率制动式差动继电器主要是为了躲励磁涌流和提高灵敏度。（×）

Jd5B3111　变压器高压侧复闭方向过流保护中，复合电压为高、中、低压三侧复合电压"与"关系。（×）

Jd5B3112　变压器充电合闸一般 5 次，以检查差动保护躲励磁涌流的性能。（√）

Jd5B3113　Y0/d11 接线变压器差动保护，Y0 侧保护区内单相接地时，接地电流中必有零序分量电流，根据内部短路故障时差动回路电流等于内部故障电流，所以差动电流中也必有零序分量电流。（×）

Jd5B3114　变压器过励磁时，电流含有大量的高次谐波，其中以二次谐波为主。（×）

Jd5B3115　变压器的瓦斯保护范围在差动保护范围内，这两种保护均为瞬动保护，所以可用差动保护来代替瓦斯保护。（×）

Jd5B3116　变压器励磁涌流含有大量的高次谐波分量，并以二次谐波为主。（√）

Jd5B3117　Y0，d11 两侧电源变压器的 Y0 绕组发生单相接地短路，两侧电流相位相同。（×）

Jd5B4118　变压器的零序阻抗与接线方式有关，与铁芯结构无关。（×）

Jd5B4119　双母线接线母线故障，母差保护动作，断路器拒跳，利用变压器保护跳各侧，消除故障，变压器保护应评价为"正确动作"，母差保护应不评价。（×）

Jd5B4120　检验规程规定，整定值的整定及检验是指将装置各有关元件的动作值及动作时间按照定值通知单进行整定后的试验。（√）

Jd5B4121　保护装置的动作符合其动作原理，就应评价为正确动作。（×）

Jd5B4122　断路器三相位置不一致保护应采用断路器本体三相位置不一致保护。（√）

Jd5B5123　对于独立的保护故障信息处理系统子站，应置于安全防护Ⅰ区。（×）

Jd5B5124　应遵守保护装置 24V 开入电源不出保护屏的原则，以免引进干扰。（×）

Je5B1125 变压器的复合电压方向过流保护中，三侧的复合电压接点并联是为了提高该保护的灵敏度。（√）

Je5B1126 微机保护装置的开关电源模件宜在运行5～6年后予以更换。（×）

Je5B1127 宜采用变压器保护中复合电压动作接点解除失灵保护屏电压闭锁的方式。（×）

Je5B1128 双重化配置的保护装置启动断路器失灵保护的回路可使用同一根电缆。（×）

Je5B2129 不接地变压器的间隙接地保护采用零序电流和零序电压并联的方式。（√）

Je5B2130 电流互感器二次回路中可以装设熔断器。（×）

Je5B2131 虽然微机保护有完善的闭锁措施，但"弱电源回答"回路仍不允许在强电源侧投入。（√）

Je5B2132 控制屏、保护屏上的端子排，正、负电源之间及电源与跳（合）闸引出端子之间应适当隔开。（√）

Je5B2133 按照《反措》规定，用于集成电路型、微机型保护的电流、电压和信号接点的引入线应采用屏蔽电缆，同时电缆的屏蔽层应在控制室可靠接地。（×）

Je5B3134 TA饱和后，保护装置感受到的二次谐波含量比一次实际的二次谐波含量要大。（√）

Je5B3135 方向纵联保护中的方向元件应满足不受振荡影响，在振荡无故障时不误动，振荡中故障能准确动作、不受负荷的影响，在正常负荷状态下不启动等要求。（√）

Je5B3136 所谓微机变压器保护双重化指的是双套差动保护和一套后备保护。（×）

Je5B3137 电缆芯两端同时接地可作为抗干扰措施。（×）

Je5B4138 双电源系统无故障发生全相振荡时的阻抗轨迹为一条直线。（×）

Je5B4139 一个半断路器接线方式的断路器失灵保护中，反映断路器动作状态的相电流判别元件宜分别检查每台断路器的电流，以判别哪台断路器拒动。（√）

Je5B4140 三相三柱式变压器的零序阻抗必须使用实测值。（√）

Je5B5141 0.8MV·A及以上的油浸式变压器，应装设瓦斯保护。（√）

Je5B5142 当变压器中性点采用经过间隙接地的运行方式时，变压器接地保护应采用零序电流保护与零序电压保护并联的方式。（√）

Je5B5143 不允许用保护试验按钮、短路接点、启动微机保护的方法来进行整组试验。（√）

Je5B1144 由于装置本身的原理缺陷，而运行部门来不及解决的缺陷引起保护不正确动作属制造部门责任。（√）

Je5B1145 对无人值班变电站，规程允许变压器过负荷保护动作跳闸或切除部分负荷。（√）

1.3 多选题

La5C1001 一段电路的欧姆定律用公式表示为( )。

(A) $U=I/R$；(B) $R=U/I$；(C) $U=IR$；(D) $I=U/R$。

答案：BCD

La5C1002 电力生产有( )主要环节。

(A) 发电厂；(B) 换流站；(C) 变电所；(D) 输电线。

答案：ACD

La5C1003 发供电系统的主要设备组成有( )。

(A) 输煤系统；(B) 锅炉；(C) 汽轮机；(D) 发电机；(E) 变压器；(F) 输电线路。

答案：ABCDEF

La5C1004 磁体具有( )性质。

(A) 吸铁性和磁化性；(B) 具有南北两个磁极，即 N 极（北极）和 S 极（南极）；(C) 不可分割性；(D) 磁极间有相互作用。

答案：ABCD

La5C1005 电力系统中的消弧线圈按工作原理可以分为( )方式。

(A) 完全补偿；(B) 过补偿；(C) 欠补偿；(D) 不完全补偿。

答案：ABC

La5C1006 电力系统继电保护运行统计评价范围里有( )。

(A) 发电机、变压器的保护装置；(B) 安全自动装置；(C) 故障录波器；(D) 直流系统。

答案：ABC

La5C1007 电压互感器的基本误差有( )。

(A) 电压误差；(B) 角度误差；(C) 电流误差；(D) 暂态误差。

答案：AB

La5C2008 所谓正弦交流电是指电路中( )的大小和方向均随时间按正弦函数规律变化。

(A) 电流；(B) 电压；(C) 电动势；(D) 电能。

答案：ABC

La5C2009 关于基尔霍夫第二定律的正确说法有(   )。

(A) 对于电路中任何一个闭合回路内，各段电压的代数和为零；(B) 其数学表达式为 $\Sigma U=0$ 或 $\Sigma E=\Sigma IR$。即任一闭合回路中各电阻元件上的电压降代数和等于电动势代数和；(C) 规定电压方向与绕行方向一致者为正，相反取负；(D) 基本内容是研究回路中各部分电压之间的关系。

答案：**ABCD**

La5C2010 关于基尔霍夫第一定律的正确说法有(   )。

(A) 该定律基本内容是研究电路中各支路电流之间的关系；(B) 电路中任何一个节点（即3个以上的支路连接点叫节点）的电流代数和为零，其数学表达为 $\Sigma I=0$；(C) 规定一般取流入节点的电流为正，流出节点的电流为负；(D) 基本内容是研究回路中各部分电流之间的关系。

答案：**ABC**

La5C2011 正弦交流电的三要素是(   )。

(A) 最大值；(B) 频率；(C) 初相角；(D) 周期。

答案：**ABC**

La5C2012 衡量电能质量的三个主要技术指标是(   )。

(A) 电压；(B) 频率；(C) 波形；(D) 电流。

答案：**ABC**

La5C2013 站控层设备包括(   )。

(A) 主机；(B) 远动工作站；(C) 故障信息子站；(D) 智能辅助系统。

答案：**ABCD**

La5C2014 对继电保护装置的基本要求是(   )。

(A) 选择性；(B) 快速性；(C) 灵敏性；(D) 可靠性。

答案：**ABCD**

La5C2015 智能变电站系统中，(   )属于监控系统的高级应用范畴。

(A) 在线检测；(B) 智能告警；(C) 程序化操作；(D) GOOSE 通信。

答案：**ABC**

La5C2016 网络风暴的特点是(   )。

(A) 大量重复报文复制传播；(B) 大量异常帧报文；(C) 瞬间端口负载率达到 100%；(D) 瞬间端口负载率达到 20%。

答案：**ABC**

La5C2017 智能电网的内涵是( )。

（A）坚强可靠；（B）经济高效；（C）清洁环保；（D）透明开放、友好互动。

答案：ABCD

La5C2018 智能变电站的基本要求是( )。

（A）全站信息数字化；（B）功能实现集约化；（C）通信平台网络化；（D）信息共享标准化。

答案：ACD

La5C2019 在带电的电压互感器二次回路上工作时应采取的安全措施是( )。

（A）严格防止电压互感器二次侧短路或接地；（B）工作时应使用绝缘工具，戴手套；（C）必要时，可在工作前停用有关保护装置；（D）二次侧接临时负载，必须装有专用的刀闸和熔断器。

答案：ABCD

La5C3020 关于基尔霍夫电流定律的说法正确的是( )。

（A）电路的任一瞬间，任一节点的各支路电流的代数和为零；（B）通过任一封闭面的电流的代数和为零；（C）基尔霍夫电流定律只适用于交流电路；（D）基尔霍夫电流定律也称基尔霍夫第一定律。

答案：ABD

La5C3021 电网运行应当( )，保证供电可靠性。

（A）连续；（B）稳定；（C）固定负荷。

答案：AB

La5C3022 逐次逼近型 A/D 变换器的重要指标是( )。

（A）A/D 转换的分辨率；（B）A/D 转换的容错率；（C）A/D 转换的转换速度；（D）A/D 转换的转换时延。

答案：AC

La5C3023 继电保护快速切除故障对电力系统有( )好处。

（A）提高电力系统的稳定性；（B）电压恢复快，电动机容易自启动并迅速恢复正常，从而减少对用户的影响；（C）减轻电气设备的损坏程度，防止故障进一步扩大；（D）短路点易于去游离，提高重合闸的成功率；（E）提高发电机效率。

答案：ABCD

La5C3024 智能化变电站通常由"三层两网"构建，"三层"指的是( )。

（A）站控层；（B）间隔层；（C）过程层；（D）网络层。

答案：ABC

La5C3025 智能化变电站通常由"三层两网"构建，"两网"指的是（   ）。

（A）站控层网络；（B）设备层网络；（C）过程层网络；（D）对时网络。

答案：AC

La5C3026 智能变电站过程层网络组网-共享双网方式的优点有（   ）。

（A）数据冗余好；（B）数据相互隔离；（C）信息相互之间共享；（D）经济效益好。

答案：AC

La5C3027 微机保护动作后应做（   ）工作。

（A）首先按屏上打印按钮，打印有关报告，包括定值跳闸报告、自检报告、开关量状态等；（B）记录信号灯和管理板液晶显示内容；（C）进入打印子菜单，打印前几次的报告；（D）停运检验。

答案：ABC

La5C3028 有源式电子互感器的特点有（   ）。

（A）利用电磁感应等原理感应被测信号；（B）传感头部分具有需用电源的电子电路；（C）传感头部分不需电子电路及其电源；（D）利用光纤传输数字信号。

答案：ABD

La5C3029 无源式电子互感器的特点有（   ）。

（A）利用光学原理感应被测信号；（B）传感头部分具有需用电源的电子电路；（C）传感头部分不需电子电路及其电源；（D）利用光纤传输数字信号。

答案：ACD

La5C3030 有源 AIS 电子式电流互感器的一次转换器通常采用（   ）供能方式。

（A）激光供能；（B）线路取能；（C）微波供能；（D）太阳能。

答案：AB

La5C4031 发电厂、变电站的电气系统，按其作用分为（   ）。

（A）模拟系统；（B）数字系统；（C）二次系统；（D）一次系统。

答案：CD

La5C4032 GPS 装置的主时钟主要由（   ）组成。

（A）时间信号接收单元；（B）时间保持单元；（C）时间信号输出单元。

答案：ABC

La5C4033 电流互感器应满足（　　）要求。

（A）一次回路的额定电压、最大负荷电流的要求；（B）短路时的动、热稳定电流的要求；（C）二次回路测量仪表、自动装置的准确度等级的要求；（D）继电保护装置10％误差特性曲线的要求。

答案：ABCD

La5C5034 电气设备的接地可分为（　　）三种。

（A）工作接地；（B）保护接地；（C）防雷接地；（D）屏蔽接地。

答案：ABC

La5C5035 无功调节手段有（　　）。

（A）调变压器分接头；（B）投切电容器组；（C）投切电抗器组；（D）发电机调节；（E）投切电阻性照明负荷。

答案：BCD

La5C5036 （　　）对邻近的控制电缆是极强的磁场耦合源。

（A）电流互感器；（B）电容耦合电压互感器的接地线；（C）底座电流；（D）主变中性点接地。

答案：ABCD

La5C5037 国网三压板指（　　）。

（A）检修压板；（B）远方修改定值；（C）远方控制压板；（D）远方切换定值区。

答案：BCD

La5C5038 目前，纯光学互感器的关键技术难点主要集中在（　　）几个方面。

（A）传感材料的选择及传感头的组装技术；（B）温度对精度的影响；（C）振动对精度的影响；（D）长期稳定性。

答案：ABCD

Lb5C1039 消弧线圈的三种补偿方式为（　　）。

（A）过补偿；（B）全补偿；（C）欠补偿；（D）正补偿。

答案：ABC

Lb5C1040 带时限速断保护的保护范围是（　　）。

（A）本线全长；（B）下线始端一部分；（C）下线全长。

答案：AB

Lb5C1041 变压器差动保护不能取代瓦斯保护，其正确的原因是（   ）。

（A）差动保护不能反映油面降低的情况；（B）差动保护受灵敏度限制，不能反映轻微匝间故障，而瓦斯保护能反映；（C）差动保护不能反映绕组的断线故障，而瓦斯保护能反映；（D）因为差动保护只反映电气故障分量，而瓦斯保护能保护变压器内部所有故障。

答案：ABCD

Lb5C2042 大电流接地系统，电力变压器中性点接地方式有（   ）种。

（A）中性点直接接地；（B）经消弧线圈接地；（C）中性点不接地；（D）经电抗器接地。

答案：ABC

Lb5C2043 发电机并列条件是，待并发电机的（   ）与运行系统的相应值之差小于规定值。

（A）电流；（B）电压；（C）频率；（D）相位。

答案：BCD

Lb5C2044 网络报文记录与分析装置在智能变电站中的主要作用是（   ）。

（A）调试工具；（B）事前预警；（C）事后分析；（D）分析一次设备。

答案：ABC

Lb5C2045 后备保护可以分为（   ）。

（A）远后备；（B）近后备；（C）失灵保护。

答案：AB

Lb5C2046 在电感元件组成的电力系统中发生短路时，短路的暂态过程中将出现随时间衰减的（   ）自由分量。

（A）周期；（B）非周期；（C）直流。

答案：BC

Lb5C2047 智能变电站系统中，目前中国电力系统使用较为广泛的对时系统有（   ）。

（A）伽利略；（B）GPS；（C）北斗；（D）格洛纳斯。

答案：BC

Lb5C2048 智能变电站网络记录分析仪完成的基本功能包括（   ）。

（A）实时监视；（B）捕捉；（C）存储；（D）分析和统计。

答案：ABCD

Lb5C2049 电流继电器的主要技术参数有( )。

(A) 动作电流；(B) 返回电流；(C) 返回系数；(D) 动作功率。

答案：ABC

Lb5C3050 小接地电流系统单相接地故障时，故障线路的$3I_0$是( )。

(A) 某一非故障线路的接地电容电流；(B) 所有非故障线路的$3I_0$之和；(C) 本线路的接地电容电流；(D) 相邻线路的接地电容电流。

答案：BC

Lb5C3051 继电保护快速切除故障对电力系统有( )好处。

(A) 提高电力系统的稳定性；(B) 电压恢复快，电动机容易自启动并迅速恢复正常，从而减少对用户的影响；(C) 减轻电气设备的损坏程度，防止故障进一步扩大；(D) 短路点易于去游离，提高重合闸的成功率。

答案：ABCD

Lb5C3052 220kV 及以上电网继电保护的运行整定如果不能兼顾速动性、选择性或灵敏性的要求时，应按( )原则进行合理取舍。

(A) 局部电网服从整个电网；(B) 下一级电网服从上一级电网；(C) 局部问题自行消化；(D) 尽量照顾局部电网和下一级电网的需要。

答案：ABCD

Lb5C3053 近后备保护的定义是( )，近后备保护的优点是( )。

(A) 近后备保护就是在同一电气元件上装设 A、B 两套保护，当保护 A 拒绝动作时，由保护 B 动作于跳闸，当断路器拒绝动作时，保护动作后带一定时限作用于该母线上所连接的各路电源的断路器跳闸；(B) 近后备保护的优点是能可靠地起到后备作用，动作迅速，在结构复杂的电网中能够实现选择性的后备作用；(C) 近后备保护就是在同一电气元件上装设 A、B 两套保护，当保护 A 拒绝动作时，由保护 B 动作于跳闸，当断路器拒绝动作时，保护动作后不带延时作用于该母线上所连接的各路电源的断路器跳闸；(D) 近后备保护的优点是能可靠地起到后备作用，动作慢，在结构复杂的电网中能够实现选择性的后备作用。

答案：AB

Lb5C3054 综合重合闸的运行方式有( )。

(A) 单相；(B) 三相；(C) 综合；(D) 停用。

答案：ABCD

Lb5C3055 在检定同期、检定无压重合闸装置中，下列的做法正确的是( )。

(A) 只能投入检定无压或检定同期继电器的一种；(B) 两侧都要投入检定同期继电

器；（C）两侧都要投入检定无压和检定同期的继电器；（D）只允许有一侧投入检定无压的继电器。

答案：BD

Lb5C3056 下列属于变压器后备保护的是（　　）。

（A）主变差动保护；（B）主变复压过流保护；（C）主变零序过流保护；（D）主变间隙保护。

答案：BCD

Lb5C3057 近后备保护的优点是（　　）。

（A）能可靠的实现后备作用，动作迅速；（B）在结构复杂的电网中能够保证选择性；（C）可做相邻线的后备保护；（D）可简化二次接线。

答案：AB

Lb5C3058 母差保护跳闸的同时闭锁线路重合闸的作用是防止（　　）。

（A）非同期并列；（B）事故扩大；（C）遭受短路电流破坏；（D）遭受短路电流冲击。

答案：ABCD

Lb5C3059 电流互感器的二次负荷包括（　　）。

（A）表计和继电器电流线圈的电阻；（B）接线电阻；（C）二次电流电缆回路电阻；（D）连接点的接触电阻。

答案：ABCD

Lb5C3060 电压互感器在新投接入系统电压以后，应检验（　　）。

（A）测量每一个二次绕组的电压；（B）测量相间电压；（C）测量零序电压；（D）检验相序。

答案：ABCD

Lb5C3061 下列（　　）是电子式互感器的主要优势。

（A）动态范围大，不易饱和；（B）绝缘简单；（C）重量轻；（D）模拟量输出。

答案：ABC

Lb5C4062 小接地电流系统发生单相接地时，（　　）。

（A）接地电流很小；（B）线电压对称；（C）非故障相电压升高$\sqrt{3}$倍；（D）有负序电压分量。

答案：ABC

Lb5C4063 电力变压器差动保护在稳态情况下的不平衡电流的产生原因（　　）。

（A）各侧电流互感器型号不同；（B）正常变压器的励磁电流；（C）改变变压器调压分接头；（D）电流互感器实际变比和计算变比不同。

答案：ACD

Lb5C4064 35kV中性点不接地电网中，线路相间短路保护配置的原则是( )。

（A）当采用两相式电流保护时，电流互感器应装在各出线同名相上（例如A、C相）；（B）保护装置采用远后备方式；（C）如线路短路会使发电厂厂用电母线、主要电源的联络点母线或重要用户母线的电压低于额定电压的50%～60%时，应快速切除故障；（D）线路相间短路保护必须按三段式配置。

答案：ABC

Lb5C4065 关于GOOSE的描述，下述说法正确的有( )。

（A）GOOSE替代了传统的智能电子设备（IED）之间硬接线的通信方式；（B）为逻辑节点间的通信提供了快速且高效可靠的方法；（C）GOOSE消息包含数据有效性检查和消息的丢失、检查和重发机制；（D）可实现网络在线检测，当网络有异常时迅速给出告警，大大提高了可靠性。

答案：ABCD

Lb5C4066 关于过程层组网原则，下述说法正确的有( )。

（A）过程层网络、站控层网络应完全独立配置；（B）过程层网络和站控层网络可合并组网；（C）继电保护装置采用双重化配置时，对应的过程层网络亦应双重化配置；（D）数据流量不大时，过程层GOOSE和SV网络可考虑合并组网。

答案：ACD

Lb5C4067 电子式互感器按照一次传感部分是否需要供电，划分为( )两大类。

（A）有源电子式互感器；（B）无源电子式互感器；（C）光电式互感器；（D）组合式互感器。

答案：AB

Lb5C5068 在中性点经消弧线圈接地的电网中，过补偿运行时消弧线圈的主要作用是( )。

（A）改变接地电流相位；（B）减小接地电流；（C）消除铁磁谐振过电压；（D）减小单相故障接地时故障点的恢复电压。

答案：BC

Lb5C5069 电力系统过电压包括( )。

（A）操作过电压；（B）工频过电压；（C）谐振过电压；（D）大气过电压。

答案：ABCD

Lb5C5070 自耦变压器的接地保护应装设( )。

(A)零序过电流；(B)零序方向过电流；(C)零序过电压；(D)零序间隙过流。

答案：AB

Lb5C5071 电流速断保护的特点有( )。

(A)接线简单，动作可靠；(B)切除故障快，但不能保护线路全长；(C)保护范围受系统运行方式变化的影响较大；(D)保护范围受系统中变压器中性点接地数目变化影响较大。

答案：ABC

Lb5C5072 当保护失压时，( )保护需要退出运行。

(A)纵联方向保护；(B)纵联距离（零序）保护；(C)距离保护；(D)光线差动保护。

答案：ABC

Lb5C5073 在智能变电站过程层中使用到的网络有( )。

(A)MMS网；(B)GOOSE网；(C)SV网；(D)IEC 61588网。

答案：BC

Lb5C5074 高压开关控制回路中防跳继电器的动作电流应小于开关跳闸电流的( )，线圈压降应小于( )额定电压。

(A)高压开关控制回路中防跳继电器的动作电流应小于开关跳闸电流的1/3；(B)高压开关控制回路中防跳继电器的动作电流应小于开关跳闸电流的1/2；(C)线圈压降应小于10%额定电压；(D)线圈压降应小于20%额定电压。

答案：BC

Lc5C1075 电击是指人的内部器官受到电的伤害。当电流流过人的内部重要器官时，如( )等，将造成损坏，内部系统工作机能紊乱，严重时会休克甚至死亡。

(A)呼吸系统；(B)中枢神经系统；(C)免疫系统；(D)血液循环系统。

答案：ABD

Lc5C1076 常见的触电种类有( )。

(A)雷击电击；(B)残余电荷电击；(C)单相电击；(D)静电电击等。

答案：ABD

Lc5C3077 变压器油在多油断路器、少油断路器中各起的作用有( )。

(A)在多油断路器中起绝缘和灭弧作用；(B)在多油断路器中仅起灭弧作用；(C)少油

断路器中仅起灭弧作用；(D) 少油断路器中起绝缘和灭弧作用。

答案：AC

Jd5C1078　在电流互感器二次回路进行短路接线时，应用(　　)短路。

(A) 短路片；(B) 导线压接；(C) 保险丝；(D) 电阻丝。

答案：AB

Jd5C1079　新投入使用 CT 应进行(　　)。

(A) 绝缘检查；(B) 变比测量；(C) 极性测试；(D) 伏安特性测试。

答案：ABCD

Jd5C1080　继电器一般检查的内容有(　　)。

(A) 外部检查；(B) 内部及机械部分的检查；(C) 绝缘检查；(D) 电压线圈过流电阻的测定。

答案：ABCD

Jd5C2081　电气设备的运行状态有(　　)。

(A) 运行；(B) 热状态备用中；(C) 冷状态备用中；(D) 检修中。

答案：ABCD

Jd5C2082　清扫二次线时应注意(　　)。

(A) 使用的清扫工具应干燥，金属部分应包好绝缘；(B) 清扫时应穿长袖工作服；(C) 工作时必须小心谨慎，不应用力抽打，以免引起损坏设备元件或弄断线头；(D) 污浊严重时可以用水清洗。

答案：ABC

Jd5C2083　二次回路的电路图按任务不同可分为(　　)。

(A) 原理图；(B) 装置背板图；(C) 展开图；(D) 安装接线图。

答案：ACD

Jd5C2084　二次回路接线的要求是(　　)。

(A) 按图施工，接线正确；(B) 电气回路的连接（螺栓连接-插接-焊接等）应牢固可靠；(C) 电缆芯线和所配导线的端部均应标明其回路编号，编号应正确，字迹清晰且不易脱色；(D) 配线整齐、清晰、美观，导线绝缘良好，无损伤；(E) 盘、柜内有导线不应有接头；(F) 每个端子板的每侧接线一般为一根，不得超过两根。

答案：ABCDEF

Jd5C3085　智能终端的自检项目主要包括(　　)。

（A）出口继电器线圈自检；（B）绝缘自检；（C）控制回路断线自检；（D）断路器位置不对应自检；（E）定值自检；（F）程序 CRC 自检。

答案：ACDEF

Jd5C3086 以下关于互感器的说法不正确的是（　　）。

（A）电流互感器和电压互感器二次均可以开路；（B）电流互感器二次可以短路但不得开路，电压互感器二次可以开路但不得短路；（C）电流互感器和电压互感器二次均不可以短路；（D）电流互感器二次可以开路但不得短路，电压互感器二次可以短路但不得开路。

答案：ACD

Jd5C3087 防止触电的最有效措施是利用保护接地，具体做法有（　　）。

（A）将电器、电机及配电箱等金属外壳或支架及电缆的金属包皮、管路等，用导线和接地线紧密可靠的连接；（B）三相四线制的配电网，还可采用保护接中性线的措施，做法是将用电设备不带电的金属部分如用电设备的外壳与电网的中性线相接；（C）将电器、电机及配电箱等金属外壳或支架及电缆的金属包皮、管路等，用导线和家用自来水管紧密可靠的连接。

答案：AB

Jd5C4088 安装接线图中，对安装单位、同型号设备、设备顺序进行编号的方法有（　　）。

（A）安装单位编号以罗马数字Ⅰ，Ⅱ，Ⅲ…等来表示；（B）同型号设备，在设备文字标号前以数字来区别，如 1KA，2KA；（C）同一安装单位中的设备顺序是从左到右，从上到下以阿拉伯数字来区别，例如第一安装单位的 5 号设备为Ⅰ5；（D）同一安装单位中的设备顺序是从右到左，从上到下以阿拉伯数字来区别，例如第一安装单位的 5 号设备为Ⅰ5。

答案：ABC

Jd5C4089 在以下微机保护二次回路抗干扰措施的定义中，正确的是（　　）。

（A）强电和弱电回路不得合用同一根电缆；（B）保护用电缆与电力电缆不应同层敷设；（C）量要求使用屏蔽电缆，如使用普通铠装电缆，则应使用电缆备用芯，在开关场及主控室同时接地的方法，作为抗干扰措施；（D）应使用屏蔽电缆，电缆的屏蔽层应在开关场和控制室两端接地。

答案：ABD

Jd5C4090 电流继电器的主要技术参数有（　　）。

（A）选择性；（B）动作电流；（C）返回电流；（D）返回系数。

答案：BCD

Jd5C4091 电压互感器的接线方式有（　　）。

（A）Y，y，d 接线；（B）Y，y 接线；（C）V，v 接线；（D）Y，v 接线。

答案：ABC

Jd5C4092 采用电子式互感器的智能变电站，关于二次系统检修的变化之处有（　　）。

（A）现场无需校验电流或电压互感器的极性，极性由安装位置决定；（B）现场不存在回路电阻问题，无需测试回路电阻；（C）合并单元输出数据带有品质，不使用错误数据，无需二次回路接线检查；（D）光纤通信没有接地的可能，减轻了现场查接地的工作量。

答案：ABCD

Je5C1093 ZH-2 装置各通道可设置的定值类型有（　　）。

（A）突变量启动；（B）高越限启动；（C）电压通道低越限；（D）电流变差。

答案：ABCD

Je5C1094 指示断路器位置的红、绿灯不亮，对运行的影响有（　　）。

（A）不能正确反映断路器的跳、合闸位置或跳合闸回路完整性，故障时造成误判断；（B）如果是跳闸回路故障，当发生事故时，断路器不能及时跳闸，造成事故扩大；（C）如果是合闸回路故障，会使断路器事故跳闸后自投失效或不能自动重合；（D）跳、合闸回路故障均影响正常操作。

答案：ABCD

Je5C2095 新安装或二次回路经变动后的变压器差动保护须做（　　）工作后方可正式投运。

（A）应在变压器充电时将差动保护投入运行；（B）带负荷前将差动保护停用；（C）带负荷后测量负荷电流相量正确无误后；（D）带负荷后测量继电器的差电流或差电压正确无误后。

答案：ABCD

Je5C2096 "远方修改定值"软压板只能在装置本地修改。"远方修改定值"软压板投入时，（　　）可远方修改。

（A）软压板；（B）装置参数；（C）装置定值；（D）定值区。

答案：BC

Je5C2097 在带电的保护盘或控制盘上工作时，要采取的措施有（　　）。

（A）应将检修设备与运行设备以明显的标志（如红布帘）隔开；（B）履行工作票手续；（C）履行监护制度；（D）履行复诵制度。

答案：ABC

Je5C3098 长线的分布电容影响线路两侧电流的（　　）。

（A）大小；（B）相位；（C）频率。

答案：AB

Je5C3099 继电保护故障责任分析时，"整定计算错误"包括（　　）。

（A）未按电力系统运行方式的要求变更整定值；（B）整定值计算错误（包括定值及微机软件管理通知单错误）；（C）使用参数错误；（D）保护装置运行管理规定错误。

答案：ABCD

Je5C3100 光纤分相电流差动保护在主保护处于信号状态时，（　　）保护功能将退出。

（A）零序保护；（B）差动保护；（C）距离保护；（D）远跳功能。

答案：BD

Je5C3101 关于失灵保护的描述正确的有（　　）。

（A）主变保护动作，主变 220kV 开关失灵，启动 220kV 母差保护；（B）主变电气量保护动作，主变 220kV 开关失灵，启动 220kV 母差保护；（C）220kV 母差保护动作，主变 220kV 开关失灵，延时跳主变三侧开关；（D）主变 35kV 开关无失灵保护。

答案：BCD

Je5C3102 用分路试停的方法查找直流接地有时查找不到，可能是由于（　　）。

（A）分路正极接地；（B）分路负级接地；（C）环路供电方式合环运行；（D）充电设备或蓄电池发生直流接地。

答案：CD

Je5C3103 微机保护做全检的项目有（　　）。

（A）绝缘检验；（B）告警回路检验；（C）整组试验；（D）打印机检验。

答案：ABCD

Je5C3104 对以下气体继电器的运行注意事项的说法中正确的有（　　）。

（A）轻瓦斯作用于信号，重瓦斯作用于跳闸；（B）瓦斯保护应防水、防油渗漏，密封性好，必要时在气体继电器顶部安装防水罩；（C）气体继电器由中间端子箱引出电缆宜直接接到保护柜；（D）瓦斯保护的直流电源和出口跳闸回路应与电气量保护分开，按独立保护配置。

答案：ABCD

Je5C3105 继保现场工作保安规定对保护装置整组试验时的要求有（　　）。

（A）进行整组试验时，不宜采用将继电器接点短接的方法；（B）试验后不得再在二次回路上做任何工作，否则应做相应试验；（C）整组试验必须使用 80% 直流试验电源。

答案：AB

Je5C4106 控制回路断线的可能原因（　　）。

（A）分合闸线圈断线；（B）断路器辅助触点接触不良；（C）回路接线端子松动或断线；（D）断路器在合闸状态因液夺降低导致跳闸闭锁；（E）反映液压降低的继电器损坏；（F）跳闸或合闸位置继电器线圈损坏。

答案：ABCDEF

Je5C4107 连接保护装置的二次回路有（　　）。

（A）从电流互感器、电压互感器二次侧端子开始到有关继电保护装置的二次回路；（B）从继电保护直流分路熔丝开始到有关保护装置的二次回路；（C）从保护装置到控制屏和中央信号屏间的直流回路；（D）继电保护装置出口端子排到断路器操作箱端子排的跳、合闸回路。

答案：ABCD

Je5C4108 为增强继电保护的可靠性，重要变电站宜配置两套直流系统，同时要求（　　）。

（A）任何时候两套直流系统均不得有电的联系；（B）两套直流系统同时运行互为备用；（C）两套直流系统正常时并列运行；（D）两套直流系统正常时分列运行。

答案：BD

Je5C4109 母线充电时，必须投入母联（　　）。

（A）充电投入功能压板；（B）充电投入跳闸出口压板；（C）两者均不投入。

答案：AB

Je5C4110 下列情况中，（　　）将对重合闸实行闭锁。

（A）手动分闸；（B）线路主保护动作；（C）母差保护动作；（D）后备距离保护动作；（E）阻抗保护。

答案：ACD

Je5C4111 "不对应"原理是指（　　）。

（A）控制开关的位置与断路器的位置不对应；（B）双位置继电器的位置与断路器的位置不对应；（C）合闸位置继电器与断路器的位置不对应；（D）分闸位置继电器与断路器的位置不对应。

答案：AB

Je5C4112 BP-2B 和 RCS-915 母差保护母联极性的规定有（　　）。

（A）BP-2P 装置默认母联电流互感器的极性与Ⅱ母上的元件一致；（B）BP-2P 装置默认母联电流互感器的极性与Ⅰ母上的元件一致；（C）RCS-915 装置母联电流互感器同名

端在母线Ⅰ侧；(D) RCS-915装置母联电流互感器同名端在母线Ⅱ侧。

答案：AC

Je5C5113 由开关场至控制室的二次电缆采用屏蔽电缆且要求屏蔽层两端接地是为了降低( )。

(A) 开关场的空间电磁场在电缆芯线上产生感应，对静态型保护装置造成干扰；(B) 相邻电缆中信号产生的电磁场在电缆芯线上产生感应，对静态型保护装置造成干扰；(C) 本电缆中信号产生的电磁场在相邻电缆的芯线上产生感应，对静态型保护装置造成干扰；(D) 由于开关场与控制室的地电位不同，在电缆中产生干扰。

答案：ABC

Je5C5114 在一次设备运行而停用部分保护进行工作时，应特别注意( )。

(A) 注意断开不经连接片的跳闸线；(B) 注意断开不经连接片的合闸线；(C) 注意断开不经连接片、与运行设备有关的连线；(D) 注意断开电流回路；(E) 注意断开电压回路。

答案：ABC

Je5C5115 整组试验的《反措》要求有( )。

(A) 电流及电压端子通入与故障情况相符的模拟故障量；(B) 保护装置应处于与投入运行完全相同的状态；(C) 检查保护回路及整定值的正确性；(D) 不允许用卡继电器触点、短接触点或类似的人为手段做保护装置的整组试验。

答案：ABCD

Je5C5116 低周减载装置定检应做( )试验。

(A) 低压闭锁回路检查；(B) 滑差闭锁；(C) 负荷特性检查；(D) 功角特性检查。

答案：AB

Jf5C1117 运行中的电气设备是指( )。

(A) 全部带有电压；(B) 一部分带电压；(C) 一经操作即带电；(D) 投运设备。

答案：ABC

Jf5C1118 在电气设备上工作时，保证安全的组织措施有( )。

(A) 工作票制度；(B) 工作许可制度；(C) 工作监护制度；(D) 工作间断、转移和终结制度。

答案：ABCD

Jf5C2119 站用交直流一体化电源包括( )。

(A) 交流不间断电源；(B) 逆变电源；(C) 站用变压器；(D) 直流变换电源。

答案：ABD

Jf5C2120 在检查继电器时，对使用的仪表、仪器的要求有（   ）。

（A）所用仪表一般应不低于 0.5 级；（B）万用表应不低于 1.5 级；（C）真空管电压表应不低于 2.5 级；（D）试验用的变阻器、调压器等应有足够的热稳定，其容量应根据电源电压的高低、整定值要求和试验接线而定，并保证均匀平滑地调整。

答案：ABCD

Jf5C2121 扑灭电气火灾时应注意（   ）。

（A）切断电源，火灾现场尚未停电时，应设法先切断电源；（B）防止触电，人身与带电体之间保持必要的安全距离，电压 110kV 及以下者不应小于 3m，220kV 及以上者不应小于 5m；（C）发动周围的居民积极参与灭火救灾；（D）泡沫灭火器不宜用于带电灭火。

答案：ABD

Jf5C3122 禁止使用（   ）等非绝缘工具进行测量。

（A）皮尺；（B）绝缘绳索；（C）普通绳索；（D）线尺。

答案：ACD

Jf5C4123 高压断路器的主要结构有（   ）。

（A）导电部分；（B）灭弧部分；（C）绝缘部分；（D）操作部分。

答案：ABCD

Jf5C4124 对于意识丧失的触电伤员，应在 10s 内，用看、听、试的方法，判定伤员呼吸和心跳情况，若看、听、试无结果，既无呼吸又无颈动脉跳动，可判定呼吸和心跳停止。其中正确方法有（   ）。

（A）看伤员的胸部、腹部有无起伏动作；（B）用耳贴近伤员的鼻处，听有无呼气声音；（C）用手背前部试测口鼻有无呼气的气流，再用两手指轻试喉结旁凹陷处的颈动脉有无搏动。

答案：ABC

1.4 计算题

La5D1001 如图所示，已知三相负载的阻抗相同，PA1 表的读数 $I_1 = X_1 A$，则 PA2 表的读数 $I_2 = \underline{\hspace{2cm}}$ A。（保留两位小数）

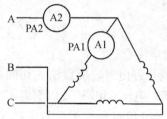

X_1 取值范围：13，14，15，16，17

计算公式： $I_2 = \sqrt{3} \times I_1 = \sqrt{3} \times X_1$

La5D1002 某一正弦交流电的表达式为 $i = \sin(X_1 t + 30°)$ A，其角频率 $\omega = \underline{\hspace{2cm}}$ rad/s，频率 $f = \underline{\hspace{2cm}}$ Hz。（保留小数点后一位）

X_1 取值范围：1000，1500，2000

计算公式： $\omega = X_1$

$$f = \frac{\omega}{2\pi} = \frac{X_1}{2 \times 3.14}$$

La5D1003 已知 X_1 Hz 电源每个周波采样 20 个点，则采样间隔 $T_s = \underline{\hspace{2cm}}$ ms，采样频率 $f = \underline{\hspace{2cm}}$ Hz。（保留整数）

X_1 取值范围：50，100，200

计算公式： $T_s = \dfrac{X_1}{50}$

$$f = X_1 \times 20$$

La5D2004 某交流电的周期为 X_1 s，则这个交流电的频率 $f = \underline{\hspace{2cm}}$ Hz。（保留整数）

X_1 取值范围：0.01，0.02，0.04，0.05

计算公式： $f = \dfrac{1}{T} = \dfrac{1}{X_1}$

La5D2005 把 $L = X_1$ H 的电感线圈接在 $U = 220$ V、$f = 50$ Hz 的交流电源上，则感抗 $X_L = \underline{\hspace{2cm}}$ Ω，电流 $I = \underline{\hspace{2cm}}$ A。（保留一位小数）

X_1 取值范围：0.1，0.2，0.3

计算公式： $X_L = \omega L = 314 X_1$

$$I = \frac{0.7}{X_1}$$

La5D2006　有一工频正弦电压 $u=100\sin(\omega t-42°)$ V，当在 $t=X_1$ s 时，可得出该电压的瞬时值是 $U=$ _____ V。（保留一位小数且圆周率取 3.14）

X_1 取值范围：0.001～0.009 且带三位小数的值

计算公式：$U=100\sin(\omega t-42°)=100\times\sin(2\times3.14\times50\times X_1\times180/3.14-42°)$

La5D3007　某一正弦交流电的表达式为 $i=\sin(1000t+X_1)$ A，其初相角是 $\Phi=$ _____。（保留整数且圆周率取 3.14）

X_1 取值范围：0.157，0.314，0.5

计算公式：$\Phi=\dfrac{X_1\times180}{3.14}$

La5D3008　已知输入信号中最高频率为 X_1 Hz，为真实还原采样信号，不发生混频现象，应采用的采样信号频率必须大于 $f=$ _____ Hz。（保留整数）

X_1 取值范围：500，1000，1500

计算公式：$f=X_1\times2$

La5D3009　如图所示，已知三相负载阻抗相同，且 PV2 表的读数 $U_2=X_1$ V，则 PV1 表的读数 $U_1=$ _____。（保留两位小数）

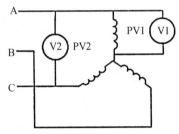

X_1 取值范围：360，370，380，390

计算公式：$U_1=\dfrac{U_2}{\sqrt{3}}=\dfrac{X_1}{\sqrt{3}}$

La5D4010　某导体的电导 $G=X_1$ s，两端加电压 $U=10$ V，则电流为 $I=$ _____ A，电阻值为 $R=$ _____ Ω。（保留一位小数）

X_1 取值范围：0.1，0.2，0.4，0.5

计算公式：$I=UG=10\times X_1$

$$R=\dfrac{1}{G}=\dfrac{1}{X_1}$$

La5D4011　如图所示，在实现零序电压滤过器接线时，将电压互感器二次侧开口三角形侧 b 相绕组的极性接反。若已知电压互感器的一次侧相间电压为 X_1 kV，一次绕组与

开口三角形绕组之间的变比为，则正常情况下 mn 两端的电压 $U_{mn}=$ _____ V。（保留两位小数）

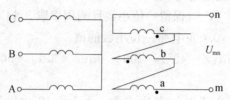

X_1 取值范围：105，110，115

计算公式： $\dot{U}_a - \dot{U}_b + \dot{U}_c = -2\dot{U}_b$

$$U_{mn} = \frac{\dfrac{2 \times X_1}{\sqrt{3}} \times 1000}{\dfrac{110}{\sqrt{3}} \times 10/1}$$

La5D5012　已知某电压表达式 $U = A\sin(\omega t + \varPhi_0)$ V，其中 A 为 X_1，ω 为 X_2，$\varPhi_0$ 为 X_3，则振幅 $U_m=$ _____ V，初相角 $\varPhi_0=$ _____，周期 $T=$ _____ s。（保留两位小数）

X_1 取值范围：50，100，150，200

X_2 取值范围：157，314，628

X_3 取值范围：30°，60°，90°，120°

计算公式： $U_m = X_1$　　　$\varPhi_0 = X_3$　　　$T = \dfrac{1}{f} = \dfrac{2\pi}{\omega} = \dfrac{2 \times 3.14}{X_2}$

La5D5013　某一正弦交流电的表达式 $i = X_1\sin(X_2 t + X_3)$ A，则其有效值 $I=$ _____ A，频率 $f=$ _____ Hz，初相角 $\varPhi_0=$ _____。（保留两位小数）

X_1 取值范围：1，2，3，4

X_2 取值范围：500，1000，1500，2000

X_3 取值范围：30°，40°，50°，60°

计算公式： $I = \dfrac{X_1}{\sqrt{2}}$　　　$f = \dfrac{X_2}{2 \times 3.14}$　　　$\varPhi_0 = X_3$

Lb5D2014　如果 VFC 的最大工作频率为 X_1 MHz，则采样间隔采用 $T_s=$ _____ ms 才能使其计数值相当于 12 位的 AD 转换的精度。（保留两位小数）

X_1 取值范围：3，4，5

计算公式： $T_s = \dfrac{X_1 \times 1.024}{4}$

Lb5D2015　已知一电阻 $R = X_1 \Omega$，当加上 $U = 6.3$V 电压时，电阻上的电流 $I=$ _____ A。（保留三位小数）

X_1 取值范围：10，20，30，40

计算公式：$I = \dfrac{U}{R} = \dfrac{6.3}{X_1}$

Lb5D2016 空心线圈的电流为 X_1A 时，磁链为 0.01Wb，可得知该线圈的电感是 $L=$＿＿＿＿＿＿ H。（保留一位小数）

X_1 取值范围：1 到 20 之间的整数

计算公式：$L = \dfrac{\Psi}{I} = \dfrac{0.01}{X_1}$

Lb5D2017 一个额定电压 $U=X_1$V 的中间继电器，线圈电阻 $R_1=6.8\text{k}\Omega$，运行时串入电阻 $R_2=2\text{k}\Omega$ 的电阻，此时该电阻的功率 $P=$＿＿＿＿＿＿。（保留两位小数）

X_1 取值范围：110，200，220

计算公式：$P = I^2 R_2 = \left(\dfrac{U}{R_1+R_2}\right)^2 R_2 = \left(\dfrac{X_1}{6800+2000}\right)^2 \times 2000$

Lb5D2018 有额定电压 11kV、额定容量 S_n 为 X_1kW 的电容器 48 台，每 4 台串联后再并联星接，请计算每相电容器组额定电流 $I_n=$＿＿＿＿＿＿ A。（保留两位小数）

X_1 取值范围：600，800，100，12

计算公式：$I_n = \dfrac{S_n}{U_n} \times 4 = \dfrac{X_1}{11} \times 4$

Lb5D3019 欲使 $I=200\text{mA}$ 的电流流过一个 $R=X_1\Omega$ 的电阻，则需要在该电阻的两端施加的电压为 $U=$＿＿＿＿＿＿ V。（保留整数）

X_1 取值范围：50，60，70，80，90，100

计算公式：$U = IR = 0.2 \times X_1$

Lb5D3020 如图所示电路，直流电流源 $I_s=2\text{A}$，$R_1=X_1\Omega$，$R_2=0.8\Omega$，$R_3=3\Omega$，$R_4=2\Omega$，$C=0.2\text{F}$，当电路稳定时，电容 C 上的电压是 $U_C=$＿＿＿＿＿＿ V，以及电容 C 储能可达到 $W_C=$＿＿＿＿＿＿ W。（保留两位小数）

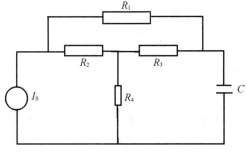

X_1 取值范围：1～5 之间的整数

计算公式：$U_c = 4 + \dfrac{X_1}{1.0 + 3.8}$

$$W_c = 0.1 \times \left(4 + \dfrac{4.8}{X_1 + 3.8}\right)^2$$

Lb5D3021 如图所示直流电路，$E = X_1$V，$R = 200\Omega$，$C = 2.5 \times 10^{-4}$F，求当开关 K 合闸后 $t = 0.1$s 时，电容 C 上的电压值 $U_c = $ _____ V。（保留一位小数）

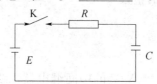

X_1 取值范围：50，100，150，200，300

计算公式：$U_c = E(1 - e^{-\frac{t}{\tau}}) = U(1 - e^{\frac{t}{RC}}) = X_1 \times (1 - e^{-\frac{0.1}{0.05}})$

Lb5D3022 用一只内阻 R_n 为 1800Ω、量程为 150V 的电压表测量 $U = X_1$V 的电压，必须串接上的电阻 $R = $ _____ Ω。（保留整数）

X_1 取值范围：400～800 之间的整数

计算公式：$R = \dfrac{(X_1 - 150) \times 1800}{150}$

Lb5D4023 一个额定电压 $U_n = 220$V、额定功率 $P_n = X_1$W 的灯泡接在 $U = 220$V 的交流电源上，则通过灯泡的电流 $I = $ _____ A，灯泡的电阻值 $R = $ _____ Ω。（保留两位小数）

X_1 取值范围：30，60，90，120

计算公式：$I = \dfrac{P_n}{U} = \dfrac{X_1}{220}$

计算公式：$R = \dfrac{U^2}{P} = \dfrac{220^2}{X_1}$

Lb5D4024 当一测量阻抗实部 a 为 $X_1 \Omega/\text{ph}$，虚部 b 为 j4 时，该阻抗的模值 $|Z| = $ _____ Ω/ph，阻抗角度 $Y = $ _____。（保留一位小数）

X_1 取值范围：1～10 之间的整数

计算公式：$|Z| = \sqrt{a^2 + b^2} = \sqrt{X_1^2 + 4^2}$

计算公式：$Y = \arctan \dfrac{4}{X_1}$

Lb5D5025 某电阻 $R = X_1 \Omega$，在电阻两端加交流电压 $U = 220\sin314t$，求电阻上流过电流的有效值 $I = $ _____ A，电阻消耗的功率 $P = $ _____ W，并计算当 $t = 0.01$s 时，该电流瞬时值是 $i = $ _____ A。（保留一位小数）

X_1 取值范围：50，100，150，200

计算公式：$I = \dfrac{220}{X_1}$

$$P = \dfrac{U^2}{R} = \dfrac{220^2}{X_1}$$

$$I = \dfrac{U}{R} = \dfrac{\sqrt{2} \times 220 \times \sin(314 \times 0.01 \times 180/3.14)}{X_1}$$

Jd5D1026 根据国际规定，电力系统谐波要监测最高次数 X_1 次谐波，一台录波装置如果要达到上述要求，从采样角度出发，每个周波（指工频 50Hz）至少需要采样 $Y = $ _____点。（保留整数）

X_1 取值范围：17，18，19

计算公式： $Y = X_1 \times 2$

Jd5D3027 空心线圈的电流 $i = 10A$ 时，磁链 $\varphi = X_1$ Wb，该线圈的匝数 $W = 100$，试求其每匝的磁通韦伯 $Y = $ _____$\times 10^{-4}$。（保留整数）

X_1 取值范围：0.01 到 0.1 之间带两位小数的值

计算公式： $Y = \dfrac{\varphi}{W} = \dfrac{X_1}{100} \times 10000$

Jd5D3028 一只标有额定电压 $U_n = 220V$、额定电流 $I_n = X_1 A$ 的电度表，则该表可以测量负载的电功率 $P = $ _____ W，可接功率 $P_1 = 60W$ 的电灯 $N = $ _____盏。（保留整数）

X_1 取值范围：5，10，15，20

计算公式： $P = UI = 220 \times X_1$

$$N = \dfrac{UI}{P_1} = \dfrac{220 \times X_1}{60}$$

Je5D2029 某用户供电电压 $U = 220V$，测得该用户电流 $I = X_1 A$，有功功率 $P = 2kW$，则该用户的 $\cos\varphi = $ _____。（保留两位小数）

X_1 取值范围：11，12，13，14

计算公式： $\cos\varphi = \dfrac{P}{UI} = \dfrac{2000}{220 \times X_1}$

Je5D2030 电流启动的防跳中间继电器，用在额定电流 $I_e = X_1 A$ 的跳闸线圈回路中，在选择电流线圈的额定电流时，应选择 $I = $ _____ A。（保留两位小数）

X_1 取值范围：2，2.5，3

防跳中间继电器电流线圈的额定电流，应有两倍灵敏度来选择。

计算公式： $I = \dfrac{X_1}{2}$

Je5D3031 某断路器合闸接触器的线圈电阻 $R = X_1 \Omega$，直流电源为 220V，重合闸继电器额定电流应取 $I_e =$ _____ A。（灵敏度可取 1.5，保留一位小数）

X_1 取值范围：400，500，600

断路器合闸接触器线圈的电流为：

计算公式： $I = \dfrac{220}{600} = 0.366$

为保证可靠合闸，重合闸继电器额定电流的选择应与合闸接触器线圈相配合，并保证对重合闸继电器的动作电流有不小于 1.5 的灵敏度，故重合闸继电器的额定电流应为

$$I_e = \frac{0.366}{1.5}$$

Je5D3032 有一用户，用一个电开水壶 $P_1 = X_1 \mathrm{W}$，每天使用 $T_1 = 2\mathrm{h}$，三只 $P_2 = X_2 \mathrm{W}$ 的白炽灯泡每天使用 $T_2 = 4\mathrm{h}$。问 $T = 30\mathrm{d}$ 的总用电量 $W =$ _____ kW·h。（保留整数）

X_1 取值范围：500，800，1000，1200，1500，2000

X_2 取值范围：100，200，60，40

计算公式： $W = \dfrac{(P_1 \times T_1 + 3 \times P_2 \times T_2) \times T}{1000} = \dfrac{(X_1 \times 2 + 4 \times 3 \times X_2) \times 30}{1000}$

Je5D3033 一电流继电器在刻度值为 $X_1 \mathrm{A}$ 的位置下，五次检验动作值分别为 4.95A、4.9A、4.98A、5.02A、5.05A，则该继电器在 5A 的整定位置下的平均值是 $Y_1 =$ _____ A，离散值是 $Y_2 =$ _____ %。（保留两位小数）

X_1 取值范围：4.9，5，5.1

计算公式： $Y_1 = \dfrac{4.95 + 4.9 + 4.98 + 5.02 + 5.05}{X_1}$

$$离散值 = \frac{与平均值相差最大的值 - 平均值}{平均值}$$

$$Y_2 = \frac{4.9 - Y_1}{4.98}$$

Je5D3034 用一只标准电压表检定甲、乙两只电压表时，读得标准表的指示值为 $X_1 \mathrm{V}$，甲、乙两表的读数各为 101V 和 99.5V，则甲表绝对误差 $Y_1 =$ _____，乙表绝对误差 $Y_2 =$ _____。（保留一位小数）

X_1 取值范围：90，100，110

计算公式： $Y_1 = 101 - X_1$

$Y_2 = 99.5 - X_1$

Je5D3035 某居民用户安装的是一只单相 $U = X_1 \mathrm{V}$，$I = 5$（20）A 的电能表，则该用户同时使用的电器功率和为 $P =$ _____ W；若只接照明负载，可接 80W 的电灯 $N =$

_____盏。（保留整数）

X_1 取值范围：180，200，220，240

计算公式：$P = UI = X_1 \times 20$

$$N = \frac{X_1 \times 20}{80}$$

Je5D3036 有一灯光监视的控制回路，其额定电压为 220V，现选用额定电压为 220V 的 DZS-115 型中间继电器。中间继电器串接于回路中，该继电器的直流电阻 $R_K = 15k\Omega$，如回路的信号灯为 110V、8W，灯泡电阻 $R_{HG} = 1510\Omega$，附加电阻 $R_{ad} = X_1\Omega$，合闸接触器的线圈电阻 $R_{KM} = 224\Omega$，试问当回路额定值在 80％ 时，继电器线圈两端的电压 $U_K =$ _____ V。（保留一位小数）

X_1 取值范围：2000～3000 之间的整数

计算公式：$U_K = \dfrac{0.8U_eR_K}{R_K + R_{HG} + R_{ad} + R_{KM}} = \dfrac{0.8 \times 220 \times 15000}{15000 + 1510 + X_1 + 224}$

Je5D4037 有一只 DS-30 型时间继电器，当使用电压为 220V、电流不大于 0.5A、时间常数 τ 不大于 X_1ms 的直流有感回路，继电器断开触点（即常开触点）的断开功率 P 不小于 50W，试根据技术条件的要求，计算出触点电路的有关参数，即触点开断电流 $I =$ _____ A，触点电阻 $R =$ _____ Ω，触点电感 $L =$ _____ H。（保留两位小数）

X_1 取值范围：2～6 之间的整数

计算公式：$I = \dfrac{P}{U} = \dfrac{50}{220}$ $\qquad R = \dfrac{U^2}{P} = \dfrac{220^2}{50}$ $\qquad L = \dfrac{X_1 \times 220^2}{50} \times 0.001$

Je5D4038 某设备装有电流保护，电流互感器的变比 nTA＝200/5，电流保护整定值 $I_{op} = X_1$A，如果一次电流整定值不变，将电流互感器变比改为 300/5，其二次动作电流整定值 $I_{set} =$ _____ A。（保留一位小数）

X_1 取值范围：4，8，10

当电流互感器的变比改为 300/5 后，其整定值应为：

计算公式：$I_{set} = (X_1 \times 200/5) \div (300/5)$

Je5D4039 一台变压器的额定容量 $S_n = X_1$kV·A，额定电压为（220±2×2.5％/110）kV，则该变压器高压侧额定电流 $I_1 =$ _____ A，低压侧额定电流 $I_2 =$ _____ A。（保留两位小数）

X_1 取值范围：80000，90000，100000

计算公式：$I_1 = \dfrac{S_n}{\sqrt{3}U_1} = \dfrac{X_1}{\sqrt{3} \times 220}$ $\qquad I_2 = \dfrac{S_n}{\sqrt{3}U_2} = \dfrac{X_1}{\sqrt{3} \times 110}$

Je5D4040 有一台额定容量为 120000kV·A 的电力变压器，安装在某地区变电所内，该变压器的额定电压为 X_1/121/11kV，连接组别为 YN，yn12，d11，当该变压器在额定运行工况下，请计算高压侧相电流 $I_{11} = $ _____ A，中压侧相电流 $I_{12} = $ _____ A，低压侧相电流 $I_{13} = $ _____ A。（设高压侧相电流 I_{11}，中压侧相电流 I_{12}，低压侧相电流 I_{13}）（保留整数）

X_1 取值范围：220，330，500

计算公式：$I_{11} = \dfrac{S_n}{\sqrt{3} U_{1n}} = \dfrac{120000}{\sqrt{3} \times X_1}$

$I_{12} = \dfrac{S_n}{\sqrt{3} U_{2n}} = \dfrac{120000}{\sqrt{3} \times 121}$

$I_{13} = \dfrac{S_n}{\sqrt{3} U_{3n}} = \dfrac{120000}{\sqrt{3} \times 11 \times \sqrt{3}}$

Je5D5041 某台电力变压器的额定电压为 220/121/11kV，连接组别为 YN，yn，d12-11，已知高压绕组 $N_1 = X_1$ 匝，请问变压器的中压侧绕组 $N_2 = $ _____ 匝，低压侧绕组 $N_3 = $ _____ 匝。（保留整数）

X_1 取值范围：3000～4000 之间的整数

计算公式：$N_2 = \dfrac{N_1 \times U_2}{U_1} = \dfrac{X_1 \times 121}{220}$

$N_3 = \dfrac{N_1 \times U_3}{U_1} = \dfrac{X_1 \times \sqrt{3} \times 11}{220}$

Je5D5042 一只 DS-30 型时间继电器，当使用电压为 220V、电流不大于 0.5A、时间常数 τ 不大于 5ms 的直流有感回路，继电器断开触点（即常开触点）的断开功率 P 不小于 X_1W，试根据技术条件的要求，计算出触点电路的有关参数，即触点开断电流 $I = $ _____ A，触点电阻 $R = $ _____ Ω，触点电感 $L = $ _____ H。（保留两位小数）

X_1 取值范围：40 到 60 之间的整数

计算公式：$I = \dfrac{P}{U} = \dfrac{X_1}{220}$

$R = \dfrac{U^2}{P} = \dfrac{220^2}{X_1}$

$L = \tau \dfrac{U^2}{P} = 5 \times 10^{-3} \times \dfrac{220^2}{X_1}$

1.5 识图题

Lb5E3001 如图所示，接线在三相短路时电流互感器的负载阻抗为（　　）。

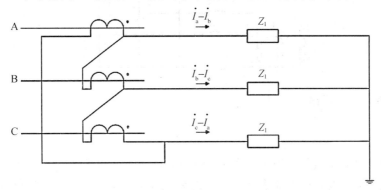

（A）$4Z_1$；（B）Z_1；（C）$2Z_1$；（D）$3Z_1$。

答案：D

Lb5E3002 阅读下图，（a）、（b）两图为（　　）回路图。

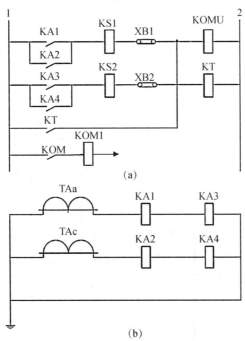

（A）三段式电流保护；（B）两段式电流保护；（C）复合电压过电流保护；（D）带延时的过流电流保护。

答案：B

Lb5E4003 下图为电流互感器三相星形连接方式的原理接线图。（　　）

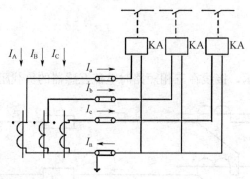

（A）正确；（B）错误。

答案：**A**

Jd5E2004　试验接线如图所示，合上开关 S，电压表、电流表、功率表均有读数；打开 S 时电压表读数不变，但电流表和功率表的读数都增加了，由此可判断负载是（　　　）。

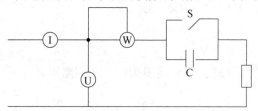

（A）电感性；（B）电容性；（C）纯电感性；（D）纯电容性。

答案：**A**

Jd5E5005　如图所示，电压互感器二次电压表接线图（　　　）。

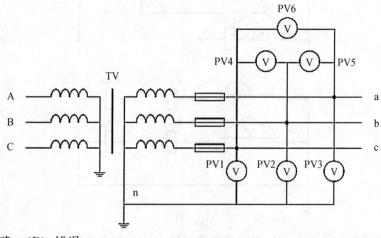

（A）正确；（B）错误。

答案：**A**

Je5E1006　下图是手动电压切换图，请判断是否正确。（　　　）

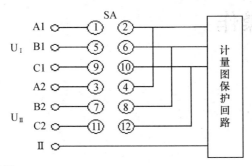

（A）正确；（B）错误。

答案：A

Je5E2007 下图是闪光信号回路图。（   ）

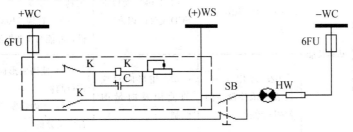

（A）正确；（B）错误。

答案：A

2 技能操作

2.1 技能操作大纲

继电保护工技能鉴定 技能操作考核大纲

等级	考核方式	能力种类	能力项	考核项目	考核主要内容
初级工	技能操作	基本技能	01. 电气识图	01. 110kV 及以下 SCD 文件的识读	（1）使用规定的 SCD 文件配置工具 （2）看懂 110kV 及以下 SCD 文件，并能写出数据流
			02. 常用工具、仪表和试验设备的使用及维护	01. 钳形向量仪的使用及向量图绘制	（1）使用钳形向量仪对装置向量进行测量 （2）正确绘制向量图以及正确进行向量分析
		专业技能	01. 常规变电站检验和调试	01. RCS941 型线路保护检验	对 RCS941 型线路保护进行试验
				02. WXH811A 型线路保护检验	对 WXH811A 型线路保护进行试验
				03. CSC161A 型线路保护检验	对 CSC161A 型线路保护进行试验
				04. CSC150 型母差保护检验	对 110kV 的 CSC150 型母差保护进行试验
				05. 电流互感器试验	进行电流互感器变比、极性及二次绕组电阻与伏安特性试验
				06. 电压互感器试验	进行电压互感器变比、极性试验
		相关技能	01. 安全文明生产	01. 一般二次安装技能	制作二次电缆头，保护屏配线

2.2 技能操作项目

2.2.1 JB5JB0101 110kV 及以下 SCD 文件的识读

一、作业

（一）工器具、材料、设备

（1）工器具：无。

（2）材料：无。

（3）设备：计算机（已安装南瑞继保公司 SCD 配置工具软件 SCL Configurator）。

（二）安全要求

无。

（三）操作步骤及工艺要求（含注意事项）

根据现场给定的 SCD 文件，由监考人员随机指定某 110kV 线路间隔，利用 SCL Configurator 软件找到该间隔的相关设备并导出该间隔的虚端子表。

二、考核

（一）考核场地

考场可设在电脑机房。

（二）考核时间

考核时间为 30min。

（三）考核要点

（1）本考核项目由一人独立完成。

（2）能够较熟练的使用 SCD 配置工具软件 SCL Configurator。

（3）熟悉 110kV 及以下保护装置的数据流。

三、评分标准

行业：电力工程　　　　　　　　工种：继电保护工　　　　　　　　等级：初级工

编号	JB5JB0101	行为领域	e	鉴定范围			
考核时限	30min	题型	B	满分	100 分	得分	
试题名称	110kV 及以下 SCD 文件的识读						
考核要点及其要求	（1）本考核项目由一人独立完成 （2）能够较熟练的使用 SCD 配置工具软件 SCL Configurator （3）熟悉 110kV 及以下保护装置的数据流						
现场设备、工器具、材料	计算机（已安装南瑞继保公司 SCD 配置工具软件 SCL Configurator）						
备注							

评分标准

序号	考核项目名称	质量要求	分值	扣分标准	扣分原因	得分
1	工作前/后安措	按照规程要求，做好SCD文件的备份	10	操作前未进行SCD文件备份，扣10分		
2	SCD文件的识读	利用SCL Configurator软件找到规定的110kV间隔的相关设备	40	（1）不能正确使用SCL Configurator软件 （2）不能找到规定间隔的合并单元 （3）不能找到规定间隔的智能终端 （4）不能找到规定间隔的保护装置 （5）不能找到相关合并单元、智能终端、保护装置的SV、GOOSE输入端子 （6）不能导出规定间隔的虚端子表 每项8分，扣完为止		
3	数据流的检查	利用SCD文件或者导出的虚端子表，对该间隔数据流进行检查，指出其存在的问题	40	每项8分，扣完为止		
4	现场恢复及报告编写	恢复工作现场、编写试验报告	10	（1）试验报告缺项漏项，每项2分，扣完为止 （2）未整理现场，扣5分		
5	故障	故障设置方法	40	故障现象（以下故障任取5个，每项8分）	故障排除	
6	故障1	保护电压AB倒相	8	SV的inputs中保护电压AB相关联相反		
7	故障2	缺少C相保护电流	8	SV的inputs中保护电流C相未关联第二通道		
8	故障3	缺少合并单元通道延时	8	SV的inputs中未关联合并单元通道延时		
9	故障4	保护A相电流关联错	8	SV的inputs中保护电流A相关联到其他间隔合并单元		

评分标准						
序号	考核项目名称	质量要求	分值	扣分标准	扣分原因	得分
10	故障 5	缺少低气压闭锁开入	8	保护低气压闭锁开入未关联		
11	故障 6	缺少 B 相跳闸	8	智能终端 inputs 中缺少 B 相跳闸		
12	故障 7	缺少重合闸	8	智能终端 inputs 中缺少重合闸		

2.2.2 JB5JB0201 钳形向量仪的使用及向量图绘制

一、作业

（一）工器具、材料、设备

（1）工器具：钳形向量仪。

（2）材料：无。

（3）设备：继电保护试验台（常规型）、继电保护装置。

（二）安全要求

无。

（三）操作步骤及工艺要求（含注意事项）

现场给定二次有功功率 P、二次无功功率 Q，根据二次标准线电压 100V 解算出 U、I 大小和角度，利用继电保护试验台通入保护装置并使用钳形向量仪测量，最终画出向量图。

二、考核

（一）考核场地

满足要求的保护屏一面。

（二）考核时间

考核时间为 30min。

（三）考核要点

（1）本考核项目由一人独立完成。

（2）熟悉向量的概念并能够进行相关计算。

（3）熟悉钳形向量仪的使用和向量图的绘制。

三、评分标准

行业：电力工程　　　　　　　　　工种：继电保护工　　　　　　　　　等级：初级工

编号	JB5JB0201	行为领域	e	鉴定范围		
考核时限	30min	题型	B	满分	100分	得分
试题名称	钳形向量仪的使用及向量图绘制					
考核要点及其要求	（1）本考核项目由一人独立完成 （2）熟悉向量的概念并能够进行相关计算 （3）熟悉钳形向量仪的使用和向量图的绘制					
现场设备、工器具、材料	钳形向量仪、继电保护试验台（常规型）、继电保护装置					
备注						

评分标准

序号	考核项目名称	质量要求	分值	扣分标准	扣分原因	得分
1	U、I 的计算	给定二次有功功率 P、二次无功功率 Q，根据二次标准线电压 100V 解算出 U、I 大小和角度（如 $P=249.8W$，$Q=144.3W$，则 $U=57.7V$，$I=5A$，$\theta=30°$）	30	（1）U 大小不正确，扣 10 分 （2）I 大小不正确，扣 10 分 （3）I 方向不正确，扣 10 分		

序号	考核项目名称	质量要求	分值	扣分标准	扣分原因	得分
2	钳形向量仪的使用	利用继电保护试验台通入保护装置并使用钳形向量仪测量	40	（1）不能正确使用继电保护试验台通入计算的数值，扣8分 （2）钳形向量仪卡钳与电压线接线不正确，扣8分 （3）卡钳使用方向不正确，扣8分 （4）不会读取卡测的数值和角度，扣8分 （5）卡测的数值和角度与保护装置采样不一致，扣8分		
3	向量图的绘制	利用测量的数据绘制向量图	20	向量图绘制不正确，扣20分		
4	现场恢复及报告编写	恢复工作现场、编写试验报告	10	（1）试验报告缺项漏项，每项2分，扣完为止 （2）未整理现场，扣5分		

2.2.3　JB5ZY0101　RCS941 型线路保护校验

一、作业

（一）工器具、材料、设备

（1）工器具：万用表、一字改锥、十字改锥。

（2）材料：绝缘胶带、二次措施箱。

（3）设备：继电保护试验台（常规型）、RCS941 型保护装置。

（二）安全要求

（1）试验所用设备均视为运行状态，试验操作过程均需满足相关安全技术规程要求。

（2）安全措施要完善齐备，特别要防止电压回路短路、电流回路开路，并对其他相关运行回路做好隔离。

（3）继电保护试验台电源接线等要满足低压安全用电要求。

（三）操作步骤及工艺要求（含注意事项）

（1）操作步骤

①执行现场安全措施。

②进行题目要求的校验工作（包括定值打印核对、试验接线、保护项目及定值校验、整组传动等）。

③恢复现场。

④试验报告编写。

（2）注意事项

①编写安措、验收及编写验收报告时间共 45min，考生自行分配。

②RCS941 保护及所属二次回路无故障，整组传动时开关均在操作回路所在屏完成，模拟断路器的分合闸，在考生需要时由监考人员负责处理。

二、考核

（一）考核场地

满足要求的 RCS941 型保护屏一面，含操作箱、开关等必需的二次回路。

（二）考核时间

考核时间为 45min。

（三）考核要点

（1）本考核项目由一人独立完成。

（2）根据河北南网《继电保护验收细则》，对本型号光纤差动保护及相关二次回路进行保护校验、反措检查及带开关整组传动等。

（3）安全文明生产。听从现场监考人员指挥，按规定时间完成，时间到后停止操作，按所完成的内容计分，未完成部分不得分。操作过程应熟练、有序并满足有关安全规程要求。

三、评分标准

行业：电力工程　　　　　　　　　工种：继电保护工　　　　　　　　　等级：初级工

编号	JB5ZY0101	行为领域	e	鉴定范围		
考核时限	45min	题型	B	满分	100分	得分
试题名称	RCS941型保护装置校验					
考核要点及其要求	根据河北南网《继电保护验收细则》，对本型号光纤差动保护及相关二次回路进行保护校验、反措检查及带开关整组传动等					
现场设备、工器具、材料	万用表、一字改锥、十字改锥、绝缘胶带、二次措施箱、继电保护试验台（常规型）					
备注						

评分标准

序号	考核项目名称	质量要求	分值	扣分标准	扣分原因	得分
1	工作前/后安全措施	按照规程要求，做好保护校验前后安全措施	10	（1）未核对定值（打印定值） （2）未退出全部压板 （3）CT短接后未断开连片，PT未断开（断开连片） （4）试验仪未接地 每项3分，扣完为止		
2	试验接线	正确阅读端子排图、原理图，按图接线	10	（1）未正确连接电流输入端子 （2）未正确连接电压输入端子 每项扣5分		
3	校验项目1	模拟A相故障，校验距离保护Ⅰ段的定值	30	（1）未正确投退软硬压板，扣5分 （2）距离保护Ⅰ段不正确动作，扣15分 （3）没有对距离保护Ⅰ段进行定值校验（1.05倍，0.95倍，反方向），扣10分		
4	校验项目2	整组传动，带开关模拟零序保护C相故障、重合闸与故障，后加速动作	30	（1）未正确投退软硬压板，无法模拟C相零序动作，扣5分 （2）重合闸无法正确充电、动作，扣5分 （3）后加速没有正确动作，扣10分 （4）开关没有按逻辑正确动作或未带开关传动，扣10分		

序号	考核项目名称	质量要求	分值	扣分标准	扣分原因	得分
5	现场恢复	拆除试验接线，恢复安全措施到开工前状态，整理继电保护试验台及工器具等	10	（1）未正确恢复安全措施至开工前状态，每项2分，扣完为止 （2）未整理现场，扣5分		
6	报告	根据试验要求正确编写试验报告	10	试验报告缺项漏项，每项2分，扣完为止		

2.2.4 JB5ZY0102 WXH811A 型线路保护校验

一、作业

（一）工器具、材料、设备

（1）工器具：万用表、一字改锥、十字改锥。

（2）材料：绝缘胶带、二次措施箱。

（3）设备：继电保护试验台（常规型）、WXH811A 型保护装置。

（二）安全要求

（1）试验所用设备均视为运行状态，试验操作过程均需满足相关安全技术规程要求。

（2）安全措施要完善齐备，特别要防止电压回路短路、电流回路开路，并对其他相关运行回路做好隔离。

（3）继电保护试验台电源接线等要满足低压安全用电要求。

（三）操作步骤及工艺要求（含注意事项）

（1）操作步骤

①执行现场安全措施。

②进行题目要求的校验工作（包括定值打印核对、试验接线、保护项目及定值校验、整组传动等）。

③恢复现场。

④试验报告编写。

（2）注意事项

①编写安措、验收及编写验收报告时间共 45min，考生自行分配。

②WXH811A 保护及所属二次回路无故障，整组传动时开关均在操作回路所在屏完成，模拟断路器的分合闸，在考生需要时由监考人员负责处理。

二、考核

（一）考核场地

满足要求的 WXH811A 型保护屏一面，含操作箱、开关等必需的二次回路。

（二）考核时间

考核时间为 45min。

（三）考核要点

（1）本考核项目由一人独立完成。

（2）根据河北南网《继电保护验收细则》，对本型号光纤差动保护及相关二次回路进行保护校验、反措检查及带开关整组传动等。

（3）安全文明生产。听从现场监考人员指挥，按规定时间完成，时间到后停止操作，按所完成的内容计分，未完成部分不得分。操作过程应熟练、有序并满足有关安全规程要求。

三、评分标准

行业：电力工程　　　　　　　　工种：继电保护工　　　　　　　　等级：初级工

编号	JB5ZY0102	行为领域	e	鉴定范围		
考核时限	45min	题型	B	满分	100分	得分
试题名称	WXH811A型保护装置校验					
考核要点及其要求	根据河北南网《继电保护验收细则》，对本型号光纤差动保护及相关二次回路进行保护校验反措检查及带开关整组传动等					
现场设备、工器具、材料	万用表、一字改锥、十字改锥、绝缘胶带、二次措施箱、继电保护试验台（常规型）					
备注						

评分标准

序号	考核项目名称	质量要求	分值	扣分标准	扣分原因	得分
1	工作前/后安全措施	按照规程要求，做好保护校验前后安全措施	10	（1）未核对定值（打印定值） （2）未退出全部压板 （3）CT短接后未断开连片，PT未断开（断开连片） （4）试验仪未接地 每项3分，扣完为止		
2	试验接线	正确阅读端子排图、原理图，按图接线	10	（1）未正确连接电流输入端子 （2）未正确连接电压输入端子 每项扣5分		
3	校验项目1	模拟AC相故障，校验相间距离保护Ⅱ段的定值	30	（1）未正确投退软硬压板，扣5分 （2）相间距离保护Ⅱ段不正确动作，扣15分 （3）没有对相间距离保护Ⅱ段进行定值校验（1.05倍，0.95倍，反方向），扣10分		
4	校验项目2	整组传动，带开关模拟距离保护Ⅰ段C相故障、重合闸与故障，后加速动作	30	（1）未正确投退软硬压板，无法模拟C相距离Ⅰ段动作，扣5分 （2）重合闸无法正确充电、动作，扣5分 （3）后加速没有正确动作，扣10分 （4）开关没有按逻辑正确动作或未带开关传动，扣10分		

序号	考核项目名称	质量要求	分值	扣分标准	扣分原因	得分
5	现场恢复	拆除试验接线，恢复安全措施到开工前状态，整理继电保护试验台及工器具等	10	（1）未正确恢复安全措施至开工前状态，每项2分，扣完为止 （2）未整理现场，扣5分		
6	报告	根据试验要求正确编写试验报告	10	试验报告缺项漏项，每项2分，扣完为止		

2.2.5　JB5ZY0103　CSC161A 型线路保护校验

一、作业

（一）工器具、材料、设备

（1）工器具：万用表、一字改锥、十字改锥。

（2）材料：绝缘胶带、二次措施箱。

（3）设备：继电保护试验台（常规型）、CSC161A 型保护装置。

（二）安全要求

（1）试验所用设备均视为运行状态，试验操作过程均需满足相关安全技术规程要求。

（2）安全措施要完善齐备，特别要防止电压回路短路、电流回路开路，并对其他相关运行回路做好隔离。

（3）继电保护试验台电源接线等要满足低压安全用电要求。

（三）操作步骤及工艺要求（含注意事项）

（1）操作步骤

①执行现场安全措施。

②进行题目要求的校验工作（包括定值打印核对、试验接线、保护项目及定值校验、整组传动等）。

③恢复现场。

④试验报告编写。

（2）注意事项

①编写安措、验收及编写验收报告时间共 45min，考生自行分配。

②CSC161A 保护及所属二次回路无故障，整组传动时开关均在操作回路所在屏完成，模拟断路器的分合闸，在考生需要时由监考人员负责处理。

二、考核

（一）考核场地

满足要求的 CSC161A 型保护屏一面，含操作箱、开关等必需的二次回路。

（二）考核时间

考核时间为 45min。

（三）考核要点

（1）本考核项目由一人独立完成。

（2）根据河北南网《继电保护验收细则》，对本型号保护及相关二次回路进行保护校验、反措检查及带开关整组传动等。

（3）安全文明生产。听从现场监考人员指挥，按规定时间完成，时间到后停止操作，按所完成的内容计分，未完成部分不得分。操作过程应熟练、有序并满足有关安全规程要求。

三、评分标准

行业：电力工程　　　　　工种：继电保护工　　　　　等级：初级工

编号	JB5ZY0103	行为领域	e	鉴定范围		
考核时限	45min	题型	B	满分	100 分	得分
试题名称	CSC161A 型线路保护校验					
考核要点及其要求	根据河北南网《继电保护验收细则》，对本型号保护及相关二次回路进行保护校验、反措检查及带开关整组传动等					
现场设备、工器具、材料	万用表、一字改锥、十字改锥、绝缘胶带、二次措施箱、继电保护试验台（常规型）					
备注						

评分标准

序号	考核项目名称	质量要求	分值	扣分标准	扣分原因	得分
1	工作前/后安全措施	按照规程要求，做好保护校验前后安全措施	10	（1）未核对定值（打印定值） （2）未退出全部压板 （3）CT 短接后未断开连片，PT 未断开（断开连片） （4）试验仪未接地 每项 3 分，扣完为止		
2	试验接线	正确阅读端子排图、原理图，按图接线	10	（1）未正确连接电流输入端子 （2）未正确连接电压输入端子 每项扣 5 分		
3	校验项目 1	模拟 C 相故障，校验零序保护Ⅱ段的定值	30	（1）未正确投退软硬压板，扣 5 分 （2）零序保护Ⅱ段不正确动作，扣 15 分 （3）没有对零序保护Ⅱ段进行定值校验（1.05 倍，0.95 倍，反方向），扣 10 分		
4	校验项目 2	整组传动，带开关模拟距离保护Ⅰ段 C 相故障、重合闸与故障，后加速动作	30	（1）未正确投退软硬压板，无法模拟 C 相距离Ⅰ段动作，扣 5 分 （2）重合闸无法正确充电、动作，扣 5 分 （3）后加速没有正确动作，扣 10 分 （4）开关没有按逻辑正确动作或未带开关传动，扣 10 分		

序号	考核项目名称	质量要求	分值	扣分标准	扣分原因	得分
5	现场恢复	拆除试验接线，恢复安全措施到开工前状态，整理继电保护试验台及工器具等	10	（1）未正确恢复安全措施至开工前状态，每项2分，扣完为止 （2）未整理现场，扣5分		
6	报告	根据试验要求正确编写试验报告	10	试验报告缺项漏项，每项2分，扣完为止		

2.2.6 JB5ZY0104 CSC150 型母差保护装置校验

一、作业

（一）工器具、材料、设备

（1）工器具：万用表、一字改锥、十字改锥。

（2）材料：绝缘胶带、二次措施箱。

（3）设备：继电保护试验台（常规型）、CSC150 型保护装置。

（二）安全要求

（1）试验所用设备均视为运行状态，试验操作过程均需满足相关安全技术规程要求。

（2）安全措施要完善齐备，特别要防止电压回路短路、电流回路开路，并对其他相关运行回路做好隔离。

（3）继电保护试验台电源接线等要满足低压安全用电要求。

（三）操作步骤及工艺要求（含注意事项）

（1）操作步骤

①执行现场安全措施。

②进行题目要求的校验工作（包括定值打印核对、试验接线、保护项目及定值校验、整组传动等）。

③恢复现场。

④试验报告编写。

（2）注意事项

①编写安措、验收及编写验收报告时间共 45min，考生自行分配。

②整组传动时开关均在操作回路所在屏完成，模拟断路器的分合闸，在考生需要时由监考人员负责处理。

③如发现故障点，需及时告知监考人员现象后方可处理。无法处理的缺陷可放弃，由监考人员恢复后继续进行操作，放弃的缺陷不得分。

二、考核

（一）考核场地

满足要求的 CSC150 型保护屏一面，含操作箱、开关等必需的二次回路。

（二）考核时间

考核时间为 45min。

（三）考核要点

（1）本考核项目由一人独立完成。

（2）根据河北南网《继电保护验收细则》，对本型号母差保护及相关二次回路进行保护校验、反措检查及带开关整组传动等。

（3）安全文明生产。听从现场监考人员指挥，按规定时间完成，时间到后停止操作，按所完成的内容计分，未完成部分不得分。操作过程应熟练、有序并满足有关安全规程要求。

三、评分标准

行业：电力工程		工种：继电保护工			等级：初级工	

编号	JB5ZY0104	行为领域	e		鉴定范围	
考核时限	45min	题型	B	满分	100分	得分
试题名称	CSC150 型母差保护装置校验					
考核要点及其要求	运行方式：支路 L3、L2 运行在Ⅰ母，支路 L4、L5 运行在Ⅱ母，双母线并列运行。L2、L4 支路的 TA 变比为 1000/5，L5 支路的 TA 变比为 600/5，L3 支路和母联的 TA 变比为 1200/5，其他间隔备用 模拟上述运行方式下 L2 支路的 B 相故障，Ⅰ、Ⅱ母电压正常时，大小差电流的平衡。要求用 B 相校验，L2 支路故障电流为 3A（其余运行支路均有电源）					
现场设备、工器具、材料	万用表、一字改锥、十字改锥、绝缘胶带、二次措施箱、继电保护试验台（常规型）					
备注						

评分标准

序号	考核项目名称	质量要求	分值	扣分标准	扣分原因	得分
1	工作前/后安全措施	按照规程要求，做好保护校验前后安全措施	10	（1）未核对定值（打印定值） （2）未退出全部压板 （3）CT 短接后未断开连片，PT 未断开（断开连片） （4）试验仪未接地 每项 3 分，扣完为止		
2	试验接线	正确阅读端子排图、原理图，按图接线	10	未正确连接高、低压侧电流输入端子		
3	校验项目	模拟上述运行方式下 L2 支路的 B 相故障，Ⅰ、Ⅱ母电压正常时，大小差电流的平衡（其余运行支路均有电源）	60	（1）未正确投退软硬压板 （2）L3 支路电流大小及方向不正确 （3）L4 支路电流大小及方向不正确 （4）L5 支路电流大小及方向不正确， （5）母联支路电流大小及方向不正确 （6）不满足装置无差流及其告警、动作信号 每项 10 分，扣完为止		

序号	考核项目名称	质量要求	分值	扣分标准	扣分原因	得分
5	现场恢复	拆除试验接线，恢复安全措施到开工前状态，整理继电保护试验台及工器具等	10	（1）未正确恢复安全措施至开工前状态，每项 2 分，扣完为止 （2）未整理现场，扣 5 分		
6	报告	根据试验要求正确编写试验报告	10	试验报告缺项漏项，每项 2 分，扣完为止		

2.2.7 JB5ZY0105 电流互感器试验

一、作业

（一）工器具、材料、设备

（1）工器具：无。

（2）材料：无。

（3）设备：互感器测试仪、待测试电流互感器。

（二）安全要求

操作过程中确保人身安全，防止低压触电。

（三）操作步骤及工艺要求（含注意事项）

使用互感器测试仪，对电流互感器进行变比、极性、伏安特性试验，并打印留存试验数据。

二、考核

（一）考核场地

考场可设在平坦空地并保证考生具备笔答条件。

（二）考核时间

考核时间为 30min。

（三）考核要点

（1）本考核项目由一人独立完成

（2）熟悉电流互感器变比、极性、伏安特性的概念和含义

（3）熟悉互感器测试仪的使用

三、评分标准

行业：电力工程		工种：继电保护工			等级：初级工	
编号	JB5ZY0105	行为领域	e	鉴定范围		
考核时限	30min	题型	B	满分	100分	得分
试题名称	电流互感器试验					
考核要点 及其要求	（1）本考核项目由一人独立完成 （2）熟悉电流互感器变比、极性、伏安特性的概念和含义 （3）熟悉互感器测试仪的使用					
现场设备、工器具、材料	互感器测试仪、待测试电流互感器					
备注						

评分标准

序号	考核项目名称	质量要求	分值	扣分标准	扣分原因	得分
1	互感器测试仪的使用和试验的接线	正确进行电流互感器测试的接线、正确操作互感器测试仪	30	（1）测试仪接线不正确，扣10分 （2）互感器测试仪不正确操作，扣10分 （3）电源接线不规范，扣10分		
2	电流互感器测试	使用互感器测试仪对电流互感器进行变比、极性及伏安特性测试	50	（1）变比测量错误，扣10分 （2）极性测试错误，扣10分 （3）伏安特性曲线测试错误，扣10分 （4）不会依据伏安特性曲线分析拐点电压，扣10分 （5）对电流互感器测试缺少项目或二次圈测量不全，扣10分		
3	测试报告	打印测试报告并分析	10	报告打印不正确或不全面，扣10分		
4	现场恢复及报告编写	恢复工作现场	10	未整理现场，扣10分		

2.2.8　JB5ZY0106　电压互感器试验

一、作业

（一）工器具、材料、设备

（1）工器具：无。

（2）材料：无。

（3）设备：互感器测试仪、待测试电压互感器。

（二）安全要求

操作过程中确保人身安全，防止低压触电。

（三）操作步骤及工艺要求（含注意事项）

使用互感器测试仪，对电压互感器进行变比、极性试验，并打印留存试验数据。

二、考核

（一）考核场地

考场可设在平坦空地并保证考生具备笔答条件。

（二）考核时间

考核时间为30min。

（三）考核要点

（1）本考核项目由一人独立完成。

（2）熟悉电压互感器变比、极性的概念和含义。

（3）熟悉互感器测试仪的使用。

三、评分标准

行业：电力工程　　　　　　　　工种：继电保护工　　　　　　　　等级：初级工

编号	JB5ZY0106	行为领域	e	鉴定范围		
考核时限	30min	题型	B	满分	100分	得分
试题名称	电压互感器试验					
考核要点及其要求	（1）本考核项目由一人独立完成 （2）熟悉电压互感器变比、极性的概念和含义 （3）熟悉互感器测试仪的使用					
现场设备、工器具、材料	互感器测试仪、待测试电压互感器					
备注						

评分标准

序号	考核项目名称	质量要求	分值	扣分标准	扣分原因	得分
1	互感器测试仪的使用和试验的接线	正确进行电压互感器测试的接线、正确操作互感器测试仪	30	（1）测试仪接线不正确，扣10分 （2）互感器测试仪不正确操作，扣10分 （3）电源接线不规范，扣10分		

序号	考核项目名称	质量要求	分值	扣分标准	扣分原因	得分
2	电压互感器测试	使用互感器测试仪对电压互感器进行变比、极性测试	50	（1）变比测量错误，扣10分 （2）极性测试错误，扣10分 （3）对电压互感器测试缺少项目或二次圈测量不全，扣10分 （4）其他不规范现象，每项扣10分		
3	测试报告	打印测试报告并分析	10	报告打印不正确或不全面，扣10分		
4	现场恢复及报告编写	恢复工作现场	10	未整理现场，扣10分		

2.2.9 JB5XG0101 一般二次安装技能

一、作业

（一）工器具、材料、设备

（1）工器具：电缆刀、一字改锥。

（2）材料：10×2.5 电缆一根。

（3）设备：空屏柜一面。

（二）安全要求

操作过程中确保人身安全，防止机械伤害。

（三）操作步骤及工艺要求（含注意事项）

按照图纸要求，在空屏柜上对 10×2.5 电缆进行配线工作，要求配线工艺满足规程要求。

二、考核

（一）考核场地

考场应满足空屏柜固定及电缆配线安装要求。

（二）考核时间

考核时间为 30min。

（三）考核要点

（1）本考核项目由一人独立完成。

（2）熟练使用相关工具根据配线图进行电缆配线工作。

三、评分标准

行业：电力工程　　　　　　　工种：继电保护工　　　　　　等级：初级工

编号	JB5XG0101	行为领域	e	鉴定范围		
考核时限	30min	题型	B	满分	100 分	得分
试题名称	一般二次安装技能					
考核要点及其要求	（1）本考核项目由一人独立完成 （2）熟练使用相关工具根据配线图进行电缆配线工作					
现场设备、工器具、材料	电缆刀、一字改锥、10×2.5 电缆、空屏柜、打号机					
备注						

			评分标准				
序号	考核项目名称	质量要求	分值	扣分标准	扣分原因	得分
1	工作前准备	根据考核要求，正确选用工器具、穿工作服、戴手套	30	（1）工器具选用不正确，扣5分 （2）未着装或不规范，每项5分，扣完为止		

序号	考核项目名称	质量要求	分值	扣分标准	扣分原因	得分
2	配线	正确使用工器具进行保护屏配线，要求导线及线束排列整齐美观、接线正确、导线走线合理、电缆屏蔽层接地规范等	40	（1）接线与配线图不符，每项5分，扣完为止 （2）线束不美观、预留长度等不符合要求，每项5分，扣完为止 （3）电缆屏蔽层接地不规范，每项5分，扣完为止 （4）电缆固定不稳固、走线不合理，每项5分，扣完为止		
3	工作安全要求	配线工作安全施工，正确使用刀具、手套	20	存在严重不安全现象导致工具损坏、人员受伤等，扣20分		
4	现场清理	清理工作现场、交还工器具	10	未整理现场，扣10分		

第二部分　中　级　工

1 理论试题

1.1 单选题

La4A1001 某 220kV 线路上发生单相接地，若故障点的 $Z\sum0<Z\sum2$，则正确的说法是( )。

（A）故障点的零序电压小于故障点的负序电压；（B）电源侧母线上零序电压小于该母线上负序电压；（C）电源侧母线上正序电压等于该母线上负序电压与零序电压之和；（D）故障点的零序电压大于故障点的负序电压。

答案：A

La4A1002 反映( )的保护是暂态分量保护。

（A）零序电流；（B）负序电流；（C）正序电流；（D）工频变化量。

答案：D

La4A1003 变压器励磁涌流的衰减时间为( )。

（A）1.5~2s；（B）0.5~1s；（C）3~4s；（D）4.5~5s。

答案：B

La4A1004 关于变压器励磁涌流，下列说法正确的是( )。

（A）励磁涌流是由于变压器电压偏低，磁通过量小引起的；（B）变压器励磁涌流中含有大量的奇次谐波，尤以 3 次谐波为最大；（C）变压器励磁涌流中含有大量的偶次谐波，尤以 2 次谐波为最大；（D）励磁涌流是由于变压器电压偏高引起的。

答案：C

La4A1005 在纯电感交流电路中，电压超前( )90°。

（A）电阻；（B）电感；（C）电压；（D）电流。

答案：D

La4A1006 空载变压器突然合闸时，可能产生的最大励磁涌流的值与短路电流相比，( )。

（A）前者远小于后者；（B）前者远大于后者；（C）可以比拟；（D）两者不具可比性。

答案：C

La4A2007 某 220kV 线路上发生金属性单相接地时，正确的说法是（　　）。

（A）故障点正序电压的幅值等于故障点负序电压与零序电压相量和的幅值，且相位与之相反；（B）故障点正序电压的幅值等于故障点负序电压与零序电压相量和的幅值，且相位与之相同；（C）故障点的正序电压等于故障点负序电压与零序电压相量和；（D）故障点正序电压的大小等于故障点负序电压幅值与零序电压幅值的代数和。

答案：**A**

La4A2008 系统发生两相金属性短路时，故障点故障相电压（　　）。

（A）不变，仍等于正常相电压；（B）减少到正常相电压的二分之一；（C）升高到正常相电压的 1.5 倍；（D）等于零。

答案：**B**

La4A2009 小接地电流系统单相接地故障时，故障线路的零序电流与非故障线路的零序电流相位相差是（　　）。

（A）180°；（B）90°；（C）270°；（D）120°。

答案：**A**

La4A2010 关于等效变换说法正确的是（　　）。

（A）等效变换只保证变换的外电路的各电压、电流不变；（B）等效变换是说互换的电路部分一样；（C）等效变换对变换电路内部等效；（D）等效变换只对直流电路成立。

答案：**A**

La4A2011 若一稳压管的电压温度系数为正值，当温度升高时，稳定电压 U_v 将（　　）。
（A）增大；（B）减小；（C）不变；（D）不能确定。

答案：**A**

La4A2012 在一恒压的电路中，电阻 R 增大，电流随之（　　）。
（A）减小；（B）增大；（C）不变；（D）或大或小，不一定。

答案：**A**

La4A2013 铁磁材料在反复磁化过程中，磁感应强度的变化始终落后于磁场强度的变化，这种现象称为（　　）。
（A）磁化；（B）磁滞；（C）剩磁；（D）减磁。

答案：**B**

La4A2014 交流电路中，某元件电流的（　　）值是随时间不断变化的量。
（A）有效；（B）平均；（C）瞬时；（D）最大。

答案：**C**

La4A3015 直流逆变电源应在( )额定电压下检验输出电压值及其稳定性。

(A) 80%－100%－120%； (B) 80%－100%－115%； (C) 80%－115%；
(D) 100%。

答案：**B**

La4A3016 小电流系统单相接地时，两健全相电压之间的夹角为( )。

(A) 120°； (B) 180°； (C) 60°； (D) 0。

答案：**C**

La4A3017 在所有电力法律法规中，具有最高法律效力的是( )。

(A)《电力法》；(B)《电力供应与使用条例》；(C)《电力设施保护条例》；(D)《供电营业规则》。

答案：**A**

La4A3018 中性点不接地系统，发生金属性两相接地故障时，故障点健全相的对地电压为( )。

(A) 正常相电压的 1.5 倍；(B) 略微增大；(C) 略微减小；(D) 不变。

答案：**A**

La4A3019 电力系统运行时的电压互感器，同样大小电阻采用( )接线方式时 PT 的负载较大。

(A) 三角形；(B) 星形；(C) 一样；(D) 不确定。

答案：**A**

La4A3020 各种不对称短路故障中的序电压分布规律是( )。

(A) 正序电压、负序电压、零序电压越靠近电源数值越高；(B) 正序电压越靠近电源数值越高，负序电压、零序电压越靠近电源数值越低；(C) 正序电压、负序电压越靠近电源数值越高，零序电压越靠近短路点越高；(D) 上述说法均不对。

答案：**B**

La4A3021 小电流接地系统中，当发生 A 相接地时，下列说法不正确的是( )。

(A) 非故障相对地电压分别都升高到1.73倍；(B) A 相对地电压为零；(C) 相间电压保持不变；(D) BC 相间电压保持不变，AC 及 AB 相间电压则下降。

答案：**D**

La4A3022 按规程规定，10kV 小电流接地系统需要装消弧线圈是在该系统单相接地电流大于( )时。

(A) 10A；(B) 30A；(C) 20A；(D) 15A。

答案：**B**

La4A3023 温度对三极管的参数有很大影响，温度上升，则(   )。

(A) 放大倍数 β 下降；(B) 放大倍数 β 增大；(C) 不影响放大倍数；(D) 不能确定。

答案：**B**

La4A3024 大接地电流系统与小接地电流系统划分标准之一是零序电抗 X_0 与正序电抗 X_1 的比值，满足 X_0/X_1 (   )且 $R_0/X_1 \leqslant 1$ 的系统属于小接地电流系统。

(A) 大于 5；(B) 小于 3；(C) 小于或等于 3；(D) 大于 3。

答案：**C**

La4A3025 对称三相电源三角形连接时，线电压是(   )。

(A) 相电压；(B) 2 倍的相电压；(C) 3 倍的相电压；(D) 倍的相电压。

答案：**A**

La4A3026 三相桥式整流中，每个二极管导通的时间是(   )周期。

(A) 1/4；(B) 1/6；(C) 1/3；(D) 1/2。

答案：**C**

La4A3027 对一些重要设备，特别是复杂保护装置或有连跳回路的保护装置，如母线保护、断路器失灵保护等的现场校验工作，应编制经技术负责人审批的试验方案和由工作负责人填写，经技术人员审批的(   )。

(A) 第二种工作票；(B) 第一种工作票；(C) 继电保护安全措施票；(D) 第二种工作票和继电保护安全措施票。

答案：**C**

La4A3028 我国 220kV 及以上系统的中性点均采用(   )。

(A) 直接接地方式；(B) 经消弧线圈接地方式；(C) 经大电抗器接地方式；(D) 不接地方式。

答案：**A**

La4A3029 输电线路潮流为送有功、受无功，以 U_A 为基础，此时负荷电流 I_A 应在(   )。

(A) 第一象限；(B) 第二象限；(C) 第三象限；(D) 第四象限。

答案：**B**

Lb4A1030 按间断角原理构成的变压器差动保护，闭锁角一般整定为 $60°\sim65°$。为提高其躲励磁涌流的能力，可适当( )。

（A）减小闭锁角；（B）增大闭锁角；（C）增大最小动作电流及比率制动系数；（D）减小无制动区拐点电流。

答案：**A**

Lb4A1031 电网频率与方向阻抗继电器极化回路串联谐振频率相差较大时，方向阻抗继电器的记忆时间将( )。

（A）增长；（B）缩短；（C）不变；（D）随电流频率的变化而变化。

答案：**B**

Lb4A2032 电磁型继电器按其结构的不同，可分为( )。

（A）测量继电器和辅助继电器；（B）螺管线圈式、吸引线圈式和转动舌片式；（C）圆盘式和四极圆筒式；（D）电压继电器、电流继电器、时间继电器。

答案：**B**

Lb4A2033 当线圈中的电流( )时，线圈两端将产生自感电动势。

（A）变化；（B）不变；（C）很大；（D）很小。

答案：**A**

Lb4A3034 GOOSE 和 SV 使用的组播地址前三位为( )。

（A）01，0，CD；（B）01，0B，CD；（C）01，0C，CD；（D）01，0D，CD。

答案：**C**

Lb4A3035 SV 网属于变电站网络中的( )网络。

（A）站控层；（B）间隔层；（C）过渡层；（D）过程层。

答案：**D**

Lb4A3036 IEC 60044—8 标准通用帧的标准传输速度为( )。

（A）1Mbit/s；（B）5Mbit/s；（C）10Mbit/s；（D）20Mbit/s。

答案：**C**

Lb4A3037 继电保护基建验收应按相关规程要求，检验线路和主设备的所有保护之间的相互配合关系，对线路( )还应与线路对侧保护进行一一对应的联动试验。

（A）光差保护；（B）高频保护；（C）后备保护；（D）纵联保护。

答案：**D**

Lb4A3038 在规划阶段，涉及电网安全、稳定运行的发、输、配及重要用电设备的继电保护装置描述错误的( )。

（A）应纳入电网统一规划；（B）在一次系统规划建设中，不必考虑继电保护的适应性；（C）避免出现特殊接线方式造成继电保护配置及整定难度的增加；（D）以上均错误。

答案：B

Lb4A4039 线路发生两相金属性短路时，短路点处正序电压 U_1K 与负序电压 U_2K 的关系为( )。

（A）$U_1K > U_2K$；（B）$U_1K = U_2K$；（C）$U_1K < U_2K$。

答案：B

Lb4A4040 在下述( )种情况下，系统同一点故障时，单相接地短路电流大于三相短路电流。

（A）$Z_0\sum < Z_1\sum$；（B）$Z_1\sum = Z_0\sum$；（C）$Z_0\sum > Z_1\sum$；（D）不确定。

答案：A

Lb4A4041 当架空输电线路发生三相短路故障时，该线路保护安装处的电流和电压的相位关系是( )。

（A）功率因数角；（B）线路阻抗角；（C）保护安装处的功角；（D）0°。

答案：B

Lb4A4042 系统短路时电流、电压是突变的，而系统振荡时电流、电压的变化是( )。

（A）缓慢的且与振荡周期无关；（B）与三相短路一样快速变化；（C）缓慢的且与振荡周期有关；（D）之间的相位角基本不变。

答案：C

Lb4A4043 下列说法( )是正确的。

（A）振荡时系统各点电压和电流的有效值随 δ 的变化一直在做往复性的摆动，但变化速度相对较慢；而短路时，在短路初瞬电压、电流是突变的，变化量较大，但短路稳态时电压、电流的有效值基本不变；（B）振荡时阻抗继电器的测量阻抗随 δ 的变化，幅值在变化，但相位基本不变，而短路稳态时阻抗继电器测量阻抗在幅值和相位上基本不变；（C）振荡时只会出现正序分量电流、电压，不会出现负序分量电流、电压，而发生接地短路时只会出现零序分量电压、电流不会出现正序和负序分量电压电流；（D）振荡时只会出现正序分量电流、电压，不会出现负序分量电流、电压，而发生接地短路时不会出现正序分量电压电流。

答案：A

Lb4A4044 用实测法测定线路的零序参数，假设试验时无零序干扰电压，电流表读数为 20A。电压表读数为 20V，瓦特表读数为 137W，零序阻抗的计算值为(　　)。

(A) $0.34+j0.94\Omega$；(B) $1.03+j2.82\Omega$；(C) $2.06+j5.64\Omega$。

答案：B

Lb4A4045 电压频率变换器（VFC）构成模数变换器时，其主要优点是(　　)。

(A) 精度高；(B) 速度快；(C) 易隔离和抗干扰能力强。

答案：C

Lb4A4046 采用 VFC 数据采集系统时，每隔 Ts 从计数器中读取一个数。保护算法运算时采用的是(　　)。

(A) 直接从计数器中读取的数；(B) Ts 期间的脉冲个数；(C) $2Ts$ 或以上期间的脉冲个数。

答案：C

Lb4A4047 数字滤波器是(　　)。

(A) 由运算放大器构成的；(B) 由电阻、电容电路构成的；(C) 由程序实现的。

答案：C

Lb4A4048 微机保护一般都记忆故障前的电压，其主要目的是(　　)。

(A) 事故后分析故障前潮流；(B) 保证方向元件、阻抗元件动作的正确性；(C) 微机保护录波功能的需要。

答案：B

Lb4A4049 电力系统不允许长期非全相运行，为了防止断路器一相断开后，长时间非全相运行，应采取措施断开三相，并保证选择性，其措施是装设(　　)。

(A) 断路器失灵保护；(B) 零序电流保护；(C) 断路器三相不一致保护。

答案：C

Lb4A5050 GOOSE 报文的目的地址是(　　)。

(A) 单播 MAC 地址；(B) 多播 MAC 地址；(C) 广播 MAC 地址；(D) 以上均可。

答案：B

Lb4A5051 装置上电时，发送的第一帧 GOOSE 报文中的 StNum＝(　　)。

(A) 0；(B) 1；(C) 2；(D) 2。

答案：B

Lb4A5052 智能变电站保护及安全自动装置、测控装置、智能终端、合并单元单体调试应依据(　　)进行。

（A）SCD 文件；（B）GOOSE 文件；（C）SV 报件；（D）ICD 文件。

答案：**A**

Lb4A5053 智能终端在接入遥信量的时候往往会做一些防抖处理，主要的目的是（　　）。

（A）防止开关量来回变化；（B）防止由于开关量来回变化导致 GOOSE 报文过多引起网络拥塞；（C）为间隔层设备提前消抖。

答案：**B**

Lb4A5054 传统互感器可以通过接入（　　）实现采样的数字化。

（A）IED 装置；（B）合并单元装置；（C）智能终端；（D）ECT 装置。

答案：**B**

Lc4A3055 断路器的跳合闸位置监视灯串联一个电阻，其目的是为了（　　）。

（A）限制通过跳闸线圈的电流；（B）补偿灯泡的额定电压；（C）防止因灯座短路造成断路器误跳闸；（D）防止灯泡过热。

答案：**C**

Lc4A3056 发电机与电网同步的条件，主要是指（　　）。

（A）相序一致，相位相同，频率相同，电压大小相等；（B）频率相同；（C）电压幅值相同；（D）相位、频率、电压相同。

答案：**A**

Lc4A3057 有源直流电子式电流互感器通常采用（　　）作为一次电流传感器。

（A）分流器；（B）LPCT；（C）空芯线圈；（D）霍尔元件。

答案：**A**

Jf4A2058 在运行的电流互感器二次回路上工作时，（　　）。

（A）严禁开路；（B）禁止短路；（C）可靠接地；（D）必须停用互感器。

答案：**A**

Jd4A1059 接地距离继电器在线路故障时感受到的是（　　）。

（A）从保护安装处至故障点的线路正序阻抗；（B）从保护安装处至故障点的线路零序阻抗；（C）从保护安装处至故障点的由零序阻抗按系数 K 补偿过的线路正序阻抗；（D）系统的等值阻抗。

答案：**A**

Jd4A1060 两相短路时应采用（　　）实现距离测量。

（A）相对地电压；（B）相间电压；（C）相对地电压或相间电压；（D）非故障相电压。

答案：**B**

Jd4A1061 通常所说的欧姆型阻抗继电器，其动作特性为（　　）。

（A）全阻抗特性；（B）方向阻抗圆特性；（C）偏移阻抗特性；（D）抛球特性。

答案：**B**

Jd4A1062 欧姆型相间方向距离继电器在线路正方向上发生单相接地时（　　）。

（A）可能动作，但保护范围大大缩短；（B）不会动作；（C）肯定动作，且保护范围将增加；（D）保护范围可能增加，也可能缩短。

答案：**A**

Jd4A1063 双侧电源的输电线路发生不对称故障时，短路电流中各序分量受两侧电势相差影响的是（　　）。

（A）零序分量；（B）负序分量；（C）正序分量；（D）正序、负序及零序分量。

答案：**C**

Jd4A1064 电缆敷设图纸中不包括（　　）。

（A）电缆芯数；（B）电缆截面；（C）电缆长度；（D）电缆走径。

答案：**C**

Jd4A1065 方向阻抗继电器采用了记忆技术，它们所记忆的是（　　）。

（A）故障前电流的相位；（B）故障前电压的相位；（C）故障前电流的大小；（D）故障前电压的大小。

答案：**B**

Jd4A1066 系统发生两相金属性短路时，故障点健全相电压（　　）。

（A）不变，仍等于正常相电压；（B）减少到正常相电压的二分之一；（C）升高到正常相电压的 1.5 倍；（D）等于零。

答案：**A**

Jd4A1067 不带记忆的相补偿电压方向元件的主要缺点是在两相运行时不反映（　　）故障。

（A）单相接地短路；（B）相间短路；（C）相间接地短路；（D）两相经过渡电阻接地短路。

答案：**C**

Jd4A1068 不同动作特性的阻抗继电器受过渡电阻的影响是不同的。一般来说，阻抗继电器的动作特性在 R 轴正方向所占面积愈大，则其受过渡电阻的影响（　　）。

（A）愈大；（B）愈小；（C）一样；（D）与其无关。

答案：B

Jd4A2069　继电保护设备、控制屏端子排上所接导线的截面积不宜超过（　　）。

（A）4mm²；（B）8mm²；（C）6mm²；（D）0.5mm²。

答案：C

Jd4A2070　黑胶布带用于电压（　　）以下电线、电缆等接头的绝缘包扎。

（A）250V；（B）400V；（C）500V；（D）1000V。

答案：C

Jd4A2071　万用表使用完毕后，应将选择开关拨放在（　　）。

（A）电阻档；（B）交流高压档；（C）直流电流档位置；（D）任意档位。

答案：B

Jd4A2072　现场工作过程中遇到异常情况或断路器跳闸时，（　　）。

（A）只要不是本身工作的设备异常或跳闸，就可以继续工作，由运行值班人员处理；（B）可将人员分成两组，一组继续工作，一组协助运行值班人员查找原因；（C）应立即停止工作，保持现状，待找出原因或确定与本工作无关后，方可继续工作；（D）立即停止工作并办理工作终结手续。

答案：C

Jd4A2073　在大接地电流系统中，故障电流中含有零序分量的故障类型是（　　）。

（A）两相短路；（B）三相短路；（C）两相短路接地；（D）与故障类型无关。

答案：C

Jd4A2074　中性点经装设消弧线圈后，若接地故障的电感电流大于电容电流，此时补偿方式为（　　）。

（A）全补偿方式；（B）过补偿方式；（C）欠补偿方式；（D）不能确定。

答案：B

Jd4A2075　鉴别波形间断角的差动保护，是根据变压器（　　）波形特点为原理的保护。

（A）外部短路电流；（B）负荷电流；（C）励磁涌流；（D）差动电流。

答案：C

Jd4A3076　导线切割磁力线运动时，导线中必会产生（　　）。

（A）感应电动势；（B）感应电流；（C）磁力线；（D）感应磁场。

答案：A

Jd4A3077 三相并联电抗器可以装设纵差保护，但该保护无法反映电抗器的（　　）。

（A）两相接地短路；（B）两相短路；（C）三相短路；（D）匝间短路。

答案：D

Jd4A3078 我国电力系统中性点接地方式主要有（　　）三种。

（A）直接接地方式、经消弧线圈接地方式和经大电抗器接地方式；（B）直接接地方式、经消弧线圈接地方式和不接地方式；（C）直接接地方式、经消弧线圈接地方式和经大电抗器接地方式。

答案：B

Jd4A4079 接地故障时，零序电流的大小（　　）。

（A）与零序等值网络的状况和正负序等值网络的变化有关；（B）只与零序等值网络的状况有关，与正负序等值网络的变化无关；（C）只与正负序等值网络的变化有关，与零序等值网络的状况无关；（D）不确定。

答案：A

Je4A1080 出口中间继电器的最低动作电压，要求不低于额定电压的 55%，是为了（　　）。

（A）防止中间继电器线圈正电源端子出现接地时与直流电源绝缘监视回路构成通路而引起误动作；（B）防止中间继电器线圈正电源端子与直流系统正电源同时接地时误动作；（C）防止中间继电器线圈负电源端子接地与直流电源绝缘监视回路构成通路而误动作；（D）防止中间继电器线圈负电源端子与直流系统负电源同时接地时误动作。

答案：A

Je4A1081 BP-2B 微机型母差保护装置的基准变比（　　）。

（A）应按照各个单元的流变变比中最大者整定；（B）应按照各个单元的流变变比中最小者整定；（C）应按照各个单元的流变变比中使用最多的整定；（D）随意整定。

答案：A

Je4A1082 零序电流滤过器输出 $3I_0$ 时是（　　）。

（A）通入三相正序电流；（B）通入三相负序电流；（C）通入三相零序电流；（D）通入三相正序或负序电流。

答案：C

Je4A1083 如果故障点在母差保护和线路纵差保护的交叉区内，致使两套保护同时动

作，则（ ）

（A）母差保护动作评价，线路纵差保护和"对侧纵联"不予评价；（B）母差保护和"对侧纵联"分别评价，线路纵差保护不予评价；（C）母差保护和线路纵差保护分别评价，"对侧纵联"不予评价；（D）母差保护和线路两侧纵差保护分别评价。

答案：C

Je4A1084 BP-2B 母差保护装置中的充电保护投入时刻为（ ）。

（A）充电保护压板投入；（B）充电保护压板投入且时间达到充电保护延时定值；（C）母联电流大于充电过流定值；（D）充电过程中，母联电流由无到有的瞬间。

答案：D

Je4A1085 同一相中两只相同特性的电流互感器二次绕组串联或并联，作为相间保护使用，计算其二次负载时，应将实测二次负载折合到相负载后再乘以系数为（ ）。

（A）串联乘 1，并联乘 2；（B）串联乘 1/2，并联乘 1；（C）串联乘 1/2，并联乘 2；（D）串联乘 1/2，并联乘 1/2。

答案：C

Je4A1086 PSL-621C 距离保护在（ ）的情况下，当突变量启动后其距离 I、II 段保护被开放到整组复归为止。

（A）PT 断线；（B）CT 断线；（C）振荡闭锁停用；（D）振荡闭锁启用。

答案：C

Je4A1087 按躲过负荷电流整定的线路过电流保护，在正常负荷电流下，由于电流互感器极性接反而可能误动的接线方式为（ ）。

（A）三相三继电器式完全星形接线；（B）两相两继电器式不完全星形接线；（C）两相三继电器式不完全星形接线；（D）两相电流差式接线。

答案：C

Je4A1088 为了使方向阻抗继电器工作在（ ）状态下，故要求继电器的最大灵敏角等于被保护线路的阻抗角。

（A）最有选择；（B）最灵敏；（C）最快速；（D）最可靠。

答案：B

Je4A1089 二次接线回路上的工作，无需将高压设备停电时，需填用（ ）。

（A）第一种工作票；（B）第二种工作票；（C）继电保护安全措施票；（D）第二种工作票和继电保护安全措施票。

答案：B

Je4A2090 母线分列运行时，BP-2B 微机母线保护装置大差比率系数为(　　)。

（A）比率高值；（B）比率低值；（C）内部固化定值；（D）不判比率系数。

答案：**B**

Je4A2091 由于断路器自身原因而闭锁重合闸的是(　　)。

（A）保护三跳；（B）控制电源消失；（C）保护闭锁；（D）气压或油压过低。

答案：**D**

Je4A2092 BP-2B 母线保护装置的母联失灵电流定值按(　　)整定。

（A）装置的基准变比；（B）母联间隔的变比；（C）装置中用的最多变比；（D）装置中用的最少变比。

答案：**A**

Je4A2093 运行中的变压器保护，当(　　)时，重瓦斯保护应由"跳闸"位置改为"信号"位置。

（A）变压器进行注油和滤油；（B）变压器中性点不接地运行；（C）变压器轻瓦斯保护动作；（D）变压器过负荷告警。

答案：**A**

Je4A2094 变压器差动保护防止区外穿越性故障情况下误动的主要措施是(　　)。

（A）间断角闭锁；（B）二次谐波制动；（C）比率制动；（D）波形不对称制动。

答案：**C**

Je4A2095 保护装置绝缘测试过程中，任一被试回路施加试验电压时，(　　)等电位互连并接地。

（A）直流回路；（B）被试回路；（C）其余回路；（D）交流回路。

答案：**C**

Je4A2096 通常所说的交流电压 220V 或 380V，是指它的(　　)。

（A）平均值；（B）最大值；（C）瞬时值；（D）有效值。

答案：**D**

Je4A2097 二次回路铜芯控制电缆按机械强度要求，连接强电子端的芯线最小截面积为(　　)。

（A）$1.5mm^2$；（B）$2.5mm^2$；（C）$0.5mm^2$；（D）$1.0mm^2$。

答案：**A**

Je4A2098 继电保护要求其所用电流互感器的(　　)变比误差不应大于 10％。

（A）稳态；（B）暂态；（C）轻负荷时的；（D）重负荷时的。

答案：A

Je4A2099 中间继电器的电流保持线圈在实际回路中可能出现的最大压降应小于回路额定电压的（　　）。

（A）5％；（B）10％；（C）15％；（D）20％。

答案：A

Je4A2100 下列哪种保护不适用于单星型接线的电容器组（　　）。

（A）过电流保护；（B）过电压保护；（C）差压保护；（D）中性线零序电流保护。

答案：D

Je4A2101 当变压器外部故障时，有较大的穿越性短路电流流过变压器，这时变压器的差动保护（　　）。

（A）立即动作；（B）延时动作；（C）不应动作；（D）视短路时间长短而定。

答案：C

Je4A2102 按照《反措》的要求，保护跳闸压板（　　）。

（A）开口端应装在上方，接到断路器的跳闸线圈回路；（B）开口端应装在下方，接到断路器的跳闸线圈回路；（C）开口端应装在上方，接到保护跳闸出口回路；（D）开口端应装在下方，接到保护跳闸出口回路。

答案：A

Je4A2103 在电压互感器二次回路中，不可装设熔断器或自动空气开关的回路是（　　）。

（A）保护用电压回路；（B）测量用电压回路；（C）计量用电压回路；（D）开口三角绕组的零序电压引出线回路。

答案：D

Je4A2104 过电流保护的灵敏度与电流继电器的返回系数（　　）。

（A）无关；（B）成正比；（C）成反比；（D）成非线性关系。

答案：B

Je4A2105 为增强继电保护的可靠性，重要变电站宜配置两套直流系统，同时要求（　　）。

（A）正常时两套直流系统并列运行；（B）正常时两套直流系统分列运行；（C）两套直流系统同时运行互为备用；（D）任何时候两套直流系统均不得有电的联系。

答案：B

Je4A2106 为确保检验质量，试验定值时，应使用不低于（　　）的仪表。

（A）0.2级；（B）1级；（C）0.5级；（D）2.5级。

答案：**C**

Je4A2107 查找直流接地时，所用仪表内阻不应低于（　　）。

（A）1000Ω/V；（B）2000Ω/V；（C）3000Ω/V；（D）500Ω/V。

答案：**B**

Je4A2108 根据保护评价规程，当保护人员误将交流试验电源通入运行的保护装置造成保护误动时，其不正确动作责任为继保人员，并应归类为（　　）。

（A）误接线；（B）误碰；（C）调试质量不良；（D）运行维护不良。

答案：**B**

Je4A2109 信号继电器动作后（　　）。

（A）继电器本身掉牌；（B）继电器本身掉牌或灯光指示；（C）应立即接通灯光音响回路；（D）应是一边本身掉牌一边触点闭合接通其他回路。

答案：**D**

Je4A2110 发电厂和变电站应采用铜芯控制电缆和导线，弱电控制回路的截面积不应小于（　　）。

（A）1.5mm²；（B）2.5mm²；（C）0.5mm²；（D）0.5mm²。

答案：**C**

Je4A2111 兆欧表有3个接线柱，其标号为G、L、E，使用该表测试某线路绝缘时（　　）。

（A）G接屏蔽线、L接线路端、E接地；（B）G接屏蔽线、L接地、E接线路端；（C）G接地、L接线路端、E接屏蔽线；（D）三个端子可任意连接。

答案：**A**

Je4A2112 220kV系统故障录波器应按以下原则（　　）统计动作次数。

（A）计入220kV系统保护动作的总次数中；（B）计入全部保护的总次数中；（C）应单独对录波器进行统计；（D）计入自动装置的总次数中。

答案：**C**

Je4A2113 新安装保护装置投入运行后的第一次全部检验工作应由（　　）。

（A）基建单位和运行单位共同进行；（B）基建单位进行；（C）运行单位进行；（D）没有规定。

答案：**C**

Je4A2114 音响监视的断路器控制和信号回路，断路器自动跳闸时（　　）。

（A）控制开关手柄在合闸位置，指示灯发平光；（B）控制开关手柄在跳闸位置，指示灯发闪光；（C）控制开关手柄在合闸位置，指示灯发闪光；（D）控制开关手柄在跳闸位置，指示灯发平光。

答案：**C**

Je4A2115 时间继电器在继电保护装置中的作用是（　　）。

（A）计算动作时间；（B）建立动作延时；（C）计算保护停电时间；（D）计算断路器停电时间。

答案：**B**

Je4A2116 某一套独立的保护装置由保护主机及出口继电器两部分组成，分装于两面保护屏上，其出口继电器部分（　　）。

（A）必须与保护主机部分由同一专用端子对取得正-负直流电源；（B）应由出口继电器所在屏上的专用端子对取得正-负直流电源；（C）为提高保护装置的抗干扰能力，应由另一直流熔断器提供电源；（D）必须与保护主机部分由不同的端子对取得正-负直流电源。

答案：**A**

Je4A2117 使用钳形电流表，可选择（　　）然后再根据读数逐次切换。

（A）最高档位；（B）最低档位；（C）刻度一半；（D）任何档位。

答案：**A**

Je4A2118 电抗变压器在空载情况下，二次电压与一次电流的相位关系是（　　）。

（A）二次电压超前一次电流接近$90°$；（B）二次电压与一次电流接近$0°$；（C）二次电压滞后一次电流接近$90°$；（D）二次电压与一次电流的相位不能确定。

答案：**A**

Je4A2119 气体（瓦斯）保护是变压器的（　　）。

（A）主后备保护；（B）内部故障的主保护；（C）外部故障的主保护；（D）外部故障的后备保护。

答案：**B**

Je4A2120 电流互感器的相位误差，一般规定不应超过（　　）。

（A）$7°$；（B）$5°$；（C）$3°$；（D）$1°$。

答案：**A**

Je4A2121 用万用表测量电流电压时，被测电压的高电位端必须与万用表的(　　)端钮连接。

(A) 公共端；(B)"－"端；(C)"＋"端；(D)"＋""－"任一端。

答案：**C**

Je4A2122 只要有(　　)存在，其周围必然有磁场。

(A) 电压；(B) 电流；(C) 电阻；(D) 电容。

答案：**B**

Je4A2123 在操作箱中，关于断路器位置继电器线圈正确的接法是(　　)。

(A) TWJ 在跳闸回路中，HWJ 在合闸回路中；(B) TWJ 在合闸回路中，HWJ 在跳闸回路中；(C) TWJ、HWJ 均在跳闸回路中；(D) TWJ、HWJ 均在合闸回路中。

答案：**B**

Je4A2124 当大气过电压使线路上所装设的避雷器放电时，电流速断保护(　　)。

(A) 应同时动作；(B) 不应动作；(C) 以时间差动作；(D) 视情况而定是否动作。

答案：**B**

Je4A2125 根据保护评价规程，当因微机保护装置使用不正确的软件版本造成其误动时，此不正确动作责任为继保人员，并应归类为(　　)。

(A) 误接线；(B) 误碰；(C) 调试质量不良；(D) 运行维护不良。

答案：**C**

Je4A2126 线路两侧分别采用检查线路无电压重合闸和检查同期重合闸，在线路发生永久性故障并跳闸后，(　　)。

(A) 检查同期侧重合于故障并跳开，检线路无压侧将不再重合；(B) 检线路无压侧重合于故障并跳开，检查同期侧将不再重合；(C) 检查同期侧重合于故障并跳开，检线路无压侧仍将重合；(D) 检查线路无压侧重合于故障并跳开，检查同期侧仍将重合。

答案：**B**

Je4A2127 高压开关控制回路中防跳继电器的动作电流应小于开关跳闸电流的(　　)，线圈压降应小于10％额定电压。

(A) 1/2；(B) 1/3；(C) 1/4；(D) 1/5。

答案：**A**

Je4A2128 某变电站电压互感器的开口三角形侧 B 相接反，则正常运行时，如一次侧运行电压为 20kV，且该 20kV 系统采用中性点经小电阻接地，则开口三角形的输出为(　　)。

（A）0V；（B）100V；（C）200V；（D）67V。

答案：C

Je4A2129 为防止电压互感器高低压侧之间击穿，高电压进入低压侧，损坏仪表，危及人身安全，应将二次侧（　　）。

（A）接地；（B）屏蔽；（C）设围栏；（D）加防保罩。

答案：A

Je4A2130 按照《反措》的要求，防止跳跃继电器的电流线圈应（　　）。

（A）接在出口触点与断路器控制回路之间；（B）与断路器跳闸线圈并联；（C）与跳闸继电器出口触点并联；（D）任意接。

答案：A

Je4A2131 电流速断保护的灵敏度与电流继电器的返回系数（　　）。

（A）无关；（B）成正比；（C）成反比；（D）成非线性关系。

答案：A

Je4A2132 能满足系统稳定和设备安全要求，以最快速度有选择性地切除故障线路或设备的保护是（　　）。

（A）快速保护；（B）后备保护；（C）辅助保护；（D）主保护。

答案：D

Je4A2133 输电线路中某一侧的潮流是送有功受无功，它的相电压超前电流的角度为（　　）。

（A）0°～90°；（B）90°～180°；（C）180°～270°；（D）270°～360°。

答案：D

Je4A2134 直流中间继电器、跳（合）闸出口继电器的消弧回路应采取以下方式：

（A）一只二极管与一只适当电阻值的电阻串联后与中间继电器线圈并联；（B）一只二极管与一只适当电容值的电容串联后与中间继电器线圈并联；（C）一只二极管与一只适当电感值的电感串联后与中间继电器线圈并联；（D）两只二极管串联后与中间继电器线圈并联。

答案：A

Je4A2135 母线差动保护的暂态不平衡电流的大小与稳态不平衡电流相比，（　　）。

（A）两者相等；（B）暂态不平衡电流比稳态不平衡电流小；（C）暂态不平衡电流比稳态不平衡电流大；（D）不确定。

答案：C

Je4A2136 电流互感器二次回路接地点的正确设置方式是( )。

（A）每只电流互感器二次回路必须有一个单独的接地点；（B）所有电流互感器二次回路接地点均设置在电流互感器端子箱内；（C）电流互感器的二次侧只允许有一个接地点，对于多组电流互感器相互有联系的二次回路接地点应设在保护屏上；（D）电流互感器二次回路应分别在端子箱和保护屏接地。

答案：C

Je4A2137 灯光监视的断路器控制和信号回路，绿灯亮表示( )。

（A）断路器在跳闸状态，并表示其跳闸回路完好；（B）断路器在合闸状态，并表示其合闸回路完好；（C）断路器在合闸状态，并表示其跳闸回路完好；（D）断路器在跳闸状态，并表示其合闸回路完好。

答案：D

Je4A2138 电压互感器的负载电阻越大，则电压互感器的负载( )。

（A）越大；（B）越小；（C）不变；（D）不定。

答案：B

Je4A2139 根据《反措》，经长电缆引入保护屏的跳闸出口回路（如重瓦斯保护），其跳闸出口继电器的动作功率应不小于( )。

（A）1W；（B）2W；（C）5W；（D）10W。

答案：C

Je4A2140 一般设备铭牌上标的电压、电流值或电气仪表所测出来的数值都是( )。

（A）瞬时值；（B）最大值；（C）有效值；（D）平均值。

答案：C

Je4A2141 电流互感器的负载电阻越大，则电流互感器的负载( )。

（A）越大；（B）越小；（C）不变；（D）不定。

答案：A

Je4A2142 电流互感器本身造成的测量误差是由于有励磁电流存在，其角度误差是励磁支路呈现为( )使一、二次电流有不同相位，造成角度误差。

（A）电阻性；（B）电容性；（C）电感性；（D）互感性。

答案：C

Je4A2143 在大电流接地系统中，双母线上两组电压互感器二次绕组的中性点（　　）。

（A）在开关场各自接地；（B）只允许其中一组在开关场接地，另一组电压互感器中性点应在控制室接地；（C）只允许在一个公共地点接地，公共接地点可任选在其中的一组电压互感器安装处；（D）只允许在一个公共地点接地，公共接地点在控制室，而且每组电压互感器中性点经放电间隙接地。

答案：D

Je4A2144　保护屏在调试前应检查屏上所有裸露的带电器件与屏板的距离，均应大于（　　）。

（A）3mm；（B）2mm；（C）5mm；（D）10mm。

答案：A

Je4A3145　电力系统中处于额定运行状况的电压互感器 TV 和电流互感器 TA，设 TV 铁芯中的磁密为 BV、TA 铁芯中的磁密为 BA，BV 和 BA 相比（　　）。

（A）BV＞BA；（B）BV≈BA；（C）BV＜BA；（D）大小不确定。

答案：A

Je4A3146　下列继电器中，返回系数小于1的是（　　）。

（A）低压继电器；（B）过电流继电器；（C）阻抗继电器；（D）低周继电器。

答案：B

Je4A3147　当电压互感器二次负载变大时，其二次侧电压（　　）。

（A）明显变大；（B）明显减小；（C）基本不变；（D）一点不变。

答案：C

Je4A3148　断路器事故跳闸后，位置指示灯状态为（　　）。

（A）红灯平光；（B）绿灯平光；（C）红灯闪光；（D）绿灯闪光。

答案：D

Je4A3149　消除功率方向继电器死区的方法是（　　）。

（A）采用记忆回路；（B）引入非故障相电压；（C）采用电流电压联锁；（D）加入延时。

答案：A

Je4A3150　下列继电器中，返回系数大于1的是（　　）。

（A）过电流继电器；（B）过电压继电器；（C）阻抗继电器；（D）过励磁继电器。

答案：C

Je4A3151 按规程规定，35kV 小电流接地系统需要装消弧线圈是在该系统单相接地电流大于( )。

(A) 10A；(B) 30A；(C) 20A；(D) 15A。

答案：**A**

Je4A3152 芯线截面积为 4mm² 的控制电缆，其电缆芯数不宜超过( )芯。

(A) 10；(B) 14；(C) 8；(D) 6。

答案：**A**

Je4A3153 继电器按其结构形式分类，目前主要有( )。

(A) 测量继电器和辅助继电器；(B) 电流型和电压型继电器；(C) 电磁型、感应型、整流型和静态型；(D) 启动继电器和出口继电器。

答案：**C**

Je4A3154 为防止事故情况下蓄电池组总熔断器无选择性熔断，该熔断器与分熔断器之间，应保证有( )级差。

(A) 1～3 级；(B) 2～3 级；(C) 3～4 级；(D) 3～5 级。

答案：**C**

Je4A3155 在用拉路法查找直流接地时，要求断开各专用直流回路的时间( )。

(A) 不得超过 3min；(B) 不得超过 3s；(C) 不得少于 3s；(D) 根据被查回路中是否有接地点而定。

答案：**B**

Je4A3156 关于继电保护所用的电流互感器，规程规定其稳态变比误差及角误差的范围为( )。

(A) 稳态变比误差不大于 10％，角误差不大于 7°；(B) 稳态变比误差不大于 10％，角误差不大于 3°；(C) 稳态变比误差不大于 5％，角误差不大于 3°；(D) 稳态变比误差不大于 5％，角误差不大于 7°。

答案：**A**

Je4A3157 双端电源的线路若两侧均采用同期检查重合闸，则( )。

(A) 有可能造成非同期并列；(B) 只有一侧的开关会重合；(C) 线路两侧的开关均无法重合；(D) 线路两侧的开关可以重合，但等待的时间较长。

答案：**C**

Je4A3158 电力系统运行时的电流互感器，同样大小电阻采用( )接线方式时 CT 的负载较大。

（A）三角形；（B）星形；（C）一样；（D）不确定。

答案：B

Je4A3159 110kV 系统中，假设整个系统中各元件的零序阻抗角相等，在发生单相接地故障时，下列说法正确的是（　　）。

（A）全线路各点零序电压相位相同；（B）全线路各点零序电压幅值相同；（C）全线路各点零序电压相位、幅值都相同；（D）全线路各点零序电压相位、幅值都不相同。

答案：A

Je4A3160 对于单侧电源的双绕组变压器，采用带制动线圈的差动继电器构成差动保护，其制动线圈（　　）。

（A）应装在电源侧；（B）应装在负荷侧；（C）应装在电源侧或负荷侧；（D）可不用。

答案：B

Je4A3161 为加强继电保护试验仪器仪表的管理工作，每（　　）应对微机型继电保护试验装置进行一次全面检测，确保试验装置的准确度及各项功能满足继电保护试验的要求，防止因试验仪器仪表存在问题而造成继电保护误整定、误试验。

（A）1 年；（B）1～2 年；（C）2 年；（D）2～3 年。

答案：B

Je4A3162 下列哪一项不是自动投入装置应满足的要求（　　）。

（A）工作电源或设备上的电压，不论因什么原因消失，自投装置均应动作；（B）自动投入装置必须采用母线残压闭锁的切换方式；（C）在工作电源或设备断开后，才投入备用电源或设备；（D）自动投入装置应保证只动作一次。

答案：B

Je4A3163 某变电站电压互感器的开口三角形侧 B 相接反，则正常运行时，如一次侧运行电压为 10kV，开口三角形的输出为（　　）。

（A）0V；（B）100V；（C）200V；（D）67V。

答案：D

Je4A3164 与相邻元件有配合关系的保护段，所谓不完全配合，系指（　　）。

（A）保护范围（或灵敏度）配合，保护动作时限不配合；（B）保护动作时限配合，保护范围（或灵敏度）不配合；（C）保护范围（或灵敏度）及动作时限均不配合；（D）保护范围（或灵敏度）及动作时限均配合。

答案：B

Je4A3165 用摇表对电气设备进行绝缘电阻的测量，（　　）。

（A）主要是检测电气设备的导电性能；（B）主要是判别电气设备的绝缘性能；（C）主要是测定电气设备绝缘的老化程度；（D）主要是测定电气设备的耐压性能。

答案：B

Je4A3166 单侧电源线路的自动重合闸装置必须在故障切除后，经一定时间间隔才允许发出合闸脉冲，这是因为（　　）。

（A）需与保护配合；（B）故障点要有足够的去游离时间以及断路器及传动机构的准备再次动作时间；（C）防止多次重合；（D）断路器消弧。

答案：B

Je4A3167 对无人值班变电站，无论任何原因，当断路器控制电源消失时，应（　　）。

（A）只发告警信号；（B）必须发出遥信；（C）只启动光字牌；（D）不但启动光字牌，还应发出音响告警信号。

答案：B

Je4A3168 主变保护装置 NSR378 后备保护复压闭锁过流的保护逻辑里，当方向元件投入并指向变压器时，其动作区域（电流超前电压）在哪个范围（　　）。

（A）$15°\sim195°$；（B）$-165°\sim15°$；（C）$-132°\sim42°$；（D）$48°\sim222°$。

答案：C

Je4A3169 母线保护装置 NSR371 中母联的 CT 极性应与以下哪条支路 CT 极性保持一致（　　）。

（A）Ⅰ母上的所有支路；（B）Ⅱ母上的所有支路；（C）第一个主变支路；（D）第一个线路支路。

答案：A

Je4A3170 在 NSR-304 线路保护中，PT 断线时距离保护将自动退出。作为替代保护功能，保护装置自动投入（　　）。

（A）差动保护；（B）PT 断线过流保护；（C）低周保护；（D）双回线相继速度保护。

答案：B

Je4A3171 对于 NSR-304D 保护装置，PT 断线会（　　）。

（A）闭锁差动保护；（B）闭锁 PT 断线过流保护；（C）闭锁零序过流保护；（D）闭锁距离保护。

答案：D

Je4A3172　比率制动差动继电器，整定动作电流 2A，比率制动系数为 0.5，无制动区电流 5A。本差动继电器的动作判据 IDZ＝│I_1＋I_2│，制动量为〔I_1，I_2〕取较大者。模拟穿越性故障，当 I_1＝7A 时测得差电流 I_C＝2.8A，此时，该继电器（　　）。

（A）动作；（B）不动作；（C）处于动作边界。

答案：B

Je4A3173　以下不属于智能变电站自动化系统通常采用的网络结构是（　　）。

（A）总线形；（B）环形；（C）星形；（D）放射形。

答案：D

Je4A3174　智能变电站三网合一技术是指：GOOSE、（　　）和 1588 等三个技术融合在一个共享的以太网中。

（A）MMS；（B）WebServers；（C）NTP；（D）SV。

答案：D

Je4A3175　智能变电站中故障录波器产生的告警信息上送报文是（　　）。

（A）MMS；（B）GSGE；（C）GOOSE；（D）SV。

答案：A

Je4A3176　当合并单元检修压板投入后，SV9-2 报文中的（　　）状态标志应变位。

（A）测试；（B）无效；（C）同步；（D）唤醒。

答案：A

Je4A3177　校核母差保护电流互感器的 10% 误差曲线时，计算电流倍数最大的情况是元件（　　）。

（A）对侧无电源；（B）对侧有电源。

答案：A

Je4A3178　双母线差动保护的复合电压、闭锁元件还要求闭锁每一断路器失灵保护，这一做法的原因是（　　）。

（A）断路器失灵保护选择性能不好；（B）防止断路器失灵保护误动作；（C）断路器失灵保护原理不完善；（D）以上三种说法均正确。

答案：B

Je4A3179　低气压闭锁重合闸延时（　　）。

（A）100ms；（B）200ms；（C）400ms；（D）500ms。

答案：C

Je4A3180 LFP-901A 型保护在通道为闭锁式时，通道的试验逻辑是按下通道试验按钮，本侧发信。（　　）以后本侧停信，连续收对侧信号 5s 后（对侧连续发 10s），本侧启动发信 10s。

(A) 100ms；(B) 150ms；(C) 200ms；(D) 250ms。

答案：**C**

Je4A3181 保护用电缆与电力电缆可以（　　）。

(A) 同层敷设；(B) 通用；(C) 交叉敷设；(D) 分层敷设。

答案：**D**

Je4A3182 停用备用电源自投装置时应（　　）。

(A) 先停交流，后停直流；(B) 先停直流，后停交流；(C) 交直流同时停；(D) 与停用顺序无关。

答案：**B**

Je4A3183 发电厂接于 110kV 及以上双母线上，有三台及以上变压器，则应（　　）。

(A) 有一台变压器中性点直接接地；(B) 每条母线有一台变压器中性点直接接地；(C) 三台及以上变压器均直接接地；(D) 三台及以上变压器均不接地。

答案：**B**

Je4A3184 某变电站有一套备用电源自投装置（备自投），在工作母线有电压且断路器未跳开的情况下将备用电源合上了，检查备自投装置一切正常，试判断外部设备和回路的主要问题是（　　）。

(A) 工作母线电压回路故障和判断工作断路器位置的回路不正确；(B) 备用电源系统失去电压；(C) 工作母联瞬时低电压；(D) 工作电源电压和备用电源电压刚好接反。

答案：**A**

Je4A3185 空接点脉冲信号，如 1PPS，1PPM，1PPH，在选用合适的控制电缆传输信号时，其实际传输距离≤（　　）m。

(A) 10；(B) 50；(C) 100；(D) 500。

答案：**D**

Je4A3186 主时钟应能同时接收至少两种外部基准信号，其中一种应为（　　）时间基准信号。

(A) 脉冲；(B) 电平；(C) 无线；(D) 串行口。

答案：**C**

Je4A3187 影响 PTP 精确时钟同步协议时钟系统精度的主要因素有（　　）三个方面。

（A）振荡器的稳定性；（B）网络时延；（C）组网方式；（D）以上均是。

答案：**D**

Je4A3188　根据 Q/GDW 441－2010《智能变电站继电保护技术规范》，智能变电站中交换机配置原则上任意设备间数据传输不能超过（　　）个交换机。

（A）3；（B）4；（C）5；（D）8。

答案：**B**

Je4A3189　智能变电站现场常用时钟的同步方式不包括（　　）。

（A）PPS；（B）IRIG-B；（C）IEEE1588；（D）PPM。

答案：**D**

Je4A3190　未知目的组播进入交换机一般怎么处理？（　　）。

（A）丢弃；（B）向全部端口转发；（C）向 VLAN 内全部端口转发；（D）VLAN 内除本端口外的所有端口转发。

答案：**D**

Je4A3191　智能变电站交换机 MAC 地址缓存能力应不低于（　　）个。

（A）512；（B）1024；（C）2048；（D）4096。

答案：**D**

Je4A3192　交换机优先级映射的作用为（　　）。

（A）定义业务数据的默认优先级；（B）不同优先级的数据被放入不同的输出队列中等待处理；（C）业务优先级高的数据先输出；（D）业务优先级低的后输出。

答案：**B**

Je4A3193　根据 Q/GDW 715－2012《110～750kV 智能变电站网络报文记录分析装置通用技术规范》，网络报文监测终端记录 SV 原始报文至少可以连续记录（　　）小时。

（A）12；（B）24；（C）48；（D）72。

答案：**B**

Je4A3194　智能终端目前在智能变电站中采用最多的对时方式是（　　）。

（A）IEEE1588；（B）PPM；（C）PPS；（D）IRIG-B。

答案：**D**

Je4A3195　主时钟应双重化配置，应优先采用（　　）系统。

（A）GPS 导航；（B）地面授时信号；（C）北斗导航；（D）判断哪个信号好就用哪个。

答案：**C**

Je4A3196 智能控制柜应具备温度、湿度的采集、调节功能，柜内温度控制在( )。

(A) $-20\sim40℃$；(B) $-10\sim50℃$；(C) $-10\sim40℃$；(D) $-0\sim50℃$。

答案：**B**

Je4A3197 开关量采用( )协议通过过程层 GOOSE 网络或点对点传输。

(A) IEC 61850—8—1；(B) IEC 61850—9—1；(C) IEC 61850—9—2；(D) IEC 60044—8。

答案：**A**

Je4A3198 传感器与状态检测 IED 间宜采用( )方式传输模拟量数据。

(A) 总线；(B) 以太网；(C) 光纤；(D) 点对点。

答案：**A**

Je4A3199 双重化配置的保护过程层网络应遵循( )的原则。

(A) 相互独立；(B) 信息共享；(C) 网络互通。

答案：**A**

Je4A3200 户外智能控制柜，应至少达到( )防护等级。

(A) IP30；(B) IP43；(C) IP54；(D) IP55。

答案：**D**

Je4A3201 220kV 宜按( )配置过程层交换机。

(A) 单间隔；(B) 设备室；(C) 电压等级；(D) 二次设备功能。

答案：**A**

Je4A3202 220kV 主变压器电量保护通过( )跳母联间隔。

(A) 电缆；(B) GOOSE 网络；(C) 点对点 GOOSE；(D) MMS 网络。

答案：**B**

Je4A3203 当采用网络方式接收 SV 报文时，故障录波装置 SV 采样接口接入合并单元数量不宜超过( )台。

(A) 4；(B) 5；(C) 6；(D) 8。

答案：**B**

Je4A3204 故障录波器数字式开关量宜采用( )路。

(A) 96；(B) 128；(C) 256；(D) 512。

答案：**C**

Je4A3205 故障录波器数字式交流量宜采用( )路。

(A) 24；(B) 48；(C) 96；(D) 128。

答案：**C**

Je4A3206 过程层采样值网络，每个交换机端口与装置之间的流量不宜大于( )。

(A) 30M；(B) 40M；(C) 50M；(D) 60M。

答案：**B**

Je4A3207 当智能终端产生告警时，智能变电站中一般( )。

(A) 采用多个空接点上送告警信号；(B) 采用 GOOSE 上送告警信号；(C) 采用装置告警上送告警信号。

答案：**B**

Je4A3208 保护模型中对应要跳闸的每个断路器各使用一个 PTRC 实例，则线路保护对于 3/2 接线应建立( )PTRC 实例。

(A) 1个；(B) 2个；(C) 3个；(D) 4个。

答案：**B**

Je4A3209 线路保护的纵联通道采用( )逻辑节点建立模型。

(A) PDjF；(B) PDIS；(C) PSCH；(D) PTOC。

答案：**C**

Je4A3210 除( )外，装置内的任一元件损坏时，装置不应误动作跳闸，自动检测回路应能发出告警或装置异常信号。

(A) 出口继电器；(B) 装置电源；(C) 通信模块；(D) 人机界面。

答案：**A**

Je4A3211 遵守保护装置( )开入电源不出保护室的原则，以免引进干扰。

(A) 220V；(B) 110V；(C) 24V；(D) 以上均不能。

答案：**C**

Je4A3212 屏柜上装置的接地端子应用截面积不小于( )mm^2 的多股铜线和接地铜排相连。

(A) 4；(B) 2.5；(C) 1.5；(D) 6。

答案：**A**

Je4A3213 对继电保护装置运行维护描述错误的是( )。

（A）二次设备随一次设备停电校验；（B）严禁超期校验；（C）严禁漏项；（D）新安装保护1年之内进行一次全部校验。

答案：**A**

Je4A3214 对220kV及以上电压等级的线路保护描述错误的是( )。

（A）对单相重合闸的线路，在线路发生单相经高阻接地故障时，保护动作三跳；（B）每套保护应能对全线路内发生的各种类型故障均快速动作切除；（C）防止由于零序功率方向元件的电压死区导致零序功率方向纵联保护拒动；（D）以上均错误。

答案：**A**

Je4A3215 ( )动作后不应同时作用于断路器的两个跳闸线圈。

（A）非电量保护；（B）单套配置的断路器失灵保护；（C）双套配置的线路保护；（D）以上均不应。

答案：**C**

Je4A3216 不应启动断路器失灵保护的是( )。

（A）发电机-变压器组三相不一致保护；（B）变压器非电量保护；（C）断路器闪络保护；（D）电流差动保护。

答案：**B**

Je4A3217 关于变压器非电量保护描述错误的是( )。

（A）采用就地跳闸方式时，应向监控系统发送动作信号；（B）出口跳闸回路可以与电气量保护共用；（C）应同时作用于断路器的两个跳闸线圈；（D）不应启动断路器失灵。

答案：**B**

Je4A3218 220kV及以上电压等级的( )断路器不需要按断路器配置专用的、具备瞬时和延时跳闸功能的过电流保护装置。

（A）线路；（B）母联；（C）分段；（D）以上均不需要。

答案：**A**

Je4A3219 双母线接线变电站的母差保护应经复合电压闭锁( )。

（A）跳分段支路；（B）跳线路支路；（C）跳母联支路；（D）以上均应该。

答案：**B**

Je4A3220 开关场的就地端子箱内的等电位接地网( )连接。

（A）不需要在就地端子箱处与主接地网；（B）需要在就地端子箱处与主接地网；（C）只需要在保护室处与主接地网；（D）以上均可。

答案：**B**

Je4A3221 电流互感器优先选用( )式电流互感器。

(A) 套管；(B) 贯穿；(C) 支柱；(D) 母线。

答案：B

Je4A3222 智能变电站的保护，除( )外不同间隔设备的保护功能不应集成。

(A) 变压器保护；(B) 线路保护；(C) 母线保护；(D) 断路器保护。

答案：C

Je4A3223 如断路器只有一组跳闸线圈，失灵保护装置工作电源应与相对应的断路器操作电源取自( )的直流电源系统。

(A) 相同；(B) 不同；(C) 无特殊要求；(D) 以上均可。

答案：B

Je4A3224 安装在通信室的保护专用光电转换设备与通信设备间应使用屏蔽电缆，并按敷设等电位接地网的要求，沿这些电缆敷设截面积不小于( )mm² 铜排（缆）可靠与通信设备的接地网紧密连接。

(A) 50；(B) 100；(C) 80；(D) 150。

答案：B

Je4A4225 所有涉及直接跳闸的重要回路应采用动作电压在额定直流电源电压的 55%～70%范围以内的中间继电器，并要求其动作功率不低于( )W。

(A) 2；(B) 5；(C) 10；(D) 7。

答案：B

Je4A4226 所有涉及直接跳闸的重要回路应采用动作电压在额定直流电源电压的 ( )范围以内的中间继电器，并要求其动作功率不低于5W。

(A) 55%～70%；(B) 60%～80%；(C) 85%～115%；(D) 50%～70%。

答案：A

Je4A4227 宜设置不经任何闭锁的、( )的线路后备保护。

(A) 短延时；(B) 长延时；(C) 无延时；(D) 瞬时延时。

答案：B

Je4A4228 在无母差保护运行期间应采取相应措施，严格限制变电站( )的倒闸操作，保证系统安全。

(A) 线路侧隔离开关；(B) 母线侧隔离开关；(C) 线路地刀；(D) 开关地刀。

答案：B

Je4A4229 所有差动保护（线路、母线、变压器、电抗器、发电机等）在投入运行前，除应在负荷电流大于电流互感器额定电流的（　　）的条件下测定相回路和差回路外，还必须测量各中性线的不平衡电流、电压，以保证保护装置和二次回路接线的正确性。

（A）5％；（B）10％；（C）20％；（D）30％。

答案：**B**

Je4A4230 保护软件及现场二次回路变更须经（　　）同意并及时修订相关的图纸资料。

（A）设计单位；（B）运行管理部门；（C）相关保护管理部门；（D）基建单位。

答案：**C**

Je4A4231 必须进行所有保护整组检查，模拟故障检查保护压板的唯一对应关系，避免有任何（　　）存在。

（A）接线错误；（B）保护配置不一致；（C）寄生回路；（D）误整定。

答案：**C**

Je4A4232 智能变电站继电保护相关的设计、基建、改造、验收、运行、检修部门应按照工作职责和界面分工，把好系统配置文件（　　）文件关口，确保智能变电站保护运行、检修、改扩建工作安全。

（A）ICD；（B）SCD；（C）CID；（D）GOOSE。

答案：**B**

Je4A4233 线路两侧或主设备差动保护各侧的电流互感器的相关特性宜一致，避免在遇到较大短路电流时因各侧电流互感器的（　　）不一致导致保护不正确动作。

（A）暂态特性；（B）稳态特性；（C）电磁特性；（D）伏安特性。

答案：**A**

Je4A4234 母线差动、变压器差动和发变组差动保护各支路的电流互感器应优先选用误差限制系数和（　　）的电流互感器。

（A）饱和电压较高；（B）伏安特性一致；（C）角差一致；（D）10％误差曲线一致。

答案：**A**

Je4A4235 有关断路器的选型应与保护双重化配置相适应，（　　）kV 及以上断路器必须具备双跳闸线圈机构。

（A）110；（B）10；（C）220；（D）35。

答案：**C**

Je4A4236 智能变电站的保护设计应遵循原则规定，下列选项（　　）是错误的。

（A）直采直跳；（B）独立分散；（C）就地化布置；（D）直采网跳。

答案：**D**

Je4A4237 纵联保护应优先采用（　　）通道。

（A）光纤；（B）载波；（C）双绞线；（D）同轴电缆。

答案：**A**

Je4A4238 变压器的断路器失灵时，除应跳开失灵断路器相邻的全部断路器外，还应跳开本变压器连接（　　）的断路器。

（A）其他电源侧；（B）低压母线；（C）中压母线；（D）高压母线。

答案：**A**

Je4A4239 应充分考虑电流互感器一次绕组合理分配，对确实无法解决的保护动作死区，在满足系统稳定要求的前提下，可采取（　　）和远方跳闸等后备措施加以解决。

（A）启动失灵；（B）稳定控制；（C）设置解列点；（D）重合闸。

答案：**A**

Je4A4240 变压器的高压侧宜设置（　　）的后备保护。

（A）无延时；（B）长延时；（C）短延时；（D）瞬时延时。

答案：**B**

Jc4A4241 防跳继电器动作时间应与（　　）动作时间配合。

（A）断路器；（B）主保护；（C）动作时限最长的保护；（D）后备保护。

答案：**A**

Je4A4242 双重化配置的两套保护之间不应有任何（　　），一套保护退出时不应影响另一套保护的运行。

（A）回路联系；（B）电气联系；（C）接点联系；（D）强电联系。

答案：**B**

Je4A4243 双重化配置的两套保护的跳闸回路应与断路器的两个跳闸线圈（　　）。

（A）一一对应；（B）任意接入；（C）无需对应；（D）直接对应。

答案：**A**

Je4A4244 双重化配置的继电保护两套保护装置的交流电压宜分别取自电压互感器（　　）。

（A）同一绕组；（B）特性不一致的绕组；（C）不同的绕组；（D）互相独立的绕组。

答案：**D**

Je4A4245 继电保护（　　）要求在设计要求它动作的异常或故障状态下，能够准确地完成动作。

（A）安全性；（B）可信赖性；（C）选择性；（D）快速性。

答案：**B**

Je4A4246 主保护或断路器拒动时，用来切除故障的保护是（　　）。

（A）辅助保护；（B）异常运行保护；（C）后备保护；（D）安全自动装置。

答案：**C**

Je4A4247 微机保护装置在调试中可以做以下事情（　　）。

（A）插拔插件；（B）使用不带接地的电烙铁；（C）触摸插件电路。

答案：**A**

Je4A4248 为相量分析简便，电流互感器一、二次电流相量的正向定义应取（　　）标注。

（A）加极性；（B）减极性；（C）均可。

答案：**B**

Je4A4249 相间距离保护的阻抗继电器采用零度接线的原因是（　　）。

（A）能正确反映 K3、K2、K1.1；（B）能正确反映 K3、K2，但不能反映 K1.1、K1；（C）能反映各种故障。

答案：**A**

Je4A4250 以电压 U 和 $(U-IZ)$ 比较相位，可构成（　　）。

（A）全阻抗特性的阻抗继电器；（B）方向阻抗特性的阻抗继电器；（C）电抗特性的阻抗继电器；（D）带偏移特性的阻抗继电器。

答案：**B**

Je4A4251 与一般方向阻抗继电器比较，工频变化量阻抗继电器最显著的优点是（　　）。

（A）反应过渡电阻能力强；（B）出口故障时高速动作；（C）出口故障时高速动作，反应过渡电阻能力强。

答案：**C**

Je4A4252 原理上不受电力系统振荡影响的保护有（　　）。

（A）电流保护；（B）距离保护；（C）电流差动纵联保护和相差保护；（D）电压保护。

答案：**C**

Je4A4253 发生交流电压二次回路断线后不可能误动的保护为( )。

(A) 距离保护；(B) 差动保护；(C) 零序电流方向保护。

答案：B

Je4A4254 配有重合闸后加速的线路，当重合到永久性故障时( )。

(A) 能瞬时切除故障；(B) 不能瞬时切除故障；(C) 具体情况具体分析，故障点在Ⅰ段保护范围内时，可以瞬时切除故障；故障点在Ⅱ段保护范围内时，则需带延时切除。

答案：A

Je4A4255 双重化两套保护均有重合闸，当重合闸停用一套时( )。

(A) 另一套保护装置的重合闸也必须停用，否则两套保护装置的动作行为可能不一致；(B) 对应的保护装置也必须退出，否则两套保护装置的动作行为可能不一致；(C) 对保护的动作行为无影响，断路器仍可按照预定方式实现重合。

答案：C

Je4A4256 需要加电压闭锁的母差保护，电压闭锁环节应加在( )。

(A) 母差各出口回路；(B) 母联出口；(C) 母差总出口。

答案：A

Je4A4257 空载变压器突然合闸时，可能产生的最大励磁涌流的值与短路电流相比( )。

(A) 前者远小于后者；(B) 前者远大于后者；(C) 可以比拟。

答案：C

Je4A4258 变压器的纵差动保护( )。

(A) 能够反应变压器的所有故障；(B) 只能反应变压器的相间故障和接地故障；(C) 不能反应变压器的轻微匝间故障。

答案：C

Je4A4259 差动保护的二次不平衡电流与一次三相对称穿越性电流的关系曲线( )。

(A) 呈明显的非线性特性；(B) 大致是直线；(C) 不定。

答案：A

Je4A4260 测量温度用仪表的误差不应超过( )。

(A) ±0.5℃；(B) ±1℃；(C) ±1.5℃；(D) ±2℃。

答案：B

Je4A4261 保护跳闸信号 Tr 应由（　　　）逻辑节点产生。

（A）LLN0；（B）LPHD；（C）PTRC；（D）GGIO。

答案：C

Je4A4262 断路器使用（　　）实例。

（A）XCBR；（B）XSWI；（C）CSWI；（D）RBRF。

答案：A

Je4A4263 500kV 主变压器低压侧开关电流数据无效时，以下（　　　）保护可以保留。

（A）纵差；（B）分侧差；（C）小区差；（D）低压侧过流。

答案：B

Je4A4264 经控制室 N600 连通的几组电压互感器二次回路，（　　　）在控制室将 N600 一点接地。

（A）只应；（B）宜；（C）不得；（D）不应。

答案：A

Je4A4265 由开关场的断路器等设备至开关场就地端子箱之间的二次电缆屏蔽层应在（　　）接地。

（A）双端；（B）就地端子箱；（C）一次设备的接线盒（箱）；（D）不接地。

答案：B

Je4A4266 保护屏柜交流电压回路的空气开关应与电压回路总路开关在（　　　）上有明确地配合。

（A）合闸时限；（B）跳闸时限；（C）故障时限；（D）跳闸电流。

答案：B

Je4A4267 制造部门应提高微机保护抗电磁骚扰水平和防护等级，光耦开入的动作电压应控制在额定直流电源电压的（　　　）范围以内。

（A）55％～70％；（B）60％～80％；（C）85％～115％；（D）50％～70％。

答案：A

Je4A4268 静态保护和控制装置的屏柜下部的接地铜排应用截面积不小于（　　　）mm^2 的铜缆与保护室内的等电位接地网相连。

（A）50；（B）40；（C）100；（D）80。

答案：A

Je4A4269 保护装置之间、保护装置至开关场就地端子箱之间联系电缆以及高频收发信机的电缆屏蔽层应使用截面积不小于( )mm² 的多股铜质软导线，可靠连接到等电位接地网的铜排上。

（A）10；（B）4；（C）5；（D）6。

答案：**B**

Je4A5270 微机保护装置的开关电源模件宜在运行( )年后予以更换。

（A）4；（B）5；（C）6；（D）7。

答案：**C**

Je4A5271 必须进行所有保护整组检查，模拟故障检查保护压板的唯一对应关系，避免有任何( )存在。

（A）接线错误；（B）保护配置不一致；（C）寄生回路；（D）误整定。

答案：**C**

Je4A5272 关于智能终端硬件配置不正确的说法是( )。

（A）智能终端硬件单电源；（B）智能终端配置液晶显示；（C）智能终端配置位置指示灯；（D）智能终端配置调试网口。

答案：**B**

Je4A5273 SV 信号订阅端采用的逻辑节点前缀统一为( )。

（A）INSV；（B）INSMV；（C）SMVIN；（D）SVIN。

答案：**D**

Je4A5274 合并单元常用采样频率是( )Hz。

（A）1200；（B）2400；（C）4000；（D）5000。

答案：**C**

Je4A5275 某 220kV 间隔智能终端检修压板投入时，相应母差( )。

（A）强制互联；（B）强制解列；（C）闭锁差动保护；（D）保持原来的运行状态。

答案：**D**

Je4A5276 独立的、与其他电压互感器和电流互感器的二次回路没有电气联系的二次回路应在( )一点接地。

（A）开关场；（B）保护室；（C）开关场或保护室；（D）不接地。

答案：**A**

Je4A5277 ( )及以上变电站可设置独立通信电源。

（A）110kV；（B）220kV；（C）330kV；（D）500kV。

答案：C

Je4A5278 微机母线和变压器保护的各支路电流互感器二次应认为无电的联系，互感器二次回路的安全接地点（　　）。

（A）应连在一起且在保护屏一点接地；（B）应各自在就地端子箱接地；（C）应各自在保护屏接地；（D）无特殊要求。

答案：B

Je4A5279 二分之三断路器接线的变电站，每组母线宜装设两套母线保护，母线保护（　　）电压闭锁环节。

（A）不设置；（B）设置；（C）一套设置一套不设置；（D）无特殊要求。

答案：A

Je4A5280 对220～500kV一个半断路器接线，每组母线应装设（　　）套母线保护。

（A）1；（B）2；（C）3；（D）4。

答案：B

Je4A5281 保护室内的等电位接地网与厂、站的主接地网必须用至少（　　）根以上、截面积不小于50mm² 的铜缆（排）构成共点接地。

（A）2；（B）3；（C）4；（D）1。

答案：C

Je4A5282 对微机型继电保护装置所有二次回路的电缆接地要求正确的是（　　）。

（A）使用电缆的屏蔽层接地；（B）使用电缆的空线接地；（C）不需要接地；（D）使用不带屏蔽层的电缆。

答案：A

Je4A5283 断路器三相位置不一致保护的动作时间应与（　　）动作时间相配合。

（A）其他保护；（B）重合闸；（C）零序保护；（D）过流保护。

答案：A

Je4A5284 直流电源总输出回路、直流分段母线的输出回路宜按逐级配合的原则设置（　　）。

（A）熔断器；（B）自动开关；（C）隔离开关；（D）断路器。

答案：A

Je4A5285 当灵敏度与选择性难以兼顾时，应首先考虑以保灵敏度为主，防止保护（　　）。

（A）误动；（B）拒动；（C）乱动；（D）舞动。

答案：**B**

Je4A5286 加强继电保护试验仪器、仪表的管理工作，每（　　）年应对微机型继电保护试验装置进行一次全面检测。

（A）1～3；（B）2～4；（C）1～2；（D）4～5。

答案：**C**

Je4A5287 保护装置验收时应认真检查站端后台、调度端的各种保护动作、异常等相关信号的（　　），符合设计和装置原理。

（A）完整性；（B）正确性；（C）齐全、准确、一致；（D）一致。

答案：**C**

Je4A5288 对于220kV及以上变电站，宜按（　　）设置网络配置故障录波装置和网络报文记录分析装置。

（A）电压等级；（B）功能；（C）间隔；（D）其他。

答案：**A**

Je4A5289 智能终端和常规操作箱最主要的区别是（　　）。

（A）智能终端实现了开关信息的数字化和共享化；（B）智能终端为有源设备，操作箱为无源设备；（C）智能终端没有继电器。

答案：**A**

Je4A5290 接入两个以上合并单元的保护装置应按（　　）设置"合并单元投入"软压板。

（A）模拟量通道；（B）电压等级；（C）合并单元设置；（D）保护装置设置。

答案：**C**

Je4A5291 220kV以上变压器各侧的中性点电流、间隙电流应（　　）。

（A）各侧配置单独的合并单元进行采集；　（B）于相应侧的合并单元进行采集；（C）统一配置独立的合并单元进行采集；（D）其他方式。

答案：**B**

Je4A5292 保护装置在合并单元上送的数据品质位异常状态下，应（　　）闭锁可能误动的保护，（　　）告警。

（A）瞬时，延时；（B）瞬时，瞬时；（C）延时，延时；（D）延时，瞬时。

答案：**A**

Je4A5293 智能组件是由若干智能电子设备集合组成，安装于宿主设备旁，承担与宿主设备相关的（　　）等基本功能。

（A）测量；（B）控制；（C）监测；（D）以上都是。

答案：**D**

Jf4A1294 在开关场电压互感器二次线圈中性点装设的附加对地保护，可考虑选击穿电压（　　）V 的氧化锌阀片。

（A）500～100；（B）1000～1500；（C）1500～2000；（D）2000～2500。

答案：**C**

Jf4A1295 有一台新投入的 Y，y_n 接线的变压器，测得三相线电压均为 380V，对地电压 $U_{aph}=U_{bph}=380V$，$U_{cph}=0V$，该变压器发生了（　　）故障。

（A）变压器中性点未接地，C 相接地；（B）变压器中性点接地；（C）变压器中性点未接地，B 相接地；（D）变压器中性点未接地，A 相接地。

答案：**A**

Jf4A2296 电流互感器是（　　）。

（A）电压源，内阻视为零；（B）电流源，内阻视为无穷大；（C）电流源，内阻视为零；（D）电压源，内阻视为无穷大。

答案：**B**

Jf4A2297 直流母线的正极相色漆是（　　）。

（A）白色；（B）蓝色；（C）棕色；（D）红色。

答案：**D**

Jf4A4298 保护室与通信室之间信号优先采用（　　）传输。

（A）2M 同轴电缆；（B）光缆；（C）双绞双屏蔽电缆；（D）无线。

答案：**B**

Jf4A4299 蓄电池组在正常运行时，交流电源突然中断，直流母线应连续供电，其直流控制母线电压不得低于直流标称电压的（　　）。

（A）80%；（B）85%；（C）90%；（D）95%。

答案：**C**

Jf4A4300 IEEE 1588 对时中，交换机主要作为（　　）时钟类型工作。

（A）OC（变通时钟）；（B）TC（透明时钟）；（C）SC（从时钟）；（D）GC（主时钟）。

答案：B

Jf4A5301 电子式电流互感器的复合误差不大于（　　）。

（A）3％；（B）4％；（C）5％；（D）6％。

答案：C

1.2 判断题

La4B1001 在线性电路中，如果电源电压是方波，则电路中各个部分的电流及电压也是方波。（×）

La4B1002 电力系统有功出力不足时，不只影响系统的频率，对系统电压的影响更大。（×）

La4B1003 两个同型号、同变比的 CT 串联使用时，会使 CT 的励磁电流减小。（√）

La4B1004 设 K 为电流互感器的变比，无论电流互感器是否饱和，其一次电流 I_1 与二次电流 I_2 始终保持 $I_2 = I_1/K$ 的关系。（×）

La4B1005 基尔霍夫电流定律不仅适用于电路中的任意一个节点，而且也适用于包含部分电路的任一假设的闭合面。（√）

La4B2006 在串联谐振电路中，电感和电容的电压数值相等，方向相反。（√）

La4B2007 电感元件在电路中并不消耗能量，因为它是无功负荷。（√）

La4B2008 非正弦电路的平均功率，就是各次谐波所产生的平均功率之和。（√）

La4B2009 从放大器的输出端将输出信号（电压或电流）通过一定的电路送回到输入端的现象叫负反馈。若送回到输入端的信号与输入端原有信号反相使放大倍数下降的叫反馈。

La4B2010 对全阻抗继电器，设 Zm 为继电器的测量阻抗，Zs 为继电器的整定阻抗，当｜Zs｜≥｜Zm｜时，继电器动作。（√）

La4B3011 距离保护装置通常由启动部分、测量部分、振荡闭锁部分、二次电压回路断线失压闭锁部分、逻辑部分五个主要部分组成。（√）

La4B3012 同步发电机和调相机并入电网有准同期并列和自同期并列两种基本方法。（√）

La4B3013 距离保护就是反应故障点至保护安装处的距离，并根据距离的远近而确定动作时间的一种保护装置。（√）

La4B3014 距离保护中的振荡闭锁装置，是在系统发生振荡时，才启动去闭锁保护。（×）

La4B3015 正弦振荡器产生持续振荡的两个条件为振幅平衡条件和相位平衡条件。（√）

La4B3016 电力系统发生振荡时，任一点电流与电压的大小，随着两侧电动势周期性的变化而变化。当变化周期小于该点距离保护某段的整定时间时，则该段距离保护不会误动作。（√）

La4B3017 按电气性能要求，保护电流回路中铜芯导线截面积应不小于 2.0mm^2。（×）

La4B3018 距离保护动作区末端金属性相间短路的最小短路电流，应大于相应段最小精确工作电流的两倍。（√）

La4B3019 对采用电容储能电源的变电所，应考虑在失去交流电源情况下，有几套保护同时动作，或在其他消耗直流能量最大的情况下，保证保护装置与有关断路器均能可靠动作跳闸。（√）

La4B3020 判断振荡用的相电流或正序电流元件应可靠躲过正常负荷电流。（√）

La4B4021 母线保护在外部故障时，其差动回路电流等于各连接元件的电流之和（不考虑电流互感器的误差）；在内部故障时，其差动回路的电流等于零。（×）

La4B4022 在距离保护中，"瞬时测定"就是将距离元件的初始动作状态，通过启动元件的动作而固定下来，以防止测量元件因短路点过渡电阻的增大而返回，造成保护装置拒绝动作。（√）

La4B4023 在具备快速重合闸的条件下，能否采用快速重合闸，取决于重合瞬间通过设备的冲击电流值和重合后的实际效果。（√）

La4B4024 由三个电流互感器构成的零序电流滤过器，其不平衡电流主要是由于三个电流互感器铁芯磁化特性不完全相同所产生的。为了减小不平衡电流，必须选用具有相同磁化特性，并在磁化曲线未饱和部分工作的电流互感器来组成零序电流滤过器。（√）

La4B4025 助增电流的存在，使距离保护的测量阻抗减小，保护范围增大。（×）

La4B4026 汲出电流的存在，使距离保护的测量阻抗增大，保护范围缩短。（×）

La4B4027 当 Y，d 接线的变压器三角形侧发生两相短路时，变压器另一侧三相电流是不相等的，其中两相的只为第三相的一半。（√）

La4B4028 零序电流保护，能反映各种不对称短路，但不反映三相对称短路。（×）

La4B5029 在系统振荡过程中，系统电压最高点叫振荡中心，它位于系统综合阻抗的 $1/2$ 处。（×）

La4B5030 电力系统频率变化对阻抗元件动作行为的影响，主要是因为阻抗元件采用电感、电容元件作记忆回路。（√）

Lb4B1031 大接地电流系统中，发生金属性接地故障时，故障点距保护安装点越近，保护感受的零序电压越高。（√）

Lb4B1032 当负载阻抗与线路波阻抗相等时，功率电平与电压电平相等。（×）

Lb4B1033 在电力设备由一种运行方式转为另一种运行方式的操作过程中，允许短时失去保护，允许短时失去选择性。（×）

Lb4B1034 电力系统振荡时，电流速断、零序电流速断保护有可能发生误动作。（×）

Lb4B2035 过电流保护在系统运行方式变小时，保护范围也将缩小。（√）

Lb4B2036 在电场中某点分别放置电量为 P_0、$2P_0$、$3P_0$ 的检验电荷，该点的场强就会变化，移去检验电荷，该点的场强变为零。（×）

Lb4B2037 将两只"220V，40W"的白炽灯串联后，接入 220V 的电路，消耗的功率是 20W。（√）

Lb4B2038 正弦交流电路发生串联谐振时，电流最小，总阻抗最大。（×）

Lb4B3039 计算机通常是由四部分组成，这四部分是运算器、存储器、控制器、输入输出设备。（√）

Lb4B3040 距离保护瞬时测定，一般只用于单回线辐射形电网中带时限的保护段上，通常是第Ⅰ段，这时被保护方向相邻的所有线路上都应同时采用瞬时测量。（×）

Lb4B3041 电力变压器中性点直接接地或经消弧线圈接地的电力系统，称为大接地系统。（×）

Lb4B3042 大接地电流系统系指所有的变压器中性点均直接接地的系统。（×）

Lb4B3043 电力变压器不管其接线方式如何，其正、负、零序阻抗均相等。（×）

Lb4B3044 自耦变压器零序保护的零序电流取自中性线上的电流互感器。（×）

Lb4B4045 Y，yn 接线变压器的零序阻抗比 YN，d 接线的大得多。（√）

Lb4B4046 智能终端在网络风暴发生时，智能终端不应误响应和误动作。（√）

Lb4B4047 智能终端可以实现模拟量的采集。（√）

Lb4B4048 电压互感器的误差表现在幅值误差和角度误差两个方面。电压互感器二次负载的大小和功率因数的大小，均对误差没有影响。（×）

Lb4B4049 继电保护装置的电磁兼容性是指它具有一定的耐受电磁干扰的能力，对周围电子设备产生较小的干扰。（√）

Lb4B5050 空载长线充电时，末端电压会升高。（√）

Lb4B5051 只要出现非全相运行状态，一定会出现负序电流和零序电流。（×）

Lc4B1052 三极管有两个 PN 结，二极管有一个 PN 结，所以可用两个二极管代替一个三极管。（×）

Lc4B1053 强电和弱电回路可以合用一根电缆。（×）

Lc4B1054 数字式仪表自校功能的作用，在于测量前检查仪表本身各部分的工作是否正常。（√）

Lc4B1055 电力系统有功出力不足时，不只影响系统的频率，对系统电压的影响更大。（×）

Lc4B2056 高压室内的二次接线和照明等回路上的工作，需要将高压设备停电或做安全措施者，只需填用第二种工作票。（×）

Lc4B2057 输电线路的阻抗角与导线的材料有关，同型号的导线，截面积越大，阻抗越大，阻抗角越大。（×）

Lc4B2058 凡第一次采用国外微机继电保护装置，可以不经部质检中心进行动模试验。（×）

Lc4B3059 电力系统进行解列操作，需先将解列断路器处的有功功率和无功功率尽量调整为零，使解列后不致因为系统功率不平衡而引起频率和电压的变化。（√）

Jd4B1060 继电保护装置、安全自动装置和自动化监控系统的二次回路变动时，应由工作人员按现场实际需求进行。（×）

Jd4B1061 双跳闸线圈、两组控制电源的开关，只断开其中一组控制电源，没有控制回路断线信号发出。（×）

Jd4B1062 一般地，平原地区 X_0 相对较小，山地 X_0 相对较大。（√）

Jd4B1063 因 110kV 及以上电网的降压变压器装设的过流保护不能反映外部单相接地短路引起的过电流，所以还应装设接地短路后备保护。（×）

Jd4B1064 当每套保护配置独立的电压切换时，电压切换电源不应和保护装置电源合用。（×）

Jd4B1065 母线差动保护、断路器失灵保护及电网安全自动装置中投切发电机组、切除负荷、切除线路或变压器的跳合断路器试验，允许用导通方法分别证实至每个断路器接

线的正确性。（√）

Jd4B1066 检查断路器跳闸回路的可靠性时，对于有双跳闸线圈的断路器，两组跳闸线圈作用于同一跳闸铁芯时，应检查两跳闸接线的极性是否一致。两组跳闸线圈作用不同跳闸铁芯时不用检查两跳闸接线的极性关系。（√）

Jd4B1067 对使用非自产零序电压变压器间隙保护等，不带方向时，在正常运行条件下无法利用电压测试时可不进行检查。（×）

Jd4B1068 输电线路的特性阻抗大小与线路的长度有关。（×）

Jd4B1069 双母线接线的系统中，电压切换的作用之一是为了保证二次电压与一次电压的对应。（√）

Jd4B1070 操作箱跳闸出口继电器的动作电压应为 50％～70％ 的额定电压之间。（×）

Jd4B1071 出口继电器电流保持线圈的自保持电流应不大于断路器跳闸线圈的额定电流，该线圈上的压降应小于 5％ 的额定电压。（×）

Jd4B1072 检验规程规定，对于光纤及微波通道可以采用自环的方式检查光纤通道是否完好。（√）

Jd4B1073 检验规程规定，装置在做完每一套单独保护（元件）的整定检验后，可分别对同一被保护设备的各保护装置进行整组的检查试验。（×）

Jd4B1074 在进行整组试验时，还应检验断路器、合闸线圈的压降不小于额定值的 80％。（×）

Jd4B1075 检验规程规定，在进行保护装置检验工作时，可从运行设备上接取试验电源。（×）

Jd4B2076 当系统发生短路等故障而使电压突变时，电容式电压互感器的暂态过程要比电磁式电压互感器长得多。（√）

Jd4B2077 某一连接元件退出运行时，它的启动失灵保护回路应同时退出工作，以防止试验时引起失灵保护的误动作。（√）

Jd4B2078 断路器"跳跃"现象一般是在跳闸、合闸回路同时接通时才发生。（√）

Jd4B2079 近后备保护是当主保护或断路器拒动时，由相邻电力设备或线路的保护实现后备。（×）

Jd4B2080 在一次设备运行而停部分保护进行工作时，应特别注意断开不经压板的跳闸回路（包括远跳回路）、合闸回路和与运行设备安全有关的连线。（√）

Jd4B2081 有时零序电流保护要设置两个Ⅰ段，即灵敏Ⅰ段和不灵敏Ⅰ段。灵敏Ⅰ段按躲过非全相运行情况整定，不灵敏Ⅰ段按躲过线路末端故障整定。（×）

Jd4B2082 对距离保护后备段的配合，助增电流越大，助增系数越大，保护范围越大。（×）

Jd4B2083 突变量保护可以用作带延时的保护。（×）

Jd4B2084 BP-2B 母线保护装置双母线接线使用大差比率差动元件作为区内故障判别元件；使用小差比率差动元件作为故障母线选择元件。（√）

Jd4B2085 在最大运行方式下，距离保护的保护区大于最小运行方式下的保护区。（×）

Jd4B2086 继电保护工作应注意选用合适的仪表，整定试验所用仪表的精确度应为

0.2级。（×）

Jd4B2087 选用贯穿式电流互感器的，保护用二次绕组应放在线路侧。（×）

Jd4B2088 保护室内的等电位接地网必须用至少4根以上、截面积不小于$100mm^2$的铜排（缆）与厂、站的主接地网在电缆竖井处可靠连接。（×）

Jd4B2089 线路过电压保护的作用在于线路电压高于定值时，跳开本侧线路开关。（×）

Jd4B2090 非电量保护中需要跳闸的保护应采用动作功率较大的中间继电器，其动作功率不低于5W，且要求快速动作。（×）

Jd4B2091 继电保护正确动作，断路器拒跳，继电保护应评价为"正确动作"。（√）

Jd4B2092 二次回路的工作电压不宜超过250V，最高不应超过300V。（×）

Jd4B2093 新建、更换断路器的三相不一致保护功能由断路器本体机构实现。（√）

Jd4B2094 保护装置出口矩阵有变动时，不必经过整组传动试验到出口压板即可将该保护投入。（×）

Jd4B2095 继电保护故障率是指继电保护由于装置硬件损坏和软件错误等原因造成继电保护故障次数与继电保护总台数之比。（√）

Jd4B2096 通信设备保护接地与工作接地合用一组接地体。（√）

Jd4B3097 保护至音频接口的控制电缆应采用双绞双屏蔽电缆，每一个接点用一对芯传送。屏蔽层应单端接地。（×）

Jd4B3098 电流互感器的二次回路必须分别有且只能有一点接地。经辅助变流器耦合在一起的几组电流互感器，可以各自在就地端子箱分别接地。（√）

Jd4B3099 供保护装置用CT电流二次回路均应在端子箱处一点接地。（×）

Jd4B3100 为保证人身安全和减小干扰，电压互感器二次侧的接地点应设在开关站就地。（×）

Jd4B3101 如果线路空载并忽略分布电容，在线路非全相运行时并不会出现零序电流和负序电流。所以认为线路非全相运行时一定会出现零序电流和负序电流的看法是不正确的。（√）

Jd4B3102 CT采用减极性标注是：一次侧从线路流向母线，二次侧电流从非极性端流出。（√）

Jd4B3103 采用单相重合闸的线路零序电流保护最末一段的时间要大于重合闸周期。（√）

Jd4B3104 高频保护通道输电线衰耗与它的电压等级、线路长度及使用频率有关，使用频率愈高，线路每单位长度衰耗愈小。（×）

Jd4B3105 平行线路之间存在零序互感，当相邻平行线流过零序电流时，将在线路上产生感应零序电势，有可能改变零序电流与零序电压的相量关系。（√）

Jd4B3106 能够快速有选择性地切除线路故障的全线速动保护以及不带时限的线路Ⅰ段保护都是线路的主保护。（√）

Jd4B3107 电缆线路或电缆架空混合线路，应装设过负荷保护。保护宜动作于信号，必要时可动作于跳闸。（√）

Jd4B3108 远方跳闸保护一般宜复用线路保护的通道来传送跳闸命令，其出口跳闸回路可与线路保护跳闸回路共用。（×）

Jd4B3109 双重化的两套保护装置的交流电压、交流电流应分别取自电压互感器和电流互感器互相独立的绕组。（√）

Jd4B3110 零序电流保护虽然做不了所有类型故障的后备保护，却能保证在本线路末端经较大过渡电阻接地时仍有足够灵敏度。（√）

Jd4B3111 电流互感器"减"极性标志的概念是：一次侧电流从极性端流入，二次侧电流从极性端流出。（√）

Jd4B3112 保护装置与外部联系的出口跳闸回路、信号回路必须经过中间继电器或光电耦合器转换。（×）

Jd4B3113 平行互感线路之间存在零序互感，当相邻平行线流过零序电流时，将在线路上产生感应零序电流，对线路零序电流幅值产生影响，但不会改变零序电流与零序电压的相位关系。（×）

Jd4B3114 测定保护装置整定的动作时间为自向保护屏通入模拟故障分量起至保护动作向断路器发出跳闸脉冲为止的全部时间。（√）

Jd4B3115 继电保护装置是保证电力元件安全运行的基本装备，任何电力元件不得在无保护的状态下运行。（√）

Jd4B3116 暂态稳定是指电力系统受到小的扰动（如负荷和电压较小的变化）后，能自动地恢复到原来运行状态的能力。（×）

Jd4B3117 电力设备由一种运行方式转为另一种运行方式的操作过程中，被操作的有关设备应在保护范围内，且所有保护装置不允许失去选择性。（×）

Jd4B3118 变比相同、型号相同的电流互感器，其二次接成星型时比接成三角型所允许的二次负荷要大。（√）

Jd4B3119 电力系统对继电保护最基本要求是它的可靠性、选择性、灵敏度和速动性。（√）

Jd4B3120 共模电压是指在某一给定地点所测得在同一网络中两导线间的电压。（×）

Jd4B3121 我国规定 $X_0/X_1 \leqslant 4 \sim 5$ 的系统为大接地电流系统，$X_0/X_1 > 3$ 的系统为小接地电流系统。（×）

Jd4B3122 为保证选择性，对相邻设备和线路有配合要求的保护和同一保护内有配合要求的两个元件，其灵敏系数及动作时间，在一般情况下应相互配合。（√）

Jd4B3123 BC 相金属性短路时，故障点的边界条件为 $IK_A = 0$；$UK_B = 0$；$UK_C = 0$。（×）

Jd4B3124 被保护线路上任一点发生 AB 两相金属性短路时，母线上电压 U_{ab} 将等于零。（×）

Jd4B3125 TV 的一次内阻很大，可以认为是电压源。TA 的一次内阻很小，可以认为是电流源。（√）

Jd4B3126 微机保护的"信号复归"按钮和装置的"复位"键的作用是相同的。（×）

Jd4B4127 110kV 线路的后备保护宜采用远后备的方式。（√）

Jd4B4128 断路器失灵保护的启动条件为：故障时能瞬时复归的保护出口继电器动作后不返回；断路器未断开的判别元件动作后不返回。（√）

Jd4B4129 接地距离保护只在线路发生单相接地路障时动作，相间距离保护只在线路

发生相间短路故障时动作。（×）

Jd4B4130 对于纵联保护，在被保护范围末端发生金属性故障时，应有足够的灵敏度。（√）

Jd4B4131 某35kV线路发生两相接地短路，则其零序电流保护和距离保护都应动作。（×）

Jd4B4132 双侧电源线路两侧装有闭锁式纵联保护，在相邻线路出口故障，若靠近故障点的阻波器调谐电容击穿，该线路两侧闭锁式纵联保护会同时误动作跳闸。（×）

Jd4B4133 纵联保护不仅作为本线路的全线速动保护，还可作为相邻线路的后备保护。（×）

Jd4B4134 电流互感器的二次回路不宜进行切换，当需要切换时，应采取防止开路的措施。（√）

Jd4B4135 新建工程两套主保护的电压回路应分别接入电压互感器的不同二次绕组；电流回路应分别取自电流互感器互相独立的绕组。（√）

Jd4B4136 由于分布电容的存在，发生短路时短路电流中将出现非周期分量电流。（×）

Jd4B4137 微机保护软件版本升级时，应经归口管理部门组织审查，凡涉及到保护功能修改的升级，应组织进行检测，检测合格后方可采用。（√）

Jd4B4138 在重合闸后加速期间，如果相邻线路发生故障，为了电网稳定运行，不允许本线路无选择性地三相跳闸。（×）

Jd4B4139 谐波制动的变压器保护中设置差动速断元件的主要原因是为了提高差动保护的动作速度。（×）

Jd4B4140 接于线电压和同名相两相电流差的阻抗继电器，通知单上给定的整定阻抗为 Z（Ω/ph），由保护盘端子上加入单相试验电压和电流，整定阻抗的计算方法为 $Zs=U/2I$。（√）

Jd4B4141 为了防止在电源中断时因负荷反馈而引起低周减载装置误动作，可采用低电流或过电压闭锁措施。（×）

Jd4B4142 对辅助变流器定期检验时，可以只做额定电流下的变比试验。（√）

Jd4B4143 保护屏柜上交流电压回路的空气开关应与电压回路总路开关在跳闸时限上有明确的配合关系，应保证2～4级级差。（×）

Jd4B4144 断路器的防跳功能应在保护操作箱内实现，取消就地断路器防跳回路。分、合闸闭锁宜在保护屏内实现。（×）

Jd4B4145 电压互感器的一次内阻抗较小以至可以忽略，而电流互感器的内阻很大。（√）

Jd4B4146 电流互感器二次负载阻抗过大，励磁电流就会增加，其准确度就会下降。（√）

Jd4B4147 电流互感器（TA）因二次负载大，误差超过10%时，可将两组同级别、同型号、同变比的电流互感器二次串联，以提高电流互感器二次绕组的负载能力。（√）

Jd4B4148 继电保护装置的跳闸出口接点，必须在开关确实跳开后才能返回，否则该接点会由于断弧而烧毁。（×）

Jd4B5149 互感器二次负载越小，误差越小。（×）

Jd4B5150 微机保护的模拟量输入/输出回路使用的辅助交流变换器，其作用仅在于把

高电压、大电流转换成小电压信号供模数变换器使用。（×）

Jd4B5151　电路中任一点的功率（电流、电压）与标准功率之比再取其自然对数后的值，称为该点的功率绝对电平。（×）

Jd4B5152　电压互感器二次回路通电试验时，为防止由二次侧向一次侧反充电，只需将二次回路断开。（×）

Jd4B5153　由于互感的作用，平行双回线外部发生接地故障时，该双回线中流过的零序电流要比无互感时小。（√）

Jd4B5154　母线完全差动保护启动元件的整定值，应能避开外部故障时的最大短路电流。（×）

Jd4B5155　与母差保护公用出口跳闸回路的失灵保护，其闭锁元件的灵敏度应按母差保护的要求整定。（×）

Je4B1156　自动重合闸装置动作后必须手动复归。（×）

Je4B1157　对于线路纵联保护原因不明的不正确动作不论一侧或两侧，若线路两侧同属一个单位则评为不正确动作，若线路两侧属于两个单位，则各侧均按不正确动作一次评价。（×）

Je4B2158　距离保护是本线路正方向故障和与本线路串联的下一条线路上故障的保护，它具有明显的方向性。因此，即使作为距离保护Ⅲ段的测量元件，也不能用具有偏移特性的阻抗继电器。（×）

Je4B2159　某母线装设有完全差动保护，在外部故障时，各健全线路的电流方向是背离母线的，故障线路的电流方向是指向母线的，其大小等于各健全线路电流之和。（×）

Je4B2160　自耦变压器中性点必须直接接地运行。（√）

Je4B2161　瓦斯保护能反应变压器油箱内的任何故障，差动保护却不能，因此差动保护不能代替瓦斯保护。（√）

Je4B3162　变压器的差动保护和瓦斯保护都是变压器的主保护，它们的作用不能完全被替代。（√）

Je4B3163　谐波制动的变压器纵差保护中，设置差动速度元件的主要原因是为了防止在区内故障有较大的短路电流时，由于电流互感器的饱和产生高次谐波量增加，导致差动元件拒动。（√）

Je4B3164　跳闸、合闸线圈的压降均小于电源电压的90％才为合格。（√）

Je4B3165　变动电流、电压二次回路后，可以不用负荷电流、电压检查变动回路的正确性。（×）

Je4B3166　电力网中出现短路故障时，过渡电阻的存在，对距离保护装置有一定的影响，而且当整定值越小时，它的影响越大，故障点离保护安装处越远时，影响也越大。（×）

Je4B3167　装置的整组试验是指自动装置的电压、电流二次回路的引入端子处，向同一被保护设备的所有装置通入模拟的电压、电流量，以检验个别装置在故障及重合闸过程中的动作情况。（√）

Je4B4168　电流相位比较式母线保护，在单母线运行时，非选择性开关或刀闸必须打在断开位置，否则当母线故障时，母线保护将拒绝动作。（×）

Je4B4169　距离保护受系统振荡的影响与保护的安装地点有关，当振荡中心在保护范围外或位于保护的反方向时，距离保护就不会因系统振荡而误动作。（√）

Je4B4170　微机母线保护在正常运行方式下，母联断路器因故断开，在任一母线故障时，母线保护将误动作。（×）

Je4B4171　保护安装处的零序电压，等于故障点的零序电压减去故障点至保护安装处的零序电压降。因此，保护安装处距故障点越近，零序电压越高。（√）

Je4B4172　在公用一个逐次逼近式 A/D 变换器的数据采集系统中，采样保持回路（S/H）的作用是保证各通道同步采样，并在 A/D 转换过程中使采集到的输入信号中的模拟量维持不变。（√）

Je4B4173　双母线接线的母差保护采用电压闭锁元件是因为有二次回路切换问题；3/2 断路器接线的母差保护不采用电压闭锁元件是因为没有二次回路切换问题。（×）

Je4B4174　电网中的相间短路保护，有时采用距离保护，是由于电流（电压）保护受系统运行方式变化的影响很大，不满足灵敏度的要求。（√）

Je4B5175　采取跳闸位置继电器停信的主要目的为了保证当电流互感器与断路器之间发生故障时，本侧断路器跳开后对侧闭锁式纵联保护能够快速动作。（×）

Je4B5176　当重合闸装置中任一元件损坏或不正常时，其接线应确保不发生多次重合。（√）

Je4B5177　用指针式万用表在晶体管保护上进行测试时，可不考虑其内阻。（×）

1.3 多选题

La4C1001 决定导体电阻大小的因素有( )。
(A) 导体的长度；(B) 导体的截面积；(C) 材料的电阻率；(D) 温度的变化。
答案：ABCD

La4C1002 电感线圈产生的自感电动势对电流所产生的阻碍作用称为线圈的电感电抗，简称感抗，其性质是交流电的频率越高，感抗就越大。直流容易通过电抗，交流不易通过电抗。求解公式：$X_L=\omega L=2\pi fL$，式中( )。
(A) X_L——感抗，单位：Ω；(B) ω——角频率，单位：rad/s；(C) L——线圈电感，单位：H；(D) f——频率，单位：Hz。
答案：ABCD

La4C1003 三相对称负载有功功率的计算公式有( )。
(A) $P=3I_2R$；(B) $P=3U_{ph}I_{ph}\sin\theta$；(C) $P=1.732U_LI_L\cos\theta$；(D) $P=3U_{ph}I_{ph}\cos\theta$。
答案：ACD

La4C1004 超高压输电线路单相接地故障跳闸后，熄弧较慢是由于( )。
(A) 潜供电流的影响；(B) 短路阻抗小；(C) 并联电抗器作用；(D) 负荷电流大。
答案：ACD

La4C1005 电子式互感器的采样数据同步问题包括哪些层面( )。
(A) 同一间隔内的各电压电流量的采样数据同步；(B) 变电站内关联间隔之间的采样数据同步；(C) 线路两端电流电压量的采样数据同步；(D) 变电站与调度之间的采样数据同步。
答案：ABC

La4C1006 在变电所某一点的暂态电磁干扰有( )。
(A) 传导；(B) 辐射；(C) 耦合；(D) 差模。
答案：AB

La4C1007 长线的分布电容影响线路两侧电流的( )。
(A) 大小；(B) 频率；(C) 方向；(D) 相位。
答案：AD

La4C2008 对称三相电源的特点有( )。
(A) 三相对称电动势在任意瞬间的代数和不等于零；(B) 对称三相电动势最大值相

等、角频率相同、彼此间相位差120°；（C）三相对称电动势的相量和等于零；（D）三相对称电动势在任意瞬间的代数和等于零。

答案：BCD

La4C2009 以下哪些属于过程层设备（   ）。

（A）合并单元；（B）保护设备；（C）智能终端；（D）测控设备。

答案：AC

La4C2010 以下哪些属于间隔层设备（   ）。

（A）合并单元；（B）保护设备；（C）智能终端；（D）测控设备。

答案：BD

La4C3011 加强和扩充一次设备提高系统稳定性的措施有（   ）。

（A）减少线路电抗；（B）装设并联电抗器；（C）线路装设串补电容器；（D）采用直流输电。

答案：ACD

La4C3012 智能控制柜的技术要求（   ）。

（A）控制柜应装有$100mm^2$截面积的铜接地母线，并与柜体绝缘，接地母线末端应装好可靠的压接式端子，以备接到电站的接地网上。柜体应采用双层结构，循环通风；（B）控制柜内设备的安排及端子排的布置，应保证各套保护的独立性，在一套保护检修时不影响其他任何一套保护系统的正常运行；（C）控制柜应具备温度、湿度的采集、调节功能，柜内温度控制在$-10\sim50℃$，湿度保持在90％以下，并可通过智能终端GOOSE接口上送温度、湿度信息；（D）控制柜应能满足GB/T 18663.3变电站户外防电磁干扰的要求。

答案：ABCD

La4C3013 智能变电站中虚端子的作用主要有（   ）。

（A）使站内的装置之间的连接关系明确；（B）便于系统SCD配置连接线关系；（C）产生GOOSE和SV需要的文本信息；（D）与传统屏柜的端子存在着对应的关系。

答案：ABCD

La4C4014 在纯电容电路中，电压与电流的关系是（   ）。

（A）纯电容电路的电压与电流频率相同；（B）电流的相位滞后于外加电压u为$\pi/2$（即90°）；（C）电流的相位超前于外加电压u为$\pi/2$（即90°）；（D）电压与电流有效值的关系也具有欧姆定律的形式。

答案：ACD

La4C4015 微机保护系统的硬件一般由（   ）部分组成。

（A）模拟量输入系统；（B）CPU 主系统；（C）开关量输入/输出系统；（D）抗干扰系统。

答案：ABC

La4C4016 在中性点经消弧线圈接地的电网中，过补偿运行时消弧线圈的主要作用是（　　）。

（A）改变接地电流相位；（B）减小接地电流；（C）消除铁磁谐振过电压；（D）减小单相故障接地时故障点恢复电压。

答案：BC

La4C4017 对变压器送电时的要求（　　）。

（A）变压器应有完备的继电保护，用小电源向变压器送电时应核算继电保护灵敏度（特别是主保护）；（B）不需考虑变压器励磁涌流对继电保护的影响；（C）变压器发生故障跳闸后，能保证系统稳定；（D）变压器送电时，应检查充电侧母线电压及变压器分接头位置，保证送电后各侧电压不超过规定值。

答案：ACD

La4C4018 间隔层设备在哪些网络上（　　）。
（A）站控层网络；（B）过程层网络；（C）间隔层网络；（D）以上三个网络。

答案：AB

La4C5019 在电阻、电感、电容的串联电路中，出现电路端电压和总电流同相位的现象，叫串联谐振。串联谐振的特点有（　　）。

（A）电路呈纯电阻性，端电压和总电流同相位；（B）电抗 X 等于零，阻抗 Z 等于电阻 R；（C）电路的阻抗最小、电流最大；（D）在电感和电容上可能产生比电源电压大很多倍的高电压，因此串联谐振也称电压谐振。

答案：ABCD

La4C5020 在电阻、电感、电容的并联电路中，出现电路端电压和总电流同相位的现象，叫并联谐振，它的特点是（　　）。

（A）并联谐振是一种完全的补偿，电源无需提供无功功率，只提供电阻所需的有功功率；（B）电路的总电流最小，而支路的电流往往大于电路的总电流，因此，并联谐振也称电流谐振；（C）发生并联谐振时，在电感和电容元件中会流过很大的电流，因此会造成电路的熔丝熔断或烧毁电气设备等事故；（D）在电感和电容上可能产生比电源电压大很多倍的高电压。

答案：ABC

La4C5021 关于 IRIG-B 与 1588 对时，下述说法正确的是（　　）。

（A）IRIG-B 需要专门的对时网络；（B）1588 不需要专门的对时网络；（C）1588 对交换机没有特殊的要求；（D）1588 对交换机有特殊的要求。

答案：ABD

Lb4C1022 智能变电站继电保护设备主动上送的信息应包括（　　）。

（A）开关量变位信息；（B）异常告警信息；（C）保护动作事件信息；（D）保护整定单信息。

答案：ABC

Lb4C1023 合并单元的主要功能包括（　　）。

（A）对采样值进行合并；（B）对采样值进行同步；（C）采样值数据的分发；（D）开关遥控。

答案：ABC

Lb4C1024 对于由 $3U_0$ 构成的保护的测试，有（　　）反措要求。

（A）不能以检查 $3U_0$ 回路是否有不平衡电压的方法来确认 $3U_0$ 回路良好；（B）不能单独依靠"六角图"测试方法确认 $3U_0$ 构成的方向保护的极性关系正确；（C）可以对包括电流、电压互感器及其二次回路连接与方向元件等综合组成的整体进行试验，以确认整组方向保护的极性正确；（D）最根本的办法是查清电压互感器及电流互感器的极性，以及所有由互感器端子到继电保护屏的连线和屏上零序方向继电器的极性，做出综合的正确判断。

答案：ABCD

Lb4C2025 网络传输延时主要包括（　　）几个方面。

（A）交换机存储转发延时；（B）交换机延时；（C）光缆传输延时；（D）交换机排队延时。

答案：ABCD

Lb4C2026 对于双母线接线方式的变电所，当某一处线发生故障且断路器拒动时，应由（　　）切除电源。

（A）失灵保护；（B）母线保护；（C）对侧线路保护；（D）本侧线路保护。

答案：AC

Lb4C2027 关于 MU 时钟同步的要求，下述说法正确的有（　　）。

（A）现阶段 MU 同步方式主要为 IRIG-B 对时；（B）失去同步时钟信号且超出守时范围的情况下，立即停止数据输出；（C）MU 守时要求失去同步时钟信号 10min 内守时误差小于 $4\mu s$；（D）失去同步时钟信号且超出守时范围的情况下，应产生数据同步无效标志。

答案：ACD

Lb4C2028　IEC 61850 标准中服务的实现主要分为（　　）三种。

（A）MMS 服务；（B）GOOSE 服务；（C）SMV 服务；（D）对时服务。

答案：ABC

Lb4C2029　智能变电站中主变本体智能终端可实现的功能通常包括（　　）。

（A）非电量保护；（B）有载调压；（C）油温监测；（D）油位监测。

答案：ABCD

Lb4C2030　采集 MMS 报文不是在（　　）实现。

（A）过程层；（B）间隔层；（C）站控层

答案：AB

Lb4C2031　变压器过激磁保护主要防止（　　）对变压器的危害。

（A）过电压；（B）低频；（C）高频。

答案：AB

Lb4C2032　若使用电子式互感器，相当于常规保护功能模块中（　　）下放于一次测量系统中。

（A）交流输入组件；（B）A/D 转换组；（C）保护逻辑（CPU）；（D）开入开出组件。

答案：AB

Lb4C2033　GOOSE 报文传输的可靠性主要由以下（　　）几个方面保证。

（A）快速重发机制；（B）报文中应携带"报文存活时间 TAL"；（C）报文中应携带数据品质等参数；（D）具备较高的优先级。

答案：ABCD

Lb4C3034　对振荡闭锁装置的基本要求是（　　）。

（A）系统发生振荡而没有故障时，应可靠地保护闭锁；（B）在保护范围内发生短路故障的同时，系统发生振荡，闭锁装置不能保护闭锁，应允许保护动作；（C）继电保护在动作过程中系统出现振荡，闭锁装置不应干预保护的工作；（D）振荡闭锁功能正常时应退出。

答案：ABC

Lb4C3035　电力电容器装设失压保护原因是（　　）。

（A）防止空载变压器带电容器合闸时，造成过电压，损坏电容器和变压器；（B）防止电容器过载；（C）防止故障时，向故障点输送大量故障电流。

答案：AC

Lb4C3036 电力系统振荡时，不受系统振荡影响的继电器是（　　）。

（A）差动继电器；（B）阻抗继电器；（C）电流继电器；（D）负序功率方向继电器。

答案：AD

Lb4C3037 正常运行的电力系统，出现非全相运行，非全相运行线路上可能会误动的继电器是（　　）。

（A）差动继电器；（B）阻抗继电器；（C）负序功率方向继电器（TV 在母线侧）；（D）零序功率方向继电器（TV 在母线侧）。

答案：CD

Lb4C3038 一次接线为 1 个半断路器接线时，该母线保护不必装设（　　）。

（A）低电压闭锁元件；（B）CT 断线闭锁元件；（C）复合电压闭锁元件；（D）零序电压闭锁元件。

答案：ACD

Lb4C3039 下列情况中出现二次谐波的是（　　）。

（A）超高压变压器铁芯严重饱和时，励磁电流中含有较多的二次谐波电流；（B）电力系统严重故障短路电流过大，致使电流互感器饱和，二次电流中会出现二次谐波分量；（C）变压器空载合闸时，励磁电流中含有二次谐波分量电流；（D）发电机励磁绕组不同地点发生两点接地。

答案：BCD

Lb4C3040 某超高压单相重合闸方式的线路，其接地保护第Ⅱ段动作时限应考虑（　　）。

（A）与相邻线路接地Ⅰ段动作时限配合；（B）与相邻线路选相拒动三相跳闸时间配合；（C）与相邻线断路器失灵保护动作时限配合；（D）与单相重合闸周期配合。

答案：ABC

Lb4C3041 变压器励磁涌流具有（　　）特点。

（A）有很大的非周期分量；（B）含有大量的高次谐波；（C）励磁涌流的大小与合闸角关系很大；（D）五次谐波的值最大。

答案：ABC

Lb4C3042 分相电流差动保护有（　　）优点。

（A）各种故障均能全线快速跳闸；（B）不受系统振荡的影响；（C）同杆并架的双回线发生跨线故障时，保护能准确选相和选线，不会误动作。

答案：ABC

Lb4C3043 能保护主变内部各侧故障的保护有( )。

（A）差动保护；（B）高阻抗差动保护；（C）重瓦斯保护；（D）220kV 侧距离保护。

答案：AC

Lb4C3044 瓦斯保护的保护范围是( )。

（A）变压器内部的多相短路；（B）匝间短路，绕组与铁芯或与外壳间的短路；（C）铁芯故障；（D）油面下降或漏油；（E）分接开关接触不良或导线焊接不良。

答案：ABCDE

Lb4C3045 距离保护振荡闭锁中的相电流元件，其动作电流应满足如下条件( )。

（A）应躲过最大负荷电流；（B）本线末短路故障时应有足够的灵敏度；（C）应躲过振荡时通过的最大电流；（D）应躲过突变量元件最大的不平衡输出电流。

答案：AB

Lb4C3046 GOOSE 报文可以传输( )数据。

（A）跳、合闸信号；（B）电流、电压采样值；（C）一次设备位置状态；（D）户外设备温、湿度。

答案：ACD

Lb4C3047 智能变电站中，过程层设备包括( )。

（A）合并单元；（B）智能终端；（C）智能开关；（D）光 CT/PT。

答案：ABCD

Lb4C3048 关于智能终端，下述说法正确的有( )。

（A）采用先进的 SV 通信技术；（B）可完成传统操作箱所具有的断路器操作功能；（C）能够完成隔离刀闸、接地刀闸的分合及闭锁操作；（D）能够就地采集包括断路器和刀闸在内的一次设备的状态量。

答案：BCD

Lb4C3049 对于 220kV 线路保护，下述说法正确的是( )。

（A）应按照双重化配置原则；（B）线路保护直接采样，直接跳断路器；（C）经 GOOSE 点对点启动断路器的失灵、重合闸；（D）过电压及远跳就地判别功能应集成在线路保护装置，其他装置启动远跳经 GOOSE 启动。

答案：ABD

Lb4C3050 对于变压器保护配置，下述说法正确的是( )。

（A）110kV 变压器电量保护宜按单套配置，双套配置时应采用主、后备保护一体化配置；（B）变压器非电量保护采用就地直接电缆跳闸；（C）变压器保护直接采样，直接跳各侧断路器；（D）变压器保护跳母联、分段断路器及闭锁备自投、启动失灵等可采用 GOOSE 网络传输。

答案：BCD

Lb4C3051 智能变电站中关于直采直跳描述正确的是（ ）。

（A）"直采直跳"也称作"点对点"模式；（B）直采"就是智能电子设备不经过以太网交换机而以点对点光纤直联方式进行采样值（SV）的数字化采样传输；（C）"直跳"是指智能电子设备间不经过以太网交换机而以点对点光纤直联方式并用 GOOSE 进行跳合闸信号的传输；（D）以上都不正确。

答案：ABC

Lb4C3052 智能变电站继电保护设备主动上送的信息应包括（ ）。

（A）开关量变位信息；（B）异常告警信息；（C）保护动作事件信息；（D）保护整定单信息。

答案：ABC

Lb4C3053 高频阻波器能起到（ ）的作用。

（A）阻止高频信号由母线方向进入通道；（B）阻止工频信号进入通信设备；（C）限制短路电流水平；（D）阻止高频信号由线路方向进入母线。

答案：AD

Lb4C3054 电网继电保护的整定不能兼顾速动性、选择性和灵敏度的要求时，按（ ）原则取舍。

（A）局部电网服从整个电网；（B）下一级电网服从上一级电网；（C）局部问题自行消化；（D）尽量照顾局部电网和下级电网的需要。

答案：ABCD

Lb4C3055 多绕组电流互感器及其二次线圈接入保护回路的接线原则，下面正确的是（ ）。

（A）装小瓷套的一次端子应放在母线侧；（B）保护接入的二次线圈分配，应特别注意避免当一套线路保持停用而线路继续运行时出现电流互感器内部故障时的保护死区；（C）一个绕组三相只允许有一个接地点；（D）保护与测量可以合用一个绕组。

答案：ABCD

Lb4C4056 在系统发生非对称故障时，故障点的（ ）最高，向电源侧逐步降低为零。

（A）正序电压；（B）负序电压；（C）零序电压；（D）相电压。

答案：BC

Lb4C4057 下列哪些故障将出现负序电压( )。

（A）单相接地；（B）AB相间短路；（C）三相短路。

答案：AB

Lb4C4058 220kV及以上电压等级的继电保护及与之相关的设备、网络等应按照双重化原则进行配置，双重化配置的继电保护应遵循以下要求( )。

（A）每套完整、独立的保护装置应能处理可能发生的所有类型的故障。两套保护之间不应有任何电气联系，当一套保护异常或退出时不应影响另一套保护的运行；（B）两套保护的电压、电流采样值应分别取自相互独立的MU；（C）双重化配置保护使用的GOOSE（SV）网络应遵循相互独立的原则，当一个网络异常或退出时不应影响另一个网络的运行；（D）双重化的两套保护及其相关设备（电子式互感器、MU、智能终端、网络设备、跳闸线圈等）的直流电源应一一对应。

答案：ABCD

Lb4C4059 对振荡闭锁装置的基本要求是( )。

（A）系统发生振荡而没有故障时，应可靠地将保护闭锁；（B）系统发生振荡时，在保护范围内发生短路故障，闭锁装置不能将保护闭锁，应允许保护动作；（C）继电保护在动作过程中系统出现振荡，闭锁装置不应干预保护的工作；（D）先振荡，后操作，闭锁装置能可靠闭锁保护而不误动。

答案：ABCD

Lb4C4060 双母线接线方式下，线路断路器失灵保护由( )部分组成。

（A）保护动作触点；（B）电流判别元件；（C）电压闭锁元件；（D）时间元件。

答案：ABCD

Lb4C4061 某超高压单相重合闸方式的线路，其接地保护第Ⅱ段动作时限应考虑( )。

（A）与相邻线路接地Ⅰ段动作时限配合；（B）与相邻线路选相拒动三相跳闸时间配合；（C）与相邻线路断路器失灵保护动作时限配合；（D）与单相重合闸周期配合。

答案：ABC

Lb4C4062 在YN，d11变压器差动保护中，变压器带额定负荷运行，在TA断线闭锁退出的情况下，下列说法正确的是( )。

（A）YN侧绕组断线，差动保护不会动作；（B）d侧绕组一相断线，差动保护要动作；（C）YN侧TA二次一相断线，差动保护要动作；（D）d侧TA二次一相断线，差动保护要动作。

答案：CD

Lb4C4063　以下关于智能变电站过程层网络，正确的说法有（　　）。

（A）过程层 SV 网络、过程层 GOOSE 网络、站控层网络应完全独立配置；（B）过程层 SV 网络、过程层 GOOSE 网络宜按电压等级分别组网。变压器保护接入不同电压等级的过程层 GOOSE 网时，应采用相互独立的数据接口控制器；（C）继电保护装置采用双重化配置时，对应的过程层网络亦应双重化配置，第一套保护接入 A 网，第二套保护接入 B 网；（D）任两台智能电子设备之间的数据传输路由不应超过两个交换机。

答案：ABC

Lb4C4064　以下哪几个是 SV 报文的 MAC 地址（　　）。

（A）01－0c－cd－01－04－04；（B）01－0c－cd－04－01－01；（C）01－0c－cd－04－01－04；（D）01－0c－cd－01－04－01。

答案：BC

Lb4C4065　以下关于智能变电站智能终端，正确的说法有（　　）。

（A）智能终端不设置防跳功能，防跳功能由断路器本体实现；（B）220kV 及以上电压等级变压器各侧的智能终端均按双重化配置；110kV 变压器各侧智能终端宜按双套配置；（C）每台变压器、高压并联电抗器配置一套本体智能终端，本体智能终端包含完整的变压器、高压并联电抗器本体信息交互功能（非电量动作报文、调档及及测温等），并可提供用于闭锁调压、启动风冷、启动充氮灭火等出口接点；（D）智能终端跳合闸出口回路应设置软压板。

答案：ABC

Lb4C4066　下列 IEC 61850 哪些通信服务不使用 TCP/IP（　　）。

（A）GOOSE；（B）MMS；（C）SNTP；（D）SV。

答案：AD

Lb4C4067　合并单元需接入多个电子式互感器或传统互感器的信号，必须考虑各接入量的采样同步问题，主要有（　　）。

（A）三相电流、电压采样必须同步；（B）对于变压器保护，各侧的模拟量采样必须同步；（C）对于母线保护，所有支路的电流量采集必须同步；（D）两侧都是电子式互感器的线路保护，两侧的模拟量无须同步。

答案：ABC

Lb4C4068　下面信息传输属于 GOOSE 范畴的有（　　）。

（A）开关刀闸位置状态；（B）跳合闸命令；（C）保护控制装置间的配合信号；（D）采样值信息。

答案：ABC

Lb4C4069 变压器智能终端的通信中哪几项( )传送内容为空。

（A）GOOSE 输入；（B）GOOSE 输出；（C）SMV 输入；（D）SMV 输出。

答案：CD

Lb4C4070 保护虚端子的特点是( )。

（A）可以一输出对多输入；（B）可以多输出对一输入；（C）不可以一输出对多输入；（D）不可以多输出对一输入。

答案：AD

Lb4C4071 网络报文记录与分析装置在智能站中主要功能是( )。

（A）原始记录过程层和站控层报文；（B）在线监视、预警、告警链路状态和时序及协议；（C）数据检索与统计；（D）离线数据分析；（E）初步实现二次设备状态监测与评估。

答案：ABCDE

Lb4C4072 备用电源自投装置一般应满足的要求有( )。

（A）工作母线电压消失时应动作；（B）备用电源应在工作电源确已断开后投入；（C）备用电源只能自投一次；（D）备用电源确有电压时才自投；（E）备用电源投入的时间应尽可能短；（F）电压互感器二次回路断线时，备用电源自投装置不应误动作。

答案：ABCDEF

Lb4C5073 大接地电流系统中，线路发生经弧光电阻的两相短路故障时，存在有( )分量。

（A）正序；（B）负序；（C）零序。

答案：AB

Lb4C5074 系统振荡时，不会误动的保护有( )。

（A）距离保护；（B）零序方向电流保护；（C）纵联保护；（D）工频变化量距离元件。

答案：BCD

Lb4C5075 小接地电流系统的零序电流保护，可利用( )电流作为故障信息量。

（A）网络的自然电容电流；（B）消弧线圈补偿后的残余电流；（C）人工接地电流（此电流不宜大于 10~30A，且应尽可能小）；（D）单相接地故障的暂态电流。

答案：ABCD

Lb4C5076 就继电保护装置来说，检测到谐波电压或谐波电流的情况，正确的说法是( )。

（A）变压器过电压时会出现三~五次谐波电流，并且过电压越高的时候五次谐波的含量也越高；（B）变压器低频运行，会出现三～五次谐波电流；（C）电流互感器饱和时，二次电流中会出现二～三次谐波电流；（D）变压器空载合闸时，励磁涌流中主要含有二次谐波分量，同时也有一定量的三次谐波电流分量。

答案：BC

Lb4C5077 发电机失磁会对电力系统产生下列影响（   ）。
（A）造成系统电压下降；（B）在系统中产生很大的负序电流；（C）可能造成系统中其他发电机过电流。

答案：AC

Lb4C5078 接地故障时，不是零序电压与零序电流的相位关系决定因素的是（   ）。
（A）故障点过渡电阻的大小；（B）系统容量的大小；（C）相关元件的零序阻抗；（D）相关元件的各序阻抗。

答案：ABD

Lb4C5079 主变差动保护误动作可能的原因有（   ）。
（A）电流互感器二次回路开路，接地短路；（B）电流互感器二次回路接线或极性错误；（C）直流回路两点接地引起的误动；（D）回路中的继电器损坏或绝缘击穿；（E）差动继电器内平衡线圈螺丝松动；（F）CT10％误差曲线不符要求。

答案：ABCDEF

Lb4C5080 变压器比率制动的差动继电器，设置比率制动的主要原因是（   ）。
（A）为了躲励磁涌流；（B）为了内部故障时提高保护的灵敏度；（C）区外故障不平衡电流增加，使继电器动作电流随不平衡电流增加而提高动作值；（D）为了内部故障时提高保护的速动性。

答案：BC

Lb4C5081 对于母线保护配置，下述说法正确的是（   ）。
（A）220kV 母线保护双配，相应 MU、智能终端双配置；（B）母线保护与其他保护之间的联闭锁信号采用 SV 传输；（C）间隔数较多时可采用分布式母线保护；（D）采用分布式母线保护方案时，各间隔 MU、智能终端以点对点方式接入对应子单元。

答案：ACD

Lb4C5082 计量单元分时段应遵循（   ）原则。
（A）独立采集；（B）独立处理；（C）独立存储；（D）共享处理；（E）共享存储

答案：ABC

Jd4C1083 安装接线图包括（   ）内容。

（A）屏面布置图；（B）屏背面接线图；（C）端子排图；（D）展开图。

答案：ABC

Jd4C1084 电压互感器在运行中为什么要严防二次侧短路（ ）。

（A）电压互感器是一个内阻极小的电压源，正常运行时负载阻抗很大，相当于开路状态；（B）当二次侧短路时，负载阻抗为零，将产生很大的短路电流，会将电压互感器烧坏；（C）电压互感器是一个内阻极小的电压源，正常运行时负载阻抗很小，相当于开路状态；（D）当二次侧短路时，负载阻抗为零，将产生很小的短路电流，会将电压互感器烧坏。

答案：AB

Jd4C2085 合并单元的主要功能包括（ ）。

（A）对采样值进行合并；（B）对采样值进行同步；（C）采样值数据的分发；（D）开关遥控。

答案：ABC

Jd4C3086 当网络发生网络风暴时，智能终端应该（ ）。

（A）不能导致装置重启；（B）不能导致装置死机无法恢复；（C）允许设备重新启动；（D）不允许设备出现丢帧情况。

答案：ABD

Jd4C3087 继电保护检验分为（ ）。

（A）新安装装置的验收检验；（B）运行中装置的定期检验；（C）运行中装置的补充检验；（D）人工短路试验。

答案：ABC

Je4C1088 监控系统与继电保护信息交换方式有（ ）。

（A）各种数字保护的保护跳闸信号应采用硬接点的方式接入 I/O 测控单元；（B）数字保护的装置重要故障信号应采用硬接点的方式接入 I/O 测控单元；（C）其他保护信号宜采用通信接口方式与监控系统的站控层网络或间隔层网络连接；（D）数字保护与 I/O 测控单元通信的数据传送宜采用 IEC 60870-5-103《远动设备及系统传输规约》。

答案：ABCD

Je4C1089 零相接地的电压互感器二次回路中，（ ）不应接有开断元件（熔断器、自动开关等）。

（A）电压互感器的中性线；（B）电压互感器的相线回路；（C）电压互感器开口三角绕组引出的试验线；（D）电压互感器的开口三角回路。

答案：AD

Je4C1090 中性点不接地系统中，若电压互感器一次侧保险断一相，有( )现象发生。

(A) 预告信号铃响；(B) "××母线接地"光字牌亮；(C) 绝缘监视表一相电压降低，其他两相电压相等；(D) 与该母线有关的电压、有功、无功功率表读数下降。

答案：ABCD

Je4C2091 某220kV主变停役检修时，在不断开光缆连接的情况下，可做的安全措施有( )。

(A) 投入该主变两套主变保护、主变三侧合并单元和智能终端检修压板；(B) 退出该主变两套主变保护启动失灵和解除复合电压闭锁压板；(C) 退出两套主变保护跳分段和母联压板；(D) 退出两套母差保护该支路启动失灵和解除复合电压闭锁接收压板。

答案：ABCD

Je4C2092 合并单元可接入信号有( )。

(A) 电子式互感器输出的数字采样值；(B) 智能化一次设备的开关信号；(C) 传统互感器的模拟信号；(D) 光纤对时信号。

答案：ABCD

Je4C3093 直流系统两点接地的危害有( )。

(A) 可能造成开关误跳闸；(B) 可能造成开关拒动；(C) 可能引起保险丝熔断；(D) 可能引起蓄电池损坏。

答案：ABC

Je4C3094 关于智能变电站各层网络数据特征，下述描述正确的有( )。

(A) 监控层网络数据的特点是突发性强、数据量大，传送实时性要求不高；(B) 过程层GOOSE网络数据具有突发性，传输要求可靠性高、实时性强；(C) 过程层SV数据量较小，呈周期性，实时性、稳定性、可靠性都要非常高；(D) 过程层GOOSE的流量在未变位和变位时差别不大。

答案：ABD

Je4C3095 定期检验分为( )。

(A) 全部检验；(B) 部分检验；(C) 带负荷试验；(D) 用装置进行断路器跳合闸检验。

答案：ABD

Je4C4096 母线电压失压时，电容器组不会动作的保护有( )。

(A) 过压保护；(B) 过流保护；(C) 低压保护；(D) 不平衡电压保护；(E) 零压保护。

答案：ABDE

Je4C4097 在重合闸装置中有(   )闭锁重合闸的措施。

（A）停用重合闸方式时，直接闭锁重合闸；（B）手动跳闸时，直接闭锁重合闸；（C）不经重合闸的保护跳闸时，闭锁重合闸；（D）在使用单相重合闸方式时，断路器三跳，用位置继电器触点闭锁重合闸；保护经综重三跳时，闭锁重合闸；（E）断路器气压或液压降低到不允许重合闸时，闭锁重合闸。

答案：ABCDE

Je4C4098 "直采直跳"指的是(   )信息通过点对点光纤进行传输。

（A）跳、合闸信号；（B）启动失灵保护信号；（C）保护远跳信号；（D）电流、电压数据。

答案：AD

Je4C4099 数字化采样的智能变电站可以利用(   )进行核相试验。

（A）故障录波器；（B）继电保护测试仪；（C）具备波形显示功能的网络报文分析仪；（D）合并单元测试仪。

答案：AC

Je4C4100 监控后台可以对保护装置进行的操作为(   )。

（A）投退保护装置功能软压板；（B）投退保护装置 GOOSE 软压板；（C）投退保护装置 SV 软压板；（D）切换保护装置定值区。

答案：ABCD

Je4C4101 合并单元采样值采用(   )方式输出。

（A）标准 IEC 60044-8 点对点；（B）IEC 61850-9-2 点对点；（C）IEC 61850-9-2 组网；（D）国网扩展 IEC 60044-8 点对点。

答案：BCD

Je4C4102 母线电压合并单元与间隔合并单元级联时可采用(   )方式。

（A）IEC 61850-9-2 点对点；（B）IEC 61850-9-2 组网；（C）国网扩展 IEC 60044-8 点对点；（D）标准 IEC 60044-8 点对点。

答案：AC

Je4C4103 采用数字化继电保护测试仪进行保护调试时，应采用(   )关联测试仪开入量。

（A）导入 SCD 文件被测装置的 IED 发送 GOOSE 控制块；（B）在线读取被测装置的 GOOSE 输出报文；（C）导入被测装置的 ICD 文件发送 GOOSE 控制块；（D）导入被测装置的 CID 文件发送 GOOSE 控制块。

答案：AD

Je4C4104 GOOSE 可以传输以下（　　）信息。

（A）智能终端的常规开入；（B）跳闸、遥控、启动失灵、联锁；（C）自检信息；（D）实时性要求不高的模拟量如环境温、湿度、直流量。

答案：ABCD

Je4C4105 保护电压采样无效对光差线路保护的影响有（　　）。

（A）闭锁所有保护；（B）闭锁与电压相关保护；（C）对电流保护没影响；（D）自动投入 TV 断线过流。

答案：BD

Je4C4106 保护电流采样无效对光差线路保护的影响有（　　）。

（A）开放距离保护；（B）闭锁差动保护；（C）闭锁零序过流保护；（D）闭锁 TV 断线过流。

答案：BCD

Je4C4107 检修压板投入时，保护应该（　　）。

（A）点报警灯；（B）上送带检修品质的数据；（C）显示报警信息；（D）闭锁所有保护功能。

答案：ABC

Je4C4108 110kV 主变保护新安装试验报告主要内容有（　　）。

（A）整定值情况；（B）继电器校验及 CT 特性试验情况；（C）二次接线情况，未解决的问题及缺陷；（D）回路绝缘情况及整组试验情况；（E）差动回路六角图测量及差压或差流测量；（F）运行注意事项和设备能否投入运行；（G）主变投运时试验情况：差流检查，接到主变保护各 CT-PT 二次极性-幅值检查记录。

答案：ABCDEFG

Je4C5109 220kV 线路保护 PSL-603 中，下列压板属于 GOOSE 软压板的为（　　）。

（A）PSL-603 差动保护投入压板；（B）PSL-603 停用重合闸压板；（C）PSL-603 跳闸出口压板；（D）PSL-603 失灵启动第一套母差压板。

答案：CD

1.4 计算题

La4D2001 线圈的匝数 N 为 200，其磁通在 $t=X_1$ s 的时间内，$\Delta\psi$ 为 0.075V·s，此时线圈中产生的感应电动势是 $E=$ _____ V。（保留两位小数）

X_1 取值范围：0.1～1.0 带 1 位小数的值

计算公式： $E=-N\dfrac{\Delta\psi}{\Delta t}=-\dfrac{200\times0.075}{X_1}$

La4D2002 一个额定电压 U 为 X_1 V 的中间继电器，线圈电阻 R_1 为 6.8kΩ，运行时串入电阻 $R_2=2$kΩ 的电阻，此时该电阻的功率 $P=$ _____ W。（保留两位小数）

X_1 取值范围：110，200，220

计算公式： $P=I^2R_2=\left(\dfrac{U}{R_1+R_2}\right)^2R_2=\left(\dfrac{X_1}{6800+2000}\right)^2\times2000$

La4D3003 如图所示，已知 $E=X_1$ V，$r=1\Omega$，$C_1=4\mu$F，$C_2=15\mu$F，$R=19\Omega$，则 C_1、C_2 两端电压 $U_{C_1}=$ _____ V，$U_{C_2}=$ _____ V。（保留整数）

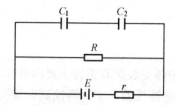

X_1 取值范围：10，20，30，40，50

计算公式： C_1、C_2 的端电压之和与电阻 R 的端电压相等，即

$$U_C=U_R=E\frac{R}{R+r}=X_1\times\frac{19}{19+1}$$

$$\frac{U_{C_1}}{U_{C_2}}=\frac{C_2}{C_1}$$

$$U_{C_1}=\frac{C_2}{C_1+C_2}U_C=\frac{15}{4+15}\times19$$

$$U_{C_2}=\frac{C_1}{C_1+C_2}U_C=\frac{4}{4+15}\times19$$

La4D3004 如图所示为 35kV 系统的等效网络，试计算在 k 点发生两相短路时的电流 $I_k=$ _____ A，M 点的残压 $U_M=$ _____ V（图中的阻抗是以 100MV·A 为基准的标幺值，35kV 系统取平均电压 X_1 kV）。（保留两位小数）

X_1 取值范围：35，36，37

计算公式： $I_k = \dfrac{1}{0.3+0.5} \times \dfrac{\sqrt{3}}{2} \times \dfrac{100 \times 10^6}{X_1 \times 10^3 \times \sqrt{3}}$

$$U_M = \dfrac{0.5 \times X_1 \times 10^3}{0.3 + 0.5}$$

La4D3005 如图，电流表指示 $I=5\text{A}$，电压表指示为 $U=110\text{V}$，功率表指示 $P=X_1\text{W}$，电源频率 $f=50\text{Hz}$。则线圈的参数 $R=$ _____ 和 $L=$ _____。（保留三位小数）

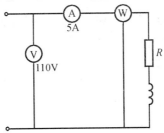

X_1 取值范围：200，300，400，500

计算公式： $R = \dfrac{X_1}{25}$

$$L = \sqrt{484 - \dfrac{X_1^2}{625}}\,/314$$

La4D3006 如图所示，已知电源 E 为 $X_1\text{V}$，R_1 为 $47\text{k}\Omega$ 电路中的二极管是硅管，要使其导通，最小可取 $R_2=$ _____ Ω 的电阻。（保留一位小数）

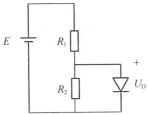

X_1 取值范围：6，8，10

计算公式： 二极管的导通电压最小为 0.7V，因此 R_2 上的最小电压为

$$U_2 = \dfrac{R_2}{R_1+R_2}X_1$$

$$R_2 = \dfrac{0.7R_1}{E-R_1} = \dfrac{0.7 \times 47 \times 1000}{X_1 - 0.7}$$

La4D3007 如图所示，电路处于正弦稳态，已知 u 的有效值为 $U=X_1\text{V}$，i 的有效值为 $I=1\text{A}$，$R=12$，求电容 C 两端电压的有效值为 $U_C=$ _____ V。（保留两位小数）

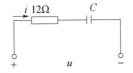

X_1 取值范围：16，18，20，22，24

计算公式： $U_C = \sqrt{U^2 - (IR)^2} = \sqrt{X_1^2 - (1 \times 12)^2}$

La4D3008 额定电压为 100V 的同期检查继电器，其整定角度 δ 为 $X_1°$ 时，用单相电源试验时，其动作电压是 $U =$ _____ V。（保留一位小数）

X_1 取值范围：20，30，40，50

计算公式： $U = 2U_n \sin(\delta/2) = 2 \times 100 \times \sin(X_1°/2)$

La4D3009 有一只 $R = X_1 \text{k}\Omega$、$P = 10\text{W}$ 的电阻，使用中电流不得超过 $I =$ _____ A，电压不得超过 $U =$ _____ V。（保留两位小数）

X_1 取值范围：10～50 的整数

计算公式： $I = \sqrt{\dfrac{P}{R}} = \sqrt{\dfrac{10}{X_1 \times 1000}}$

$$U = \sqrt{PR} = \sqrt{10 \times X_1 \times 1000}$$

La4D4010 如图所示电路，已知 $R_1 = 6\Omega$，$R_2 = X_1 \Omega$。电流表 A1 读数为 3A（内阻为 0.2Ω），电流表 A2 读数为 9A（内阻为 0.19Ω），则流过电阻 R_1 的电流 $I_1 =$ _____ A，电阻 $R_3 =$ _____ Ω，流过 R_3 的电流 $I_3 =$ _____ A。（保留两位小数）

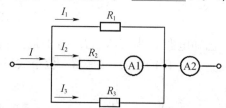

X_1 取值范围：2.0～5.0 带 1 位小数的值

计算公式： $I_1 = \dfrac{I_2(R_2 + 0.2)}{R_1} = \dfrac{3 \times (X_1 + 0.2)}{6}$

$$R_3 = -\dfrac{3 \times (X_1 + 0.2)}{9 - \left[\dfrac{3 \times (X_1 + 0.2)}{6} + 3\right]}$$

$$I_3 = 9 - \left[\dfrac{3 \times (X_1 + 0.2)}{6} + 3\right]$$

La4D4011 如图所示，有 R_1 和 R_2、R_3、R_4，已知 $R_1 = R_2 = R_3 = 25\Omega$，$R_4 = X_1 \Omega$ 时，则等效电阻 $R =$ _____ Ω。（保留两位小数）

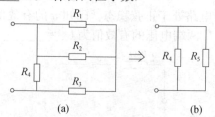

(a) $\qquad\qquad\qquad$ (b)

X_1 取值范围：$10\sim100$ 的整数

计算公式： $R_5 = \dfrac{R_1 \times R_2}{R_1 + R_2} + R_3 = \dfrac{25 \times 25}{25 + 25} + 25 = 37.5$

$$R = \dfrac{R_5 \times R_4}{R_5 + R_4} = \dfrac{37.5 \times X_1}{37.5 + X_1}$$

La4D4012 有一只 $R = 40\text{k}\Omega$，$P = X_1\text{W}$ 的电阻，使用中电流 I 不得超过＿＿＿＿ A，电压 U 不得超过＿＿＿＿ V。（保留两位小数）

X_1 取值范围：$5\sim20$ 的整数

计算公式： $I = \sqrt{\dfrac{P}{R}} = \sqrt{\dfrac{X_1}{40 \times 10^3}}$

$$U = \sqrt{P \times R} = \sqrt{X_1 \times 40 \times 10^3}$$

La4D4013 有一直流串联回路电压为 220V、$R = X_1\Omega$、$L = 6\text{H}$ 的串联回路，经计算该电路的回路电流 $I =$ ＿＿＿＿ A，回路消耗的功率 $P =$ ＿＿＿＿ W，回路的时间常数 $t =$ ＿＿＿＿ ms。（保留三位小数）

X_1 取值范围：1000，1500，1800

计算公式： $I = \dfrac{U}{R} = \dfrac{220}{X_1}$

$$P = \dfrac{U^2}{R} = \dfrac{220^2}{X_1}$$

$$t = \dfrac{L}{R} \times 1000$$

La4D4014 在图中，已知 $E_1 = 6\text{V}$，$E_2 = 3\text{V}$，$R_1 = 10\Omega$，$R_2 = X_1\Omega$，$R_3 = 400\Omega$，则 b 点电位 $\varphi =$ ＿＿＿＿ V，a、b 点间的电压 $U_{ab} =$ ＿＿＿＿ V。（保留两位小数）

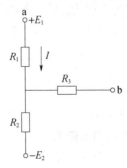

X_1 取值范围：$10\sim50$ 之间的整数

计算公式： $\varphi = \dfrac{E_1 + E_2}{R_1 + R_2} R_2 - E_2 = \dfrac{6 + 3}{10 + X_1} \times X_1 - 3$

$$U_{ab} = E_1 + E_2 - \dfrac{E_1 + E_2}{R_1 + R_2} R_2 = 6 + 3 - \dfrac{6 + 3}{10 + X_1} \times X_1$$

La4D5015　如图 R、L、C 串联电路接在 220V、50Hz 交流电源上，已知 $R=X_1\Omega$，$L=300\text{mH}$，$C=100\mu\text{F}$。则 $U_R=$ _____ V，$U_L=$ _____ V，$U_C=$ _____ V。（保留两位小数）

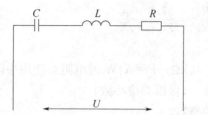

X_1 取值范围：10，15，20，25，30

计算公式： $U_R=220\times\dfrac{X_1}{\sqrt{X_1{}^2+(94.2-31.847)^2}}$

$$U_L=220\times\dfrac{94.2}{\sqrt{X_1{}^2+(94.2-31.847)^2}}$$

$$U_C=220\times\dfrac{31.847}{\sqrt{X_1{}^2+(94.2-31.847)^2}}$$

Lb4D2016　设某 110kV 线路装有距离保护装置（采用线电压、相电流差的接线方式），其一次动作阻抗整定值为 $Z_{\text{op}}=X_1\Omega/\text{ph}$，电流互感器的变比 $n_{\text{TA}}=600/5$，电压互感器的变比为 $n_{\text{TV}}=110/0.1$。则其二次动作阻抗值 $Z'_{\text{op}}=$ _____ Ω。（保留一位小数）

X_1 取值范围：15.00～30.00 带两位小数的值

计算公式： $Z'_{\text{op}}=\dfrac{n_{\text{TA}}\times Z_{\text{op}}}{n_{\text{TV}}}=\dfrac{600/5}{110/0.1}\times X_1$

Lb4D2017　如图所示，已知电源电压为 220V，出口中间继电器直流电阻为 $X_1\Omega$，并联电阻 $R=1500\Omega$，选用合适的信号继电器，使之满足电流灵敏度大于 1.5，压降小于 $10\%U_e$ 的要求，这个信号继电器直流电阻 R_{KS} 最大不能超过 _____ Ω。（保留整数）

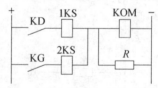

X_1 取值范围：10000，12000，15000

计算公式： KOM 电阻与 R 并联后的电阻为

$$R_{\text{J}}=10000//1500=\dfrac{1500\times X_1}{1500+X_1}$$

$$R_{\text{KS}}/(R_{\text{KS}}+R_{\text{J}})<10\%，即\ R_{\text{KS}}<\dfrac{R_{\text{J}}}{9}=145$$

Lb4D2018　某 110kV 线路距离保护Ⅰ段定值 $Z_{\text{op}}=X_1\Omega/\text{ph}$，电流互感器的变比为 600/5，电压互感器的变比为 110/0.1。因某种原因，电流互感器的变比改为 1200/5，则

改变后第Ⅰ段的动作阻抗为 $Z'_{op} =$ _____ Ω。（保留整数）

X_1 取值范围：2～6 之间的整数

计算公式：$Z'_{op} = Z_{op} \times \dfrac{n_{TV}}{n_{TA}} \times \dfrac{n'_{TA}}{n_{TV}} = X_1 \times \dfrac{110/0.1}{600/5} \times \dfrac{1200/5}{110/0.1}$

Lb4D2019 如图中两相电流差接线的过流保护，已知 Z_{dx} 约为 X_1Ω，Z_k 约为 0.2Ω，试计算当电流互感器在一次侧发生 AC 相间故障时的 A 相电流互感器二次负载 $Z_1 =$ _____ Ω。（保留整数）

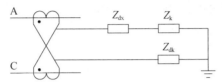

X_1 取值范围：0.8，0.9，1.0

计算公式：$Z_1 = \dfrac{U_k}{I_k} = \dfrac{2I_k(2Z_{dx} + Z_k)}{I_k} = 4Z_{dx} + 2Z_k = 4 \times X_1 + 2 \times 0.2$

Jd4D3020 已知控制电缆型号为 kVV29-500 型，回路最大负荷电流 $I = 2.5$A，额定电压 $U_e = 220$V，电缆长度 $L = 250$m，铜的电阻率 $\rho = 0.0184$Ω mm^2/m，导线的允许压降 ΔU 不应超过额定电压的 X_1。计算控制信号馈线电缆的截面积 $S =$ _____ mm^2。（保留两位小数）

X_1 取值范围：0.03，0.05，0.10

计算公式：$S = \dfrac{2\rho LI}{\Delta U} = \dfrac{2 \times 0.0184 \times 250 \times 2.5}{220 \times X_1}$

Jd4D3021 有额定电压 11kV，额定容量 S_n 为 X_1kV·A 的电容器 48 台，每四台串联后再并联星接，请计算每相电容器组额定电流 $I_n =$ _____ A。（保留两位小数）

X_1 取值范围：600，800，100，12

计算公式：$I_n = \dfrac{S_n}{U_n} \times \dfrac{48}{3 \times 4} = \dfrac{X_1}{11} \times 4$

Jd4D4022 有一只毫安表，不知其量程，已知其内部接线如图所示。$R_g = 500$Ω，$R_1 = 1000$Ω，表头满刻度电流为 $X_1 \mu$A，今打算把它改制成量限为 300V 的电压表，应在外电路串联 $R_2 =$ _____ kΩ。（保留整数）

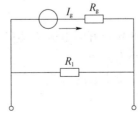

X_1 取值范围：500，800，1000

计算公式： 设该毫安表的量限（满刻度电流）是 I，

$$\text{则 } I = I_g + \frac{I_g R_g}{R_1} = X_1 + \frac{X_1 \times 500}{1000}$$

$$R_2 = \frac{U}{I} - \frac{R_g R_1}{R_g + R_1} = \frac{300}{750 \times 10^{-6}} - \frac{500 \times 1000}{500 + 1000}$$

Je4D1023 一个额定电压 U 为 220V 的中间继电器，线圈电阻 R_1 为 6.8kΩ，运行时串入电阻 $R_2 = X_1 \Omega$ 的电阻，经计算可得该电阻的功率 $P = \underline{\hspace{2cm}}$ W。（保留两位小数）

X_1 取值范围：1000，2000，3000，4000，5000

计算公式： $P = I^2 R_2 = \left(\dfrac{220}{6800 + X_1} \right)^2 \times X_1$

Je4D1024 已知母线上所有连接线路电流互感器变比均采用 2400/5 时，母线将向连接线路提供的最大短路电流 $I_{k \cdot max}$ 约为 X_1 kA，那么在做电流互感器 10% 误差曲线试验时，母线差动保护的一次电流倍数 m，应取 $\underline{\hspace{2cm}}$。（k 取 1.2，保留整数）

X_1 取值范围：10～40 的整数

计算公式： $m = \dfrac{K I_{k \cdot max}}{I_e} = \dfrac{1.2 \times X_1 \times 10^3}{2400}$

Je4D1025 某设备装有电流保护，电流互感器的变比 n_{TA} 是 200/5，电流保护整定值 I_{op} 是 X_1 A，如果一次电流整定值不变，将电流互感器变比改为 300/5，其二次动作电流整定值为 $I_{set} = \underline{\hspace{2cm}}$ A。（保留一位小数）

X_1 取值范围：4，8，10

当电流互感器的变比改为 300/5 后，其整定值应为：

计算公式： $I_{set} = (X_1 \times 200/5) \div (300/5)$

Je4D2026 有额定电压 11kV，额定容量 S_n 为 X_1 kV·A 的电容器 48 台，每两台串联后再并联星接，接入 35kV 母线，经计算可得出每相电容器组额定电流 $I_n = \underline{\hspace{2cm}}$ A，当 35kV 母线电压 $U = \underline{\hspace{2cm}}$ kV·h，可达到额定电流。（保留一位小数）

X_1 取值范围：600，800，100，120

计算公式： $I_n = \dfrac{S_n}{U_n} \times \dfrac{48}{3 \times 2} = \dfrac{X_1}{11} \times 8$

$$U = 22 \times \sqrt{3}$$

Je4D2027 DW2-35 型断路器的额定开断电流 I_b 是 X_1 kA，则断路器的额定遮断容量 $S = \underline{\hspace{2cm}}$ MV·A。（保留两位小数）

X_1 取值范围：10.0～40.0 带 1 位小数的值

计算公式： $S = \sqrt{3} U_n I_b = \sqrt{3} \times 35 \times X_1$

Je4D2028　某用户供电电压 $U=220$V，测得该用户电流 $I=X_1$A，有功功率为 $P=2$kW，则该用户的 $\cos\phi=$ _____。（保留两位小数）

X_1 取值范围：11，12，13，14

计算公式：$\cos\phi=\dfrac{P}{UI}=\dfrac{2000}{220X_1}$

Je4D3029　如图所示，直流电源为 220V，出口中间继电器线圈电阻为 10kΩ，并联电阻 $R=X_1$kΩ，信号继电器额定电流为 0.05A，内阻等于 70Ω。计算信号继电器线圈两端电压降 $\Delta U=$ _____ V，灵敏度 $K=$ _____。（保留一位小数）

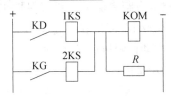

X_1 取值范围：1.0～2.0 之间带 1 位小数的值

计算公式：KOM 电阻与 R 并联后的电阻 $R_J=10000//X_1=\dfrac{10000\times X_1}{10000+X_1}$

最大压降 $\Delta U=\dfrac{70}{70+R_J}\times220$

计算公式：最大灵敏度 $K=\dfrac{220}{(R_J+70/2)\times2\times0.05}$

Je4D3030　如图所示，已知电源电压为 220V，出口中间继电器直流电阻为 10000Ω，并联电阻 $R=1500$Ω，信号继电器电阻为 X_1Ω，额定电流 0.05A，经计算该信号继电器最大压降是额定电压的 $\Delta U=$ _____％，最大灵敏度 $K=$ _____。（保留一位小数）

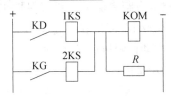

X_1 取值范围：50，60，70

计算公式：KOM 电阻与 R 并联后的电阻 $R_J=10000//1500=\dfrac{10000\times1500}{10000+1500}$

最大压降 $\Delta U=\dfrac{X_1}{X_1+1304}U_e$

计算公式：最大灵敏度 $K=\dfrac{220}{(1304+X_1/2)\times2\times0.05}$

Je4D3031　有一台 $110\pm2\times2.5\%/10$kV，额定容量 S_n 为 31.5MV·A 降压变压器，计算其复合电压闭锁过电流保护的动作电流 $I_{op}=$ _____ A，低电压 $U_{op}=$ _____ V（电流互感器的变比 n_{TA} 为 X_1，星形接线；K_{rel} 为可靠系数，过电流元件取 1.2，低电压元件取 1.15；K_r

继电器返回系数，对低电压继电器取 1.2，电磁型过电流继电器取 0.85）。（保留一位小数）

X_1 取值范围：60，100，120

计算公式：变压器高压测额定电流 $I_e = \dfrac{31.5 \times 10^6}{\sqrt{3} \times 110 \times 10^3}$

电流元件按变压器额定电流整定 $I_{op} = \dfrac{K_{rel} K_c I_e}{K_r n_{TA}} = \dfrac{1.2 \times 1 \times 165}{0.85 \times X_1}$

计算公式：$U_{op} = \dfrac{U_{min}}{K_{rel} K_r n_{TV}} = \dfrac{0.9 \times 10 \times 10^3}{1.15 \times 1.2 \times 100}$

Je4D3032 设某 110kV 线路装有距离保护装置（保护采用线电压、相电流差的接线方式），其一次动作阻抗整定值为 $Z_{op} = 18.32\,\Omega/\text{ph}$，电流互感器的变比 $n_{TA} = X_1$，电压互感器的变比为 $n_{TV} = 110/0.1$。则其二次动作阻抗值是 $Z'_{op} = $ _____ Ω。（保留一位小数）

X_1 取值范围：60，120，200，240

计算公式：$Z'_{op} = \dfrac{n_{TA} \times Z_{op}}{n_{TV}} = \dfrac{X_1}{110/0.1} \times 18.32$

Je4D3033 如图所示，在断路器的操作回路中，绿灯是监视合闸回路的，已知操作电源电压为 220V，绿灯为 8W、110V，附加电阻 R 为 $X_1\,\Omega$，合闸接触器线圈电阻为 600Ω，最低动作电压为 $30\% U_n$，试计算当绿灯短路后，合闸接触器两端电压 $U_{KM} = $ _____ V。（保留整数）

X_1 取值范围：1500，2000，2500，3000

计算公式：考虑操作电源电压波动 +10%，即 $220 \times 1.1 = 242$

$$U_{KM} = \dfrac{242 \times 600}{X_1 + 600}$$

Je4D3034 计算 X_1 kV 线路备用电源自投装置中，检查线路电压继电器的整定值 $U_{set} = $ _____ V。（返回系数 K_r 取 1.15，可靠系数 K_{rel} 取 1.2）。（保留整数）

X_1 取值范围：10，35，110

计算公式：$U_{set} = \dfrac{U_{min}}{K_{rel} n_{TV} K_r} = \dfrac{X_1 \times 10^3 \times 0.9}{1.2 \times X_1/100 \times 1.15}$

Je4D3035 有一用户，用一个电开水壶 $P_1 = X_1$ W，每天使用时间 $T_1 = 2$h，三只 $P_2 = X_2$ W 的白炽灯泡每天使用时间 $T_2 = 4$h，则 $T = 30$d 的总用电量 $W = $ _____ kW·h。（保留整数）

X_1 取值范围：500，800，1000，1200，1500，2000

X_2 取值范围：100，200，60，40

计算公式：$W = \dfrac{(P_1 \times T_1 + 3 \times P_2 \times T_2) \times T}{1000} = \dfrac{(X_1 \times 2 + 4 \times 3 \times X_2) \times 30}{1000}$

1.5 识图题

Lb4E3001 如图中（a）所示，系统在 K 点两相短路，正、负序电压的分布如图（b）所示，此叙述是（ ）。

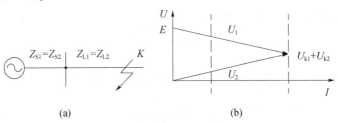

(a)　　　　　　　　　　(b)

（A）正确；（B）错误。

答案：**A**

Je4E2002 下图为利用负荷电流及工作电压，检验零序功率方向继电器相位关系的零序功率元件接线图，该接线图是（ ）。

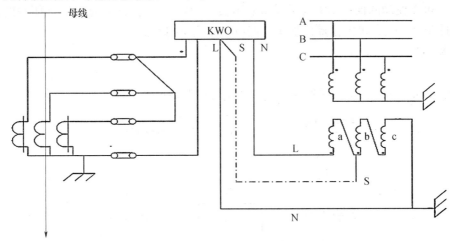

（A）正确；（B）错误。

答案：**B**

Je4E2003 如图所示，光纤端口发送功率测试，用一根跳线（衰耗小于 0.5dB）连接被测设备光纤发送端口和光功率计接收端口，读取光功率计上的功率值，下列说法正确的是（ ）。

| 继电保护测试仪 OUT | 光纤跳线 | 光衰耗计 IN　OUT | 光纤跳线 | 待测设备 IN |

（A）光波长 1310nm，光纤发送功率：20～14dBm；（B）光波长 1310nm，光纤发送功率：23～14dBm；（C）光波长 1310nm，光纤发送功率：23～12dBm；（D）光波长 1310nm，光纤发送功率：20～12dBm。

答案：**A**

Je4E2004 如图所示，检查 GOOSE 报文的时间间隔。首次触发时间 T_1 宜不大于（　　）。

（A）5ms；（B）10ms；（C）2ms；（D）7ms。

答案：C

Je4E2005 如图所示，采样值品质位无效测试。下列说法错误的是（　　）。

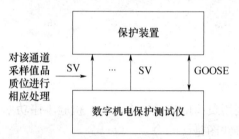

（A）可能误动的保护功能应瞬时可靠闭锁；（B）采样值恢复正常后被闭锁的保护功能应及时开放；（C）可能误动的保护功能应瞬时发出闭锁信号。

答案：C

Je4E3006 如图所示，纵联保护允许式信号的逻辑框图正确的是（　　）。

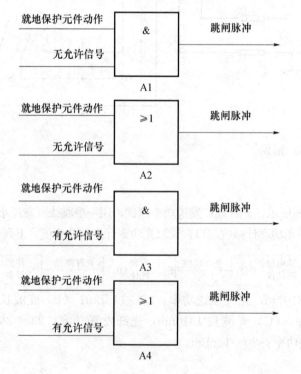

（A）A1；（B）A2；（C）A3；（D）A4。

答案：C

Je4E3007　如图所示，若直流电源为 220V，出口中间继电器线圈电阻为 10kΩ，并联电阻 $R＝1.5$kΩ，可选用（　　）信号继电器。

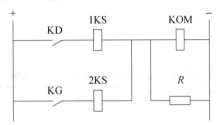

（A）额定电流为 0.05A、内阻为 70Ω；　（B）额定电流为 0.015A、内阻为 1000Ω；
（C）额定电流为 0.025A、内阻为 329Ω；（D）额定电流为 0.1A、内阻为 18Ω。

答案：A

Je4E3008　如图所示，SV 报文丢帧率测试。检验 SV 报文 10min 内丢帧率应不大于（　　）。

（A）0；（B）0.10；（C）0.15；（D）0.12。

答案：A

Je4E4009　下图中有寄生回路，说明正确的是（　　）。

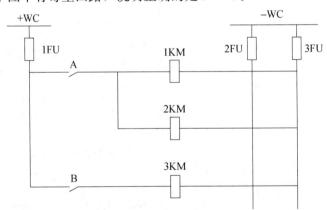

（A）当 3FU 熔断时，可以产生寄生回路；（B）当 2FU 熔断时，可以产生寄生回路；
（C）当 1FU 熔断时，可以产生寄生回路；（D）当 1FU 和 3FU 熔断时，可以产生寄生回路。

答案：A

2 技能操作

2.1 技能操作大纲

继电保护工技能鉴定 技能操作考核大纲

等级	考核方式	能力种类	能力项	考核项目	考核主要内容
中级工	技能操作	基本技能	01. 电气识图	01. 220kV 及以下 SCD 文件的识读	（1）使用规定的 SCD 文件配置工具 （2）看懂 220kV 及以下 SCD 文件，并能写出数据流。
		专业技能	01. 常规变电站检验和调试	01. RCS931 型保护装置光纤差动保护校验	对 220kV 及以下线路光纤差动保护进行试验
				02. PSL603G 型保护装置距离保护校验	对 220kV 及以下线路距离保护进行试验
				03. CSC103B 型保护装置零序保护校验	对 220kV 及以下线路零序保护进行试验
				04. RCS923 型保护装置断路器保护校验	对母联断路器保护装置进行调试及维护
				05. RCS994 型频率电压紧急控制装置校验	对电压并列、切换、操作及低频低压减载装置了解其二次回路和原理，并能够进行调试及维护
			02. 智能变电站检验和调试	01. CSC161AE 智能型线路保护检验	对 CSC161AE 智能型线路保护进行试验
				02. PSL621U-I 智能型线路保护检验	对 PSL621U-I 智能型线路保护进行试验
				03. PCS941A 智能型线路保护检验	对 PCS941A 智能型线路保护进行试验
				04. CSC150D 智能型母差保护装置检验	对 110kVCSC150D 智能型母差保护进行试验

2.2 技能操作项目

2.2.1 JB4JB0101 220kV 及以下 SCD 文件的识读

一、作业

（一）工器具、材料、设备

（1）工器具：无。

（2）材料：无。

（3）设备：电脑（已安装南瑞继保公司 SCD 配置工具软件 SCL Configurator）。

（二）安全要求

无。

（三）操作步骤及工艺要求（含注意事项）

根据现场给定的 SCD 文件，由监考人员随机指定某 220kV 线路间隔，利用 SCL Configurator 软件找到该间隔的相关设备并导出该间隔的虚端子表。

二、考核

（一）考核场地

考场可设在电脑机房。

（二）考核时间

考核时间为 30min。

（三）考核要点

（1）本考核项目由一人独立完成。

（2）能够较熟练地使用 SCD 配置工具软件 SCL Configurator。

（3）熟悉 220kV 及以下保护装置的数据流。

三、评分标准

行业：电力工程		工种：继电保护工			等级：中级工		
编号	JB4JB0101	行为领域	e	鉴定范围			
考核时限	30min	题型	B	满分	100分	得分	
试题名称	220kV 及以下 SCD 文件的识读						
考核要点及其要求	（1）本考核项目由一人独立完成 （2）能够较熟练地使用 SCD 配置工具软件 SCL Configurator （3）熟悉 220kV 及以下保护装置的数据流						
现场设备、工器具、材料	电脑（已安装南瑞继保公司 SCD 配置工具软件 SCL Configurator）						
备注							

评分标准

序号	考核项目名称	质量要求	分值	扣分标准	扣分原因	得分
1	工作前/后安措	按照规程要求，做好 SCD 文件的备份	10	操作前未进行 SCD 文件备份，扣 10 分		
2	SCD 文件的识读	利用 SCL Configurator 软件找到规定的 220kV 间隔的相关设备	40	（1）不能正确使用 SCL Configurator 软件 （2）不能找到规定间隔的合并单元 （3）不能找到规定间隔的智能终端 （4）不能找到规定间隔的保护装置 （5）不能找到相关合并单元、智能终端、保护装置的 SV、GOOSE 输入端子 （6）不能导出规定间隔的虚端子表 每项 8 分，扣完为止		
3	数据流的检查	利用 SCD 文件或者导出的虚端子表，对该间隔数据流进行检查，指出其存在的问题	40	每项 8 分，扣完为止		
4	现场恢复及报告编写	恢复工作现场、编写试验报告	10	（1）试验报告缺项漏项，每项 2 分，扣完为止 （2）未整理现场，5 分		
5	故障	故障设置方法	40	故障现象（以下故障任取 5 个，每项 8 分）		
	故障 1	保护电压 BC 倒相	8	SV 的 inputs 中保护电压 BC 相关联相反		
	故障 2	缺少 A 相保护电流	8	SV 的 inputs 中保护电流 A 相未关联第二通道		
	故障 3	缺少合并单元通道延时	8	SV 的 inputs 中未关联合并单元通道延时		

序号	考核项目名称	质量要求	分值	扣分标准	扣分原因	得分
	故障4	保护A相电流关联错	8	SV 的 inputs 中保护电流 A 相关联到其他间隔合并单元		
	故障5	缺少低气压闭锁开入	8	保护低气压闭锁开入未关联		
	故障6	缺少B相跳闸	8	智能终端 inputs 中缺少 B 相跳闸		
	故障7	缺少母差远跳	8	保护装置 inputs 中"发远方跳闸"未关联母差跳闸 GOOSE		
	故障8	缺少开关位置	8	保护装置 inputs 中缺少开关位置 GOOSE 开入		

2.2.2 JB4ZY0101 RCS931 型保护装置光纤差动保护校验

一、作业

（一）工器具、材料、设备

（1）工器具：万用表、一字改锥、十字改锥。

（2）材料：绝缘胶带、二次措施箱。

（3）设备：继电保护试验台（常规型）、RCS931 型保护装置。

（二）安全要求

（1）试验所用设备均视为运行状态，试验操作过程均需满足相关安全技术规程要求。

（2）安全措施要完善齐备，特别要防止电压回路短路、电流回路开路，并对其他相关运行回路做好隔离。

（3）继电保护试验台电源接线等要满足低压安全用电要求。

（三）操作步骤及工艺要求（含注意事项）

（1）操作步骤

①执行现场安全措施。

②进行题目要求的校验工作（包括定值打印核对、试验接线、保护项目及定值校验、整组传动等）。

③恢复现场。

④编写试验报告。

（2）注意事项

①执行安措、进行校验及编写试验报告时间共 60min，考生自行分配。

②RCS931 保护及所属二次回路无故障，整组传动时开关均在操作回路所在屏完成，模拟断路器的分合闸，在考生需要时由监考人员负责处理。

二、考核

（一）考核场地

满足要求的 RCS931 型保护屏一面，含操作箱、开关等必须的二次回路。

（二）考核时间

考核时间为 60min。

（三）考核要点

（1）本考核项目由一人独立完成。

（2）根据河北南网《继电保护验收细则》，对本型号光纤差动保护及相关二次回路进行保护校验、反措检查及带开关整组传动等。

（3）安全文明生产。听从现场监考人员指挥，按规定时间完成，时间到后停止操作，按所完成的内容计分，未完成部分不得分。操作过程应熟练、有序并满足有关安全规程要求。

三、评分标准

行业：电力工程　　　　　　　　工种：继电保护工　　　　　　　　等级：中级工

编号	JB4ZY0101	行为领域	e	鉴定范围	
考核时限	60min	题型	B	满分	100分	得分	

试题名称	RCS931型保护装置光纤差动保护校验
考核要点及其要求	根据河北南网《继电保护验收细则》，对本型号光纤差动保护及相关二次回路进行保护校验、反措检查及带开关整组传动等
现场设备、工器具、材料	万用表、一字改锥、十字改锥、绝缘胶带、二次措施箱、继电保护试验台（常规型）、RCS931型保护装置
备注	

评分标准

序号	考核项目名称	质量要求	分值	扣分标准	扣分原因	得分
1	工作前/后安措	按照规程要求，做好保护校验前后安全措施	10	（1）未核对定值（打印定值） （2）未退出全部压板 （3）电流互感器（CT）短接后未断开连片，电压互感器（PT）未断开（断开连片） （4）未正确进行光纤自环 （5）未解开启动失灵回路 （6）试验仪未接地 每项2分，扣完为止		
2	试验接线	正确阅读端子排图、原理图，按图接线	10	（1）未正确连接电流输入端子 （2）未正确连接电压输入端子 每项5分		
3	校验项目1	模拟AB相间故障，校验差动保护Ⅰ段的定值	30	（1）未正确投退软硬压板，扣5分 （2）差动保护Ⅰ段不正确动作，扣15分 （3）没有对差动保护Ⅰ段进行定值校验（1.05倍，0.95倍），扣10分		
4	校验项目2	整组传动，带开关模拟差动保护A相故障、重合闸与故障，后加速动作	30	（1）未正确投退软硬压板，无法模拟A相差动动作，扣5分 （2）重合闸无法正确充电、动作，扣5分 （3）后加速没有正确动作，扣10分 （4）开关没有按逻辑正确动作或未带开关传动，扣10分		

序号	考核项目名称	质量要求	分值	扣分标准	扣分原因	得分
5	现场恢复	拆除试验接线，恢复安全措施到开工前状态，整理继电保护试验台及工器具等	10	（1）未正确恢复安全措施至开工前状态，每项2分，扣完为止 （2）未整理现场，扣5分		
6	报告	根据试验要求正确编写试验报告	10	试验报告缺项漏项，每项2分，扣完为止		

2.2.3 JB4ZY0102 PSL603G型保护装置距离保护校验

一、作业

（一）工器具、材料、设备

（1）工器具：万用表、一字改锥、十字改锥。

（2）材料：绝缘胶带、二次措施箱。

（3）设备：继电保护试验台（常规型）、PSL603G型保护装置。

（二）安全要求

（1）试验所用设备均视为运行状态，试验操作过程均需满足相关安全技术规程要求。

（2）安全措施要完善齐备，特别要防止电压回路短路、电流回路开路，并对其他相关运行回路做好隔离。

（3）继电保护试验台电源接线等要满足低压安全用电要求。

（三）操作步骤及工艺要求（含注意事项）

（1）操作步骤

①执行现场安全措施。

②进行题目要求的校验工作（包括定值打印核对、试验接线、保护项目及定值校验、整组传动等）。

③恢复现场。

④编写试验报告。

（2）注意事项

①执行安措、进行校验及编写试验报告时间共60min，考生自行分配。

②PSL603G保护及所属二次回路无故障，整组传动时开关均在操作回路所在屏完成，模拟断路器的分合闸，在考生需要时由监考人员负责处理。

二、考核

（一）考核场地

满足要求的PSL603G型保护屏一面，含操作箱、开关等必须的二次回路。

（二）考核时间

考核时间为60min。

（三）考核要点

（1）本考核项目由一人独立完成。

（2）根据河北南网《继电保护验收细则》，对本型号距离保护及相关二次回路进行保护校验、反措检查及带开关整组传动等。

（3）安全文明生产。听从现场监考人员指挥，按规定时间完成，时间到后停止操作，按所完成的内容计分，未完成部分不得分。操作过程应熟练、有序并满足有关安全规程要求。

三、评分标准

行业：电力工程　　　　　　　工种：继电保护工　　　　　　　等级：中级工

编号	JB4ZY0102	行为领域	e	鉴定范围	
考核时限	60min	题型	B	满分	100 分	得分	
试题名称	PSL603G 型保护装置距离保护校验				
考核要点及其要求	根据河北南网《继电保护验收细则》，对本型号距离保护及相关二次回路进行保护校验、反措检查及带开关整组传动等				
现场设备、工器具、材料	万用表、一字改锥、十字改锥、绝缘胶带、二次措施箱、继电保护试验台（常规型）、RSL603G 型保护装置				
备注					

评分标准

序号	考核项目名称	质量要求	分值	扣分标准	扣分原因	得分
1	工作前/后安措	按照规程要求，做好保护校验前后安全措施	10	（1）未核对定值（打印定值） （2）未退出全部压板 （3）CT 短接后未断开连片，PT 未断开（断开连片） （4）未解开启动失灵回路 （5）试验仪未接地 每项2分，扣完为止		
2	试验接线	正确阅读端子排图、原理图，按图接线	10	（1）未正确连接电流输入端子 （2）未正确连接电压输入端子 每项5分		
3	校验项目1	模拟 B 相故障，校验距离保护 Ⅱ 段的定值	30	（1）未正确投退软硬压板，扣5分 （2）距离保护 Ⅱ 段不正确动作，扣15分 （3）没有对距离保护 Ⅱ 段进行定值校验（1.05 倍，0.95 倍，反方向），扣10分		
4	校验项目2	整组传动，带开关模拟 A 相故障（距离保护 Ⅰ 段）、重合闸与故障，后加速动作	30	（1）未正确投退软硬压板，无法模拟 A 相距离保护 Ⅰ 段动作，扣5分 （2）重合闸无法正确充电、动作，扣5分 （3）后加速没有正确动作，扣10分 （4）开关没有按逻辑正确动作或未带开关传动，扣10分		

序号	考核项目名称	质量要求	分值	扣分标准	扣分原因	得分
5	现场恢复	拆除试验接线，恢复安全措施到开工前状态，整理继电保护试验台及工器具等	10	（1）未正确恢复安全措施至开工前状态，每项2分，扣完为止 （2）未整理现场，扣5分		
6	报告	根据试验要求正确编写试验报告	10	试验报告缺项漏项，每项2分，扣完为止		

2.2.4 JB4ZY0103 CSC103B 型保护装置零序保护校验

一、作业

（一）工器具、材料、设备

（1）工器具：万用表、一字改锥、十字改锥。

（2）材料：绝缘胶带、二次措施箱。

（3）设备：继电保护试验台（常规型）、CSC103B 型保护装置。

（二）安全要求

（1）试验所用设备均视为运行状态，试验操作过程均需满足相关安全技术规程要求。

（2）安全措施要完善齐备，特别要防止电压回路短路、电流回路开路，并对其他相关运行回路做好隔离。

（3）继电保护试验台电源接线等要满足低压安全用电要求。

（三）操作步骤及工艺要求（含注意事项）

（1）操作步骤

①执行现场安全措施。

②进行题目要求的校验工作（包括定值打印核对、试验接线、保护项目及定值校验、整组传动等）。

③恢复现场。

④编写试验报告。

（2）注意事项

①执行安措、进行校验及编写试验报告时间共 60min，考生自行分配。

②CSC103B 保护及所属二次回路无故障，整组传动时开关均在操作回路所在屏完成，模拟断路器的分合闸，在考生需要时由监考人员负责处理。

二、考核

（一）考核场地

满足要求的 CSC103B 型保护屏一面，含操作箱、开关等必须的二次回路。

（二）考核时间

考核时间为 60min。

（三）考核要点

（1）本考核项目由一人独立完成。

（2）根据河北南网《继电保护验收细则》，对本型号零序保护及相关二次回路进行保护校验、反措检查及带开关整组传动等。

（3）安全文明生产。听从现场监考人员指挥，按规定时间完成，时间到后停止操作，按所完成的内容计分，未完成部分不得分。操作过程应熟练、有序并满足有关安全规程要求。

三、评分标准

行业：电力工程　　　　　　　工种：继电保护工　　　　　　　等级：中级工

编号	JB4ZY0103	行为领域	e	鉴定范围		
考核时限	60min	题型	B	满分	100分	得分
试题名称	CSC103B型保护装置零序保护校验					
考核要点 及其要求	根据河北南网《继电保护验收细则》，对本型号零序保护及相关二次回路进行保护校验、反措检查及带开关整组传动等					
现场设备、工 器具、材料	万用表、一字改锥、十字改锥、绝缘胶带、二次措施箱、继电保护试验台（常规型）、 CSC103B型保护装置					
备注						

评分标准

序号	考核项目名称	质量要求	分值	扣分标准	扣分原因	得分
1	工作前/ 后安措	按照规程要求，做好保护校验前后安全措施	10	（1）未核对定值（打印定值） （2）未退出全部压板 （3）CT短接后未断开连片，PT未断开（断开连片） （4）未解开启动失灵回路 （5）试验仪未接地 每项2分，扣完为止		
2	试验接线	正确阅读端子排图、原理图，按图接线	10	（1）未正确连接电流输入端子 （2）未正确连接电压输入端子 每项5分		
3	校验项目1	模拟B相故障，校验零序保护Ⅱ段的定值	30	（1）未正确投退软硬压板，扣5分 （2）零序保护Ⅱ段不正确动作，扣15分 （3）没有对零序保护Ⅱ段进行定值校验（1.05倍，0.95倍，反方向），扣10分		
4	校验项目2	整组传动，带开关模拟A相故障（零序保护Ⅰ段）、重合闸与故障，后加速动作	30	（1）未正确投退软硬压板，无法模拟A相零序保护Ⅰ段动作，扣5分 （2）重合闸无法正确充电、动作，扣5分 （3）后加速没有正确动作，扣10分 （4）开关没有按逻辑正确动作或未带开关传动，扣10分		

序号	考核项目名称	质量要求	分值	扣分标准	扣分原因	得分
5	现场恢复	拆除试验接线，恢复安全措施到开工前状态，整理继电保护试验台及工器具等	10	（1）未正确恢复安全措施至开工前状态，每项2分，扣完为止 （2）未整理现场，扣5分		
6	报告	根据试验要求正确编写试验报告	10	试验报告缺项漏项，每项2分，扣完为止		

2.2.5 JB4ZY0104 RCS923 型保护装置断路器保护校验

一、作业

（一）工器具、材料、设备

（1）工器具：万用表、一字改锥、十字改锥。

（2）材料：绝缘胶带、二次措施箱。

（3）设备：继电保护试验台（常规型）、RCS923 型保护装置。

（二）安全要求

（1）试验所用设备均视为运行状态，试验操作过程均需满足相关安全技术规程要求。

（2）安全措施要完善齐备，特别要防止电压回路短路、电流回路开路，并对其他相关运行回路做好隔离。

（3）继电保护试验台电源接线等要满足低压安全用电要求。

（三）操作步骤及工艺要求（含注意事项）

（1）操作步骤

①执行现场安全措施。

②进行题目要求的校验工作（包括定值打印核对、试验接线、保护项目及定值校验、整组传动等）。

③恢复现场。

④编写试验报告。

（2）注意事项

①执行安措、进行校验及编写试验报告时间共 60min，考生自行分配。

②RCS923 保护及所属二次回路无故障，整组传动时开关均在操作回路所在屏完成，模拟断路器的分合闸，在考生需要时由监考人员负责处理。

二、考核

（一）考核场地

满足要求的 RCS923 型保护屏一面，含操作箱、开关等必须的二次回路。

（二）考核时间

考核时间为 60min。

（三）考核要点

（1）本考核项目由一人独立完成。

（2）根据河北南网《继电保护验收细则》，对本型号断路器保护及相关二次回路进行保护校验、反措检查及带开关整组传动等。

（3）安全文明生产。听从现场监考人员指挥，按规定时间完成，时间到后停止操作，按所完成的内容计分，未完成部分不得分。操作过程应熟练、有序并满足有关安全规程要求。

三、评分标准

行业：电力工程　　　　　工种：继电保护工　　　　　等级：中级工

编号	JB4ZY0104	行为领域	e	鉴定范围			
考核时限	60min	题型	B	满分	100分	得分	
试题名称	RCS923型保护装置断路器保护校验						
考核要点及其要求	根据河北南网《继电保护验收细则》，对本型号断路器保护及相关二次回路进行保护校验、反措检查及带开关整组传动等						
现场设备、工器具、材料	万用表、一字改锥、十字改锥、绝缘胶带、二次措施箱、继电保护试验台（常规型）、RCS923型保护装置						
备注							

评分标准

序号	考核项目名称	质量要求	分值	扣分标准	扣分原因	得分
1	工作前/后安措	按照规程要求，做好保护校验前后安全措施	10	（1）未核对定值（打印定值） （2）未退出全部压板 （3）CT短接后未断开连片，PT未断开（断开连片） （4）未解开启动失灵回路 （5）试验仪未接地 每项2分，扣完为止		
2	试验接线	正确阅读端子排图、原理图，按图接线	10	（1）未正确连接电流输入端子 （2）未正确连接电压输入端子 每项5分		
3	校验项目1	校验充电保护Ⅰ段的定值	30	（1）未正确投退软硬压板，扣5分 （2）充电保护Ⅰ段不正确动作（不能正确模拟保护逻辑），扣15分 （3）没有对充电保护Ⅰ段进行定值校验（1.05倍，0.95倍），扣10分		
4	校验项目2	三相不一致保护校验及跳闸出口时间的检验（根据三相不一致保护逻辑进行校验，并利用继电保护测试仪的开关量采集功能测量跳闸出口时间）	30	（1）未正确投退软硬压板，扣5分 （2）未能正确向保护装置模拟三相不一致开入，扣5分 （3）三相不一致未正确动作，扣10分 （4）不会进行试验台开关量反馈接线和操作，未能进行跳闸出口时间测量，扣10分		

序号	考核项目名称	质量要求	分值	扣分标准	扣分原因	得分
5	现场恢复	拆除试验接线，恢复安全措施到开工前状态，整理继电保护试验台及工器具等	10	（1）未正确恢复安全措施至开工前状态，每项2分，扣完为止 （2）未整理现场，扣5分		
6	报告	根据试验要求正确编写试验报告	10	试验报告缺项漏项，每项2分，扣完为止		

2.2.6 JB4ZY0105 RCS994 型频率电压紧急控制装置校验

一、作业

（一）工器具、材料、设备

（1）工器具：万用表、一字改锥、十字改锥。

（2）材料：绝缘胶带、二次措施箱。

（3）设备：继电保护试验台（常规型）、RCS994 型保护装置。

（二）安全要求

（1）试验所用设备均视为运行状态，试验操作过程均需满足相关安全技术规程要求。

（2）安全措施要完善齐备，特别要防止电压回路短路、电流回路开路，并对其他相关运行回路做好隔离。

（3）继电保护试验台电源接线等要满足低压安全用电要求。

（三）操作步骤及工艺要求（含注意事项）

（1）操作步骤

①执行现场安全措施。

②进行题目要求的校验工作（包括定值打印核对、试验接线、保护项目及定值校验、整组传动等）。

③恢复现场。

④编写试验报告。

（2）注意事项

①执行安措、进行校验及编写试验报告时间共 60min，考生自行分配。

②RCS994 装置及所属二次回路无故障，整组传动时开关均在操作回路所在屏完成，模拟断路器的分合闸，在考生需要时由监考人员负责处理。

二、考核

（一）考核场地

满足要求的 RCS994 型保护屏一面，含操作箱、开关等必须的二次回路。

（二）考核时间

考核时间为 60min。

（三）考核要点

（1）本考核项目由一人独立完成。

（2）根据河北南网《继电保护验收细则》，对本型号装置及相关二次回路进行保护校验、反措检查及带开关整组传动等。

（3）安全文明生产。听从现场监考人员指挥，按规定时间完成，时间到后停止操作，按所完成的内容计分，未完成部分不得分。操作过程应熟练、有序并满足有关安全规程要求。

三、评分标准

行业：电力工程　　　　　　工种：继电保护工　　　　　　等级：中级工

编号	JB4ZY0105	行为领域	e	鉴定范围			
考核时限	60min	题型	B	满分	100分	得分	
试题名称	RCS994型频率电压紧急控制装置校验						
考核要点及其要求	根据河北南网《继电保护验收细则》，对本型号装置及相关二次回路进行保护校验、反措检查及带开关整组传动等						
现场设备、工器具、材料	万用表、一字改锥、十字改锥、绝缘胶带、二次措施箱、继电保护试验台（常规型）、RCS994型保护装置						
备注							

评分标准

序号	考核项目名称	质量要求	分值	扣分标准	扣分原因	得分
1	工作前/后安措	按照规程要求，做好保护校验前后安全措施	10	（1）未核对定值（打印定值） （2）未退出全部压板 （3）PT未断开（断开连片） （4）试验仪未接地 每项3分，扣完为止		
2	试验接线	正确阅读端子排图、原理图，按图接线	10	（1）未正确连接电流输入端子 （2）未正确连接电压输入端子 每项5分		
3	校验项目1	（1）校验过频、低频控制的定值，并验证滑差闭锁功能 （2）校验过压、低压控制的定值	30	（1）未正确投退软硬压板，扣5分 （2）过频、低频控制不正确动作（不能正确模拟保护逻辑），扣10分 （3）不能够验证滑差闭锁功能，扣5分 （4）过压、低压控制动作不正确，扣10分		
4	校验项目2	出口矩阵整定能力检验（现场监考人员任意给出的开关组合，如低频保护跳1、3、5开关，根据现场图纸和装置说明书，对跳闸矩阵进行正确整定，并用试验进行验证）	30	（1）未正确投退软硬压板，扣5分 （2）未能正确理解跳闸矩阵与图纸的对应关系，不能正确计算跳闸矩阵，扣15分 （3）没有利用试验进行跳闸矩阵正确性验证（验证需要跳闸的开关出口，不需要跳闸的开关不出口），扣10分		

序号	考核项目名称	质量要求	分值	扣分标准	扣分原因	得分
5	现场恢复	拆除试验接线，恢复安全措施到开工前状态，整理继电保护试验台及工器具等	10	（1）未正确恢复安全措施至开工前状态，每项2分，扣完为止 （2）未整理现场，扣5分		
6	报告	根据试验要求正确编写试验报告	10	试验报告缺项漏项，每项2分，扣完为止		

2.2.7　JB4ZY0201　CSC161AE智能型线路保护校验

一、作业

（一）工器具、材料、设备

（1）工器具：万用表、一字改锥、十字改锥。

（2）材料：无。

（3）设备：继电保护试验台（智能型）、CSC161AE智能型保护装置、SCD文件。

（二）安全要求

（1）试验所用设备均视为运行状态，试验操作过程均需满足相关安全技术规程要求。

（2）安全措施要完善齐备，对其他相关运行回路做好隔离。

（3）继电保护试验台电源接线等要满足低压安全用电要求。

（三）操作步骤及工艺要求（含注意事项）

（1）操作步骤

①执行现场安全措施。

②进行题目要求的校验工作（包括定值打印核对、试验接线、保护项目及定值校验、整组传动等）。

③恢复现场。

④编写试验报告。

（2）注意事项

①执行安措、进行校验及编写试验报告时间共45min，考生自行分配。

②CSC161AE保护及所属二次回路无故障，整组传动时开关均在操作回路所在屏完成，模拟断路器的分合闸，在考生需要时由监考人员负责处理。

二、考核

（一）考核场地

满足要求的CSC161AE智能型保护屏一面，含配套的合并单元、智能终端、开关等必须的二次设备和回路。

（二）考核时间

考核时间为45min。

（三）考核要点

（1）本考核项目由一人独立完成。

（2）根据河北南网《继电保护验收细则》，对本型号保护进行保护校验、反措检查及带开关整组传动等。

（3）安全文明生产。听从现场监考人员指挥，按规定时间完成，时间到后停止操作，按所完成的内容计分，未完成部分不得分。操作过程应熟练、有序并满足有关安全规程要求。

三、评分标准

行业：电力工程　　　　　工种：继电保护工　　　　　等级：中级工

编号	JB4ZY0201	行为领域	e	鉴定范围		
考核时限	45min	题型	B	满分	100分	得分
试题名称	CSC161AE智能型保护校验					
考核要点及其要求	根据河北南网《继电保护验收细则》，对本型号保护及相关二次回路进行保护校验、反措检查及带开关整组传动等					
现场设备、工器具、材料	万用表、一字改锥、十字改锥、继电保护试验台（智能型）、SCD文件、CSC161AE智能型保护装置					
备注						

评分标准

序号	考核项目名称	质量要求	分值	扣分标准	扣分原因	得分
1	工作前/后安措	按照规程要求，做好保护校验前后安全措施	10	（1）未核对定值（打印定值）、定值区 （2）软硬压板（启动失灵、跳运行开关、闭锁备自投） （3）未正确执行隔离措施 （4）试验仪未接地 每项3分，扣完为止		
2	试验接线	正确阅读光纤连接图、SCD文件等，并按图进行光纤接线	20	（1）未正确连接保护SV输入光纤 （2）未正确操作继电保护试验台 （3）不会导入SCD文件、选择相关装置并关联 （4）未正确关联相关电压、电流通道，无法输出至保护 每项5分		
3	校验项目1	模拟C相故障，校验零序保护Ⅱ段的定值	20	（1）未正确投退软硬压板，扣5分 （2）零序保护Ⅱ段不正确动作，扣5分 （3）没有对零序保护Ⅱ段进行定值校验（1.05倍，0.95倍，反方向），扣10分		

序号	考核项目名称	质量要求	分值	扣分标准	扣分原因	得分
4	校验项目2	整组传动，带开关模拟距离保护Ⅰ段C相故障、重合闸与故障，后加速动作	30	（1）未正确投退软硬压板，无法模拟C相距离Ⅰ段动作，扣5分 （2）重合闸无法正确充电、动作，扣5分 （3）后加速没有正确动作，扣10分 （4）开关没有按逻辑正确动作或未带开关传动，扣10分		
5	现场恢复	拆除试验接线，恢复安全措施到开工前状态，整理继电保护试验台及工器具等	10	（1）未正确恢复安全措施至开工前状态，每项2分，扣完为止 （2）未整理现场，扣5分		
6	报告	根据试验要求正确编写试验报告	10	试验报告缺项漏项，每项2分，扣完为止		

2.2.8 JB4ZY0202 PSL621U-I智能型线路保护校验

一、作业

（一）工器具、材料、设备

（1）工器具：万用表、一字改锥、十字改锥。

（2）材料：无。

（3）设备：继电保护试验台（智能型）、PSL621U-I智能型保护装置、SCD文件。

（二）安全要求

（1）试验所用设备均视为运行状态，试验操作过程均需满足相关安全技术规程要求。

（2）安全措施要完善齐备，对其他相关运行回路做好隔离。

（3）继电保护试验台电源接线等要满足低压安全用电要求。

（三）操作步骤及工艺要求（含注意事项）

（1）操作步骤

①执行现场安全措施。

②进行题目要求的校验工作（包括定值打印核对、试验接线、保护项目及定值校验、整组传动等）。

③恢复现场。

④编写试验报告。

（2）注意事项

①执行安措、进行校验及编写试验报告时间共45min，考生自行分配。

②PSL621U-I保护及所属二次回路无故障，整组传动时开关均在操作回路所在屏完成，模拟断路器的分合闸，在考生需要时由监考人员负责处理。

二、考核

（一）考核场地

满足要求的PSL621U-I智能型保护屏一面，含配套的合并单元、智能终端、开关等必须的二次设备和回路。

（二）考核时间

考核时间为45min。

（三）考核要点

（1）本考核项目由一人独立完成。

（2）根据河北南网《继电保护验收细则》，对本型号保护进行保护校验、反措检查及带开关整组传动等。

（3）安全文明生产。听从现场监考人员指挥，按规定时间完成，时间到后停止操作，按所完成的内容计分，未完成部分不得分。操作过程应熟练、有序并满足有关安全规程要求。

三、评分标准

行业：电力工程　　　　　　　　工种：继电保护工　　　　　　　　等级：中级工

编号	JB4ZY0202	行为领域	e	鉴定范围		
考核时限	45min	题型	B	满分	100分	得分
试题名称	PSL621U-I智能型线路保护校验					
考核要点及其要求	根据河北南网《继电保护验收细则》，对本型号保护及相关二次回路进行保护校验、反措检查及带开关整组传动等					
现场设备、工器具、材料	万用表、一字改锥、十字改锥、继电保护试验台（智能型）、SCD文件、PSL621U-I智能型保护装置					
备注						

评分标准

序号	考核项目名称	质量要求	分值	扣分标准	扣分原因	得分
1	工作前/后安措	按照规程要求，做好保护校验前后安全措施	10	（1）未核对定值（打印定值）、定值区 （2）软硬压板（启动失灵、跳运行开关、闭锁备自投） （3）未正确执行隔离措施 （4）试验仪未接地 每项3分，扣完为止		
2	试验接线	正确阅读光纤连接图、SCD文件等，并按图进行光纤接线	20	（1）未正确连接保护SV输入光纤 （2）未正确操作继电保护试验台 （3）不会导入SCD文件、选择相关装置并关联 （4）未正确关联相关电压、电流通道，无法输出至保护 每项5分		
3	校验项目1	模拟A相故障，校验距离保护I段的定值	20	（1）未正确投退软硬压板，扣5分 （2）距离保护I段不正确动作，扣5分 （3）没有对距离保护I段进行定值校验（1.05倍，0.95倍，反方向），扣10分		

序号	考核项目名称	质量要求	分值	扣分标准	扣分原因	得分
4	校验项目2	整组传动，带开关模拟零序保护Ⅰ段C相故障、重合闸与故障，后加速动作	30	（1）未正确投退软硬压板，无法模拟C相零序Ⅰ段动作，扣5分 （2）重合闸无法正确充电、动作，扣5分 （3）后加速没有正确动作，扣10分 （4）开关没有按逻辑正确动作或未带开关传动，扣10分		
5	现场恢复	拆除试验接线，恢复安全措施到开工前状态，整理继电保护试验台及工器具等	10	（1）未正确恢复安全措施至开工前状态，每项2分，扣完为止 （2）未整理现场，扣5分		
6	报告	根据试验要求正确编写试验报告	10	试验报告缺项漏项，每项2分，扣完为止		

2.2.9 JB4ZY0203 PCS941A 智能型线路保护校验

一、作业

（一）工器具、材料、设备

（1）工器具：万用表、一字改锥、十字改锥。

（2）材料：无。

（3）设备：继电保护试验台（智能型）、PCS941A 智能型保护装置、SCD 文件。

（二）安全要求

（1）试验所用设备均视为运行状态，试验操作过程均需满足相关安全技术规程要求。

（2）安全措施要完善齐备，对其他相关运行回路做好隔离。

（3）继电保护试验台电源接线等要满足低压安全用电要求。

（三）操作步骤及工艺要求（含注意事项）

（1）操作步骤

①执行现场安全措施。

②进行题目要求的校验工作（包括定值打印核对、试验接线、保护项目及定值校验、整组传动等）。

③恢复现场。

④编写试验报告。

（2）注意事项

①执行安措、进行校验及编写试验报告时间共 45min，考生自行分配。

②PCS941A 保护及所属二次回路无故障，整组传动时开关均在操作回路所在屏完成，模拟断路器的分合闸，在考生需要时由监考人员负责处理。

二、考核

（一）考核场地

满足要求的 PCS941A 智能型保护屏一面，含配套的合并单元、智能终端、开关等必须的二次设备和回路。

（二）考核时间

考核时间为 45min。

（三）考核要点

（1）本考核项目由一人独立完成。

（2）根据河北南网《继电保护验收细则》，对本型号保护进行保护校验、反措检查及带开关整组传动等。

（3）安全文明生产。听从现场监考人员指挥，按规定时间完成，时间到后停止操作，按所完成的内容计分，未完成部分不得分。操作过程应熟练、有序并满足有关安全规程要求。

三、评分标准

行业：电力工程　　　　　　　工种：继电保护工　　　　　　等级：中级工

编号	JB4ZY0203	行为领域	e	鉴定范围		
考核时限	45min	题型	B	满分	100分	得分
试题名称	PCS941A 智能型线路保护校验					
考核要点及其要求	根据河北南网《继电保护验收细则》，对本型号保护及相关二次回路进行保护校验、反措检查及带开关整组传动等					
现场设备、工器具、材料	万用表、一字改锥、十字改锥、继电保护试验台（智能型）、SCD文件、PCS941A 智能型保护装置					
备注						

评分标准

序号	考核项目名称	质量要求	分值	扣分标准	扣分原因	得分
1	工作前/后安措	按照规程要求，做好保护校验前后安全措施	10	（1）未核对定值（打印定值）、定值区 （2）软硬压板（启动失灵、跳运行开关、闭锁备自投） （3）未正确执行隔离措施 （4）试验仪未接地 每项3分，扣完为止		
2	试验接线	正确阅读光纤连接图、SCD文件等，并按图进行光纤接线	20	（1）未正确连接保护 SV 输入光纤 （2）未正确操作继电保护试验台 （3）不会导入 SCD 文件、选择相关装置并关联 （4）未正确关联相关电压、电流通道，无法输出至保护 每项5分		
3	校验项目1	模拟 A 相故障，校验相间距离保护 I 段的定值	20	（1）未正确投退软硬压板，扣5分 （2）相间距离保护 I 段不正确动作，扣5分 （3）没有对距离保护 I 段进行定值校验（1.05 倍，0.95 倍，反方向），扣10分		

序号	考核项目名称	质量要求	分值	扣分标准	扣分原因	得分
4	校验项目2	整组传动，带开关模拟零序保护Ⅰ段A相故障、重合闸与故障，后加速动作	30	（1）未正确投退软硬压板，无法模拟A相零序Ⅰ段动作，扣5分 （2）重合闸无法正确充电、动作，扣5分 （3）后加速没有正确动作，扣10分 （4）开关没有按逻辑正确动作或未带开关传动，扣10分		
5	现场恢复	拆除试验接线，恢复安全措施到开工前状态，整理继电保护试验台及工器具等	10	（1）未正确恢复安全措施至开工前状态，每项2分，扣完为止 （2）未整理现场，扣5分		
6	报告	根据试验要求正确编写试验报告	10	试验报告缺项漏项，每项2分，扣完为止		

2.2.10 JB4ZY0204 CSC150D 智能型母差保护装置校验

一、作业

（一）工器具、材料、设备

（1）工器具：万用表、一字改锥、十字改锥。

（2）材料：无。

（3）设备：继电保护试验台（智能型）、CSC150D 智能型保护装置、SCD 文件。

（二）安全要求

（1）试验所用设备均视为运行状态，试验操作过程均需满足相关安全技术规程要求。

（2）安全措施要完善齐备，对其他相关运行回路做好隔离。

（3）继电保护试验台电源接线等要满足低压安全用电要求。

（三）操作步骤及工艺要求（含注意事项）

（1）操作步骤

①执行现场安全措施。

②进行题目要求的校验工作（包括定值打印核对、试验接线、保护项目及定值校验、整组传动等）。

③恢复现场。

④编写试验报告。

（2）注意事项

①执行安措、进行校验及编写试验报告时间共 45min，考生自行分配。

②整组传动时开关均在操作回路所在屏完成，模拟断路器的分合闸，在考生需要时由监考人员负责处理。

③如发现故障点，需及时告知监考人员现象后方可处理。无法处理的缺陷可放弃，由监考人员恢复后继续进行操作，放弃的缺陷不得分。

二、考核

（一）考核场地

满足要求的 CSC150D 型保护屏一面，含合并单元、智能终端、开关等必须的二次装置和回路。

（二）考核时间

考核时间为 45min。

（三）考核要点

（1）本考核项目由一人独立完成。

（2）根据河北南网《继电保护验收细则》，对本型号母差保护及相关二次回路进行保护校验、反措检查及带开关整组传动等。

（3）安全文明生产。听从现场监考人员指挥，按规定时间完成，时间到后停止操作，按所完成的内容计分，未完成部分不得分。操作过程应熟练、有序并满足有关安全规程要求。

三、评分标准

行业：电力工程　　　　　　工种：继电保护工　　　　　　等级：中级工

编号	JB45ZY0204	行为领域		e	鉴定范围		
考核时限	45min	题型		B	满分	100分	得分
试题名称	CSC150D智能型母差保护装置校验						
考核要点及其要求	运行方式：支路L3、L2运行在Ⅰ母，支路L4、L5运行在Ⅱ母，双母线并列运行。L2、L4支路的TA变比为1000/5，L5支路的TA变比为600/5，L3支路和母联的TA变比为1200/5，其他间隔备用 　　模拟上述运行方式下L2支路的B相故障，Ⅰ、Ⅱ母电压正常时，大小差电流的平衡。要求用B相校验，L2支路故障电流为3A（其余运行支路均有电源）						
现场设备、工器具、材料	万用表、一字改锥、十字改锥、继电保护试验台（智能型）、SCD文件、CSC150D智能型保护装置						
备注							

评分标准

序号	考核项目名称	质量要求	分值	扣分标准	扣分原因	得分
1	工作前/后安措	按照规程要求，做好保护校验前后安全措施	10	（1）未核对定值（打印定值）、定值区 （2）软硬压板（启动失灵、跳运行开关、闭锁备自投） （3）未正确执行隔离措施 （4）试验仪未接地 每项3分，扣完为止		
2	试验接线	正确阅读端子排图、原理图，按图接线	20	（1）未正确连接保护SV输入光纤 （2）未正确操作继电保护试验台 （3）不会导入SCD文件、选择相关装置并关联 （4）未正确关联相关电压、电流通道，无法输出至保护 每项5分		

序号	考核项目名称	质量要求	分值	扣分标准	扣分原因	得分
3	校验项目	模拟上述运行方式下 L2 支路的 B 相故障，Ⅰ、Ⅱ母电压正常时，大小差电流的平衡（其余运行支路均有电源）	50	（1）未正确投退软硬压板 （2）L3 支路电流大小及方向不正确 （3）L4 支路电流大小及方向不正确 （4）L5 支路电流大小及方向不正确 （5）母联支路电流大小及方向不正确 （6）不满足装置无差流及告警、动作信号 每项 10 分，扣完为止		
5	现场恢复	拆除试验接线，恢复安全措施到开工前状态，整理继电保护试验台及工器具等	10	（1）未正确恢复安全措施至开工前状态，每项 2 分，扣完为止 （2）未整理现场，扣 5 分		
6	报告	根据试验要求正确编写试验报告	10	试验报告缺项漏项，每项 2 分，扣完为止		

第三部分　高　级　工

1 理论试题

1.1 单选题

La3A1001 合并单元常用的采样频率是( )Hz。

(A) 1200；(B) 2400；(C) 4000；(D) 5000。

答案：**C**

La3A1002 合并单元使用的逻辑设备名为( )。

(A) SVLD；(B) PI；(C) RPIT；(D) MU。

答案：**D**

La3A2003 相当于负序分量的高次谐波是( )谐波。

(A) $3n$ 次；(B) $3n+1$ 次；(C) $3n-1$（其中 n 为正整数）；(D) 上述三种以外的。

答案：**C**

La3A2004 在没有实际测量值的情况下，除大区域之间的弱电联系联络线外，系统最长振荡周期一般可按( )考虑。

(A) 1.0s；(B) 1.2s；(C) 1.5s；(D) 2.0s。

答案：**C**

La3A2005 在微机保护中经常用全周傅氏算法计算工频量的有效值和相角，当选用该算法时，正确的说法是( )。

(A) 对直流分量和整数倍的谐波分量都有很好的滤波作用；(B) 只对直流分量和奇数倍谐波分量有很好的滤波作用；(C) 只对直流分量和偶数倍谐波分量有很好的滤波作用；(D) 只对直流分量有很好的滤波作用。

答案：**A**

La3A2006 采用( )，就不存在由发电机间相角确定的功率极限问题，从而不受系统稳定的限制。

(A) 串联补偿；(B) 并联补偿；(C) 直流输电；(D) 超高压输电。

答案：**C**

La3A2007 若某联络线路输送的有功功率为零时，则表明该线路两侧系统同相电压相位的关系为（　　）。

（A）同相位；（B）反相位；（C）相差 90°；（D）不确定。

答案：**A**

La3A2008 相电流差突变量选相元件中，如 $\triangle$（ia－ib），$\triangle$（ib－ic）、$\triangle$（ic－ia）都大于门槛值，且 $\triangle$（ia－ib）最大，则选相结果为（　　）。

（A）AB；（B）A；（C）B；（D）C。

答案：**A**

La3A2009 当线路上发生 BC 两相接地故障时，从负荷序网图中求出的各序分量的电流是（　　）中的各序分量电流。

（A）A 相；（B）B 相；（C）C 相；（D）BC 两相。

答案：**A**

La3A2010 接地故障保护的末段（如零序电流四段）应以适当的接地电阻值作为整定条件，对于 220kV 线路，接地电阻值应为（　　）。

（A）300Ω；（B）150Ω；（C）100Ω；（D）200Ω。

答案：**C**

La3A2011 如果三相输电线路的自感阻抗为 Z_L，互感阻抗为 Z_M，则正确的是（　　）。

（A）$Z_0 = Z_L - 2Z_M$；（B）$Z_1 = Z_L + 2Z_M$；（C）$Z_0 = Z_L - Z_M$；（D）$Z_1 = Z_L - Z_M$。

答案：**D**

La3A2012 110～220kV 中性点直接接地的电力网中，对中性点不装设放电间隙的分级绝缘变压器，其零序电流电压保护在故障时应首先切除（　　）。

（A）母联断路器；（B）中性点接地变压器；（C）中性点不接地变压器；（D）所有变压器。

答案：**C**

La3A3013 系统频率降低时，可以通过（　　）的办法使频率上升。

（A）增加发电机励磁，降低功率因数；（B）投入大电流联切装置；（C）增加发电机有功出力或减少用电负荷；（D）投入调相机，提高系统电压。

答案：**C**

La3A3014 在振荡中，线路发生 B、C 两相金属性接地短路。如果从短路点 F 到保护安装处 M 的正序阻抗为 ZK，零序电流补偿系数为 K，M 到 F 之间的 A、B、C 相电流及

零序电流分别是 I_A、I_B、I_C 和 I_0，则保护安装处 B 相电压的表达式为（　　）。

（A）$(I_B+I_C+K3I_0)ZK$；（B）$(I_B+K3I_0)ZK$；（C）$I_B\times ZK$；（D）$(I_A+K3I_0)ZK$。

答案：B

La3A5015 当线圈中磁通减小时，感应电流产生的磁通方向（　　）。

（A）与原磁通方向相反；（B）与原磁通方向相同；（C）与原磁通方向无关；（D）与线圈尺寸大小有关。

答案：B

La3A5016 在大接地电流系统中，线路始端发生两相金属性短路接地时，零序方向过流保护中的方向元件将（　　）。

（A）因短路相电压为零而拒动；（B）因感受零序电压最大而灵敏动作；（C）因短路零序电压为零而拒动；（D）因感受零序电压最大而拒动。

答案：B

La3A5017 若故障点正序综合阻抗等于零序综合阻抗，则流入故障点的两相接地短路零序电流与单相短路零序电流的关系是（　　）。

（A）前者大于后者；（B）两者等于；（C）前者小于后者；（D）不确定。

答案：B

Lb3A1018 根据 Q/GDW 441—2010《智能变电站继电保护技术规范》，智能变电站中交换机配置原则上任意设备间数据传输不能超过（　　）个交换机。

（A）3；（B）4；（C）5；（D）8。

答案：B

Lb3A1019 关于 VLAN 的陈述错误的是（　　）。

（A）把用户逻辑分组为明确的 VLAN 的最常用的方法是帧过滤和帧标识；（B）VLAN 的优点包括通过建立安全用户组而得到更加严密的网络安全性；（C）网桥构成了 VLAN 通信中的一个核心组件；（D）VLAN 有助于分发流量负载。

答案：C

Lb3A1020 GOOSE 报文和 SV 报文的默认 VLAN 优先级为（　　）。

（A）1；（B）4；（C）5；（D）7。

答案：B

Lb3A1021 电子式互感器采样数据的品质标志应实时反映自检状态，并且（　　）。

（A）应附加必要的延时或展宽；（B）不应附加任何延时或展宽；（C）应附加必要的

展宽；（D）应附加必要的延时，但不应附加展宽。

答案：B

Lb3A2022　220kV 及以上电压等级的继电保护及与之相关的设备、网络等应按照双重化原则进行配置，双重化配置的继电保护的跳闸回路应与两个（　　）一一对应。

（A）合并单元；（B）网络设备；（C）电子互感器；（D）智能终端。

答案：D

Lb3A2023　GOOSE 报文可用于传输（　　）。

（A）单位置信号；（B）双位置信号；（C）模拟量浮点信息；（D）以上均可以。

答案：D

Lb3A2024　合并单元采样值发送间隔离散值应小于（　　）。

（A）$10\mu s$；（B）$20\mu s$；（C）$30\mu s$；（D）40ms。

答案：A

Lb3A2025　220kV 及以上电压等级变压器各侧及公共绕组的合并单元按（　　）配置。

（A）变压器各侧双套，公共绕组单套；（B）变压器各侧与公共绕组共用两套合并单元；（C）双重化；（D）单套。

答案：C

Lb3A2026　两相故障时，故障点的正序电压 UK1 与负序电压 UK2 关系为（　　）。

（A）UK1＞UK2；（B）UK1＝UK2；（C）UK1＜UK2；（D）UK1＝UK2＝0。

答案：B

Lb3A2027　保护采用点对点直采方式，同步在（　　）环节完成。

（A）保护；（B）合并单元；（C）智能终端；（D）远端模块。

答案：A

Lb3A2028　保护采用网络采样方式时，同步在（　　）环节完成。

（A）保护；（B）合并单元；（C）智能终端；（D）远端模块。

答案：B

Lb3A2029　关于阻抗继电器的补偿电压，以下说法正确的是（　　）。

（A）补偿电压反映的是故障点的电压；（B）补偿电压反映的是该阻抗继电器保护范围末端的电压；（C）补偿电压反映的是保护安装处的电压；（D）补偿电压反映的是线路末端的电压。

答案：B

Lb3A2030 同杆并架线路，在一条线路两侧三相断路器跳闸后，存在( )电流。

(A) 潜供；(B) 助增；(C) 汲出；(D) 零序。

答案：**A**

Lb3A2031 线路两侧的保护装置在发生短路时，其中的一侧保护装置先动作，等它动作跳闸后，另一侧保护装置才动作，这种情况称之为( )。

(A) 保护有死区；(B) 保护相继动作；(C) 保护不正确动作；(D) 保护既存在相继动作又存在死区。

答案：**B**

Lb3A3032 220kV采用单相重合闸的线路使用母线电压互感器。事故前负荷电流为700A，单相故障双侧选跳故障相后，按保证100Ω过渡电阻整定的方向零序Ⅳ段在此非全相过程中( )。

(A) 虽零序方向继电器动作，但零序电流继电器不动作，故Ⅳ段不出口；(B) 零序方向继电器会动作，零序电流继电器也动作，故Ⅳ段可出口；(C) 零序方向继电器动作，零序电流继电器也动作，但Ⅳ段不会出口；(D) 虽零序电流继电器动作，但零序方向继电器不动作，故Ⅳ段不出口。

答案：**C**

Lb3A3033 母线电流差动保护采用电压闭锁元件主要是为了防止( )。

(A) 区外发生故障时，母线电流差动保护误动；(B) 由于误碰出口中间继电器而造成母线电流差动保护误动；(C) TA断线时，母线差动保护误动；(D) 系统发生振荡时，母线电流差动保护误动。

答案：**B**

Lb3A3034 距离保护中的阻抗继电器，需采用记忆回路和引入第三相电压的是( )。

(A) 全阻抗继电器；(B) 方向阻抗继电器；(C) 偏移特性的阻抗继电器；(D) 偏移特性和方向阻抗继电器。

答案：**B**

Lb3A4035 距离保护（或零序方向电流保护）的第Ⅰ段按躲本线路末端短路整定是为了( )。

(A) 保证本保护在本线路出口短路时能瞬时动作跳闸；(B) 防止本保护在相邻线路出口短路时误动；(C) 在本线路末端短路只让本侧的纵联保护瞬时动作跳闸；(D) 预留给Ⅱ段一定的保护范围。

答案：**B**

Lb3A4036 AB 相金属性短路故障时，故障点序分量电压间的关系是（　　）。

（A）C 相负序电压超前 B 相正序电压的角度是 120°；（B）C 相正序电压超前 B 相负序电压的角度是 120°；（C）A 相负序电压超前 A 相正序电压的角度是 120°；（D）B 相正序电压超前 B 相负序电压的角度是 120°。

答案：B

Lb3A4037 反应接地短路的阻抗继电器，引入零序电流补偿的目的是（　　）。

（A）消除出口三相短路死区；（B）消除出口两相短路死区；（C）正确测量故障点到保护安装处的距离；（D）消除过渡电阻的影响。

答案：C

Jd3A1038 双母线接线、两段母线按双重化配置（　　）台电压合并单元。

（A）1；（B）2；（C）3；（D）4。

答案：B

Jd3A3039 如果不考虑线路电阻，在大电流接地系统中发生正方向接地短路时，下列说法正确的是（　　）。

（A）零序电流超前零序电压 90°；（B）零序电流落后零序电压 90°；（C）零序电流与零序电压同相；（D）零序电流与零序电压反相。

答案：A

Jd3A3040 变压器过励磁保护是按磁密 B 正比于（　　）原理实现的。

（A）电压 U 与频率 f 乘积；（B）电压 U 与频率 f 的比值；（C）电压 U 与绕组线圈匝数 N 的比值；（D）电压 U 与绕组线圈匝数 N 的乘积。

答案：B

Jd3A3041 距离保护区内故障时，补偿电压 $U\varphi' = U\varphi - (I\varphi + K3I_0)$ ZZD 与同名相母线电压 $U\varphi$ 的之间的关系（　　）。

（A）基本同相位；（B）基本反相位；（C）相差 90°；（D）不确定。

答案：B

Jd3A3042 某线路送有功功率 10MW，送无功功率 9MV·A，零序方向继电器接线正确，模拟 A 相接地短路，继电器的动作情况是（　　）。

（A）通入 A 相负荷电流时动作；（B）通入 B 相负荷电流时动作；（C）通入 C 相负荷电流时动作；（D）其他三种方法均不动作。

答案：A

Jd3A3043 在电力系统中发生不对称故障时，短路电流中的各序分量，其中受两侧电动势相角差影响的是(   )。

（A）正序分量；（B）负序分量；（C）正序分量和负序分量；（D）零序分量。

答案：A

Jd3A3044 在研究任何一种故障的正序电流（电压）时，只需在正序网络中的故障点附加一个阻抗，设负序阻抗为 Z_2，零序阻抗为 Z_0，则两相短路故障附加阻抗为(   )。

（A）$Z_2 \times Z_0 / (Z_2 + Z_0)$；（B）$Z_2 + Z_0$；（C）$Z_2$；（D）$Z_0$。

答案：C

Jd3A4045 电力系统发生 A 相金属性接地短路时，故障点的零序电压(   )。

（A）与 A 相电压同相位；（B）与 A 相电压相位相差 $180°$；（C）超前于 A 相电压 $90°$；（D）滞后于 A 相电压 $90°$。

答案：B

Jd3A4046 若微机保护每周波采样 20 个点，则(   )。

（A）采样周期为 1ms，采样频率为 1000Hz；（B）采样周期为 5/3ms，采样频率为 1000Hz；（C）采样周期为 1ms，采样频率为 1200Hz；（D）采样周期为 5/3ms，采样频率为 1200Hz。

答案：A

Jd3A5047 对大电流接地系统，在系统运行方式不变的前提下，假设某线路同一点分别发生单相接地短路及两相接地短路，且正序阻抗等于负序阻抗，关于故障点的负序电压，下列说法正确的是(   )。

（A）两相接地短路时的负序电压比单相接地短路时的大；（B）两相接地短路时的负序电压比单相接地短路时的小；（C）两相接地短路时的负序电压与单相接地短路时的相等；（D）孰大孰小不确定。

答案：D

Jd3A5048 如果采样频率 $f_s = 1200$Hz，则相邻两采样点对应的工频电角度为(   )。

（A）$30°$；（B）$18°$；（C）$15°$；（D）$10°$。

答案：C

Jd3A5049 电流 I 通过具有电阻 R 的导体，在时间 t 内所产生的热量 $Q = 0.24I_2Rt$，这个关系式又叫(   )定律。

（A）牛顿第一；（B）牛顿第二；（C）焦耳-楞次；（D）欧姆。

答案：C

Jd3A5050 在测试直流回路的谐波分量时需使用（　　）。

（A）直流电压表；（B）电子管电压表；（C）万用表；（D）普通交流电压表。

答案：B

Je3A1051 GOOSE 报文判断中断的依据为在接收报文的允许生存时间的（　　）倍时间内没有收到下一帧报文。

（A）1；（B）2；（C）3；（D）4。

答案：B

Je3A1052 SSD、SCD、ICD 和 CID 文件是智能变电站中用于配置的重要文件，在具体工程实际配置过程中的关系为（　　）。

（A）SSD＋ICD 生成 SCD，然后导出 CID，最后下载到装置；（B）SCD＋ICD 生成 SSD，然后导出 CID，最后下载到装置；（C）SSD＋CID 生成 SCD，然后导出 ICD，最后下载到装置；（D）SSD＋ICD 生成 CID，然后导出 SCD，最后下载到装置。

答案：A

Je3A1053 GOOSE 对检修 TEST 位的处理机制应为（　　）。

（A）相同处理，相异丢弃；（B）相异处理，相同丢弃；（C）相同、相异都处理；（D）相同、相异都丢弃。

答案：A

Je3A1054 合并单元的守时精度要求 10min 小于（　　）。

（A）±4μs；（B）＋2μs；（C）±1μs；（D）±1ms。

答案：A

Je3A1055 下面（　　）功能不能在合并单元中实现。

（A）电压并列；（B）电压切换；（C）数据同步；（D）GOOSE 跳闸。

答案：D

Je3A1056 220kV 出线若配置组合式互感器，母线合并单元除组网外，点对点接至线路合并单元主要用于（　　）。

（A）线路保护重合闸检同期；（B）线路保护计算需要；（C）挂网测控的手合检同期；（D）计量用途。

答案：A

Je3A1057 双母双分段接线，按双重化配置（　　）台母线电压合并单元，不考虑横向并列。

（A）1；（B）2；（C）3；（D）4。

答案：D

Je3A1058 TV 并列、双母线电压切换功能由（　　）实现。

（A）合并单元；（B）电压切换箱；（C）保护装置；（D）智能终端。

答案：A

Je3A1059 继电保护设备与本间隔智能终端之间的通信应采用（　　）通信方式。

（A）GOOSE 网络；（B）SV 网络；（C）GOOSE 点对点连接；（D）直接电缆。

答案：C

Je3A2060 当进行双重化配置的时候，两套智能终端合闸回路（　　）。

（A）分别连接至机构的两个合圈；（B）只使用其中一套智能终端的合闸回路；（C）两套智能终端合闸回路进行并接。

答案：C

Je3A2061 智能变电站的站控层网络中用于"四遥"量传输的是（　　）报文。

（A）MMS；（B）GOOSE；（C）SV；（D）以上都是。

答案：A

Je3A2062 每个合并单元应能满足最多 12 个输入通道和至少（　　）个输出端口的要求。

（A）7；（B）8；（C）9；（D）10。

答案：B

Je3A2063 合并单元的 22 个采样通道的含义和次序由合并单元的 ICD 模型文件中的（　　）决定。

（A）SV 控制块；（B）采样发送数据集；（C）采样接收数据集；（D）GOOSE 控制块。

答案：B

Je3A2064 GOOSE 报文保证其通信可靠性的方式是（　　）。

（A）协议问答握手机制；（B）由以太网链路保证；（C）报文重发与超时机制；（D）没有可靠性保证手段。

答案：C

Je3A2065 智能装置重启 stNum，sqNum 应当从（　　）开始。

（A）stNum=1，sqNum=1；（B）stNum=1，sqNum=0；（C）stNum=0，sqNum=0；（D）stNum=0，sqNum=I。

答案：A

Je3A2066 对于主变压器保护，( )GOOSE 输入量在 GOOSE 断链的时候必须置零。

（A）失灵连跳开入；（B）高压侧开关位置；（C）中压侧开关位置；（D）跳高压侧。

答案：A

Je3A2067 母线保护装置对时信号丢失会对( )保护产生影响。

（A）都不影响；（B）母联过流；（C）母联失灵；（D）差动。

答案：A

Je3A2068 3/2 接线方式下，过程层交换机宜按( )设置。

（A）串；（B）断路器间隔；（C）保护装置；（D）过程层设备。

答案：A

Je3A2069 RCS-931A 保护两侧装置采样同步的前提条件为通道单向最大传输时延小于( )ms。

（A）15；（B）10；（C）20；（D）25。

答案：A

Je3A2070 一个半断路器接线方式的断路器失灵保护中，反映断路器动作状态的电流判别元件应采用( )。

（A）单个断路器的相电流；（B）两个断路器的和电流；（C）单个断路器三相电流之和；（D）单个断路器的负序电流。

答案：A

Je3A2071 以下各点中，不属于工频变化量阻抗继电器优点的是( )。

（A）反映过渡电阻能力强；（B）出口故障时快速动作；（C）适用于作为距离Ⅰ、Ⅱ、Ⅲ段使用；（D）不需要考虑躲系统振荡。

答案：C

Je3A2072 断路器失灵保护的相电流判别元件的整定值，其灵敏系数应( )。

（A）大于1.2；（B）大于1.3；（C）大于1.4；（D）大于1.5。

答案：B

Je3A2073 3/2 断路器接线每组母线宜装设两套母线保护，同时母线保护应( )电压闭锁环节。

（A）不设置；（B）设置；（C）一套设置另一套不设置；（D）视情况而定。

答案：A

Je3A2074 三相并联电抗器可以装设纵差保护，但该保护无法反映电抗器的（   ）。

（A）两相接地短路；（B）两相短路；（C）三相短路；（D）匝间短路。

答案：**D**

Je3A2075 一个半断路器接线方式中，短引线保护是一种（   ）保护。

（A）主；（B）远后备；（C）近后备；（D）辅助。

答案：**D**

Je3A2076 线路分相电流差动保护的通道应（   ）。

（A）优先考虑采用数字载波；（B）优先考虑采用 OPGW 光缆；（C）优先考虑采用数字微波；（D）优先考虑采用 ADSS 光缆。

答案：**B**

Je3A2077 500kV 线路保护应选用（   ）电流互感器。

（A）TPS；（B）TPY；（C）TPX；（D）TPZ。

答案：**B**

Je3A2078 500kV 主变，为防止电压升高或频率降低引起其铁芯磁密过高而损坏，应装设（   ）保护。

（A）过电压；（B）零序过电压；（C）过励磁；（D）高阻差动。

答案：**C**

Je3A2079 区外故障时，设正序、负序及零序阻抗相等，则母差保护 TA 负载最大的故障类型为（   ）。

（A）单相短路；（B）两相短路；（C）三相短路；（D）两相接地短路。

答案：**A**

Je3A3080 RCS-901A 中纵联闭锁式方向保护通道检查功能在（   ）。

（A）专有诊断程序；（B）故障程序；（C）跳闸程序；（D）正常运行程序。

答案：**D**

Je3A3081 选相元件是保证单相重合闸得以正常运用的重要环节，在无电源或小电源侧，最适合选择（   ）作为选相元件。

（A）零序、负序电流方向比较选相元件；（B）相电流差突变量选相元件；（C）低电压选相元件；（D）无流检测元件。

答案：**C**

Je3A3082 断路器失灵保护的电流判别元件应选用( )级电流互感器。

(A) P；(B) TPX；(C) TPY；(D) TPZ。

答案：A

Je3A3083 下面的说法中正确的是( )。

(A) 系统发生振荡时，电流和电压值都往复摆动，并且三相严重不对称；(B) 零序电流保护在电网发生振荡时容易误动作；(C) 有一电流保护其动作时限为 4.5s，在系统发生振荡时它不会误动作；(D) 距离保护在系统发生振荡时容易误动作，所以系统发生振荡时应断开距离保护投退压板。

答案：C

Je3A3084 加入三相对称正序电流检查某一负序电流保护的动作电流时，分别用断开一相电流、两相电流、交换两相电流的输入端子方法进行校验，得到的动作值之比是( )。

(A) 1∶1∶(1/3)；(B) 1∶(1/2)∶(1/3)；(C) (1/3)∶(1/2)∶1；(D) 1∶1∶3。

答案：A

Je3A3085 220kV 零序电流末段保护的一次零序电流定值要求不超过( )。

(A) 400A；(B) 300A；(C) 500A；(D) 100A。

答案：B

Je3A3086 对中性点经间隙接地的 220kV 变压器零序过电压保护，从母线电压互感器取电压的 $3U_0$ 定值一般为( )。

(A) 180V；(B) 100V；(C) 50V；(D) 57.7V。

答案：A

Je3A3087 一次主接线方式为( )时，母线电流差动保护无需电压闭锁元件。

(A) 双母单分段接线；(B) 单母线分段接线；(C) 3/2 接线；(D) 双母双分段接线。

答案：C

Je3A3088 在操作回路中，应按正常最大负荷下至各设备的电压降不得超过其额定电压的( )进行校核。

(A) 20％；(B) 15％；(C) 10％；(D) 5％。

答案：C

Je3A3089 整组试验允许用( )的方法进行。

(A) 保护试验按钮、试验插件或启动微机保护；(B) 短接触点；(C) 从端子排上通入电流、电压模拟各种故障，保护处于与投入运行完全相同的状态；(D) 手按继电器。

答案：D

Je3A3090 变压器的间隙保护有 0.3～0.5s 的动作延时，其目的是( )。

(A) 躲过系统的暂态过电压；(B) 与线路零序Ⅰ段保护配合；(C) 作为中性点接地变压器的后备保护；(D) 与线路高频保护配合。

答案：A

Je3A3091 PST-1200 系列变压器差动保护识别励磁涌流的判据中，若三相中某一相被判为励磁涌流时将闭锁( )比率差动元件。

(A) 三相；(B) 本相；(C) 任一相；(D) 其他两相。

答案：A

Je3A3092 某一变电所一照明电路中保险丝的熔断电流为 3A，现将 10 盏额定电压 U_n 为 220V，额定功率 P_n 为 40W 的电灯同时接入该电路中，则熔断器会( )；如果是 10 盏额定功率 P'_n 为 100W 的电灯同时接入情况下又将会( )。

(A) 熔断，熔断；(B) 熔断，不熔断；(C) 不熔断，熔断；(D) 不熔断，不熔断。

答案：C

Je3A3093 220kV 降压变压器的( )。

(A) 高、中压侧后备保护方向元件均指向主变；(B) 高、中压侧后备保护方向元件均指向母线；(C) 高压侧后备保护方向元件指向主变，中压侧后备保护方向元件指向母线；(D) 高压侧后备保护方向元件指向母线，中压侧后备保护方向元件指向主变。

答案：C

Je3A3094 双重化的线路保护应配备两套独立的通信设备，两套通信设备应使用( )的电源。

(A) 一套独立；(B) 分别独立；(C) 与保护装置合用；(D) 无要求。

答案：B

Je3A3095 综合重合闸中的阻抗选相元件，在出口单相接地故障时，非故障相选相元件误动可能性最少的是( )。

(A) 全阻抗继电器；(B) 方向阻抗继电器；(C) 偏移特性的阻抗继电器；(D) 电抗特性的阻抗继电器。

答案：B

Je3A3096 由于断路器自身原因而闭锁重合闸的是( )。

(A) 保护三跳；(B) 控制电源消失；(C) 保护闭锁；(D) 气压或油压过低。

答案：D

Je3A3097 在 220kV 及以上变压器保护中，（   ）保护的出口不宜启动断路器失灵保护。

（A）中性点零流；（B）差动；（C）高压侧复压闭锁过流；（D）重瓦斯。

答案：**D**

Je3A3098 在微机保护中，掉电会丢失数据的主存储器是（   ）。

（A）EPROM；（B）EEPROM；（C）RAM；（D）ROM。

答案：**C**

Je3A3099 选用的消弧回路所用的反向二极管，其反向击穿电压不宜低于（   ）。

（A）1000V；（B）600V；（C）2000V；（D）400V。

答案：**A**

Je3A3100 非全相运行期间，（   ）可能误动。

（A）纵联零序方向保护（两侧采用母线电压互感器）；（B）纵联零序方向保护（两侧采用线路电压互感器）；（C）光纤电流差动保护；（D）零序Ⅳ段保护。

答案：**A**

Je3A3101 关于双母线配备的母差保护，在母线电压互感器断线时，以下说法正确的是（   ）。

（A）电压闭锁元件失效，区外故障时母差保护将误动，区内故障时母差保护也失去选择性；（B）电压闭锁元件失效，区外故障时母差保护不会误动，但区内故障时母差保护将失去选择性；（C）尽管电压闭锁元件失效，区外故障时母差保护仍不会误动，区内故障时母差保护仍具备选择性；（D）因电压闭锁元件失效，虽区内故障时母差保护仍有选择性，但区外故障时母差保护将误动。

答案：**C**

Je3A3102 继电器线圈直流电阻的测量与制造厂标准数据相差应不大于（   ）。

（A）±10%；（B）±5%；（C）±15%；（D）±1%。

答案：**A**

Je3A3103 比率制动差动继电器，整定动作电流 2A，比率制动系数为 0.5，无制动区拐点电流 5A。本差动继电器的制动量为 $\{I_1，I_2\}$ 取较大者。模拟穿越性故障，当 $I_1=7A$ 时，测得差电流 $I_c=2.8A$，此时，该继电器（   ）。

（A）动作；（B）不动作；（C）处于动作边界；（D）无法确定。

答案：**B**

Je3A3104 如果对短路点的正序、负序、零序综合电抗为 $X_{1\Sigma}$、$X_{2\Sigma}$、$X_{0\Sigma}$，则两相

接地短路时的复合序网图是在正序网图中的短路点 K_1 和中性点 H_1 间串入如（　　）式表达的附加阻抗。

（A）$X_2\Sigma+X_0\Sigma$；（B）$X_2\Sigma$；（C）$X_2\Sigma//X_0\Sigma$；（D）$X_0\Sigma$。

答案：**C**

Je3A3105　如果保护设备与通信设备间采用电缆连接，应使用层间相互绝缘的双屏蔽电缆，正确的做法是（　　）。

（A）电缆的外屏蔽层在两端分别连接于继电保护安全接地网，内屏蔽层应单端接于继电保护安全接地网；（B）电缆的内屏蔽层在两端分别连接于继电保护安全接地网，外屏蔽层应单端接于继电保护安全接地网；（C）电缆的内屏蔽层在两端分别连接于继电保护安全接地网，外屏蔽层两端悬浮；（D）电缆的外屏蔽层在两端分别连接于继电保护安全接地网，内屏蔽层两端悬浮。

答案：**A**

Je3A3106　在正常运行时确认 $3U_0$ 回路是否完好，有下述四种意见，其中（　　）是正确的。

（A）可以用电压表检测 $3U_0$ 回路是否有不平衡电压的方法判断 $3U_0$ 回路是否完好；（B）可以用电压表检测 $3U_0$ 回路是否有不平衡电压的方法判断 $3U_0$ 回路是否完好，但必须使用高内阻的数字万用表，使用指针式万用表不能进行正确的判断；（C）不能以检测 $3U_0$ 回路是否有不平衡电压的方法判断 $3U_0$ 回路是否完好；（D）可从 S 端子取电压检测 $3U_0$ 回路是否完好。

答案：**C**

Je3A3107　关于 BP-2B 母差保护装置的电压闭锁元件，以下描述正确的是（　　）。

（A）低电压为母线相电压，零序电压为母线零序电压，负序电压为母线负序线电压；（B）低电压为母线线电压，零序电压为母线三倍零序电压，负序电压为母线负序相电压；（C）低电压为母线相电压，零序电压为三倍母线零序电压，负序电压为母线负序线电压；（D）低电压为母线线电压，零序电压为母线零序电压，负序电压为母线负序相电压。

答案：**B**

Je3A3108　两根平行载流导体，在通过同方向电流时，两导体将呈现出（　　）。

（A）互相吸引；（B）相互排斥；（C）没反应；（D）有时吸引，有时排斥。

答案：**A**

Je3A3109　超范围纵联保护可保护本线路全长的（　　）。

（A）100％；（B）115％～120％；（C）200％；（D）80％～85％。

答案：**A**

Je3A3110 PST-1200 主变保护，后备保护中相间阻抗元件，交流回路采用 0°接线，电压、电流取自本侧的 TV 和 TA，此时阻抗特性为（　　）。

（A）方向阻抗；（B）偏移阻抗；（C）全阻抗；（D）四边形阻抗。

答案：**B**

Je3A3111 为防止频率混叠，微机保护采样频率 f_s 与采样信号中所含最高频率成分的频率 f_{max} 应满足（　　）。

（A）$f_s > 2f_{max}$；（B）$f_s < 2f_{max}$；（C）$f_s > f_{max}$；（D）$f_s = f_{max}$。

答案：**A**

Je3A3112 RCS-901 系列线路保护装置的工频变化量阻抗元件由（　　）功能压板投退。

（A）主保护；（B）距离保护；（C）零序保护；（D）主保护与距离保护。

答案：**B**

Je3A3113 当线路上发生 BC 两相接地短路时，从复合序网图中求出的各序分量的电流是（　　）中的各序分量电流。

（A）C 相；（B）B 相；（C）A 相；（D）B 相或 A 相。

答案：**C**

Je3A3114 超范围闭锁式方向纵联保护采用跳闸位置停信措施的作用是（　　）。

（A）故障发生在断路器和电流互感器之间时，可使对侧保护快速动作跳闸；（B）本侧Ⅰ段范围内发生短路故障时，可使对侧保护快速动作跳闸；（C）手合到故障线路时，可使对侧保护快速动作跳闸；（D）方便通道交换试验。

答案：**B**

Je3A3115 对 220kV 采用综合重合闸的线路，当采用"单重方式"运行时，若线路上发生永久性单相短路接地故障，保护及重合闸的动作顺序为（　　）。

（A）选跳故障相，延时重合故障相，后加速跳三相；（B）三相跳闸不重合；（C）三相跳闸，延时重合三相，后加速跳三相；（D）选跳故障相，延时重合故障相，后加速再跳故障相，同时三相不一致保护跳三相。

答案：**A**

Je3A3116 电容器在充电过程中，其（　　）。

（A）充电电流不能发生变化；（B）两端电压不能发生突变；（C）储存能量发生突变；（D）储存电场发生突变。

答案：**B**

Je3A3117 对 220kV 采用综合重合闸的线路，当采用"单重方式"运行时，若线路上发生永久性两相短路接地故障，保护及重合闸的动作顺序为（　　）。

（A）选跳故障相，延时重合故障相，后加速跳三相；（B）三相跳闸不重合；（C）三相跳闸，延时重合三相，后加速跳三相；（D）选跳故障相，延时重合故障相，后加速再跳故障相，同时三相不一致保护跳三相。

答案：**B**

Je3A3118 当判断 RCS-915AB 母差保护装置母联电流互感器断线后，（　　）。
（A）母联电流互感器电流仍计入小差；（B）母联电流互感器电流退出小差计算；（C）母差保护自动切换成单母方式；（D）母差保护被闭锁。

答案：**C**

Je3A3119 为准确反映基波的负序分量，必须滤除（　　）。
（A）三次谐波分量；（B）五次谐波分量；（C）七次谐波分量；（D）九次谐波分量。

答案：**B**

Je3A3120 变压器励磁涌流可达变压器额定电流的（　　）。
（A）6～8 倍；（B）1～2 倍；（C）10～12 倍；（D）14～16 倍。

答案：**A**

Je3A3121 某 220kV 线路一侧流变变比为 1200/5A，距离Ⅰ段二次侧定值为 0.36Ω，则该侧距离Ⅰ段一次侧定值为（　　）。
（A）86.40Ω；（B）720.00Ω；（C）3.30Ω；（D）0.04Ω。

答案：**C**

Je3A3122 在继电保护中，通常用电抗变压器或中间小 TA 将电流转换成与之成正比的电压信号。两者的特点是（　　）。

（A）电抗变压器具有隔直（即滤去直流）作用，但对高次谐波有放大作用，小 TA 则不然；（B）小 TA 具有隔直作用，但对高次谐波有放大作用，电抗变压器则不然；（C）小 TA 没有隔直作用，对高次谐波有放大作用，电抗变压器则不然；（D）电抗变压器没有隔直作用，对高次谐波有放大作用，小 TA 则不然。

答案：**A**

Je3A3123 YN，d11 接线组别的升压变压器（Y 侧中性点接地），当 YN 侧 A 相单相接地故障时，△侧的（　　）电流等于 0。
（A）A 相；（B）B 相；（C）C 相；（D）B 相和 C 相。

答案：**B**

Je3A3124 在大接地电流系统中，线路发生接地故障时，保护安装处的零序电压(　　)。

(A) 距故障点越远就越高；(B) 距故障点越近就越高；(C) 与距离无关；(D) 距离故障点越近就越低。

答案：B

Je3A3125 继电保护是以常见运行方式为主来进行整定计算和灵敏度校核的。所谓常见运行方式是指(　　)。

(A) 正常运行方式下，任意一回线路检修；(B) 正常运行方式下，与被保护设备相邻近的一回线路或一个元件检修；(C) 正常运行方式下，与被保护设备相邻近的一回线路检修并有另一回线路故障被切除；(D) 正常运行方式。

答案：B

Je3A4126 根据规程要求，用于保护中的零序功率方向元件，在下一线路末端接地短路时，灵敏度 Ksen≥(　　)；用于近后备保护时 Ksen≥(　　)。

(A) 1.5，2；(B) 1，2；(C) 1.5，3；(D) 2，2。

答案：A

Je3A4127 PSL-621C 相间偏移阻抗定值 Zzd 按段分别整定，灵敏角三段共用一个定值。Ⅲ 段的电阻分量为 Rzd，相间阻抗Ⅰ、Ⅱ 段的电阻分量为(　　)。

(A) Rzd；(B) Rzd 的 1.5 倍；(C) Rzd 的两倍；(D) Rzd 的一半。

答案：D

Je3A4128 断路器最低跳闸电压，其值不低于(　　)额定电压，且不大于(　　)额定电压。

(A) 20%，80%；(B) 30%，65%；(C) 30%，80%；(D) 20%，65%。

答案：B

Je3A4129 系统发生单相接地短路，短路点距母线远近与母线上零序电压值的关系是(　　)。

(A) 与故障点的位置无关；(B) 故障点越远零序电压越高；(C) 故障点越近零序电压越高；(D) 不确定。

答案：C

Je3A4130 调整电力变压器分接头，会在其差动回路中引起不平衡电流的增大，解决方法为(　　)。

(A) 增大差动保护比率制动系数；(B) 提高差动保护的动作门槛值；(C) 改变差动保护二次谐波制动系数；(D) 提高差动速断保护的整定值。

答案：B

Je3A4131 变压器励磁涌流与变压器充电合闸电压初相角有关，当初相角为（   ）时，励磁涌流最大。

(A) 0°；(B) 90°；(C) 45°；(D) 120°。

答案：A

Je3A4132 当双侧电源线路两侧重合闸均投入检查同期方式时，将造成（   ）。

(A) 两侧重合闸均启动；(B) 非同期合闸；(C) 两侧重合闸均不启动；(D) 一侧重合闸启动，另一侧不启动。

答案：C

Je3A4133 当整定阻抗相同时，在下列阻抗特性中，（   ）特性的距离Ⅲ段保护躲负荷能力最强。

(A) 全阻抗；(B) 方向阻抗；(C) 偏移阻抗；(D) 电抗线。

答案：B

Je3A4134 设线路的零序补偿系数 KN 为 0.5，则该线路正序阻抗与零序阻抗的比值为（   ）。

(A) 2/5；(B) 1/2；(C) 1/4；(D) 1/3。

答案：A

Je3A4135 变比为 220/0.1kV 的电压互感器，它所接母线的对地绝缘电阻虽有 $1M\Omega$，但换算至二侧的电阻只有（   ）。

(A) 0.21Ω；(B) 455Ω；(C) 20.7Ω；(D) 0.12Ω。

答案：A

Je3A4136 单位时间内，电流所做的功称为（   ）。

(A) 电功率；(B) 无功功率；(C) 视在功率；(D) 有功功率和无功功率。

答案：A

Je3A4137 当变压器差动保护电流互感器接成星形时，带负载能力是电流互感器接成三角形时的（   ）倍。

(A) 1；(B) 1/3；(C) 3；(D) 2。

答案：C

Je3A4138 YN，d11 接线组别的升压变压器，当 YN 侧 AB 相两相故障时，△侧的（   ）电流最大，为其他两相电流的两倍。

(A) A相；(B) B相；(C) C相；(D) A相或 B相。

答案：A

Je3A4139 变压器空载合闸时，可能会出现相当于变压器额定电流 2～8 倍的励磁涌流，如此大的合闸冲击电流对变压器而言（　　）。

（A）是不允许的；（B）将有击穿主绝缘的危害；（C）有相当大的危害；（D）是允许的。

答案：**D**

Je3A4140 线路变压器组接线，应装设的保护是（　　）。

（A）三段过流保护；（B）电流速断和过流保护；（C）带时限速断保护；（D）过流保护。

答案：**B**

Je3A4141 使用 1000V 摇表（额定电压为 100V 以下时用 500V 摇表）测线圈对触点间的绝缘电阻不小于（　　）。

（A）10MΩ；（B）5MΩ；（C）50MΩ；（D）20MΩ。

答案：**C**

Je3A4142 负荷功率因数低造成的影响是（　　）。

（A）线路电压损失增大；（B）线路电压损失增大，有功损耗增大；（C）线路电压损失增大，有功损耗增大，发电设备未能充分发挥作用；（D）有功损耗增大。

答案：**C**

Je3A4143 母线故障，母线差动保护动作已跳开故障母线上六个断路器（包括母联），还有一个断路器因其本身原因而拒跳，则母差保护按（　　）统计。

（A）正确动作一次；（B）拒动一次；（C）不予评价；（D）不正确动作一次。

答案：**C**

Je3A4144 负序电流继电器的整定值为 1A，欲使该继电器动作，则通入的单相电流应大于（　　）。

（A）3A；（B）A；（C）1A；（D）1/3A。

答案：**A**

Je3A4145 谐波制动的变压器纵差保护中设置差动速断元件的主要原因是（　　）。

（A）为了提高差动保护的动作速度；（B）为了防止在区内故障较高的短路水平时，由于电流互感器的饱和产生高次谐波量增加，导致差动元件拒动；（C）保护设置的双重化，互为备用；（D）为了提高差动保护的可靠性。

答案：**B**

Je3A4146 不带记忆的相补偿电压方向元件的主要缺点是在全相运行时不反映( )故障。

(A) 单相接地短路；(B) 相间短路；(C) 三相短路；(D) 两相经过渡电阻接地短路。

答案：**C**

Je3A4147 综合重合闸装置都设有接地故障判别元件，在采用单向重合闸方式时，下述论述正确的是( )。

(A) AB 相间故障时，故障判别元件不动作，立即沟通三相跳闸回路；(B) AB 相间故障时，故障判别元件动作，立即沟通三相跳闸回路；(C) A 相接地故障时，故障判别元件不动作，根据选相元件选出故障跳单相；(D) A 相接地故障时，故障判别元件动作，立即沟通三相跳闸回路。

答案：**A**

Je3A4148 仪表的绝对误差与仪表测量上限比值的百分数，称为( )。

(A) 引用误差；(B) 相对误差；(C) 绝对误差；(D) 最小误差。

答案：**A**

Je3A4149 电容式电压互感器中的阻尼器的作用是( )。

(A) 产生铁磁谐振；(B) 分担二次压降；(C) 改变二次阻抗角；(D) 消除铁磁谐振。

答案：**D**

Je3A4150 若取电压基准值为额定电压，则短路容量的标幺值等于( )。

(A) 线电压标幺值；(B) 线电压标幺值的 3 倍；(C) 短路电流的标幺值；(D) 短路电流标幺值的 3 倍。

答案：**C**

Je3A4151 在中性点直接接地电网中，各元件正、负序阻抗相等，在同一点若分别发生了金属性单相短接、两相短路和两相接地短路，则故障点的正序电压为( )。

(A) 两相短路时最高；(B) 单相短路时最高；(C) 两相接地短路时最高；(D) 三相短路时最高。

答案：**B**

Je3A4152 方向阻抗继电器中，记忆回路的作用是( )。

(A) 提高快速性；(B) 提高灵敏度；(C) 提高选择性；(D) 消除正向出口三相短路的死区。

答案：**D**

Je3A4153 距离 Ⅱ 段保护，防止过渡电阻影响的方法是( )。

(A) 采用记忆回路；(B) 引入第三相电压；(C) 利用瞬时测定电路；(D) 采用 $90°$

接线方式。

答案：C

Je3A4154 某相间距离继电器整定二次阻抗为 2Ω，从 A 相、B 相通入 5A 电流测试其动作值，最高的动作电压为（　　）。

(A) 10V；(B) 20V；(C) 15V；(D) 12V。

答案：B

Je3A5155 同一电压等级下的同一有铭值阻抗，分别折算到基准容量为 100MV·A、1000MV·A 时的标幺值，（　　）。

(A) 基准容量为 100MV·A 时的标幺值大；(B) 基准容量为 100MV·A 时的标幺值小；(C) 两种情况下的标幺值相等；(D) 两种情况下的标幺值大小不确定。

答案：B

Je3A5156 在正常负荷电流下，流过电流保护测量元件的电流，当（　　）。

(A) 电流互感器接成星形时为 I_{ph}；(B) 电流互感器接成三角形时为 I_{ph}；(C) 电流互感器接成两相差接时为零；(D) 电流互感器接成三角形接线时为 I_{ph}。

答案：B

Je3A5157 BP-2B 母线保护装置的母联充电保护电流定值按（　　）整定。

(A) 装置的基准变比；(B) 母联间隔的变比；(C) 装置中用的最多的变比；(D) 装置中用的最少的变比。

答案：A

Je3A5158 330～500kV 系统主保护的双重化是指两套不同原理的主保护的（　　）彼此独立。

(A) 交流电流；(B) 交流电压；(C) 直流电源；(D) 交流电流、交流电压、直流电源。

答案：D

Je3A5159 阻抗继电器的动作阻抗是指能使其动作的（　　）。

(A) 最小测量阻抗；(B) 最大测量阻抗；(C) 介于最小测量阻抗与最大测量阻抗之间的一个阻抗值；(D) 大于最大测量阻抗的一个阻抗值。

答案：B

Je3A5160 为了减小两点间的地电位差，二次回路的接地点应当离一次接地点有不小于（　　）m 的距离。

(A) 1～3；(B) 2～4；(C) 3～5；(D) 4～6。

答案：C

Je3A5161 电阻和电容串联的单相交流电路中的有功功率计算公式是( )。

（A）$P=UI$；（B）$P=UI\cos\varphi$；（C）$P=UI\sin\varphi$；（D）$P=S\sin\varphi$。

答案：**B**

Je3A5162 电路中( )定律指出：流入任意一节点的电流必定等于流出该节点的电流。

（A）欧姆；（B）基尔霍夫第一；（C）楞次；（D）基尔霍夫第二。

答案：**B**

Je3A5163 在小电流接地系统中，某处发生单相接地时，母线电压互感器开口三角的电压为( )。

（A）故障点距母线越近，电压越高；（B）故障点距母线越近，电压越低；（C）不管距离远近，基本上电压一样高；（D）不确定。

答案：**C**

Je3A5164 对全部保护回路用 1000V 摇表（额定电压为 100V 以下时用 500V 摇表）测定绝缘电阻时，限值应不小于( )。

（A）$1M\Omega$；（B）$0.5M\Omega$；（C）$2M\Omega$；（D）$5M\Omega$。

答案：**A**

Jf3A1165 如果线路送出有功与受进无功相等，则线路电流、电压相位关系为( )。

（A）电压超前电流 $45°$；（B）电流超前电压 $45°$；（C）电流超前电压 $135°$；（D）电压超前电流 $135°$。

答案：**B**

Jf3A2166 电子式互感器应由两路独立的采样系统进行采集，每路采样系统应采用( )接入合并单元，每个合并单元输出两路数字采样值由同一路通道进入一套保护装置，以满足双重化保护相互完全独立的要求。

（A）交换机；（B）单 A/D 系统；（C）双 A/D 系统；（D）总线。

答案：**C**

Jf3A2167 智能变电站系统中，远动装置采用( )规约与装置进行通信。

（A）IEC-101；（B）IEC-103；（C）IEC-104；（D）MMS。

答案：**D**

Jf3A2168 按传输模式分类，光纤可分为( )。

（A）阶跃型、渐变型；（B）单模光纤、多模光纤；（C）石英系光纤、多组分玻璃光纤、全塑料光纤和氟化物光纤；（D）短波长光纤、长波长光纤和超长波长光纤。

答案：B

Jf3A2169 主变压器的过激磁程度(   )。

（A）与系统电压成正比，与系统频率成正比；（B）与系统电压成正比，与系统频率成反比；（C）与系统电压成反比，与系统频率成正比；（D）与系统电压成反比，与系统频率成反比。

答案：B

Jf3A2170 对分相操作的断路器，考虑其拒动的原则是(   )。

（A）单相拒动；（B）两相拒动；（C）三相拒动；（D）均要考虑。

答案：A

Jf3A3171 小母线的材料多采用(   )。

（A）铜；（B）铝；（C）钢；（D）铁。

答案：A

Jf3A3172 用分路试停的方法查找直流接地有时查找不到，可能是由于(   )。

（A）分路正极接地；（B）分路负极接地；（C）环路供电方式合环运行或充电设备，如蓄电池组发生直流接地；（D）直流负载较重。

答案：C

Jf3A5173 变压器的铁损与(   )有关。

（A）变压器负荷电流；（B）变压器电压；（C）变压器短路阻抗；（D）与变压器负荷电流、电压均有关。

答案：B

1.2 判断题

La3B1001 只要电源是正弦的，电路中的各个部分电流和电压也是正弦的。（×）

La3B1002 一只电流互感器的两个二次线圈串接可以提高互感器允许负载。（√）

La3B1003 小电流接地系统中，当 A 相经过渡电阻发生接地故障后，各相间电压发生变化。（×）

La3B1004 电力系统中有接地故障时将出现零序电流。（×）

La3B2005 电力系统的不对称故障有三种单相接地，三种两相短路接地，三种两相短路和断线，系统振荡。（×）

La3B2006 在大接地电流系统中，三相短路对系统的危害不如两相接地短路大，在某些情况下，不如单相接地短路大，因为这时单相接地短路电流比三相短路电流还要大。（×）

La3B2007 在大接地电流系统中，两相短路对系统的危害比三相短路大，在某些情况下，单相接地短路电流比三相短路电流还要大。（×）

La3B3008 接地故障时，零序电流和零序电压的相位关系与变电所和有关支路的零序阻抗角、故障点有无过渡电阻有关。（×）

La3B3009 逐次逼近式模数变换器的转换过程是由最低位向最高位逐次逼近。（×）

La3B3010 自动重合闸时限的选择与电弧熄灭时间无关。（×）

La3B4011 电力系统中静止元件施以负序电压产生的负序电流与施以正序电压产生的正序电流是相同的，故静止元件的正、负序阻抗相同。（√）

La3B4012 在电路中某测试点的电压 U_x 和标准比较电压 U_0 等于 0.775V 之比取常用对数的 20 倍，称为该点的电压绝对电平。（√）

La3B4013 过电流保护在系统运行方式变小时，保护范围将变大。（×）

La3B5014 互感器减极性标记是指当从一次侧"＊"端流入电流 I_1 时，二次电流 I_2 应从"＊"端流出，此时 I_1 与 I_2 同相位。（√）

La3B5015 网络通信介质宜采用多模光缆，波长为 1310nm，宜统一采用 ST 型接口。（√）

La3B5016 网络通信介质宜采用多模光缆，波长为 850nm，宜统一采用 ST 型接口。（×）

Lb3B1017 双母线电流比相式母线差动保护，在母线连接元件进行切换时，应合上非选择性刀闸。（√）

Lb3B1018 双母线电流比相式母差保护，在正常运行方式下，母联断路器因故断开，在任一母线故障时，母线保护将误动作。（×）

Lb3B2019 智能变电站继电保护技术规范规定，继电保护设备与本间隔智能终端之间通信应采用 GOOSE 网络传输方式。（×）

Lb3B2020 变压器的瓦斯保护范围在差动保护范围内，这两种保护均为瞬动保护，所以可用差动保护来代替瓦斯保护。（×）

Lb3B2021 距离保护振荡闭锁开放时间等于振荡闭锁装置整组复归时间。（×）

Lb3B3022 220kV 变压器保护动作后均应启动断路器失灵保护。（√）

Lb3B3023 电力系统的静态稳定性，是指电力系统在受到小的扰动后，能自动恢复到原始运行状态的能力。（√）

Lb3B3024 在大电流接地系统中的零序功率方向过流保护，一般采用最大灵敏角为70°的功率方向继电器，而用于小电流接地系统的零序功率方向过流保护，则常采用最大灵敏角为-40°的功率方向继电器。（×）

Lb3B3025 全阻抗继电器的动作特性反映在阻抗平面上的阻抗圆的半径，它代表的全阻抗继电器的整定阻抗。（√）

Lb3B3026 对于母线差动保护，当各单元电流互感器变比不同时，则应用补偿变流器进行补偿。补偿方式应以变比较大为基准，采用降流方式。（√）

Lb3B3027 当电压互感器二次星形侧发生相间短路时，在熔丝或自动开关未断开以前，电压回路断相闭锁装置不动作。（√）

Lb3B4028 距离保护中，故障点过渡电阻的存在，有时会使阻抗继电器的测量阻抗增大，也就是说保护范围会伸长。（×）

Lb3B4029 智能变电站的二次电压并列功能在母线合并单元中实现。（√）

Lb3B4030 智能变电站内智能终端按双重化配置时，分别对应于两个跳闸线圈，具有分相跳闸功能；其合闸命令输出则并接至合闸线圈。（√）

Lb3B4031 智能变电站保护装置重采样过程中，应正确处理采样值溢出情况。（√）

Lb3B5032 智能终端需要对时。对时采用光纤 IRIG-B 码对时方式时，宜采用 ST 接口；采用电 IRIG-B 码对时方式时，宜采用直流 B 码，通信介质为屏蔽双绞线。（√）

Lc3B1033 电流互感器完全星形接线，在三相和两相短路时，零导线中有不平衡电流存在。（√）

Lc3B1034 电流互感器两相星形接线，只用来作为相间短路保护。（√）

Lc3B1035 控制熔断器的额定电流应为最大负荷电流的 2 倍。（×）

Lc3B1036 检修继电保护的人员，在取得值班员的许可后可进行拉合断路器和隔离开关操作。（×）

Lc3B1037 发电厂与变电所距离较远，一个是电源，一个是负荷中心，所以频率不同。（×）

Jd3B1038 故障分量的特点是仅在故障时出现，正常时为零；仅由施加于故障点的一个电动势产生。（√）

Jd3B1039 突变量包含工频突变量和暂态突变量，为使突变量保护快速动作，常用其中的暂态突变量，使其动作速度可以达到特高速（小于 10ms）。（×）

Jd3B1040 电流互感器的比差只与二次负载的幅值有关，而角差只与二次负载的相角有关。（×）

Jd3B1041 220kV 及以上电压等级 3/2 接线若需配置短引线保护均应双重化配置。（√）

Jd3B1042 在电压互感器开口三角绕组输出端不应装熔断器，而应装设自动开关，以

便开关跳开时发出信号。（×）

Jd3B1043 220kV 及以上变电站如需调试载波通道应配置高频振荡器和选频表，220kV 及以上变电站或集控站应配置一套至少可同时输出三相电流、四相电压的微机成套试验仪及试验线等工具。（√）

Jd3B1044 零序电流Ⅰ段的保护范围随系统运行方式变化，距离保护Ⅰ段的保护范围不随系统运行方式变化。（√）

Jd3B1045 开关量输入回路检验：新安装装置验收检验时和全部检验时，对所有引入端子排的开关量输入回路依次加入激励量，观察装置的行为；部分检验时，可随装置的整组试验一并进行。（×）

Jd3B1046 微机保护各电流、电压输入的幅值和相位精度检验：（1）新安装装置的验收检验时，按照装置技术说明书规定的试验方法，分别输入不同幅值和相位的电流、电压量，观察装置的采样值满足装置技术条件的规定。（2）全部检验时和部分检验时，可仅分别输入额定电流、电压量。（×）

Jd3B1047 装置整定的动作时间为自向保护屏柜通入模拟故障分量（电流、电压或电流及电压）至保护动作向断路器发出跳闸脉冲的全部时间。（√）

Jd3B1048 在全部检验时，对于由不同原理构成的保护元件只需任选一种进行检查。建议对主保护的整定项目进行检查，后备保护如相间Ⅰ、Ⅱ、Ⅲ段阻抗保护只需选取任一整定项目进行检查。（√）

Jd3B1049 电容式电压互感器的稳态工作特性与电磁式电压互感器基本相同，暂态特性较好。（×）

Jd3B2050 为尽可能减少重合闸与故障对系统暂态稳定的要求，重合闸时间越短越好。（×）

Jd3B2051 新安装二次回路的验收检验时，用 1000V 兆欧表测量电流、电压回路的对地及相互间绝缘电阻，其阻值均应大于 $1M\Omega$。（×）

Jd3B2052 $3U_0$ 突变量闭锁零序保护的功能是防止 TA 断线导致零序保护误动作。（√）

Jd3B2053 在大接地系统发生单相接地故障时，其故障电流电压分析中各序的序网络是并联的。（×）

Jd3B2054 重合闸装置在保护启动前及启动后断路器发合闸压力闭锁信号时均闭锁重合闸。（×）

Jd3B2055 220kV 及以上电压等级的继电保护装置的直流电源和断路器控制回路的直流电源，应分别由专用的直流空气开关（熔断器）供电。（√）

Jd3B2056 对导引线保护，需以一次负荷电流判定导引线极性连接的正确性。（√）

Jd3B2057 要求断路器失灵保护的相电流判别元件动作时间和返回时间均不应大于 10ms。（×）

Jd3B2058 二次回路的工作电压不应高于 220V。（×）

Jd3B2059 电流互感器变比越小，其励磁阻抗越大，运行的二次负载越小。（×）

Jd3B2060 断路器失灵保护是一种近后备保护，当故障元件的保护或断路器拒动时，可依靠该保护切除故障。（×）

Jd3B2061 交流电流二次回路使用中间变流器时，采用降流方式的互感器的二次负载小。（√）

Jd3B2062 当采用带气隙的电流互感器时，继电保护配置和装置，应考虑电流传变过程所带来的影响。（√）

Jd3B2063 在电力系统发生故障时，发电机应根据系统要求提供必要的强行励磁倍数，强励时间应不小于 20s。（×）

Jd3B2064 从测量元件来看，一般相间距离保护和接地距离保护所接入的电压与电流没有什么不同。（×）

Jd3B2065 集成电路型、微机型保护装置的电流、电压和信号接点引入线应采用屏蔽电缆，屏蔽层应在开关场与控制室两端可靠接地。（√）

Jd3B2066 220kV 每套保护的跳闸回路应与断路器的两个跳闸线圈分别一一对应。（×）

Jd3B2067 微机保护装置只能以空接点或光耦输出。（√）

Jd3B2068 按照"检验规程"的规定，每年需对电流互感器端子箱端子排的螺钉压接情况进行一次检查。（×）

Jd3B2069 失灵保护动作以后应闭锁各连接元件的重合闸回路，以防止对故障元件进行重合。（√）

Jd3B2070 按照《反措》的要求，220kV 变电站信号系统的直流回路应尽量使用专用的直流熔断器，或与某一断路器操作回路的直流熔断器共用。（√）

Jd3B2071 智能变电站继电保护技术规范规定，双重化配置保护所采用的电子式电流互感器一、二次转换器及合并单元可单套配置。（×）

Jd3B2072 检验规程规定，对母线差动保护、失灵保护及电网安全自动装置的整组试验，可只在新建变电所投产时进行。（√）

Jd3B2073 检验规程规定，对于微机型装置的检验，应充分利用其"自检"功能，着重检验"自检"功能无法检测的项目。（√）

Jd3B3074 在保护盘上或附近进行打眼等振动较大的工作时，应采取防止运行中设备跳闸的措施，必要时经值班调度员或值班负责人同意，将保护暂时停用。（√）

Jd3B3075 静态稳定是指电力系统受到大干扰时能自动恢复稳定运行的能力。暂态稳定是指电力系统受到小干扰时能自动恢复稳定运行的能力。（×）

Jd3B3076 电流互感器二次额定电流为 1A 时，保护和测计量电流回路的导线截面积不应小于 $2.5mm^2$。（×）

Jd3B3077 220kV 及以上电压等级主变保护动作，每套保护只跳一组跳闸线圈。（×）

Jd3B3078 零序电流保护的灵敏度必须保证在对侧断路器三相跳闸前后，均能满足规定的灵敏系数要求。（√）

Jd3B3079 安装在电缆上的零序电流互感器，电缆的屏蔽引线应穿过零序电流互感器接地。（√）

Jd3B3080 全相振荡是没有零序电流的。非全相振荡是有零序电流的，但这一零序电流不可能大于此时再发生接地故障时，故障分量中的零序电流。（×）

Jd3B3081 继电保护装置柜屏内的交流供电电源（照明、打印机等）的中性线（零

线）应接入等电位接地网。（×）

Jd3B3082 保护装置使用的逆变稳压电源是将 110V（或 220V）直流输入电压通过电阻压降式稳压电路转变为保护装置内部使用的较低的直流电压。（×）

Jd3B3083 为保证设备及人身安全、减少一次设备故障时对继电保护及安全自动装置的干扰，所有电压互感器的中性线必须在开关场就地接地。（×）

Jd3B3084 在小电流接地系统中发生单相接地故障时，其相间电压基本不变。（√）

Jd3B3085 220kV 系统时间常数较小，500kV 系统时间常数较大，后者短路电流非周期分量的衰减较慢。（√）

Jd3B3086 反射衰耗是根据负载阻抗不等于电源内阻抗时所引起的能量损耗确定的衰耗。（√）

Jd3B3087 自动重合闸有两种启动方式：保护启动方式；断路器操作把手与断路器位置不对应启动方式。（√）

Jd3B3088 任何情况下，自动重合闸装置的动作次数应符合预先的规定（如一次重合闸只应动作 1 次）。（√）

Jd3B3089 《检验规程》建议使用钳形电流表检查流过保护二次电缆屏蔽层的电流，以确定 $100mm^2$ 铜排是否有效起到抗干扰的作用，当检测不到电流时，应检查屏蔽层是否良好接地。（√）

Jd3B3090 检验规程规定，规定有接地端的测试仪表，在现场进行检验时，可直接接到直流电源回路中。（×）

Jd3B3091 根据 Q/GDW 441，智能控制柜应具备温度、湿度的采集、调节功能，柜内温度控制在 $-10\sim50℃$，湿度保持在 90% 以下。（√）

Jd3B3092 根据 Q/GDW 441，智能变电站光缆应采用金属铠装、阻燃、防鼠咬的光缆。（×）

Jd3B3093 保护当前定值区号按标准从 1 开始，保护编辑定值区号按标准从 0 开始，0 区表示当前允许修改定值。（×）

Jd3B3094 根据《智能变电站继电保护技术规范》，每个 MU 应能满足最多 12 个输入通道和至少 8 个输出端口的要求。（√）

Jd3B3095 根据《智能变电站继电保护技术规范》，MU 采样值发送间隔离散值应小于 $10\mu s$。（√）

Jd3B3096 MU 时钟同步信号从无到有变化过程中，其采样周期调整步长应不大于 $1\mu s$。（√）

Jd3B3097 直接采样是指智能电子设备（IED）间经过太网交换机，以点对点连接方式直接进行采样值传输。（×）

Jd3B4098 只要不影响保护正常运行，交、直流回路可以共用一根电缆。（×）

Jd3B4099 操作箱跳闸出口继电器的动作电压应在 50%～70% 的额定电压之间。（×）

Jd3B4100 综合重合闸中，选相元件必须可靠，如果因选相元件在故障时拒动而跳开三相断路器，根据有关规程规定应认定综合重合闸为不正确动作。（√）

Jd3B4101 系统最大振荡周期可按 1.5s 考虑。（√）

Jd3B4102　三相电流互感器采用三相星形接线比采用三角形接线所允许的二次负载要大。（√）

Jd3B4103　电流互感器的变比误差与其二次负载阻抗无关。（×）

Jd3B4104　新安装装置的验收检验时，对于由不同原理构成的保护元件只需任选一种进行检查。（×）

Jd3B4105　继电保护装置与通信设备之间采用接点接口时，接口回路工作电压应不小于220VDC，以提高装置抗干扰能力。（×）

Jd3B5106　P级电流互感器的暂态特性欠佳，在外部短路时会产生较大的差流。为此，特性呈分段式的比率制动式差动继电器抬高了制动系数的取值。同理，继电器的最小动作电流定值也该相应抬高。（×）

Jd3B5107　要求快速跳闸的安全稳定控制装置应采用点对点直接跳闸方式。（√）

Jd3B5108　保护装置GOOSE中断后，保护装置将闭锁。（×）

Jd3B5109　在电力系统中，负荷吸取的有功功率与系统频率的变化有关，系统频率升高时，负荷吸取的有功功率随着增高，频率下降时，负荷吸取的有功功率随着下降。（√）

Je3B1110　断路器失灵保护是一种后备保护，当故障元件的保护拒动时可依靠该保护切除故障。（×）

Je3B1111　失灵保护是一种近后备保护。（√）

Je3B1112　断路器失灵保护是一种后备保护，系统发生故障时，如果主保护拒动，则由其切除故障。（×）

Je3B1113　在电压互感器二次回路中，均应装设熔断器或自动开关。（×）

Je3B1114　当保护装置出现异常，经调度允许将该保护装置退出运行时，必须将该保护装置的跳闸压板和启动失灵压板同时退出。（√）

Je3B1115　操作箱面板的跳闸信号灯应在保护动作跳闸时点亮，在手动跳闸时不亮。（√）

Je3B1116　新投入或经变更的电流、电压回路，应直接利用工作电压检查电压二次回路，利用负荷电流检查电流二次回路接线的正确性。为了测试准确性，一般负荷电流宜超过20%的额定电流。（√）

Je3B1117　所有电压互感器（包括保护、测量、自动励磁调整等）二次侧出口均应装设熔断器或快速小开关。（×）

Je3B1118　二次回路中电缆芯线和导线截面的选择原则是：只需满足电气性能的要求；在电压和操作回路中，应按允许的压降选择电缆芯线或电缆芯线的截面。（×）

Je3B1119　在电压互感器二次回路通电试验时，为防止由二次侧向一次侧反充电，将二次回路断开即可。（×）

Je3B1120　一般操作回路按正常最大负荷下至各设备的电压降不得超过20%的条件校验控制电缆截面。（×）

Je3B1121　正常运行时，电压互感器开口三角绕组出口应装设熔断器。（×）

Je3B1122　对不能明确提供保护动作情况的微机保护装置，不论动作多少次都只按动作一次统计。（√）

Je3B1123　在电力系统故障时，某保护装置本身定值正确、装置完好、回路正确，但

由于装置原理缺陷造成越级动作，但未造成负荷损失，该保护装置可不予评价。（×）

Je3B2124 断路器跳闸，但无任何信号，经过检验证实保护装置良好，应予评价。（×）

Je3B2125 按时限分段的保护装置应以段为单位进行统计动作次数。（×）

Je3B2126 保证220kV及以上电网微机保护不因干扰引起不正确动作，主要是选用抗干扰能力强的微机保护装置，现场不必采取相应的抗干扰措施。（×）

Je3B2127 变压器非电气量保护也要启动断路器失灵保护。（√）

Je3B2128 交直流回路可共用一条电缆，因为交直流回路都是独立系统。（×）

Je3B2129 串联电力电容器在电力系统中的主要作用是提高超高压远程输电系统的静态稳定度和改善继电保护的动作性能。（×）

Je3B2130 远方直接跳闸必须有相应的就地判据控制。（√）

Je3B2131 跳闸连接片的开口端应装在下方，接到断路器的跳闸线圈回路。（×）

Je3B2132 不能以检查$3U_0$回路是否有不平衡电压的方法来确认$3U_0$回路良好。（√）

Je3B2133 按照《反措》要求，保护跳闸连接片的安装方法是：连接片的开口端应该装在上方，保护装置的出口跳闸接点回路应接至连接片的下方。（√）

Je3B2134 由于现在微机保护动作速度快，均工作在电流互感器的暂态阶段，考虑短路电流非周期分量的暂态过程可能使电流互感器严重饱和而导致很大的暂态误差，故选择保护用电流互感器时，应选择能适应暂态要求的TP类电流互感器。（×）

Je3B2135 信号指示装置宜装设在保护出口至断路器跳闸的回路内。（√）

Je3B2136 差动保护能够代替瓦斯保护。（×）

Je3B2137 因为差动保护和瓦斯保护的动作原理不同，因而差动保护不能代替瓦斯保护。（√）

Je3B2138 断路器非全相保护不启动断路器失灵保护。（×）

Je3B3139 在大接地电流系统中，当断路器触头一相或两相先闭合时，零序电流滤过器均无电流输出。（×）

Je3B3140 反应相间故障的三段式距离保护装置中，有振荡闭锁的保护段可以经过综合重合闸的N端子跳闸。（√）

Je3B3141 元件固定连接的双母线差动保护装置，在元件固定连接方式破坏后，如果电流二次回路不做相应切换，则选择元件无法保证动作的选择性。（√）

Je3B3142 电力系统频率低得过多，对距离保护来讲，首先是使阻抗继电器的最大灵敏角变大，因此会使距离保护躲负荷阻抗的能力变差，躲短路点过渡电阻的能力增强。（×）

Je3B3143 如果断路器的液压操动机构打压频繁，可将第二微动开关往下移动一段距离，就可以避免。（×）

Je3B3144 如果不满足采样定理，则根据采样后的数据可还原出比原输入信号的最高次频率f_{max}还要高的频率信号，这就是频率混叠现象。（×）

Je3B3145 零序电流与零序电压可以同极性接入微机保护装置。（√）

Je3B4146 当正常工作时，装置功率消耗不大于30W；当装置动作时，功率消耗不大于60W。（√）

Je3B4147 某间隔断路器改检修时，为避免合并单元送出无效数据影响运行设备的保护功能，断路器拉开后应首先投入该间隔合并单元"检修状态压板"。（×）

Je3B4148 时间同步装置主要由接收单元、时钟单元和输出单元三部分组成。（√）

Je3B4149 断路器保护跳本断路器采用点对点直接跳闸。（√）

Je3B5150 在没有专用工具的情况下，可以通过观察光纤接口是否有光来判断该光纤是否断线，但不应长时间注视。（×）

Jf3B1151 开关液压机构在压力下降过程中，依次发出压力降低闭锁重合闸、压力降低闭锁合闸、压力降低闭锁跳闸信号。（√）

Jf3B1152 二次回路标号一般采用数字或数字和文字的组合，表明了回路的性质和用途。（√）

Jf3B1153 二次回路标号的基本原则是：凡是各设备间要用控制电缆经端子排进行联系的，都要按回路原则进行标号。（√）

Jf3B1154 开关防跳回路如果出现问题，有可能会引起系统稳定破坏事故。（√）

Jf3B2155 断路器的防跳回路的作用是：防止断路器在无故障的情况下误跳闸。（×）

1.3 多选题

La3C1001 高压侧电压为 500kV 的变压器，（　　　）可以引起变压器工作磁密度过高。

（A）频率降低；（B）电压降低；（C）频率升高；（D）电压升高。

答案：AD

La3C2002 静电场的主要特征是（　　　）。

（A）静电场内电荷受到作用力的大小与电荷本身的电量有关，电量大，作用力大；（B）静电场内电荷受到作用力的大小与电荷本身的电量有关，电量大，作用力小；（C）作用力与电荷所处的位置有关，同一个点电荷放在不同位置上，作用力的大小和方向都不同；（D）作用力与电荷所处的位置无关，同一个点电荷放在不同位置上，作用力的大小和方向都相同。

答案：AC

La3C3003 电流互感器不允许长时间过负荷的原因是（　　　）。

（A）电流互感器过负荷使铁芯磁通密度达到饱和或过饱和，使电流互感器误差增大，表计指示不正确，难以反映实际负荷；（B）由于磁通密度增大，使铁芯和二次线圈过热绝缘老化快，甚至出现损坏等情况；（C）保护会误动作；（D）保护装置硬件会损坏。

答案：AB

La3C3004 关于变压器的变比和电压比，下面描述正确的是（　　　）。

（A）变比是变压器的固有参数，是二次与一次线圈感应电势之比，即匝数比；（B）电压比是二次与一次线电压之比，它和变压器的负荷多少有关；（C）只有空载时，电压比才近似等于变比；（D）变比不可能大于电压比。

答案：ABC

La3C3005 电力系统运行会出现零序电流的是（　　　）。

（A）电力变压器三相运行参数不同；（B）电力系统中有接地故障；（C）单相重合闸过程中的两相运行；（D）三相重合闸和手动合闸时断路器三相不同期投入；（E）空载投入变压器时三相的励磁涌流不相等。

答案：ABCDE

La3C4006 耦合电容器在高频保护中的作用是（　　　）。

（A）耦合电容器是高频收发信机和高压输电线路之间的重要连接设备；（B）耦合电容器具有匹配阻抗的作用；（C）耦合电容器对工频电流具有很大的阻抗，可防止工频高压对收发信机的侵袭；（D）耦合电容器与结合滤波器组成带通滤过器，使高频信号顺利通过；（E）耦合电容器具有放大高频信号的作用。

答案：ACD

La3C4007 综合重合闸的运行方式及功能有（　　）。

（A）综合重合闸方式，功能是单相故障，跳单相，单相重合（检查同期或检查无压），重合于永久性故障时跳三相；相间故障，跳三相重合三相，重合于永久故障时跳三相；（B）三相重合闸方式，功能是任何类型的故障都跳三相，三相重合（检查同期或检查无压），重合于永久性故障时跳三相；（C）单相方式，功能是单相故障时跳单相，单相重合，相间故障时三相跳开不重合；（D）检无压方式，任何故障后检测线路无压后重合；（E）检同期方式，任何故障后检测开关两侧同期满足要求后重合；（F）停用方式，功能是任何故障时都跳三相，不重合。

答案：ABCF

La3C4008 结合滤波器在高频保护中的作用是（　　）。

（A）结合滤波器与耦合电容器共同组成带通滤波器，使传输频带内的高频信号畅通无阻，对传输频带外的信号呈现很大阻抗；（B）使输电线路的波阻抗与高频电缆的波阻抗相匹配，减小高频信号的衰耗；（C）使高频收信机收到的高频功率最大；（D）进一步使高频收发信机与高压线路隔离，以保证高频收发信机及人身的安全。

答案：ABCD

La3C5009 关于正序、负序和零序概念正确的有（　　）。

（A）三相正弦量中 A 相比 B 相超前 120°，B 相比 C 相超前 120°，C 相比 A 相超前 120°，即相序为（A）B—C，这样的相序叫正序；（B）三相正弦量中 A 相比 B 相滞后 120°（即超前 240°），B 相比 C 相滞后 120°，C 相比 A 相滞后 120°，即相序为（A）C—B，这样的相序叫负序；（C）三相正弦量 A 相比 B 相超前 0°，B 相比 C 相超前 0°，C 相比 A 相超前 0°，即三者同相，这样的相序叫零序；（D）三相正弦量中 A 相比 B 相超前 90°，B 相比 C 相超前 90°，C 相比 A 相超前 90°，即三者同相，这样的相序叫零序。

答案：ABC

Lb3C1010 系统的最大、最小运行方式分别是（　　）。

（A）最大运行方式是指在被保护对象末端短路时，系统的等值阻抗最大，通过保护装置的短路电流为最小的运行方式；（B）最大运行方式是指在被保护对象末端短路时，系统的等值阻抗最小，通过保护装置的短路电流为最大的运行方式；（C）最小的运行方式是指在上述同样的短路情况下，系统等值阻抗最大，通过保护装置的短路电流为最小的运行方式；（D）最小的运行方式是指在上述同样的短路情况下，系统等值阻抗最小，通过保护装置的短路电流为最大的运行方式。

答案：BC

Lb3C1011 为防止变压器差动保护在充电励磁涌流误动可采取（　　）措施。

（A）采用具有速饱和铁芯的差动继电器；（B）采用五次谐波制动；（C）鉴别短路电

流和励磁电流波形的区别；（D）采用二次谐波制动。

答案：ACD

Lb3C1012 高压线路自动重合闸装置的动作时限应考虑（　　　）。

（A）故障点灭弧时间；（B）断路器操作机构的性能；（C）保护整组复归时间；（D）电力系统稳定的要求。

答案：ABD

Lb3C1013 BP-2B 母线保护装置进入母线互联的情况有（　　　）。

（A）保护控制字中整定母线互联；（B）投互联压板；（C）刀闸双跨；（D）母联 TA 断线。

答案：ABCD

Lb3C1014 不需要提供 ICD 文件的为（　　　）。

（A）保护装置；（B）测控装置；（C）后台；（D）网络分析仪。

答案：CD

Lb3C2015 电网保护对功率方向继电器有（　　　）要求。

（A）能正确地判断短路功率方向；（B）有很高的灵敏度；（C）继电器的固有动作时限小；（D）要求所有功率方向继电器均采用 0°接线。

答案：ABC

Lb3C2016 采用比率制动式的差动保护继电器，可以（　　　）。

（A）躲开励磁涌流；（B）提高保护内部故障时的灵敏度；（C）提高保护对于外部故障的安全性；（D）防止 TA 断线时误动。

答案：BC

Lb3C2017 变压器差动保护防止励磁涌流的措施有（　　　）。

（A）采用二次谐波制动；（B）采用间断角判别；（C）采用五次谐波制动；（D）采用波形对称原理。

答案：ABD

Lb3C2018 突变量继电器的动作特点有（　　　）。

（A）能保护各种故障，不反应负荷和振荡；（B）一般作瞬时动作的保护，但也可作延时段后备保护；（C）两相稳定运行状态不会启动，再故障能灵敏动作；（D）振荡再三相故障，能可靠动作。

答案：AC

Lb3C2019 对 220kV 及以上选用单相重合闸的线路，无论配置一套或两套全线速动保护，（   ）动作后三相跳闸不重合。

（A）分相电流差动保护；（B）距离保护速断段；（C）后备保护延时段；（D）相间保护。

答案：CD

Lb3C2020 变压器瓦斯保护动作的原因有（   ）。

（A）变压器内部严重故障；（B）变压器套管引出线故障；（C）二次回路问题误动作；（D）某些情况下由于油枕内的胶囊安装不良造成呼吸器堵塞油温发生变化后，呼吸器突然冲开，引起瓦斯保护动作；（E）变压器附近有较强的震动。

答案：ACDE

Lb3C2021 智能变电站系统中，保护、测控单元的 IED 模型文件、ICD 文件中不应包含（   ）。

（A）报告控制块；（B）GOOSE 发送控制块；（C）SMV 发送控制块；（D）GOOSE 连线。

答案：BCD

Lb3C3022 极化电压的记忆作用的优点体现在（   ）方面。

（A）消除了死区；（B）提高了覆盖过渡电阻能力；（C）使距离继电器有明确的方向性；（D）都不对。

答案：ABC

Lb3C3023 变压器差动保护不能取代瓦斯保护，其正确的原因是（   ）。

（A）差动保护不能反映油面降低的情况；（B）差动保护受灵敏度限制，不能反映轻微匝间故障，而瓦斯保护能反映；（C）差动保护不能反映绕组的断线故障，而瓦斯保护能反映；（D）因为差动保护只反映电气故障分量，而瓦斯保护能保护变压器内部所有故障。

答案：ABD

Lb3C3024 变压器励磁涌流的特点为（   ）。

（A）有很大的非周期分量，往往使涌流偏于时间轴一侧；（B）有很大的高次谐波分量，并以二次谐波为主；（C）有很大的高次谐波分量，并以五次谐波为主；（D）励磁涌流波形之间出现间断。

答案：ABD

Lb3C3025 对于同杆并架双回线，为避免跨线异铭相故障造成双回线跳闸，可采用（   ）。

（A）分相电流差动保护；（B）分相跳闸逻辑的纵联保护；（C）高频距离-高频零序保

护；（D）高频方向保护。

答案：**AB**

Lb3C3026 下列关于智能终端说法正确的是（　　）。

（A）220kV 及以上电压等级智能终端按断路器双重化配置，每套智能终端包含完整的断路器信息交互功能；（B）智能终端应设置防跳功能；（C）220kV 及以上变压器各侧的智能终端均按双重化配置；110kV 变压器各侧智能终端宜按双套配置；（D）每台变压器、高压并联电抗器配置一套本体智能终端，本体智能终端包含完整的变压器、高压并联电抗器本体信息交互功能（非电量动作报文、调档及测温等），并可提供用于闭锁调压、启动风冷、启动充氮灭火等出口接点；（E）智能终端采用集中安装方式；（F）智能终端跳合闸出口回路应设置硬压板。

答案：**ACDF**

Lb3C3027 对于母线保护配置，下述说法正确的是（　　）。

（A）220kV 母线保护双重化配置，相应 MU、智能终端双重化配置；（B）母线保护与其他保护之间的联闭锁信号采用 GOOSE 网络传输；（C）间隔数较多时可采用分布式母线保护；（D）采用分布式母线保护方案时，各间隔 MU、智能终端以点对点方式接入对应子单元。

答案：**ABCD**

Lb3C3028 断路器辅助触点接于保护跳闸回路中，可以用于（　　）。

（A）在保护动作后，断开跳闸回路，避免跳闸线圈长时间通电而烧坏；（B）避免中间继电器的触点断开跳闸回路，保护触点；（C）主要用于增加触点数量；（D）可代替熔断器。

答案：**AB**

Lb3C4029 电力系统振荡时，电压要降低、电流要增大，与短路故障时相比，特点为（　　）。

（A）振荡时电流增大与短路故障时电流增大相同，电流幅度值增大保持不变；（B）振荡时电压降低与短路故障时电压降低相同，电压幅值减小保持不变；（C）振荡时电流增大与短路故障时电流增大不同，前者幅值要变化，后者幅值不发生变化；（D）振荡时电流增大是缓慢的，与振荡周期大小有关，短路故障电流增大是突变的。

答案：**CD**

Lb3C4030 高、中、低侧电压分别为 220kV、110kV、35kV 的自耦变压器，接线为 YN，yn，d，高压侧与中压侧的零序电流可以流通，就零序电流来说，下列说法正确的是（　　）。

（A）中压侧发生单相接地时，自耦变接地中性点的电流可能为 0；（B）中压侧发生单相接地时，中压侧的零序电流比高压侧的零序电流大；（C）高压侧发生单相接地时，自耦变接地中性点的电流可能为 0；（D）高压侧发生单相接地时，中压侧的零序电流可能比高压侧的零序电流大。

答案：BCD

Lb3C4031 比率差动构成的国产母线差动保护中，若大差动电流不返回，其中有一个小差动电流动作不返回，母联电流越限，则可能的情况是（ ）。

（A）母联断路器失灵；（B）短路故障在死区范围内；（C）母联电流互感器二次回路断线；（D）其中的一条母线上发生了短路故障，有电源的一条出线断路器发生了拒动。

答案：AB

Lb3C4032 距离保护振荡闭锁采用短时开放保护，其目的是（ ）。

（A）有效防止系统振荡时距离保护误动；（B）防止振荡过程中系统中有操作，导致开放保护引起距离保护误动作；（C）防止外部故障切除紧接系统发生振荡引起保护误动。

答案：BC

Lb3C4033 设系统各元件的正、负序阻抗相等，在两相金属性短路情况下，其特征是（ ）。

（A）故障点的负序电压高于故障点的正序电压；（B）没有零序电流、没有零序电压；（C）非故障相中没有故障分量电流。

答案：BC

Lb3C4034 在发生母线短路故障时，在暂态过程中，母差保护差动回路的特点以下说法正确的是（ ）。

（A）直流分量大；（B）暂态误差大；（C）不平衡电流最大值不在短路最初时刻出现；（D）不平衡电流最大值出现在短路最初时刻。

答案：ABC

Lb3C4035 对于变压器保护配置，下述说法正确的是（ ）。

（A）110kV 变压器电量保护宜按双套配置，双套配置时应采用主、后备保护一体化；（B）变压器非电量保护应采用 GOOSE 光缆直接跳闸；（C）变压器保护直接采样，直接跳各侧断路器；（D）变压器保护跳母联、分段断路器及闭锁备自投、启动失灵等可采用 GOOSE 网络传输。

答案：ACD

Lb3C4036 以下关于全站系统配置文件 SCD 说法正确的有（ ）。

（A）全站不唯一；（B）该文件描述所有 IED 的实例配置和通信参数、IED 之间的通信配置以及变电站一次系统结构；（C）由系统集成厂商完成；（D）SCD 文件应包含版本修改信息，明确描述修改时间、修改版本号等内容。

答案：BCD

Lb3C5037 智能变电站中，交换机 VLAN 配置的必要性(   )。

(A) 减轻交换机和装置的负载；(B) 采用 VLAN 技术，有效隔离网络流量；(C) 安全隔离，限制每个端口只收所需报文，避免无关信号干扰；(D) 控制数据流向，提高网络可靠性、实时性。

答案：ABCD

Lb3C5038 在中性点不接地电网中，经过过渡电阻 R_g 发生单相接地，下列正确的是(   )。

(A) R_g 大小会影响接地故障电流和母线零序电压相位；(B) R_g 不影响非故障线路零序电流和母线零序电压间相位；(C) R_g 大小会影响故障线路零序电流和母线零序电压间相位。

答案：AB

Lb3C5039 大接地电流系统中，AB 相金属性短路故障时，故障点序电流间的关系是(   )。

(A) A 相负序电流与 B 相正序电流反相；(B) A 相正序电流与 B 相负序电流反相；(C) B 相零序电压超前 A 相负序电压的角度是 120°；(D) B 相正序电压滞后 C 相零序电压的角度是 120°。

答案：ABC

Lb3C5040 定时限过电流保护的定义是(   )，反时限过电流保护的定义是(   )。

(A) 为了实现过电流保护的动作选择性，各保护的动作时间一般按阶梯原则进行整定，即相邻保护的动作时间，自负荷向电源方向逐级增大，且每套保护的动作时间是恒定不变的，与短路电流的大小无关，具有这种动作时限特性的过电流保护称为定时限过电流保护；(B) 反时限过电流保护是指动作时间随短路电流的增大而自动减小的保护，使用在输电线路上的反时限过电流保护，能更快地切除被保护线路首端的故障；(C) 为了实现过电流保护的动作选择性，各保护的动作时间一般按阶梯原则进行整定。即相邻保护的动作时间，自负荷向电源方向逐级减小，且每套保护的动作时间是恒定不变的，与短路电流的大小无关，具有这种动作时限特性的过电流保护称为定时限过电流保护；(D) 反时限过电流保护是指动作时间随短路电流的增大而自动增大的保护，使用在输电线路上的反时限过电流保护，能更快地切除被保护线路首端的故障。

答案：AB

Lb3C5041 关于 GOOSE 的描述正确的是(   )。

(A) GOOSE 是 IEC 61850 定义的一种通信机制，用于快速传输变电站事件；(B) 单个的 GOOSE 信息由 IED 发送，并能被若干个 IED 接收使用；（C）代替了传统的智能电子设备（IED）之间硬接线的通信方式；（D）提供了网络通信条件下快速信息传输和交换的手段。

答案：ABCD

Lb3C5042 在 SCD 文件中，以下（   ）参数应该唯一。

（A）APPID；（B）IP 地址；（C）SMVID；（D）MaxTime。

答案：ABC

Lc3C3043 电网公司战略实施的"两个转变"是指（   ）。

（A）电网运行方式的转变；（B）公司发展方式的转变；（C）电网发展方式的转变。

答案：BC

Jd3C3044 微机保护装置有（   ）特点。

（A）维护调试方便；（B）可靠性高；（C）易于获得附加功能；（D）灵活性大；（E）保护性能得到较大改善；（F）经济性好。

答案：ABCDE

Jd3C3045 继保现场工作保安规定对修改继保二次回路接线应做到（   ）。

（A）修改二次回路接线时，必须事先经过审核，拆动接线前先要与原图核对，接线修改后要与新图核对，修改底图，修改运行人员、继保人员用的图纸；（B）修改后的图纸应及时报送直接管辖调度的继保机构；（C）保护装置二次线变动时，严防寄生回路存在，没用的线应拆除；（D）变动直流二次回路后，应进行相应的传动试验，模拟各种故障整组试验。

答案：ABCD

Je3C1046 重合闸装置在（   ）情况时应停用。

（A）运行中发现装置异常；（B）电源联络线路有可能造成非同期合闸时；（C）充电线路或试运行的线路；（D）经省调主管生产领导批准不宜使用重合闸的线路；（E）线路有带电作业。

答案：ABCDE

Je3C2047 RCS-931 保护中振荡闭锁分为以下几个部分，任意一个动作均可开放保护（   ）。

（A）启动开放元件；（B）不对称故障开放元件；（C）对称故障开放元件；（D）非全相运行开放元件。

答案：ABCD

Je3C2048 某 220kV 母差一个支路 SV 接收压板退出时，母差应（   ）。

（A）不计算该支路电流；（B）该支路不发出 SV 中断告警；（C）C 闭锁差动保护；（D）发出装置告警。

答案：AB

Je3C3049 应停用线路重合闸装置的情况为（　　）。

（A）系统有稳定要求时；（B）超过开关跳合闸次数；（C）可能造成非同期合闸；（D）开关遮断容量不够。

答案：ABCD

Je3C3050 某 220kV 线路间隔停役检修时，在不断开光缆连接的情况下，可做的有意义的安全措施有（　　）。

（A）投入该线路两套线路保护、合并单元和智能终端检修压板；（B）退出该线路两套线路保护启动失灵压板；（C）退出两套线路保护跳闸压板；（D）退出两套母差保护该支路启动失灵接收压板。

答案：ABD

Je3C3051 某 220kV 主变停役检修时，在不断开光缆连接的情况下，可做的安全措施有（　　）。

（A）投入该线路两套主变保护、主变三侧合并单元和智能终端检修压板；（B）退出该线路两套主变保护启动失灵和解除复合电压闭锁压板；（C）退出两套主变保护跳分段和母联压板；（D）退出两套母差保护该支路启动失灵和解除复合电压闭锁接收压板。

答案：ABCD

Je3C3052 对于母线保护，GOOSE 输入量（　　）在 GOOSE 断链的时候必须置零。

（A）失灵开入；（B）刀闸位置开入；（C）解除复压闭锁；（D）开关位置开入。

答案：AC

Je3C3053 线路间隔采样数据无效情况下，应该闭锁（　　）保护功能。

（A）该间隔失灵保护；（B）差动保护；（C）母联失灵保护；（D）所有间隔失灵保护。

答案：AB

Je3C3054 采样数据品质异常情况下，保护的处理原则是（　　）。

（A）闭锁所有保护功能；（B）及时准确提供告警信息；（C）瞬时闭锁可能误动的保护；（D）不闭锁与该采样数据异常无关的保护。

答案：BCD

Je3C3055 智能终端的检修压板投入时，会（　　）。

（A）发出的 GOOSE 品质位为检修；（B）发出的 GOOSE 品质位为非检修；（C）只

响应品质位为检修的命令；（D）只响应品质位为非检修的命令。

答案：AC

Je3C3056 母线保护配置的间隔投入压板以下（　　）情况可退出。

（A）备用间隔；（B）间隔停电检修；（C）间隔保护检修；（D）间隔热备用。

答案：AB

Je3C4057 220kV 降压变在重载时发生高压侧开关非全相运行，影响的保护有（　　）。

（A）对侧线路零序过流保护可能动作；（B）本站母差保护的零序电压闭锁元件可能动作；（C）系统内发电机负序过流保护可能动作；（D）变压器中性点零库电流保护可能动作。

答案：ABCD

Je3C4058 关于检修 GOOSE 和 SMV 的逻辑，下述说法正确的有（　　）。

（A）检修压板一致时，对 SMV 来说保护认为合并单元的采样是可用的；（B）检修压板一致时，对 GOOSE 来说保护跳闸后，智能终端能出口跳闸；（C）检修压板不一致时，对 SMV 来说保护认为合并单元的采样可用；（D）检修压板不一致时，对 GOOSE 来说保护跳闸后，智能终端出口。

答案：AB

Je3C4059 220kV 第一套母差保护断电重启时，监控后台应有的报警信息为（　　）。

（A）所有 220kV 线路第一套保护远跳 GOOSE 断链；（B）所有主变第一套保护失灵连跳 GOOSE 断链；（C）所有 220kV 线路第一套智能终端跳合闸 GOOSE 断链；（D）所有 220kV 线路第一套合并单元 SV 断链。

答案：ABC

Je3C5060 对于高频闭锁式保护，如果由于某种原因使高频通道不通，则（　　）。

（A）区内故障时能够正确动作；（B）功率倒向时可能误动作；（C）区外故障时可能误动作；（D）区内故障时可能拒动。

答案：ABC

1.4 计算题

La3D1001　有一三相对称大接地电流系统，故障前 A 相电压为 A＝63.5e^{j0}，当发生 A 相金属性接地故障后，其接地电流 k＝1000e$^{-jX_1}$。可得知故障点的零序电压 U_{k_0} 滞后接地电流角度＝_____。

X_1 取值范围：70°，75°，80°

计算公式： $3\dot{U}_{k_0}＝-\dot{U}_A＝U_A e^{-j180°}$

$\varphi_n-\varphi_i＝-180°-(-X_1)$

La3D2002　测得一含源二端网络的开路电压 $U＝100$V、短路电流为 10A，当外接 X_1Ω 的负载电阻时，负载电流 $I＝$_____ A，负载所吸收的功率 $P＝$_____ W。

X_1 取值范围：10，15，20

计算公式： 等效电源电动势 $E＝U$

$$r＝\frac{E}{1}＝\frac{100}{10}＝10$$

$$I＝\frac{E}{r+X_1}＝\frac{100}{10+10}$$

$$P＝I^2R＝5^2×10$$

La3D2003　已知一对称三相感性负载，接在线电压 $U＝380$V 的电源上，接线如图所示，送电后测得线电流 $I＝35$A，三相负载功率 $P＝X_1$kW，则负载电阻 $|Z|＝$_____，负载电抗 $X_L＝$_____ Ω。（保留小数点后二位）。

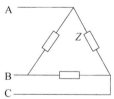

X_1 取值范围：4，5，6，7

计算公式： $R＝\dfrac{P}{I^2}＝\dfrac{X_1×10^3}{35^2}$

$$|Z|＝\frac{U}{I}＝\sqrt{R^2+X_L^2}$$

$$X_L＝\sqrt{\left(\frac{U}{I}\right)^2-R^2}＝\sqrt{\left(\frac{380}{35/\sqrt{3}}\right)^2-4.08^2}$$

La3D2004　如图所示的正弦交流电路，$R＝X_1$Ω，$L＝10$mH，$C＝400\mu$F。则电路发生谐振时，电源的角频率 $\omega＝$_____。

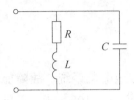

X_1 取值范围：1，2，3，4

计算公式： 电路的等效复阻抗

$$Z = \frac{(R+jX)(-jX_C)}{R+jX_L-jX_C} = \frac{X[RX_C - j(R^2+X_L^2-X_LX_C)]}{R^2+(X_L-X_C)^2}$$

发生谐振时，复阻抗 Z 的虚部为 0，即

$$R^2 + X_L^2 - X_LX_C = 0，又 X_C = \frac{1}{\omega C}, X_L = \omega L，得$$

$$\omega = \sqrt{\frac{1}{LC} - \left(\frac{X_1}{L}\right)^2} = \sqrt{\frac{1}{10\times10^{-3}\times400\times10^{-6}} - \left(\frac{X_1}{10\times10^{-3}}\right)^2}$$

La3D3005 如图所示系统中的 k 点发生三相金属性短路，其次暂态电流 $I_k =$ _____ kA。（用标幺值计算，基准功率取 100MV·A，基准电压取 115kV）（保留小数点后三位）

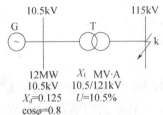

X_1 取值范围：20，40，50

计算公式： $I_j = \frac{S_j}{\sqrt{3}U_j} = \frac{100}{\sqrt{3}\times115}$ $\quad X_{G*} = \frac{0.125\times100}{12\div0.8}$ $\quad X_{T*} = \frac{0.105\times100}{X_1}$

$$I_{k*} = \frac{1}{X_{G*}+X_{T*}} \quad I_k = I_jI_{k*}$$

La3D3006 如图所示，已知 $E = X_1$V，$r = 1\Omega$，$C_1 = 4\mu F$，$C_2 = 15\mu F$，$R = 19\Omega$，求 C_1、C_2 两端电压 $U_{C_1} =$ _____ V，$U_{C_2} =$ _____ V。（保留整数）

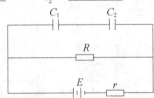

X_1 取值范围：10，20，30，40，50

计算公式： C_1、C_2 的端电压之和与电阻 R 的端电压相等，及

$$U_C = U_R = E\frac{R}{R+r} = \times\frac{19}{19+1} \quad \frac{U_{C_1}}{U_{C_2}} = \frac{C_2}{C_1}$$

$$U_{C_1} = \frac{C_2}{C_1 + C_2} U_C = \frac{15}{4+15} \times 19$$

$$U_{C_2} = \frac{C_1}{C_1 + C_2} U_C = \frac{4}{4+15} \times 19$$

La3D4007 如图所示，电路为用运算放大器测量电压的原理图。设运算放大器的开环电压放大倍数 A_0 足够大，输出端接电压量程 $U_0 = 15V$ 的电压表，取电流 $500\mu A$，若想得到 $U_1 = 50V$、$U_2 = 5V$ 和 $U_3 = 0.5V$ 三种不同量程，$R_1 =$ _____ Ω、$R_2 =$ _____ Ω、$R_3 =$ _____ Ω。（请取整数）

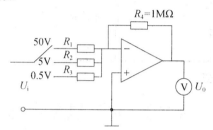

X_1 取值范围：5，10，15，20

计算公式： $R_1 = \frac{-R_4}{A_V} = -R_4\left(-\frac{U_1}{U_0}\right) = 10^6 \times \frac{50}{X_1}$

$$R_2 = \frac{-R_4}{A_V} = -R_4\left(-\frac{U_2}{U_0}\right) = 10^6 \times \frac{5}{X_1}$$

$$R_3 = \frac{-R_4}{A_V} = -R_4\left(-\frac{U_3}{U_0}\right) = 10^6 \times \frac{0.5}{X_1}$$

La3D4008 如图所示，已知 $E_1 = X_1 V$，$E_2 = 2V$，$R_1 = R_2 = 10\Omega$，$R_3 = 20\Omega$，则电路中的电流：$I_1 =$ _____ A，$I_2 =$ _____ A，$I_3 =$ _____ A。

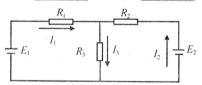

X_1 取值范围：2，4，5，6

计算公式： $E_1 - E_2 = I_1 R_1 - I_2 R_2$

$$E_1 = I_1 R_1 + I_3 R_3$$

又 $I_1 + I_2 = I_3$

得 $I_2 = \dfrac{E_1}{R_1 + 2R_3} - \dfrac{E_1 - E_2}{(R_1 + 2R_3)R_2}(R_1 + R_3)$

$$= \frac{X_1}{10 + 2 \times 20} - \frac{X_1 - 2}{(10 + 2 \times 20) \times 10} \times (10 + 20)$$

$$I_1 = \frac{E_1 - E_2}{R_1} + I_2 \frac{R_2}{R_1} = \frac{X_1 - 2}{10} + 0.04 \times \frac{10}{10}$$

$$I_3 = I_1 + I_2$$

La3D4009 如图所示的电路，直流电流源为 2A，$R_1 = X_1\Omega$，$R_2 = 0.8\Omega$，$R_3 = 3\Omega$，$R_4 = 2\Omega$，$C = 0.2$F，当电路稳定时，电容 C 上的电压是 $U_C = \underline{\hspace{2cm}}$ V，电容 C 储能可达到 $W_C = \underline{\hspace{2cm}}$ W。（保留两位小数）

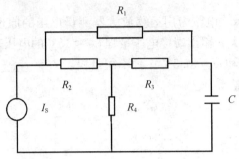

X_1 取值范围：1～5 的整数

计算公式： $U_C = I_s R_4 + I_s \dfrac{R_2 R_3}{X_1 + R_2 + R_3} = 4 + \dfrac{4.8}{X_1 + 3.8}$

$$W_C = 0.1 \times \left(4 + \frac{4.8}{X_1 + 3.8}\right)^2$$

La3D5010 如图 R、L、C 串联电路接在 220V、50Hz 交流电源上，已知 $R = X_1\Omega$，$L = 300$mH，$C = 100\mu$F。则 $U_R = \underline{\hspace{2cm}}$ V，$U_L = \underline{\hspace{2cm}}$ V，$U_C = \underline{\hspace{2cm}}$ V。（保留两位小数）

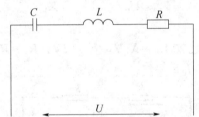

X_1 取值范围：10，15，20，25，30

计算公式： $U_R = 220 \times \dfrac{X_1}{\sqrt{X_1^2 + \left(\omega L - \dfrac{1}{\omega C}\right)^2}} = 220 \times \dfrac{X_1}{\sqrt{X_1^2 + (94.2 - 31.847)^2}}$

$$U_L = 220 \times \frac{94.2}{\sqrt{X_1^2 + \left(\omega L - \dfrac{1}{\omega C}\right)^2}} = 220 \times \frac{94.2}{\sqrt{X_1^2 + (94.2 - 31.847)^2}}$$

$$U_C = 220 \times \frac{31.847}{\sqrt{X_1^2 + \left(\omega L - \dfrac{1}{\omega C}\right)^2}} = 220 \times \frac{31.847}{\sqrt{X_1^2 + (94.2 - 31.847)^2}}$$

Lb3D1011 如图所示，已知负载 Z_1 为 $X_1\Omega$，试计算当一次侧发生 AB 两相短路时，此时 A 相电流互感器的视在负载 $Z_H = \underline{\hspace{2cm}}$ Ω。（保留小数点后一位）

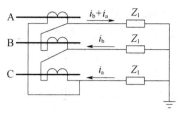

X_1 取值范围：1.5，1.6，1.8

计算公式：B 两相短路时，A 相电流互感器两端的电压为

$$\dot{U}_a = (\dot{I}_a + \dot{I}_b)Z_1 + \dot{I}_a Z_1 = 3\dot{I}_a Z_1$$

$$Z_H = \frac{\dot{U}_a}{\dot{I}_a} = 3Z_1 = 3 \times X_1$$

Lb3D2012　某线路负荷电流为 3A（二次值），潮流为送有功功率，$\cos\varphi = X_1$，用单相瓦特表作电流回路相量检查，并已知 $U_{AB} = U_{BC} = U_{CA} = 100V$。经计算得出 I_A 对 U_{AB} 的瓦特表读数 $W_{AB} = \underline{\qquad}$。（保留小数点后一位）

X_1 取值范围：0.8，0.9，，1.0

计算公式：$W_{AB} = \dot{U}_{AB}\dot{I}_A \cos\varphi = 100 \times 3 \times X_1$

Lb3D4013　如图所示为二极管稳压电源。已知电源电压 $E = 20V$，$R_L = 2k\Omega$，选 2CW18，$U_V = X_1 V$，$I_{V min} = 5mA$，$I_{V max} = 20mA$。则该限流电阻 R 的上限应不大于 $R_1 = \underline{\qquad}$ Ω，下限应不小于 $R_2 = \underline{\qquad}$ Ω。（保留小数点后两位）

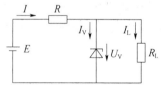

X_1 取值范围：5～15 的整数

计算公式：$R_1 = \dfrac{E - U_V}{I_{V max} + I_L} = \dfrac{20 - X_1}{20 + 12/2}$

$$R_2 = \frac{E - U_V}{I_{V min} + I_L} = \frac{20 - X_1}{5 + 12/2}$$

Jd3D2014　已知合闸电流 $I = 78.5A$，合闸线圈电压 $U_{de} = 220V$；当蓄电池承受冲击负荷时，直流母线电压为 $U_{cy} = 194V$，铝的电阻系数 $\rho = 0.0283\Omega mm^2/m$，电缆长度 L 为 $X_1 m$，合闸电缆的截面积计算值 $S = \underline{\qquad}$ mm^2。（保留小数点后一位）

X_1 取值范围：20，30，50

计算公式：$\Delta U = U_{cy} - K_i U_{de} = 194 - 0.8 \times 220 = 18$

式中　K_i——断路器合闸允许电压百分比，取 0.8。

$$S = \frac{2\rho L I}{\Delta U} = \frac{2 \times 0.0283 \times X_1 \times 78.5}{18}$$

Jd3D2015　设线路每公里正序阻抗 Z_1 为 $X_1\Omega/\mathrm{km}$，保护安装点到故障点的距离 L 为 25km，采用线电压、相电流的接线方式的距离保护中的阻抗继电器，当在保护范围内发生两相短路时，其测量阻抗 $Z^{(2)}=$ _____ Ω。（设 $n_{TV}=1$，$n_{TA}=1$）（保留小数点后两位）

X_1 取值范围：$0.2\sim0.5$ 带一位小数的值

计算公式：两相短路时，加入故障继电器的电压和电流均为

$$U_K^{(2)}=2I^{(2)}Z_1LI_K^{(2)}=2I^{(2)}$$

$$Z^{(2)}=\frac{\sqrt{3}U_K^{(2)}}{I_K^{(2)}}=\sqrt{3}Z_1L=\sqrt{3}\times X_1\times 25$$

Jd3D2016　电网中相邻 M、N 两条线路，正序阻抗分别为 $X_1\angle75°$、$60\angle75°$，当在 N 线中点发生三相短路故障时，流过 M、N 线路的短路电流如图所示，则 M 线 A 侧相间阻抗继电器测量阻抗一次，$Z_m=$ _____ Ω。

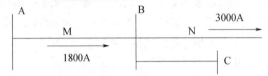

X_1 取值范围：30，40，50

计算公式：AB、BC 两线路阻抗角相等

$$Z_m=U_m/I_m=(1800\times Z_{AB}+3000\times0.5\times Z_{BC})/1800$$
$$=(1800\times X_1+3000\times0.5\times60)/1800$$

Jd3D2017　如图所示方向阻抗继电器的整定值 $Z_{set}=X_1\Omega/\mathrm{ph}$，最大灵敏角为 $75°$，当继电器的测量阻抗相角为 $15°$ 时，此继电器在该相角下的最大动作阻抗 $Z_{op}=$ _____ Ω。

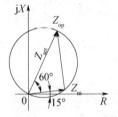

X_1 取值范围：$2\sim10$ 的整数

计算公式：$Z_{op}=Z_{set}\cos(75°-15°)=X_1\times\dfrac{1}{2}$

Jd3D3018　如图所示的系统，其保护的电流定值是相互配合的，已知 6kV 出线电流保护的动作时间为 X_1s，3 号、4 号断路器的保护动作时间分别为 1.5s 和 2.0s，试计算 5 号、6 号、7 号断路器过流保护的动作时间 $t_1=$ _____ s，$t_2=$ _____ s，$t_3=$ _____ s。（$\triangle$t 取 0.5s）

X_1 取值范围：0.3，0.5，0.6

计算公式： $t_1 = t_2 = 0.5 + X_1$

$$t_5 = t_4 + X_1$$

$$t_6 = t_7 = t_5 + X_1$$

Jd3D3019 如图有一方向阻抗继电器的整定值 $Z_{set} = 4\Omega/ph$，最大灵敏角 Φ_{lm} 为 $75°$，请计算当测量阻抗相角 Φ 在 $X_1°$ 时，在此相角下继电器最大动作阻抗 $Z_{op} = $ _____ Ω。（保留小数点后两位）

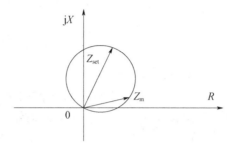

X_1 取值范围：$10\sim30$ 的整数

计算公式： $Z_{op} = Z_{set}\cos(75° - X_1°)$

Jd3D3020 一台电抗器 $U_e = X_1 kV$，$I_e = 0.3kA$，$X_k = 5\%$，用于 6kV 系统中，取基准容量为 100MV·A，平均电压为 6.3kV，试计算其标幺电抗值 $X_{k*} = $ _____。

X_1 取值范围：$5\sim15$ 的整数

计算公式： $I_j = \dfrac{S_j}{\sqrt{3}U_j} = \dfrac{100}{\sqrt{3}\times6.3} = 9.17$

$$X_{k*} = \dfrac{X_k\%}{100}\cdot\dfrac{I_j}{I_e}\cdot\dfrac{U_e}{U_j} = 0.5\times\dfrac{9.17}{0.3}\times\dfrac{X_1}{6.3}$$

Jd3D3021 有一台 SFL1-50000/110 双绕组变压器，高、低压侧的阻抗压降 10.5%，短路损耗 ΔP_0 为 $X_1 kW$，请计算变压器绕组的电阻值 $R_T = $ _____ Ω，漏抗值 $X_T = $ _____ Ω。

X_1 取值范围：$200\sim300$ 的整数

计算公式： $R_T = \Delta P_0\times10^3\dfrac{U_e^2}{S_e^2} = X_1\times10^3\times\dfrac{110^2}{50000^2}$

$$X_T = U_0\%U_e^2\dfrac{10^3}{S_e} = 10.5\%\times110^2\times\dfrac{10^3}{50000}$$

Jd3D4022 如图所示，直流电源为 220V，出口中间继电器线圈电阻为 10kΩ，并联电阻 $R = X_1 k\Omega$，信号继电器额定电流为 0.05A，内阻等于 70Ω。计算信号继电器线圈两端电压降 $\Delta U = $ _____ V，最大灵敏度 $K = $ _____。（保留一位小数）

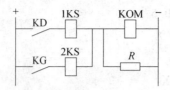

X_1 取值范围：$1.0 \sim 2.0$ 带一位小数的值

计算公式： $R_J = 10000 // X_1 = \dfrac{10000 \times X_1}{10000 + X_1}$

$$\Delta U = \frac{70}{70 + R_J} \times 220$$

最大灵敏度 $K = \dfrac{220}{(R_J + 70/2) \times 2 \times 0.05}$

Jd3D5023 有一台 Y，d11 接线，容量 S_e 为 $31.5 \mathrm{MV \cdot A}$，电压为 $110/35\mathrm{kV}$ 的变压器，高压侧 n_{TAH} 变比为 X_1，低压侧 n_{TAL} 变比为 $600/5$，则变压器差动回路中高压侧二次电流 $I_1 =$ _____ A，低压侧二次电流 $I_2 =$ _____ A，差动保护回路中不平衡电流 $I_{b1} =$ _____ A。（保留小数点后两位）

X_1 取值范围：120，200，240

计算公式： $I_1 = \dfrac{\sqrt{3}\,I_{e1}}{n_{\mathrm{TAH}}} = \dfrac{\sqrt{3}}{n_{\mathrm{TAH}}} \times \dfrac{S_e}{\sqrt{3}U_e} = \dfrac{\sqrt{3}}{X_1} \times \dfrac{31500}{\sqrt{3} \times 110}$

$I_2 = \dfrac{I_{e2}}{n_{\mathrm{TAL}}} = \dfrac{1}{n_{\mathrm{TAL}}} \times \dfrac{S_e}{\sqrt{3}U_e} = \dfrac{1}{600/5} \times \dfrac{31500}{\sqrt{3} \times 35}$

$I_{b1} = I_1 - I_2$

Je3D1024 有两台同步发电机作准同期并列，由整步表可以看到表针转动均匀，其转动一周的时间 T 为 $X_1 \mathrm{s}$，假设断路器的合闸时间为 $0.2\mathrm{s}$，则应在整步表同期点前角度 $\delta =$ _____ 时发出脉冲。

X_1 取值范围：$2 \sim 8$ 之间的整数

计算公式： $\delta = \dfrac{360° t_{\mathrm{H}}}{T} = \dfrac{360° \times 0.2}{X_1}$

式中　t_{H}——断路器的合闸时间。

Je3D2025 有一台 SFL1-50000/110 双绕组变压器，高、低压侧的阻抗压降 X_1，短路损耗为 $230\mathrm{kW}$，请计算变压器绕组的电阻值 $R_{\mathrm{T}} =$ _____ Ω，漏抗值 $X_{\mathrm{T}} =$ _____ Ω。（保留小数点后两位）

X_1 取值范围：$0.075 \sim 0.145$ 带三位小数的数

计算公式： $R_{\mathrm{T}} = \Delta P_0 \times 10^3 \dfrac{U_e^2}{S_e^2} = 230 \times 10^3 \times \dfrac{110^2}{50000^2}$

$X_{\mathrm{T}} = U_0\% U_e^2 \dfrac{10^3}{S_e} = X_1 \times 110^2 \times \dfrac{10^3}{50000}$

Je3D2026 已知合闸电流 $I=X_1$A，合闸线圈电压 $U_{de}=220$V；当蓄电池承受冲击负荷时，直流母线电压为 $U_{cy}=194$V，铝的电阻系数 $\rho=0.0283\Omega mm^2/m$，电缆长度为 110m，计算合闸电缆的截面积 $S=$_____ mm^2。

X_1 取值范围：75.0～85.0 带一位小数的数

计算公式： $\Delta U=U_{cy}-K_iU_{de}=194-0.8\times220=18$（断路器合闸允许电压百分比 K_i，取 0.8）

$$S=\frac{2\rho LI}{\Delta U}=\frac{2\times0.0283\times110\times X_1}{18}$$

Je3D2027 设某 110kV 线路装有距离保护装置（保护采用线电压、相电流差的接线方式），其一次动作阻抗整定值 $Z_{op}=18.32\Omega/ph$，电流互感器的变比 $n_{TA}=X_1$，电压互感器的变比为 $n_{TV}=110/0.1$，则其二次动作阻抗值是 $Z'_{op}=$_____ Ω。（保留一位小数）

X_1 取值范围：60，120，200，240

计算公式： $Z'_{op}=\frac{n_{TA}\times Z_{op}}{n_{TV}}=\frac{X_1}{110/0.1}\times18.32$

Je3D3028 有一条长度为 100km，额定电压为 110kV 的双回输电线路，单回路每公里电纳 $b_0=X_1\times E-6S$，试求双回线路总电纳 $B=$_____ $\times10^4$S，电容功率 $Q_C=$_____ $\times10^3$MV·A。（结果可用科学计数的方式表达且保留两位小数）

X_1 取值范围：2.78，2.9，3.1

计算公式： $B=2b_0L=2\times2.78\times10^{-6}\times100\times10^4$

$$Q_C=\frac{U^2}{C}=U^2B=(110\times10^3)^2\times5.56\times10^{-4}\times10^{-9}\times10^3$$

Je3D3029 有一台 Y，d11 接线，容量 S_e 为 31.5MV·A，电压为 110/35kV 的变压器，高压侧 n_{TAH} 变比为 X_1，低压侧 n_{TAL} 变比为 800/5，计算变压器差动回路中高压侧二次电流是 $I_1=$_____ A，低压侧二次电流是 $I_2=$_____ A，差动保护回路中不平衡电流是 $I_{bl}=$_____ A。（保留小数点后两位）

X_1 取值范围：60，120，150

计算公式： $I_1=\frac{\sqrt{3}I_{e1}}{n_{TAH}}=\frac{\sqrt{3}}{n_{TAH}}\times\frac{S_e}{\sqrt{3}U_e}=\frac{\sqrt{3}}{X_1}\times\frac{31500}{\sqrt{3}\times110}$

$$I_2=\frac{I_{e2}}{n_{TAL}}=\frac{1}{n_{TAL}}\times\frac{S_e}{\sqrt{3}U_e}=\frac{1}{800/5}\times\frac{31500}{\sqrt{3}\times35}$$

$$I_{bl}=I_1-I_2$$

Je3D3030 设某 110kV 线路装有距离保护装置，其一次动作阻抗整定值为 $Z_d=X_1\Omega/$相，电流互感器的变比为 $n_1=800/5$，电压互感器的变比为 $n_y=110/0.1$。试计算其二次动作阻抗值 $Z'_{op}=$_____（设保护采用线电压、相电流差的接线方式）。

X_1 取值范围：15.00～30.00，带两位小数的值计算公式：$Z'_{op} = \dfrac{n_{TA} \times Z_{op}}{n_{TV}} = \dfrac{800/5}{110/0.1} \times X_1$

Je3D3031　某时间继电器的延时是利用电阻、电容充电电路实现。设时间继电器在动作时的电压 $U_C = 20\text{V}$，直流电源电压 $E = 24\text{V}$，电容 $C = 20\mu\text{F}$，电阻 $R = X_1\text{k}\Omega$。则时间继电器在开关 K 合上后 $T = \underline{\hspace{2cm}}$ s 动作。

X_1 取值范围：280，418.59，446.49，558.11

计算公式：$U_C = E(1 - e^{-\frac{T}{RC}})$，则 $-\dfrac{T}{RC} = \ln\dfrac{E - U_C}{E}$

$$T = RC \times \ln\dfrac{E}{E - U_C} = X_1 \times 10^3 \times 20 \times 10^{-6}\ln\left(\dfrac{24}{24 - 20}\right)$$

Je3D3032　如图所示，在断路器的操作回路中，绿灯是监视合闸回路的，已知操作电源电压为 220V，绿灯为 8W、110V，附加电阻 R 为 $X_1\Omega$，合闸接触器线圈电阻为 600Ω，最低动作电压为 $30\%U_n$，计算当绿灯短路后，合闸接触器两端电压 $U_{KM} = \underline{\hspace{2cm}}$ V。（保留整数）

X_1 取值范围：1500，2000，2500，3000

计算公式：考虑操作电源电压波动 $+10\%$，即 $220 \times 1.1 = 242$

$$U_{KM} = \dfrac{242 \times 600}{X_1 + 600}$$

Je3D3033　设某 110kV 线路装有距离保护装置（保护采用线电压、相电流差的接线方式），其一次动作阻抗整定值为 $Z_{op} = 19.41\Omega/\text{ph}$，电流互感器的变比 $n_{TA} = X_1$，电压互感器的变比为 $n_{TV} = 110/0.1$，则其二次动作阻抗值 $Z'_{op} = \underline{\hspace{2cm}}$ Ω。（保留小数点后一位）

X_1 取值范围：60，120，200，240

计算公式：$Z'_{op} = \dfrac{n_{TA} \times Z_{op}}{n_{TV}} = \dfrac{X_1}{110/0.1} \times 19.41$

Je3D4034　有 A 和 B 两只额定电压均为 220V 的白炽灯泡，A 的功率是 P_{1e} 为 X_1W 的，B 的功率 P_{2e} 为 100W 的。当将两只灯泡串联在 220V 电压使用时，A 灯泡实际消耗的功率 $P'_1 = \underline{\hspace{2cm}}$ W，B 灯泡实际消耗的功率 $P'_2 = \underline{\hspace{2cm}}$ W。（结果取小于该值的整

数）

X_1 取值范围：20～60 的整数

计算公式： $I = \dfrac{U}{R_1 + R_2} = \dfrac{U}{(U_1^2/P) + (U_2^2/P)} = \dfrac{P_1 P_2}{U(P_1 + P_2)}$

$$P_1' = I^2 R_1 = \dfrac{P_1^2 P_2^2}{U^2 (P_1 + P_2)^2} \times \dfrac{U^2}{P_1} = \dfrac{P_1 P_2^2}{(P_1 + P_2)^2} = \dfrac{X_1 \times 100^2}{(X_1 + 100)^2}$$

$$P_2' = I^2 R_2 = \dfrac{P_1^2 P_2^2}{U^2 (P_1 + P_2)^2} \times \dfrac{U^2}{P_2} = \dfrac{P_1^2 P_2}{(P_1 + P_2)^2} = \dfrac{X_1^2 \times 100}{(X_1 + 100)^2}$$

Je3D4035 有一台 Yd11 接线、容量为 31.5MV・A、变比为 115/10.5kV 的变压器，一次侧电流为 X_1A，二次侧电流为 1730A。一次侧电流互感器的变比 $K_{TAY} = 300/5$，二次侧电流互感器的变比 $K_{TA\triangle} = 2000/5$，在该变压器上装设差动保护，试计算差动回路中高、低压侧二次回路电流 $I_{2Y} = \underline{\qquad}$ A，$I_{2\triangle} = \underline{\qquad}$ A 及流入差动继电器的不平衡电流 $I_{apn} = \underline{\qquad}$ A。

X_1 取值范围：150～200 的整数

计算公式： $I_{2Y} = I_Y \div K_{TAY} = X_1 \div (300/5)$

$$I_{2\triangle} = I_\triangle \div K_{TA\triangle} = 1730 \div (2000/5)$$

$$I_{apn} = I_{2Y} - I_{2\triangle}$$

Je3D5036 有一条长度为 100km，额定电压为 110kV 的双回输电线路，单回路每公里电阻 $r_0 = 0.17\Omega$，电抗 $X_0 = X_1\Omega$，电纳 $b_0 = 2.78 \times 10^{-6}$S，试求双回线路总电阻 $R = \underline{\qquad}$ Ω、电抗 $X = \underline{\qquad}$ Ω、电纳 $B = \underline{\qquad} \times 10^{-4}$S、电容功率 $Q_C = \underline{\qquad} \times 10^{-3}$MV・A。（保留小数点后一位）（保留小数点后一位并可用科学计数方式表达）

X_1 取值范围：0.2～0.6，带两位小数的值

计算公式： $R = \dfrac{r_0 L}{2} = \dfrac{0.17 \times 100}{2}$

$$X = \dfrac{X_0 L}{2} = \dfrac{X_1 \times 100}{2}$$

$$B = 2b_0 L = 2 \times 2.78 \times 10^{-6} \times 100 \times 10000$$

$$Q_C = \dfrac{U^2}{C} = U^2 B = (110 \times 10^3)^2 \times B \times 10^{-9}$$

Je3D5037 有一台 Y，d11 接线，容量 S_e 为 X_1MV・A，电压为 110/35kV 的变压器，高压侧 n_{TAH} 变比为 300/5，低压侧 n_{TAL} 变比为 600/5，计算变压器差动回路中高压侧二次电流是 $I_1 = \underline{\qquad}$ A，低压侧二次电流是 $I_2 = \underline{\qquad}$ A，差动保护回路中不平衡电流 $I_{b_1} = \underline{\qquad}$ A。（保留小数点后三位）

X_1 取值范围：20，31.5，50

计算公式： $I_1 = \dfrac{\sqrt{3} I_{e1}}{n_{TAH}} = \dfrac{\sqrt{3}}{n_{TAH}} \times \dfrac{S_e}{\sqrt{3} U_e} = \dfrac{\sqrt{3}}{300/5} \times \dfrac{X_1 \times 1000}{\sqrt{3} \times 110}$

267

$$I_2 = \frac{I_{e2}}{n_{TAL}} = \frac{1}{n_{TAL}} \times \frac{S_e}{\sqrt{3}U_e} = \frac{1}{600/5} \times \frac{X_1 * 1000}{\sqrt{3} \times 35}$$

$$I_{b1} = I_1 - I_2$$

Je3D5038 一只 DS-30 型时间继电器，当使用电压为 220V，电流不大于 0.5A，时间常数 τ 不大于 5ms 的直流有感回路，继电器断开触点（即常开触点）的断开功率 P 不小于 X_1 W，试根据技术条件的要求，计算出触点电路的有关参数，即触点开断电流 $I =$ _____ A，触点电阻 $R=$ _____ Ω，触点电感 $L=$ _____ H。（保留两位小数）

X_1 取值范围：$40 \sim 60$ 的整数

计算公式： $I = \dfrac{P}{U} = \dfrac{X_1}{220}$

$$R = \frac{U^2}{P} = \frac{220^2}{X_1}$$

$$L = \tau \frac{U^2}{P} = 5 \times 10^{-3} \times \frac{220^2}{X_1}$$

1.5 识图题

La3E2001 图中所示系统经一条 220kV 线路供一终端变电站，该变电站为一台 150MV·A，220/110/35kV，Y0/Y0/D 三绕组变压器，变压器 220kV 侧与 110kV 侧的中性点均直接接地，中、低压侧均无电源且负荷不大。系统、线路、变压器的正序、零序标幺值分别为 X_1S/X_0S、X_1L/X_0L、X_1T/X_0T，下图是当在变电站出口发生 220kV 线路 A 相接地故障时的复合序网图，是(   )。

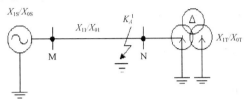

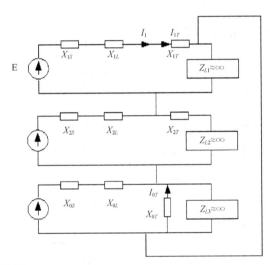

（A）正确；（B）错误。

答案：B

La3E3002 相邻 M、N 两线路，正序阻抗分别为 40/75°Ω 和 60/75°Ω，在 N 线中点发生三相短路，流过 M、N 同相的短路电流如图所示，M 线 E 侧相间阻抗继电器的测量阻抗一次值为(   )。

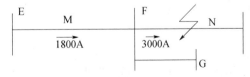

（A）75Ω；（B）100Ω；（C）90Ω；（D）123Ω。

答案：C

Lb3E2003　如图所示为中性点接地系统 BC 两相短路时的 A 相等值复合序网图，BC 两相短路时 B 相电流的相量图，其中 a 是 B 相负序电流、c 是 B 相正序电流，是（　　）。

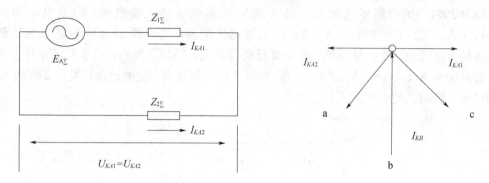

（A）正确；（B）错误。

答案：B

Lb3E3004　如图所示为双绕组变压器纵差保护的单线示意图、原理图，试对该图的正确性进行判断（　　）。

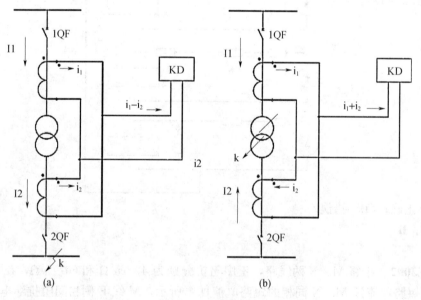

（A）（a）正确，（b）错误；（B）（a）错误，（b）正确；（C）（a）正确，（b）正确；（D）（a）错误，（b）错误。

答案：C

Lb3E3005　如图所示为中性点直接接地系统发生（　　）时故障的电流、电压相量图。

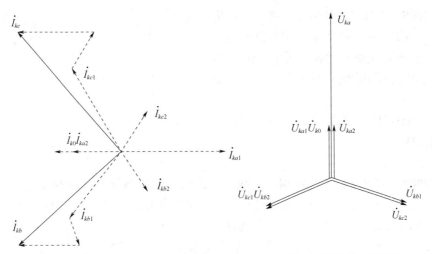

（A）A 相接地短路；（B）BC 两相短路；（C）BC 两相金属性接地短路；（D）AB 两相金属性接地短路。

答案：C

Lb3E4006　如图所示，由于电源 S2 的存在，线路 L2 发生故障时，L1 线路 N 侧的距离保护所测量的电气距离与从 N 到故障点的实际电气距离的关系是(　　)。

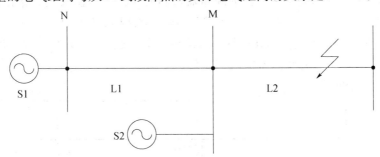

（A）相等；（B）测量距离大于实际距离；（C）测量距离小于实际距离；（D）不能比较。

答案：B

Lc3E3007　如图所示，接线在 AB 两相短路时，A 相电流互感器的视在负载为 3Z（　　）。

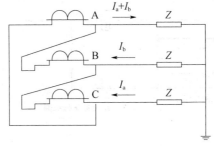

（A）正确；（B）错误。

答案：A

Je3E2008 相邻 A、B 两条线路，正序阻抗均为 $60/75°Ω$，在 B 线中点三相短路时流过 A、B 线路同相的短路电流如图所示。则 A 线 M 侧相间阻抗继电器的测量阻抗一次值为（　　）。

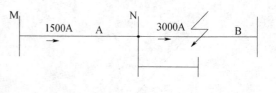

（A）75Ω；（B）100Ω；（C）90Ω；（D）120Ω。

答案：D

Je3E2009 如图所示，光纤端口接收功率测试，将待测设备光纤接收端口的尾纤拔下，插入到光功率计接收端口，读取光功率计上的功率值，下列说法正确的是（　　）。

（A）光波长 1310nm 光纤，光纤发送功率：-33~-12dBm；（B）光波长 1310nm 光纤，光纤发送功率：-33~-14dBm；（C）光波长 1310nm 光纤，光纤发送功率：-31~-12dBm；（D）光波长 1310nm 光纤，光纤发送功率：-31~-14dBm。

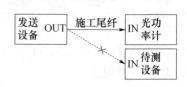

答案：D

Je3E2010 如图所示为某变压器的断路器控制回路图，该图接线是错误的，应改正：（1）KK6，7 应与 KK5，8 交换；（2）红灯应接在 HWJ 接点回路中；（3）绿灯应接在 TWJ 接点回路中；（4）TWJ 线圈应接在 TBJ3-QF 接点之间；（5）母差保护出口接点应在防跳继电器前，并取消其自保持电流线圈。是（　　）。

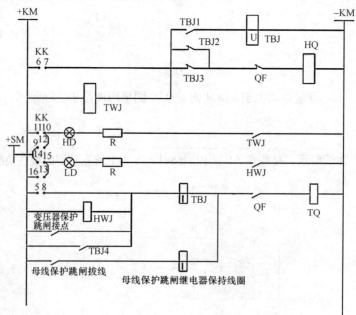

（A）正确；（B）错误。

答案：A

Je3E2011 下图是事故音响信号图。（　　）

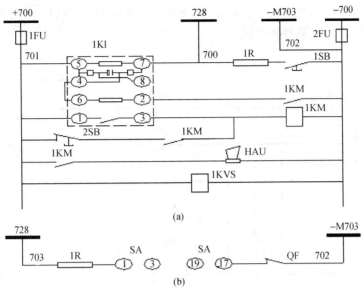

（A）正确；（B）错误。

答案：**B**

Je3E2012 下图是事故音响信号图。（　　）

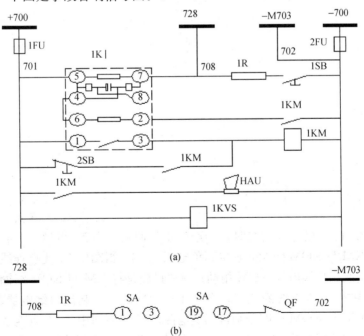

（A）正确；（B）错误。

答案：**A**

Je3E3013　如图所示是常规接线双母线接线的断路器失灵保护启动回路图，其中 KAA、KAB、KAC 是电流继电器接点，KRCA、KRCB、KRCC 是分相跳闸继电器，KRCQ、KRCR 为三相跳闸继电器。（　　　）

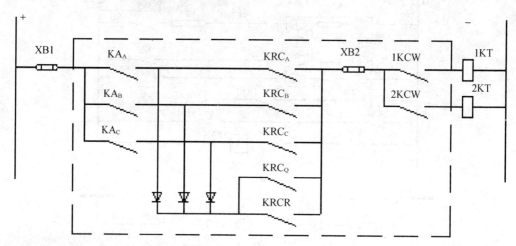

（A）正确；（B）错误。

答案：**A**

Je3E3014　如图所示接线中，（　　　）。

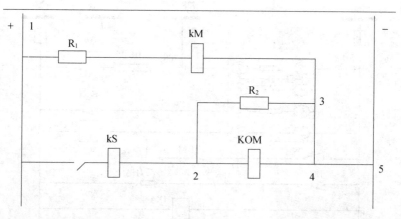

（A）当图中 4、5 点连线断线时，会产生寄生回路，引起出口继电器 KOM 误动作；解决措施是将 KM 与 KOM 线圈分别接到负电源；（B）当图中 3、4 点连线断线时，会产生寄生回路，引起出口继电器 KOM 拒动；解决措施是将 KM 与 KOM 线圈分别接到负电源；（C）当图中 3、4 点连线断线时，会产生寄生回路，引起出口继电器 KOM 误动作；解决措施是将 KM 与 KOM 线圈分别接到负电源；（D）当图中 4、5 点连线断线时，会产生寄生回路，引起出口继电器 KOM 拒动；解决措施是将 KM 与 KOM 线圈分别接到负电源。

答案：**C**

Je3E3015 如图所示，MU 与保护装置之间的通信断续测试。下列说法错误的是(   )。

（A）MU 与保护装置之间 SV 通信中断后，保护装置应可靠闭锁；（B）MU 与保护装置之间 SV 通信中断后，保护装置液晶面板应提示"SV 通信中断"且告警灯亮，不闭锁保护；（C）MU 与保护装置之间 SV 通信中断后，监控后台应接收到"SV 通信中断"告警信号 。

答案：**B**

Je3E3016 如图所示为微机失灵启动装置逻辑图，是(   )。

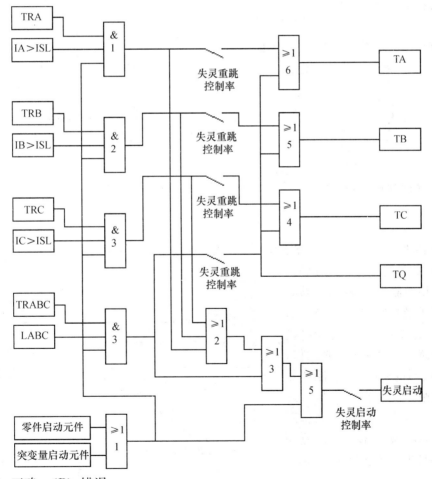

（A）正确；（B）错误。

答案：**B**

Je3E3017　如图所示是展开式原理图。（　　）

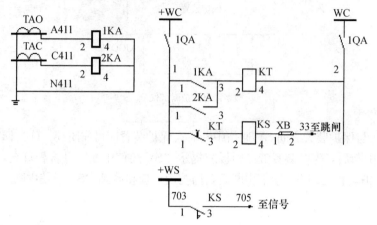

（A）正确；（B）错误。

答案：A

Je3E3018　如图所示为（　　）回路图。

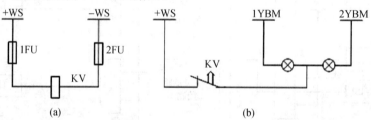

（a）　　　　　　　　　　　　　（b）

（A）事故音响；（B）压力闭锁信号；（C）直流电源切换；（D）事故信号、熔断信号发信。

答案：D

Je3E4019　当图中直流系统标有"※"处发生接地时，错误的说法为（　　）。

（A）A 点与 C 点均接地时，可能会使熔断器 FU_1 和 FU_2 熔断而失去保护及控制电源；（B）当 B 点与 C 点均接地时，等于将跳闸线圈短路，即使保护正确动作，YT 跳闸线圈也不会启动，断路器就不会跳闸；（C）当 A 点与 B 点均接地时，就会使保护误动作而造成断路器跳闸；（D）当 A 点与 D 点均接地时，保护既不会误动作也不会拒动。

答案：D

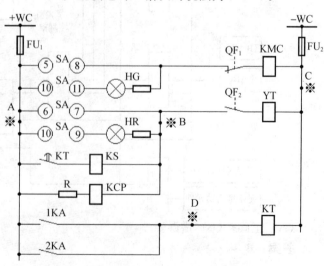

Jf3E4020 如图所示是旁路代主变差动保护切换接线图。（　　）

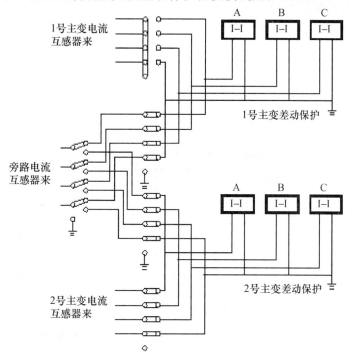

（A）正确；（B）错误。

答案：**A**

Jf3E4021 如图所示是旁路代主变差动保护切换接线图。（　　）

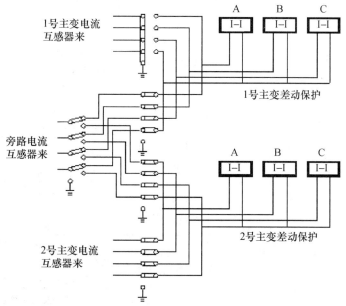

（A）正确；（B）错误。

答案：**B**

2 技能操作

2.1 技能操作大纲

继电保护工技能鉴定技能操作考核大纲

等级	考核方式	能力种类	能力项	考核项目	考核主要内容
高级工	技能操作	基本技能	01. 电气识图	01. 复杂 SCD 文件的识读	(1) 使用规定的 SCD 文件配置工具 (2) 看懂给定的 SCD 文件 (3) 分析 SCD 文件中的各种参数并知晓其中的含义
		专业技能	01. 常规变电站检验和调试	01. RCS931 型保护装置光纤差动保护校验	(1) 对 220kV 及以下线路光纤差动保护进行试验 (2) 消除回路及装置上所设缺陷
				02. PSL603G 型保护装置距离保护校验	(1) 对 220kV 及以下线路距离保护进行试验 (2) 消除回路及装置上所设缺陷
				03. CSC103B 型保护装置零序保护校验	(1) 对 220kV 及以下线路零序保护进行试验 (2) 消除回路及装置上所设缺陷
				04. WXH803 型保护装置重合闸及后加速保护校验	(1) 对 220kV 及以下线路重合闸及故障加速保护进行试验 (2) 消除回路及装置上所设缺陷，以下型号任选
				05. RCS9651C 型设备自投装置校验	对备自投装置进行调试及维护
			02. 智能变电站检验和调试	01. PCS931BM 智能型线路保护检验	(1) 对 PCS931BM 智能型线路保护进行试验 (2) 消除回路及装置上所设缺陷
				02. CSC103BE 智能型线路保护检验	(1) 对 CSC103BE 智能型线路保护进行试验 (2) 消除回路及装置上所设缺陷
				03. PSL603U 智能型线路保护检验	(1) 对 PSL603U 智能型线路保护进行试验 (2) 能够消除回路及装置上所设缺陷
				04. NSR303A 智能型线路保护检验	(1) 对 NSR303A 智能型线路保护进行试验 (2) 消除回路及装置上所设缺陷

2.2 技能操作项目

2.2.1 JB3JB0101 复杂 SCD 文件的识读

一、作业

（一）工器具、材料、设备

（1）工器具：无。

（2）材料：无。

（3）设备：电脑（已安装南瑞继保公司 SCD 配置工具软件 SCL Configurator）。

（二）安全要求

无。

（三）操作步骤及工艺要求（含注意事项）

根据现场给定的 SCD 文件，由监考人员随机指定 1 号主变间隔，利用 SCL Configurator 软件找到该间隔的相关设备，并写出试卷中要求的参数，而后导出该主变间隔的虚端子图。最后指出 SCD 文件中 1 号主变间隔各设备参数以及数据流存在的问题。

二、考核

（一）考核场地

考场可设在电脑机房。

（二）考核时间

考核时间为 30min。

（三）考核要点

（1）本考核项目由一人独立完成。

（2）能够较熟练地使用 SCD 配置工具软件 SCL Configurator。

（3）熟悉主变保护装置的数据流。

三、评分标准

行业：电力工程		工种：继电保护工			等级：高级工		
编号	JB3JB0101	行为领域	e	鉴定范围			
考核时限	30min	题型	B	满分	100 分	得分	
试题名称	复杂 SCD 文件的识读						
考核要点 及其要求	（1）本考核项目由一人独立完成 （2）能够较熟练地使用 SCD 配置工具软件 SCL Configurator （3）熟悉主变保护装置的数据流						
现场设备、工器具、材料	电脑（已安装南瑞继保公司 SCD 配置工具软件 SCL Configurator）						
备注							

				评分标准			
序号	考核项目名称	质量要求	分值	扣分标准	扣分原因	得分	
1	工作前/后安措	按照规程要求，做好 SCD 文件的备份	10	操作前未进行 SCD 文件备份，扣 10 分			
2	SCD 文件的识读	（1）利用 SCL Configurator 软件找到规定的 1 号主变间隔的相关设备（向监考人员指出） （2）写出 1 号主变高压侧智能终端 GOOSE 网络中的 MAC 地址及 APPID （3）写出 1 号主变保护 MMS 网络 A 网中的 IP 地址 （4）写出 1 号主变高压侧合并单元的 IEDname	40	（1）不能正确使用 SCL Configurator 软件 （2）不能找到规定间隔的合并单元 （3）不能找到规定间隔的智能终端 （4）不能找到规定间隔的保护装置 （5）不能找到相关合并单元、智能终端、保护装置的 SV、GOOSE 输入端子 （6）不能导出规定间隔的虚端子表 （7）1 号主变高压侧智能终端 GOOSE 网络中的 MAC 地址及 APPID 不正确 （8）1 号主变保护 MMS 网络 A 网中的 IP 地址不正确 （9）1 号主变高压侧合并单元的 IEDname 不正确 每项 5 分，扣完为止			
3	设备参数及数据流的检查	利用 SCD 文件对 1 号主变间隔各设备及数据流进行检查，指出其存在的问题	40	每项 8 分，扣完为止			
4	现场恢复及报告编写	恢复工作现场、编写试验报告	10	（1）试验报告缺项漏项，每项 2 分，扣完为止 （2）未整理现场，扣 5 分			
5	故障	故障设置方法	40	故障现象（以下故障任取 5 个，每项 8 分）			
	故障 1	高压侧保护电压 AB 倒相	8	高压侧 SV 的 inputs 中保护电压 AB 相关联相反			

序号	考核项目名称	质量要求	分值	扣分标准	扣分原因	得分
	故障 2	高压侧合并单元 SV 网络中的 MAC 地址不正确	8	高压侧合并单元 SV 网络中的 MAC 地址超限（SV 网 MAC 地址范围 01-0C-CD-04-04-XX)		
	故障 3	GOOSE 网的 TYPE 选择不正确	8	GOOSE 网的 TYPE 应选 "IECGOOSE"		
	故障 4	高压侧保护 A 相电流关联错	8	SV 的 inputs 中保护电流 A 相关联到其他间隔合并单元		
	故障 5	缺少低气压闭锁开入	8	保护低气压闭锁开入未关联		
	故障 6	缺少低压侧主变跳闸 GOOSE	8	低压侧智能终端 inputs 中缺少跳闸		
	故障 7	高压侧智能终端缺少母差跳闸 GOOSE	8	高压侧智能终端缺少母差跳闸 GOOSE		

2.2.2　JB3ZY0101　RCS931 型保护装置光纤差动保护校验

一、作业

（一）工器具、材料、设备

（1）工器具：万用表、一字改锥、十字改锥。

（2）材料：绝缘胶带、二次措施箱。

（3）设备：继电保护试验台（常规型）、RCS931 型保护装置。

（二）安全要求

（1）试验所用设备均视为运行状态，试验操作过程均需满足相关安全技术规程要求。

（2）安全措施要完善齐备，特别要防止电压回路短路、电流回路开路，并对其他相关运行回路做好隔离。

（3）继电保护试验台电源接线等要满足低压安全用电要求。

（三）操作步骤及工艺要求（含注意事项）

（1）操作步骤

①执行现场安全措施。

②进行题目要求的校验工作（包括定值打印核对、试验接线、保护项目及定值校验、整组传动等）。

③恢复现场。

④编写试验报告。

（2）注意事项

①执行安措、进行校验及编写试验报告时间共 60min，考生自行分配。

②整组传动时开关均在操作回路所在屏完成，模拟断路器的分合闸，在考生需要时由监考人员负责处理。

③如发现故障点，需及时告知监考人员现象后方可处理。无法处理的缺陷可放弃，由监考人员恢复后继续进行操作，放弃的缺陷不得分。

二、考核

（一）考核场地

满足要求的 RCS931 型保护屏一面，含操作箱、开关等必须的二次回路。

（二）考核时间

考核时间为 60min。

（三）考核要点

（1）本考核项目由一人独立完成。

（2）根据河北南网《继电保护验收细则》，对本型号光纤差动保护及相关二次回路进行保护校验、反措检查及带开关整组传动等。

（3）安全文明生产。听从现场监考人员指挥，按规定时间完成，时间到后停止操作，按所完成的内容计分，未完成部分不得分。操作过程应熟练、有序并满足有关安全规程要求。

三、评分标准

行业：电力工程	工种：继电保护工		等级：高级工

编号	JB3ZY0101	行为领域	e	鉴定范围		
考核时限	60min	题型	B	满分	100分	得分
试题名称	RCS931型保护装置光纤差动保护校验					
考核要点及其要求	根据河北南网《继电保护验收细则》，对本型号光纤差动保护及相关二次回路进行保护校验、反措检查及带开关整组传动等					
现场设备、工器具、材料	万用表、一字改锥、十字改锥、绝缘胶带、二次措施箱、继电保护试验台（常规型）					
备注						

评分标准

序号	考核项目名称	质量要求	分值	扣分标准	扣分原因	得分
1	工作前/后安措	按照规程要求，做好保护校验前后安全措施	10	（1）未核对定值（打印定值） （2）未退出全部压板 （3）CT短接后未断开连片，PT未断开（断开连片） （4）未正确进行光纤自环 （5）未解开启动失灵回路 （6）试验仪未接地 每项2分，扣完为止		
2	试验接线	正确阅读端子排图、原理图，按图接线	10	（1）未正确连接电流输入端子 （2）未正确连接电压输入端子 每项5分		
3	校验项目1	模拟AB相间故障，校验差动保护Ⅰ段的定值	20	（1）未正确投退软硬压板，扣5分 （2）差动保护Ⅰ段不正确动作，扣10分 （3）没有对差动保护Ⅰ段进行定值校验（1.05倍，0.95倍），扣5分		
4	校验项目2	整组传动，带开关模拟差动保护C相故障、重合闸与故障，后加速动作	20	（1）未正确投退软硬压板，无法模拟C相差动动作，扣5分 （2）重合闸无法正确充电、动作，扣5分 （3）后加速没有正确动作，扣5分 （4）开关没有按逻辑正确动作或未带开关传动，扣5分		

序号	考核项目名称	质量要求	分值	扣分标准	扣分原因	得分
5	现场恢复	拆除试验接线,恢复安全措施到开工前状态,整理继电保护试验台及工器具等	10	(1)未正确恢复安全措施至开工前状态,每项2分,扣完为止 (2)未整理现场,扣5分		
6	报告	根据试验要求正确编写试验报告	10	试验报告缺项漏项,每项2分,扣完为止		
7	故障	故障设置方法	20	故障现象(以下故障任取4个,每项5分)		
	故障1	保护定值中把"投三相跳闸"整定为1	5	保护始终三相跳闸		
	故障2	差动高定值整定的比4Un/Xc1小(可适当减小Xc1值)	5	校验高值不正确,差动保护I段按4Un/Xc1动作),实际按低值动作		
	故障3	把"通道自环试验"整定为0	5	通道异常灯亮		
	故障4	1D92和1D46连接,1D96和1D50连接	5	保护单跳后启动远跳动作三跳		
	故障5	解开C相跳闸压板(下端)连线	5	保护动作,但C相不出口		
	故障6	短接保护+110V电源与"压力降低禁止操作"开入	5	压力降低禁止操作,不能出口		
	故障7	虚接4D63上的N10	5	C相不能合闸		
	故障8	将装置参数中"电流二次额定值"改为1A	5	采样不正确		

2.2.3 JB3ZY0102 PSL603G 型保护装置距离保护校验

一、作业

（一）工器具、材料、设备

（1）工器具：万用表、一字改锥、十字改锥。

（2）材料：绝缘胶带、二次措施箱。

（3）设备：继电保护试验台（常规型）、PSL603G 型保护装置。

（二）安全要求

（1）试验所用设备均视为运行状态，试验操作过程均需满足相关安全技术规程要求。

（2）安全措施要完善齐备，特别要防止电压回路短路、电流回路开路，并对其他相关运行回路做好隔离。

（3）继电保护试验台电源接线等要满足低压安全用电要求。

（三）操作步骤及工艺要求（含注意事项）

（1）操作步骤

①执行现场安全措施。

②进行题目要求的校验工作（包括定值打印核对、试验接线、保护项目及定值校验、整组传动等）。

③恢复现场。

④编写试验报告。

（2）注意事项

①执行安措、进行校验及编写试验报告时间共 60min，考生自行分配。

②整组传动时开关均在操作回路所在屏完成，模拟断路器的分合闸，在考生需要时由监考人员负责处理。

③如发现故障点，需及时告知监考人员现象后方可处理。无法处理的缺陷可放弃，由监考人员恢复后继续进行操作，放弃的缺陷不得分。

二、考核

（一）考核场地

满足要求的 PSL603G 型保护屏一面，含操作箱、开关等必须的二次回路。

（二）考核时间

考核时间为 60min。

（三）考核要点

（1）本考核项目由一人独立完成。

（2）根据河北南网《继电保护验收细则》，对本型号距离保护及相关二次回路进行保护校验、反措检查及带开关整组传动等。

（3）安全文明生产。听从现场监考人员指挥，按规定时间完成，时间到后停止操作，按所完成的内容计分，未完成部分不得分。操作过程应熟练、有序并满足有关安全规程要求。

三、评分标准

行业：电力工程　　　　　　　　工种：继电保护工　　　　　　　　等级：高级工

编号	JB3ZY0102	行为领域	e	鉴定范围			
考核时限	60min	题型	B	满分	100分	得分	
试题名称	PSL603G型保护装置距离保护校验						
考核要点及其要求	根据河北南网《继电保护验收细则》，对本型号距离保护及相关二次回路进行保护校验、反措检查及带开关整组传动等						
现场设备、工器具、材料	万用表、一字改锥、十字改锥、绝缘胶带、二次措施箱、继电保护试验台（常规型）						
备注							

评分标准

序号	考核项目名称	质量要求	分值	扣分标准	扣分原因	得分
1	工作前/后安措	按照规程要求，做好保护校验前后安全措施	10	（1）未核对定值（打印定值） （2）未退出全部压板 （3）CT短接后未断开连片，PT未断开（断开连片） （4）未解开启动失灵回路 （5）试验仪未接地 每项2分，扣完为止		
2	试验接线	正确阅读端子排图、原理图，按图接线	10	（1）未正确连接电流输入端子 （2）未正确连接电压输入端子 每项5分		
3	校验项目1	模拟B相故障，校验距离保护Ⅱ段的定值	20	（1）未正确投退软硬压板，扣5分 （2）距离保护Ⅱ段不正确动作，扣10分 （3）没有对距离保护Ⅱ段进行定值校验（1.05倍，0.95倍，反方向），扣5分		
4	校验项目2	整组传动，带开关模拟A相故障（距离保护Ⅰ段）、重合闸与故障，后加速动作	20	（1）未正确投退软硬压板，无法模拟A相距离保护Ⅰ段动作，扣5分 （2）重合闸无法正确充电、动作，扣5分 （3）后加速没有正确动作，扣5分 （4）开关没有按逻辑正确动作或未带开关传动，扣5分		

序号	考核项目名称	质量要求	分值	扣分标准	扣分原因	得分
5	现场恢复	拆除试验接线，恢复安全措施到开工前状态，整理继电保护试验台及工器具等	10	（1）未正确恢复安全措施至开工前状态，每项2分，扣完为止 （2）未整理现场，扣5分		
6	报告	根据试验要求正确编写试验报告	10	试验报告缺项漏项，每项2分，扣完为止		
7	故障	故障设置方法	20	故障现象（以下故障任取4个，每项5分）		
	故障1	保护参数定值中整定"CT额定电流为1A"	5	与定值单不符，显示电流与实际值比为1/5。		
	故障2	电压N相虚接	5	电压采样值不准，导致距离保护定值校验出错		
	故障3	"距离保护投入"压板在装置背板虚接	5	距离保护开入量无变为		
	故障4	短接保护＋110V电源与"压力降低禁止操作"开入	5	压力降低禁止操作，不能出口		
	故障5	在装置背板上将"重合闸出口"虚接	5	保护重合，但开关不能重合		
	故障6	在端子排将"保护A相跳闸出口"接至手跳回路	5	开关三跳且三相跳闸信号灯不亮		
	故障7	在端子排将A、B相电流互换	5	A、B相电流采样不正确，距离保护不正确动作		
	故障8	保护控制字定值中整定"距离保护"为0	5	距离保护不动作		

2.2.4 JB3ZY0103 CSC103B 型保护装置零序保护校验

一、作业

（一）工器具、材料、设备

（1）工器具：万用表、一字改锥、十字改锥。

（2）材料：绝缘胶带、二次措施箱。

（3）设备：继电保护试验台（常规型）、CSC103B 型保护装置。

（二）安全要求

（1）试验所用设备均视为运行状态，试验操作过程均需满足相关安全技术规程要求。

（2）安全措施要完善齐备，特别要防止电压回路短路、电流回路开路，并对其他相关运行回路做好隔离。

（3）继电保护试验台电源接线等要满足低压安全用电要求。

（三）操作步骤及工艺要求（含注意事项）

（1）操作步骤

①执行现场安全措施。

②进行题目要求的校验工作（包括定值打印核对、试验接线、保护项目及定值校验、整组传动等）。

③恢复现场。

④编写试验报告。

（2）注意事项

①执行安措、进行校验及编写试验报告时间共 60min，考生自行分配。

②整组传动时开关均在操作回路所在屏完成，模拟断路器的分合闸，在考生需要时由监考人员负责处理。

③如发现故障点，需及时告知监考人员现象后方可处理。无法处理的缺陷可放弃，由监考人员恢复后继续进行操作，放弃的缺陷不得分。

二、考核

（一）考核场地

满足要求的 CSC103B 型保护屏一面，含操作箱、开关等必须的二次回路。

（二）考核时间

考核时间为 60min。

（三）考核要点

（1）本考核项目由一人独立完成。

（2）根据河北南网《继电保护验收细则》，对本型号零序保护及相关二次回路进行保护校验、反措检查及带开关整组传动等。

（3）安全文明生产。听从现场监考人员指挥，按规定时间完成，时间到后停止操作，按所完成的内容计分，未完成部分不得分。操作过程应熟练、有序并满足有关安全规程要求。

三、评分标准

行业：电力工程	工种：继电保护工	等级：高级工

编号	JB3ZY0103	行为领域	e	鉴定范围		
考核时限	60min	题型	B	满分	100分	得分
试题名称	CSC103B型保护装置零序保护校验					
考核要点及其要求	根据河北南网《继电保护验收细则》，对本型号零序保护及相关二次回路进行保护校验、反措检查及带开关整组传动等					
现场设备、工器具、材料	万用表、一字改锥、十字改锥、绝缘胶带、二次措施箱、继电保护试验台（常规型）					
备注						

评分标准

序号	考核项目名称	质量要求	分值	扣分标准	扣分原因	得分
1	工作前/后安措	按照规程要求，做好保护校验前后安全措施	10	（1）未核对定值（打印定值） （2）未退出全部压板 （3）CT短接后未断开连片，PT未断开（断开连片） （4）未解开启动失灵回路 （5）试验仪未接地 每项2分，扣完为止		
2	试验接线	正确阅读端子排图、原理图，按图接线	10	（1）未正确连接电流输入端子 （2）未正确连接电压输入端子 每项5分		
3	校验项目1	模拟B相故障，校验零序保护Ⅱ段的定值	20	（1）未正确投退软硬压板，扣5分 （2）零序保护Ⅱ段不正确动作，扣10分 （3）没有对零序保护Ⅱ段进行定值校验（1.05倍，0.95倍，反方向），扣5分		
4	校验项目2	整组传动，带开关模拟A相故障（零序保护Ⅰ段）、重合闸与故障，后加速动作	20	（1）未正确投退软硬压板，无法模拟A相零序保护Ⅰ段动作，扣5分 （2）重合闸无法正确充电、动作，扣5分 （3）后加速没有正确动作，扣5分 （4）开关没有按逻辑正确动作或未带开关传动，扣5分		

序号	考核项目名称	质量要求	分值	扣分标准	扣分原因	得分
5	现场恢复	拆除试验接线，恢复安全措施到开工前状态，整理继电保护试验台及工器具等	10	（1）未正确恢复安全措施至开工前状态，每项2分，扣完为止 （2）未整理现场，扣5分		
6	报告	根据试验要求正确编写试验报告	10	试验报告缺项漏项，每项2分，扣完为止		
7	故障	故障设置方法	20	故障现象（以下故障任取4个，每项5分）		
	故障1	"零序控制字"中把零序保护功能退出	5	零序保护不动作		
	故障2	在端子排将A、B相电流互换	5	A、B相电流采样不正确，零序保护不正确动作		
	故障3	在端子排上虚接A相合闸出口"107A"	5	A相不能合闸		
	故障4	"重合闸控制字"中把重合闸功能退出	5	重合闸不动作		
	故障5	解开A相跳闸压板（下端）连线	5	保护动作，但A相不出口		
	故障6	短接保护+110V电源与"压力降低禁止操作"开入	5	压力降低禁止操作，不能出口		
	故障7	虚接"零序保护投入"压板开入	5	零序保护不动作		
	故障8	将装置参数中"电流二次额定值"改为1A	5	采样不正确		

2.2.5 JB3ZY0104 WXH803 型保护装置重合闸及后加速保护校验

一、作业

（一）工器具、材料、设备

（1）工器具：万用表、一字改锥、十字改锥。

（2）材料：绝缘胶带、二次措施箱。

（3）设备：继电保护试验台（常规型）、WXH803 型保护装置。

（二）安全要求

（1）试验所用设备均视为运行状态，试验操作过程均需满足相关安全技术规程要求。

（2）安全措施要完善齐备，特别要防止电压回路短路、电流回路开路，并对其他相关运行回路做好隔离。

（3）继电保护试验台电源接线等要满足低压安全用电要求。

（三）操作步骤及工艺要求（含注意事项）

（1）操作步骤

①执行现场安全措施。

②进行题目要求的校验工作（包括定值打印核对、试验接线、保护项目及定值校验、整组传动等）。

③恢复现场。

④编写试验报告。

（2）注意事项

①执行安措、进行校验及编写试验报告时间共 60min，考生自行分配。

②整组传动时开关均在操作回路所在屏完成，模拟断路器的分合闸，在考生需要时由监考人员负责处理。

③如发现故障点，需及时告知监考人员现象后方可处理。无法处理的缺陷可放弃，由监考人员恢复后继续进行操作，放弃的缺陷不得分。

二、考核

（一）考核场地

满足要求的 WXH803 型保护屏一面，含操作箱、开关等必须的二次回路。

（二）考核时间

考核时间为 60min。

（三）考核要点

（1）本考核项目由一人独立完成。

（2）根据河北南网《继电保护验收细则》，对本型号重合闸及后加速保护及相关二次回路进行保护校验、反措检查及带开关整组传动等。

（3）安全文明生产。听从现场监考人员指挥，按规定时间完成，时间到后停止操作，按所完成的内容计分，未完成部分不得分。操作过程应熟练、有序并满足有关安全规程要求。

三、评分标准

行业：电力工程			工种：继电保护工		等级：高级工	

编号	JB3ZY0104	行为领域	e	鉴定范围		
考核时限	60min	题型	B	满分	100 分	得分
试题名称	WXH803 型保护装置重合闸及后加速保护校验					
考核要点及其要求	根据河北南网《继电保护验收细则》，对本型号重合闸及后加速保护及相关二次回路进行保护校验、反措检查及带开关整组传动等					
现场设备、工器具、材料	万用表、一字改锥、十字改锥、绝缘胶带、二次措施箱、继电保护试验台（常规型）					
备注						

评分标准

序号	考核项目名称	质量要求	分值	扣分标准	扣分原因	得分
1	工作前/后安措	按照规程要求，做好保护校验前后安全措施	10	（1）未核对定值（打印定值） （2）未退出全部压板 （3）CT 短接后未断开连片，PT 未断开（断开连片） （4）未解开启动失灵回路 （5）试验仪未接地 每项 2 分，扣完为止		
2	试验接线	正确阅读端子排图、原理图，按图接线	10	（1）未正确连接电流输入端子 （2）未正确连接电压输入端子 每项 5 分		
3	校验项目 1	模拟 B 相故障，校验零序保护 Ⅱ 段的定值	20	（1）未正确投退软硬压板，扣 5 分 （2）零序保护 Ⅱ 段不正确动作，扣 10 分 （3）没有对零序保护 Ⅱ 段进行定值校验（1.05 倍，0.95 倍，反方向），扣 5 分		
4	校验项目 2	整组传动，带开关模拟 A 相故障（距离保护 Ⅰ 段），重合闸与故障，后加速动作	20	（1）未正确投退软硬压板，无法模拟 A 相距离保护 Ⅰ 段动作，扣 5 分 （2）重合闸无法正确充电、动作，扣 5 分 （3）后加速没有正确动作，扣 5 分 （4）开关没有按逻辑正确动作或未带开关传动，扣 5 分		

序号	考核项目名称	质量要求	分值	扣分标准	扣分原因	得分
5	现场恢复	拆除试验接线，恢复安全措施到开工前状态，整理继电保护试验台及工器具等	10	（1）未正确恢复安全措施至开工前状态，每项2分，扣完为止 （2）未整理现场，扣5分		
6	报告	根据试验要求正确编写试验报告	10	试验报告缺项漏项，每项2分，扣完为止		
7	故障	故障设置方法	20	故障现象（以下故障任取4个，每项5分）		
	故障1	"零序控制字"中把零序保护功能退出	5	零序保护不动作		
	故障2	在端子排将A、B相电流互换	5	A、B相电流采样不正确，零序保护不正确动作		
	故障3	在端子排上虚接A相跳闸出口"137A"	5	A相不能跳闸		
	故障4	"重合闸控制字"中把重合闸功能退出	5	重合闸不动作		
	故障5	解开A相跳闸压板（下端）连线	5	保护动作，但A相不出口		
	故障6	短接保护＋110V电源与"压力降低禁止操作"开入	5	压力降低禁止操作，不能出口		
	故障7	虚接"距离保护投入"压板开入	5	距离保护不动作		
	故障8	将装置参数中"电流二次额定值"改为1A	5	采样不正确		

2.2.6　JB3ZY0105　RCS9651C型备自投装置校验

一、作业

（一）工器具、材料、设备

（1）工器具：万用表、一字改锥、十字改锥。

（2）材料：绝缘胶带、二次措施箱。

（3）设备：继电保护试验台（常规型）、RCS9651C型装置。

（二）安全要求

（1）试验所用设备均视为运行状态，试验操作过程均需满足相关安全技术规程要求。

（2）安全措施要完善齐备，特别要防止电压回路短路、电流回路开路，并对其他相关运行回路做好隔离。

（3）继电保护试验台电源接线等要满足低压安全用电要求。

（三）操作步骤及工艺要求（含注意事项）

（1）操作步骤

①执行现场安全措施。

②进行题目要求的校验工作（包括定值打印核对、试验接线、保护项目及定值校验、整组传动等）。

③恢复现场。

④编写试验报告。

（2）注意事项

①执行安措、进行校验及编写试验报告时间共60min，考生自行分配。

②整组传动时开关均在操作回路所在屏完成，模拟断路器的分合闸，在考生需要时由监考人员负责处理。

③如发现故障点，需及时告知监考人员现象后方可处理。无法处理的缺陷可放弃，由监考人员恢复后继续进行操作，放弃的缺陷不得分。

二、考核

（一）考核场地

满足要求的RCS9651C型保护屏一面，含操作箱、开关等必须的二次回路。

（二）考核时间

考核时间为60min。

（三）考核要点

（1）本考核项目由一人独立完成。

（2）根据河北南网《继电保护验收细则》，对本型号备自投及相关二次回路进行保护校验、反措检查及带开关整组传动等。

（3）安全文明生产。听从现场监考人员指挥，按规定时间完成，时间到后停止操作，按所完成的内容计分，未完成部分不得分。操作过程应熟练、有序并满足有关安全规程要求。

三、评分标准

行业：电力工程　　　　　　　　　　工种：继电保护工　　　　　　　　　　等级：高级工

编号	JB3ZY0105	行为领域	e	鉴定范围		
考核时限	60min	题型	B	满分	100分	得分
试题名称	RCS9651C型备自投装置校验					
考核要点及其要求	根据河北南网《继电保护验收细则》，对本型号备自投及相关二次回路进行保护校验、反措检查及带开关整组传动等					
现场设备、工器具、材料	万用表、一字改锥、十字改锥、绝缘胶带、二次措施箱、继电保护试验台（常规型）					
备注						

评分标准

序号	考核项目名称	质量要求	分值	扣分标准	扣分原因	得分
1	工作前/后安措	按照规程要求，做好保护校验前后安全措施	10	（1）未核对定值（打印定值） （2）未退出全部压板 （3）CT短接后未断开连片，PT未断开（断开连片） （4）试验仪未接地 每项3分，扣完为止		
2	试验接线	正确阅读端子排图、原理图，按图接线	10	（1）未正确连接电流输入端子 （2）未正确连接电压输入端子 每项5分		
3	校验项目1	模拟桥备投方式，即方式1、2，带开关正确验证其逻辑	20	（1）未正确投退软硬压板，扣5分 （2）不能根据装置逻辑正确模拟方式1、2充电条件，导致装置不充电，扣5分 （3）方式1、2不正确动作，扣10分		
4	校验项目2	模拟进线备投方式，即方式3、4，带开关正确验证其逻辑	20	（1）未正确投退软硬压板，扣5分 （2）不能根据装置逻辑正确模拟方式3、4充电条件，导致装置不充电，扣5分 （3）方式3、4不正确动作，扣10分		

序号	考核项目名称	质量要求	分值	扣分标准	扣分原因	得分
5	现场恢复	拆除试验接线，恢复安全措施到开工前状态，整理继电保护试验台及工器具等	10	（1）未正确恢复安全措施至开工前状态，每项2分，扣完为止 （2）未整理现场，扣5分		
6	报告	根据试验要求正确编写试验报告	10	试验报告缺项漏项，每项2分，扣完为止		
7	故障	故障设置方法	20	故障现象（以下故障每项5分）		
	故障1	在定值中将"自投方式1"功能退出	5	自投方式1不动作		
	故障2	在端子排将A、B相电压虚接	5	电压采样不正确，PT断线导致自投不充电		
	故障3	在端子排上虚接进线1跳闸出口"37"	5	进线1开关不能跳闸		
	故障4	短接保护＋110V电源与"闭锁备投总"开入	5	备投功能被闭锁，不能正确动作		

2.2.7 JB3ZY0201 PCS931BM智能型线路保护校验

一、作业

（一）工器具、材料、设备

（1）工器具：万用表、一字改锥、十字改锥。

（2）材料：无。

（3）设备：继电保护试验台（智能型）、PCS931BM智能型保护装置、SCD文件。

（二）安全要求

（1）试验所用设备均视为运行状态，试验操作过程均需满足相关安全技术规程要求。

（2）安全措施要完善齐备，对其他相关运行回路做好隔离。

（3）继电保护试验台电源接线等要满足低压安全用电要求。

（三）操作步骤及工艺要求（含注意事项）

（1）操作步骤

①执行现场安全措施。

②进行题目要求的校验工作（包括定值打印核对、试验接线、保护项目及定值校验、整组传动等）。

③恢复现场。

④编写试验报告。

（2）注意事项

①执行安措、进行校验及编写试验报告时间共60min，考生自行分配。

②消除缺陷时应向监考人员指明缺陷位置及现场。无法处理的缺陷可向监考人员申请跳过，但跳过的缺陷不得分。模拟断路器的分合闸，在考生需要时由监考人员负责处理。

二、考核

（一）考核场地

满足要求的PCS931BM智能型保护屏一面，含配套的合并单元、智能终端、开关等必须的二次设备和回路。

（二）考核时间

考核时间为60min。

（三）考核要点

（1）本考核项目由一人独立完成。

（2）根据河北南网《继电保护验收细则》，对本型号保护进行保护校验、反措检查及带开关整组传动等。

（3）安全文明生产。听从现场监考人员指挥，按规定时间完成，时间到后停止操作，按所完成的内容计分，未完成部分不得分。操作过程应熟练、有序并满足有关安全规程要求。

三、评分标准

行业：电力工程　　　　　　工种：继电保护工　　　　　　等级：高级工

编号	JB3ZY0201	行为领域	e	鉴定范围	
考核时限	60min	题型	B	满分	100分	得分	
试题名称	PCS931BM 智能型线路保护校验
考核要点及其要求	根据河北南网《继电保护验收细则》，对本型号保护及相关二次回路进行保护校验、反措检查及带开关整组传动等
现场设备、工器具、材料	万用表、一字改锥、十字改锥、继电保护试验台（智能型）、SCD 文件、PCS931BM 智能型保护装置
备注	

评分标准

序号	考核项目名称	质量要求	分值	扣分标准	扣分原因	得分
1	工作前/后安措	按照规程要求，做好保护校验前后安全措施	10	（1）未核对定值（打印定值）、定值区 （2）软硬压板（启动失灵、跳运行开关、闭锁备自投） （3）未正确执行隔离措施 （4）试验仪未接地 （5）未正确进行光纤自环 每项3分，扣完为止		
2	试验接线	正确阅读光纤连接图、SCD 文件等，并按图进行光纤接线	10	（1）未正确连接保护 SV 输入光纤 （2）未正确操作继电保护试验台 （3）不会导入 SCD 文件、选择相关装置并关联 （4）未正确关联相关电压、电流通道，无法输出至保护 每项3分，扣完为止		
3	校验项目1	模拟 A 相故障，校验相间距离保护 I 段的定值	20	（1）未正确投退软硬压板，扣5分 （2）相间距离保护 I 段不正确动作，扣5分 （3）没有对距离保护 I 段进行定值校验（1.05倍，0.95倍，反方向），扣10分		

序号	考核项目名称	质量要求	分值	扣分标准	扣分原因	得分
4	校验项目2	整组传动，带开关模拟光纤差动C相故障、重合闸与故障，后加速动作	20	（1）未正确投退软硬压板，无法模拟C相差动保护动作，扣5分 （2）重合闸无法正确充电、动作，扣5分 （3）后加速没有正确动作，扣5分 （4）开关没有按逻辑正确动作或未带开关传动，扣5分		
5	现场恢复	拆除试验接线，恢复安全措施到开工前状态，整理继电保护试验台及工器具等	10	（1）未正确恢复安全措施至开工前状态，每项2分，扣完为止 （2）未整理现场，扣5分		
6	报告	根据试验要求正确编写试验报告	10	试验报告缺项漏项，每项2分，扣完为止		
7	故障	故障设置方法	20	故障现象（以下故障任取4个，每项5分）		
	故障1	将装置"纵联差动保护"软压板置零	5	纵联差动保护退出		
	故障2	将装置"SV接收"软压板置零	5	装置无采样		
	故障3	将装置至智能终端光纤收发反接	5	无法跳闸且智能终端报"GOOSE断链"		
	故障4	将装置"A相GOOSE出口"软压板置零	5	A相无法出口		
	故障5	将SCD中跳BC相GOOSE连线倒接	5	跳C相时B相出口（此缺陷无需消除，只需对监考人员指明缺陷位置和现象）		
	故障6	将装置"三相跳闸方式"控制字置1	5	所有故障均三相跳闸		
	故障7	将装置"停用重合闸"控制字置1	5	所有故障均不重合		

2.2.8　JB3ZY0202　CSC103BE 智能型线路保护校验

一、作业

（一）工器具、材料、设备

（1）工器具：万用表、一字改锥、十字改锥。

（2）材料：无。

（3）设备：继电保护试验台（智能型）、CSC103BE 智能型保护装置、SCD 文件。

（二）安全要求

（1）试验所用设备均视为运行状态，试验操作过程均需满足相关安全技术规程要求。

（2）安全措施要完善齐备，对其他相关运行回路做好隔离。

（3）继电保护试验台电源接线等要满足低压安全用电要求。

（三）操作步骤及工艺要求（含注意事项）

（1）操作步骤

①执行现场安全措施。

②进行题目要求的校验工作（包括定值打印核对、试验接线、保护项目及定值校验、整组传动等）。

③恢复现场。

④编写试验报告。

（2）注意事项

①执行安措、进行校验及编写试验报告时间共 60min，考生自行分配。

②消除缺陷时应向监考人员指明缺陷位置及现场。无法处理的缺陷可向监考人员申请跳过，但跳过的缺陷不得分。模拟断路器的分合闸，在考生需要时由监考人员负责处理。

二、考核

（一）考核场地

满足要求的 CSC103BE 智能型保护屏一面，含配套的合并单元、智能终端、开关等必须的二次设备和回路。

（二）考核时间

考核时间为 60min。

（三）考核要点

（1）本考核项目由一人独立完成。

（2）根据河北南网《继电保护验收细则》，对本型号保护及相关二次回路进行保护校验、反措检查及带开关整组传动等。

（3）安全文明生产。听从现场监考人员指挥，按规定时间完成，时间到后停止操作，按所完成的内容计分，未完成部分不得分。操作过程应熟练、有序并满足有关安全规程要求。

三、评分标准

行业：电力工程		工种：继电保护工			等级：高级工	

编号	JB3ZY0202	行为领域	e	鉴定范围		
考核时限	60min	题型	B	满分	100 分	得分
试题名称	CSC103BE 智能型线路保护校验					
考核要点及其要求	根据河北南网《继电保护验收细则》，对本型号保护及相关二次回路进行保护校验、反措检查及带开关整组传动等					
现场设备、工器具、材料	万用表、一字改锥、十字改锥、继电保护试验台（智能型）、SCD 文件、CSC103BE 智能型保护装置					
备注						

评分标准

序号	考核项目名称	质量要求	分值	扣分标准	扣分原因	得分
1	工作前/后安措	按照规程要求，做好保护校验前后安全措施	10	（1）未核对定值（打印定值）、定值区 （2）软硬压板（启动失灵、跳运行开关、闭锁备自投） （3）未正确执行隔离措施 （4）试验仪未接地 （5）未正确进行光纤自环 每项 3 分，扣完为止		
2	试验接线	正确阅读光纤连接图、SCD 文件等，并按图进行光纤接线	10	（1）未正确连接保护 SV 输入光纤 （2）未正确操作继电保护试验台 （3）不会导入 SCD 文件、选择相关装置并关联 （4）未正确关联相关电压、电流通道，无法输出至保护 每项 3 分，扣完为止		
3	校验项目1	模拟 A 相故障，校验距离保护Ⅰ段的定值	20	（1）未正确投退软硬压板，扣 5 分 （2）距离保护Ⅰ段不正确动作，扣 5 分 （3）没有对保护Ⅰ段进行定值校验（1.05 倍，0.95 倍，反方向），扣 10 分		

序号	考核项目名称	质量要求	分值	扣分标准	扣分原因	得分
4	校验项目2	整组传动，带开关模拟光纤差动C相故障、重合闸与故障，后加速动作	20	（1）未正确投退软硬压板，无法模拟C相差动保护动作，扣5分 （2）重合闸无法正确充电、动作，扣5分 （3）后加速没有正确动作，扣5分 （4）开关没有按逻辑正确动作或未带开关传动，扣5分		
5	现场恢复	拆除试验接线，恢复安全措施到开工前状态，整理继电保护试验台及工器具等	10	（1）未正确恢复安全措施至开工前状态，每项2分，扣完为止 （2）未整理现场，扣5分		
6	报告	根据试验要求正确编写试验报告	10	试验报告缺项漏项，每项2分，扣完为止		
7	故障	故障设置方法	20	故障现象（以下故障任取4个，每项5分）		
	故障1	将装置"纵联差动保护"软压板置零	5	纵联差动保护退出		
	故障2	将装置"SV接收"软压板置零	5	装置无采样		
	故障3	将装置至智能终端光纤收发反接	5	无法跳闸且智能终端报"GOOSE断链"		
	故障4	将装置"A相GOOSE出口"软压板置零	5	A相无法出口		
	故障5	将SCD中跳BC相GOOSE连线倒接	5	跳C相时B相出口（此缺陷无需消除，只需对监考人员指明缺陷位置和现象）		
	故障6	将装置"三相跳闸方式"控制字置1	5	所有故障均三相跳闸		
	故障7	将装置"停用重合闸"控制字置1	5	所有故障均不重合		
	故障8	将装置"通道环回试验"控制字置零	5	光纤差动保护不动作		

2.2.9 JB3ZY0203 PSL603U 智能型线路保护校验

一、作业

（一）工器具、材料、设备

（1）工器具：万用表、一字改锥、十字改锥。

（2）材料：无。

（3）设备：继电保护试验台（智能型）、PSL603U 智能型保护装置、SCD 文件。

（二）安全要求

（1）试验所用设备均视为运行状态，试验操作过程均需满足相关安全技术规程要求。

（2）安全措施要完善齐备，对其他相关运行回路做好隔离。

（3）继电保护试验台电源接线等要满足低压安全用电要求。

（三）操作步骤及工艺要求（含注意事项）

（1）操作步骤

①执行现场安全措施。

②进行题目要求的校验工作（包括定值打印核对、试验接线、保护项目及定值校验、整组传动等）。

③恢复现场。

④编写试验报告。

（2）注意事项

①执行安措、进行校验及编写试验报告时间共 60min，考生自行分配。

②消除缺陷时应向监考人员指明缺陷位置及现场。无法处理的缺陷可向监考人员申请跳过，但跳过的缺陷不得分。模拟断路器的分合闸，在考生需要时由监考人员负责处理。

二、考核

（一）考核场地

满足要求的 PSL603U 智能型保护屏一面，含配套的合并单元、智能终端、开关等必须的二次设备和回路。

（二）考核时间

考核时间为 60min。

（三）考核要点

（1）本考核项目由一人独立完成。

（2）根据河北南网《继电保护验收细则》，对本型号保护进行保护及相关二次回路校验、反措检查及带开关整组传动等。

（3）安全文明生产。听从现场监考人员指挥，按规定时间完成，时间到后停止操作，按所完成的内容计分，未完成部分不得分。操作过程应熟练、有序并满足有关安全规程要求。

三、评分标准

行业：电力工程　　　　　　　工种：继电保护工　　　　　　　等级：高级工

编号	JB3ZY0203	行为领域	e	鉴定范围	
考核时限	60min	题型	B	满分	100分	得分	
试题名称	PSL603U智能型线路保护校验				
考核要点及其要求	根据河北南网《继电保护验收细则》，对本型号保护及相关二次回路进行保护校验、反措检查及带开关整组传动等				
现场设备、工器具、材料	万用表、一字改锥、十字改锥、继电保护试验台（智能型）、SCD文件、PSL6030智能型保护装置				
备注					

评分标准

序号	考核项目名称	质量要求	分值	扣分标准	扣分原因	得分
1	工作前/后安措	按照规程要求，做好保护校验前后安全措施	10	（1）未核对定值（打印定值）、定值区 （2）软硬压板（启动失灵、跳运行开关、闭锁备自投） （3）未正确执行隔离措施 （4）试验仪未接地 （5）未正确进行光纤自环 每项3分，扣完为止		
2	试验接线	正确阅读光纤连接图、SCD文件等，并按图进行光纤接线	10	（1）未正确连接保护SV输入光纤 （2）未正确操作继电保护试验台 （3）不会导入SCD文件、选择相关装置并关联 （4）未正确关联相关电压、电流通道，无法输出至保护 每项3分，扣完为止		
3	校验项目1	模拟A相故障，校验零序保护Ⅰ段的定值	20	（1）未正确投退软硬压板，扣5分 （2）零序保护Ⅰ段不正确动作，扣5分 （3）没有对零序保护Ⅰ段进行定值校验（1.05倍，0.95倍，反方向），扣10分		

序号	考核项目名称	质量要求	分值	扣分标准	扣分原因	得分
4	校验项目2	整组传动，带开关模拟光纤差动C相故障、重合闸与故障，后加速动作	20	（1）未正确投退软硬压板，无法模拟C相差动保护动作，扣5分 （2）重合闸无法正确充电、动作，扣5分 （3）后加速没有正确动作，扣5分 （4）开关没有按逻辑正确动作或未带开关传动，扣5分		
5	现场恢复	拆除试验接线，恢复安全措施到开工前状态，整理继电保护试验台及工器具等	10	（1）未正确恢复安全措施至开工前状态，每项2分，扣完为止 （2）未整理现场，扣5分		
6	报告	根据试验要求正确编写试验报告	10	试验报告缺项漏项，每项2分，扣完为止		
7	故障	故障设置方法	20	故障现象（以下故障任取4个，每项5分）		
	故障1	将装置"纵联差动保护"软压板置零	5	纵联差动保护退出		
	故障2	将装置"SV接收"软压板置零	5	装置无采样		
	故障3	将装置至智能终端光纤收发反接	5	无法跳闸且智能终端报"GOOSE断链"		
	故障4	将装置"A相GOOSE出口"软压板置零	5	A相无法出口		
	故障5	将SCD中跳BC相GOOSE连线倒接	5	跳C相时B相出口（此缺陷无需消除，只需对监考人员指明缺陷位置和现象）		
	故障6	将装置"三相跳闸方式"控制字置1	5	所有故障均三相跳闸		
	故障7	将装置"停用重合闸"控制字置1	5	所有故障均不重合		
	故障8	将装置"智能终端GOOSE接收"控制字置零	5	不接受智能终端开关位置，导致保护逻辑不正确		

2.2.10 JB3ZY0204 NSR303A 智能型线路保护校验

一、作业

（一）工器具、材料、设备

（1）工器具：万用表、一字改锥、十字改锥。

（2）材料：无。

（3）设备：继电保护试验台（智能型）、NSR303A 智能型保护装置、SCD 文件。

（二）安全要求

（1）试验所用设备均视为运行状态，试验操作过程均需满足相关安全技术规程要求。

（2）安全措施要完善齐备，对其他相关运行回路做好隔离。

（3）继电保护试验台电源接线等要满足低压安全用电要求。

（三）操作步骤及工艺要求（含注意事项）

（1）操作步骤

①执行现场安全措施。

②进行题目要求的校验工作（包括定值打印核对、试验接线、保护项目及定值校验、整组传动等）。

③恢复现场。

④编写试验报告。

（2）注意事项

①执行安措、进行校验及编写试验报告时间共 60min，考生自行分配。

②消除缺陷时应向监考人员指明缺陷位置及现场。无法处理的缺陷可向监考人员申请跳过，但跳过的缺陷不得分。模拟断路器的分合闸，在考生需要时由监考人员负责处理。

二、考核

（一）考核场地

满足要求的 NSR303A 智能型保护屏一面，含配套的合并单元、智能终端、开关等必须的二次设备和回路。

（二）考核时间

考核时间为 60min。

（三）考核要点

（1）本考核项目由一人独立完成。

（2）根据河北南网《继电保护验收细则》，对本型号保护及相关二次回路进行保护校验、反措检查及带开关整组传动等。

（3）安全文明生产。听从现场监考人员指挥，按规定时间完成，时间到后停止操作，按所完成的内容计分，未完成部分不得分。操作过程应熟练、有序并满足有关安全规程要求。

三、评分标准

行业：电力工程 　　　　　　　　工种：继电保护工 　　　　　　　　等级：高级工

编号	JB3ZY0204	行为领域	e	鉴定范围		
考核时限	60min	题型	B	满分	100 分	得分
试题名称	NSR303A 智能型线路保护校验					
考核要点 及其要求	根据河北南网《继电保护验收细则》，对本型号保护及相关二次回路进行保护校验、反措检查 及带开关整组传动等					
现场设备、工 器具、材料	万用表、一字改锥、十字改锥、继电保护试验台（智能型）、SCD 文件、NSR303A 智能型线路 保护校验					
备注						

评分标准

序号	考核项目名称	质量要求	分值	扣分标准	扣分原因	得分
1	工作前/ 后安措	按照规程要求，做好保护校验 前后安全措施	10	（1）未核对定值（打印定值）、 定值区 （2）软硬压板（启动失灵、跳 运行开关、闭锁备自投） （3）未正确执行隔离措施 （4）试验仪未接地 （5）未正确进行光纤自环 每项 3 分，扣完为止		
2	试验接线	正确阅读光纤连接图、SCD 文 件等，并按图进行光纤接线	10	（1）未正确连接保护 SV 输入 光纤 （2）未正确操作继电保护试 验台 （3）不会导入 SCD 文件、选 择相关装置并关联 （4）未正确关联相关电压、电 流通道，无法输出至保护 每项 3 分，扣完为止		
3	校验项目 1	模拟 A 相故障，校验零序保护 Ⅰ段的定值	20	（1）未正确投退软硬压板，扣 5 分 （2）零序保护Ⅰ段不正确动 作，扣 5 分 （3）没有对零序保护Ⅰ段进行 定值校验（1.05 倍，0.95 倍，反 方向），扣 10 分		

序号	考核项目名称	质量要求	分值	扣分标准	扣分原因	得分
4	校验项目2	整组传动,带开关模拟光纤差动C相故障、重合闸与故障,后加速动作	20	(1) 未正确投退软硬压板,无法模拟C相差动保护动作,扣5分 (2) 重合闸无法正确充电、动作,扣5分 (3) 后加速没有正确动作,扣5分 (4) 开关没有按逻辑正确动作或未带开关传动,扣5分		
5	现场恢复	拆除试验接线,恢复安全措施到开工前状态,整理继电保护试验台及工器具等	10	(1) 未正确恢复安全措施至开工前状态,每项2分,扣完为止 (2) 未整理现场,扣5分		
6	报告	根据试验要求正确编写试验报告	10	试验报告缺项漏项,每项2分,扣完为止		
7	故障	故障设置方法	20	故障现象(以下故障任取4个,每项5分)		
	故障1	将装置"纵联差动保护"软压板置零	5	纵联差动保护退出		
	故障2	将装置"SV接收"软压板置零	5	装置无采样		
	故障3	将装置至智能终端光纤收发反接	5	无法跳闸且智能终端报"GOOSE断链"		
	故障4	将装置"A相GOOSE出口"软压板置零	5	A相无法出口		
	故障5	将SCD中跳BC相GOOSE连线倒接	5	跳C相时B相出口(此缺陷无需消除,只需对监考人员指明缺陷位置和现象)		
	故障6	将装置"三相跳闸方式"控制字置1	5	所有故障均三相跳闸		
	故障7	将装置"停用重合闸"控制字置1	5	所有故障均不重合		

第四部分　技　　师

1 理论试题

1.1 单选题

La2A1001 智能变电站中，交换机传输各种帧长数据时交换机固有时延应小于（　　），帧丢失率应为（　　）。

（A）$10\mu s$，1%；（B）$15\mu s$，1%；（C）$10\mu s$，0；（D）$15\mu s$，0。

答案：C

La2A1002 5TPE级电子式电流互感器在准确限值条件下的最大峰值瞬时误差限值为（　　）。

（A）5%；（B）0.5%；（C）0.20%；（D）10.00%。

答案：D

La2A1003 在电力系统中发生不对称故障时，短路电流中的各序分量，其中受两侧电动势相角差影响的是（　　）。

（A）电压超前电流45°；（B）电流超前电压45°；（C）电流超前电压135°；（D）电压超前电流135°。

答案：B

La2A2004 （　　）是指唤醒电子式电流互感器所需的最小一次电流的方均根值。

（A）启动电流；（B）唤醒电流；（C）误差电流；（D）方均根电流。

答案：B

La2A2005 GOOSE报文帧中应用标识符（APPID）的标准范围是（　　）。

（A）0000～3FFF；（B）4000～7FFF；（C）8000～BFFF；（D）C000～FFFF。

答案：A

La2A2006 传输各种帧长的数据时，交换机固有延时应（　　）。

（A）小于$10\mu s$；（B）大于$10\mu s$；（C）小于$20\mu s$；（D）大于$20\mu s$。

答案：A

La2A2007 对于DL/T 860-9-2标准的SV采样值报文中每个通道占8个byte，前4个byte为数据，后4个byte为该数据的品质，对于电压通道的数值，1LSB代表（　　）。

(A) 1V；(B) 10V；(C) 1mV；(D) 10mV。

答案：D

La2A2008　IEC 61850-9-24K/s 样本计数器的数值变化范围是（　　）。

(A) 1～4000；(B) 0～3999；(C) −2000～1999；(D) 0～4799。

答案：B

La2A2009　各种类型短路的电压分布规律是（　　）。

(A) 正序电压、负序电压、零序电压，越靠近电源数值越高；(B) 正序电压、负序电压，越靠近电源数值越高，零序电压越靠近短路点越高；(C) 正序电压越靠近电源数值越高，负序电压、零序电压越靠近短路点越高；(D) 正序电压、负序电压、零序电压，越靠近短路点数值越高。

答案：C

La2A2010　设短路点的正、负、零序综合电抗为 $X_1\sum$，$X_2\sum$，$X_0\sum$，且 $X_1\sum=X_2\sum$，则单相接地短路零序电流比两相接地短路零序电流大的条件是（　　）。

(A) ＞；(B) ＜；(C) ＝；(D) 与和大小无关。

答案：B

La2A2011　突变量方向元件的原理是利用（　　）。

(A) 正向故障时 $\Delta U/\Delta I=ZL+ZSN$，反向故障时 $\Delta U/\Delta I=-ZSM$；(B) 正向故障时 $\Delta U/\Delta I=ZL+ZSN$，反向故障时 $\Delta U/\Delta I=-ZSN$；(C) 正向故障时 $\Delta U/\Delta I=-ZSN$，反向故障时 $\Delta U/\Delta I=ZL+ZSM$；(D) 正向故障时 $\Delta U/\Delta I=-ZSM$，反向故障时 $\Delta U/\Delta I=ZL+ZSM$。

答案：C

La2A3012　线路正向经过渡电阻 R_g 单相接地时，关于保护安装处的零序电压与零序电流间的相位关系，下列说法正确的是（　　）。

(A) R_g 越大时，零序电压与零序电流间的夹角越小；(B) 接地点越靠近保护安装处，零序电压与零序电流间的夹角越小；(C) 零序电压与零序电流间的夹角与 R_g 无关；(D) R_g 越大时，零序电压与零序电流间的夹角越大。

答案：C

La2A4013　某微机线路保护每周波采样 12 个点，现负荷潮流为有功功率 $P=86.6MW$、无功功率 $Q=-50MV\cdot A$，微机保护打印出电压、电流的采样值，在微机保护工作正确的前提下，下列各组中（　　）是正确的。

(A) U_a 比 I_a 由正到负过零点超前 1 个采样点；(B) U_a 比 I_a 由正到负过零点滞后 2

个采样点；(C) U_a 比 I_b 由正到负过零点超前 3 个采样点；(D) U_a 比 I_c 由正到负过零点滞后 4 个采样点。

答案：C

Lb2A1014 GOOSE 报文心跳间隔由 GOOSE 网络通信参数中的 Max Time（   ）设置。

(A) T0；(B) T1；(C) T2；(D) T3。

答案：A

Lb2A1015 SV 采样值报文 APPID 应在（   ）范围内配置。

(A) 4000～7FFF；(B) 1000～7FFF；(C) 1000～1FFF；(D) 4000～8FFF。

答案：A

Lb2A1016 SV 信号发送端采用的数据集名称为（   ）。

(A) SV；(B) dsSV；(C) dsSMV。

答案：B

Lb2A2017 以下关于变压器保护说法正确的是（   ）。

(A) 由自耦变压器高、中压及公共绕组三侧电流构成的分侧电流差动保护无需采取防止励磁涌流的专门措施；(B) 自耦变压器的高压侧零序电流保护应接入中性点引出线电流互感器的二次侧；(C) 自耦变压器的中压侧零序电流保护应接入中性点引出线电流互感器的二次侧；(D) 330～500kV 变压器，高压侧零序一段应直接动作于断开变压器各侧断路器。

答案：A

Lb2A2018 当主变压器处于过激磁状态时，其差动保护的差流中（   ）。

(A) 二次谐波分量增加；(B) 五次谐波分量增加；(C) 二次谐波分量减少；(D) 五次谐波分量减少。

答案：B

Lb2A2019 当双电源侧线路发生经过渡电阻单相接地故障时，送电侧感受的测量阻抗附加分量是（   ）。

(A) 容性；(B) 纯电阻；(C) 感性；(D) 不确定。

答案：A

Lb2A2020 当（   ）时，自耦变压器分侧差动保护会动作。

(A) 主变过励磁；(B) 主变严重匝间短路；(C) 主变低压侧绕组短路；(D) 主变公共绕组单相接地短路。

答案：D

Lb2A2021 如果三相输电线路的自感阻抗为 Z_L，互感阻抗为 Z_M，则正确的是( )。

(A) $Z_0 = Z_L + 2Z_M$；(B) $Z_1 = Z_L + 2Z_M$；(C) $Z_0 = Z_L - Z_M$；(D) $Z_1 = Z_L + Z_M$。

答案：A

Lb2A3022 叠加原理可用于线性电路中( )的计算。

(A) 电流、电压；(B) 电流、功；(C) 电压、功率；(D) 电流、电压、功率。

答案：A

Lb2A3023 单侧电源供电系统短路点的过渡电阻对距离保护的影响是( )。

(A) 使保护范围伸长；(B) 使保护范围缩短；(C) 保护范围不变；(D) 保护范围不定。

答案：B

Lb2A3024 对双母双分段或双母单分段接线方式，若母差保护采用同样的动作门槛值及比率制动系数，那么，关于母差保护的灵敏度，下列说法正确的是( )。

(A) 母线合环运行（所有母联开关及分段开关均合上）时的灵敏度要比其中一个母联或分段开关断开时的灵敏度低；(B) 母线合环运行（所有母联开关及分段开关均合上）时的灵敏度要比其中一个母联或分段开关断开时的灵敏度高；(C) 母线合环运行（所有母联开关及分段开关均合上）时的灵敏度与其中一个母联或分段开关断开时的灵敏度相同；(D) 母差保护灵敏度的大小与母线是否合环无关。

答案：A

Lb2A3025 Y，d11 接线的变压器，一次电压与二次电压的相位关系是( )。

(A) 相位相同；(B) 一次 AB 相间电压超前二次 ab 相间电压 $\pi/6$；(C) 二次 ab 相间电压超前一次 AB 相间电压 $\pi/6$；(D) 相位相反。

答案：C

Lb2A3026 校核母差保护电流互感器的 10% 误差曲线，在计算区外故障最大短路电流时，应选择( )元件。

(A) 对侧无电源的；(B) 对侧有大电源的；(C) 对侧有小电源的；(D) 任意。

答案：A

Lb2A3027 一条线路 M 侧为中性点接地系统，N 侧无电源但主变（YN，d11 接线）中性点接地，当该线路 A 相接地故障时，如果不考虑负荷电流，则( )。

(A) N 侧 A 相有电流，B、C 相无电流；(B) N 侧 A 相有电流，B、C 相有电流，但大小不同；(C) N 侧 A 相有电流，且与 B、C 相电流大小相等、相位相同；(D) N 侧 A

相有电流，且与 B、C 相电流大小相等，但相位相差 120°。

答案：C

Lb2A4028 零序电流保护的后加速采用 0.1s 的延时是为了（　　）。

（A）断路器准备好动作；（B）故障点介质绝缘强度的恢复；（C）躲过断路器三相合闸不同步的时间；（D）保证断路器的可靠断开。

答案：C

Lb2A4029 变压器内部单相接地故障与相间故障相比，纵差保护的灵敏度（　　）。

（A）较高；（B）较低；（C）不变；（D）或高或低，不确定。

答案：B

Lb2A4030 在变压器低压侧未配置母差和失灵保护的情况下，为提高切除变压器低压侧母线故障的可靠性，宜在变压器的低压侧设置取自不同电流回路的两套电流保护。当短路电流大于变压器热稳定电流时，变压器保护切除故障时间不宜大于（　　）s。

（A）1；（B）2；（C）5；（D）1.5。

答案：B

Lb2A4031 以下（　　）保护出口一般使用组网实现。

（A）跳高压侧开关；（B）跳中压侧开关；（C）跳低压侧开关；（D）闭锁低压备自投。

答案：D

Lb2A5032 交换机地址表存放（　　）。

（A）IP 地址与端口的对应关系；（B）IP 地址与 MAC 地址的对应关系；（C）MAC 地址与商品的对应关系；（D）IP 地址与 VLAN 的对应关系。

答案：C

Lb2A5033 进行 GOOSE 连线配置时，应该从（　　）选取发送信号。

（A）GOOSE 发送数据集；（B）LN0；（C）LN；（D）Ldevice。

答案：A

Lc2A3034 自耦变压器中性点必须接地，这是为了避免当高压侧电网内发生单相接地故障时，（　　）。

（A）中压侧出现过电压；（B）高压侧出现过电压；（C）高压侧、中压侧都出现过电压；（D）其他三种情况以外的。

答案：A

Lc2A3035 系统接地短路时，自耦变压器高、中压侧共用的中性点电流为（　　）。

（A）高压侧 $3I_0$；（B）中压侧 $3I_0$；（C）既非高压侧 $3I_0$，亦非中压侧 $3I_0$；（D）高压侧 $3I_0$ 或中压侧 $3I_0$。

答案：C

Jd2A1036 关于 IEC 61850-9-2 规范，下述说法不正确的是（　　）。

（A）采用以太网接口，传输速度为 10Mbit/s 或 100Mbit/s；（B）保护装置对实时性要求较高的应用采用点对点通信；（C）测控、计量等实时性要求不高的应用采用网络通信；（D）仅支持网络方式通信。

答案：D

Jd2A1037 GOOSE 报文的重发传输采用方式（　　）。

（A）连续传输 GOOSE 报文，StNum＋1；（B）连续传输 GOOSE 报文，StNum 保持不变，SqNum＋1；（C）连续传输 GOOSE 报文，StNum＋1 和 SqNum＋1；（D）连续传输 GOOSE 报文，StNum 和 SqNum 保持不变。

答案：A

Jd2A3038 在同一小接地电流系统中，所有出线均装设两相不完全星形接线的电流保护，但电流互感器不装在同名两相上，这样在发生不同线路两点接地短路时，两回线路保护均不动作的概率为（　　）。

（A）1/3；（B）1/6；（C）1/2；（D）1。

答案：B

Jd2A3039 距离保护正向区外故障时，补偿电压 $U_\varphi' = U_\varphi - (I_\varphi + K3I_0)$ ZZD 与同名相母线电压 U_φ 的之间的关系（　　）。

（A）基本同相位；（B）基本反相位；（C）相差 90°；（D）不确定。

答案：A

Jd2A3040 某单回超高压输电线路 A 相瞬时故障，两侧保护动作跳 A 相开关，线路转入非全相运行，当两侧保护取用线路侧 TV 时，就两侧的零序方向元件来说，正确的是（　　）。

（A）两侧的零序方向元件肯定不动作；（B）两侧的零序方向元件的动作情况，视传输功率方向、传输功率大小而定，可能一侧处于动作状态，另一侧处于不动作状态；（C）两侧的零序方向元件可能一侧处于动作状态，另一侧处于不动作状态或两侧均处于不动作状态，这与非全相运行时的系统综合零序阻抗、综合正序阻抗相对大小有关；（D）两侧的零序方向元件肯定动作。

答案：C

Jd2A3041 在 220kV 大接地电流系统中，当同塔双回线中的一回线检修并在其两侧接地时，若双回线中运行的那一回线路发生接地故障，则停电检修线路中（　　）零序电流。

（A）一定流过；（B）一定不流过；（C）很可能流过；（D）无法确定是否流过。

答案：A

Jd2A3042　在大接地电流系统中，当相邻平行线停用检修并在两侧接地时，电网接地故障线路通过零序电流，此时在运行线路中的零序电流将会（　　）。

（A）增大；（B）减小；（C）无变化；（D）不确定。

答案：A

Jd2A4043　在中性点直接接地电网中，若单相断线的零序电流大于两相断线的零序电流时，则其条件是（　　）。

（A）断相处纵向零序阻抗小于纵向正序阻抗；（B）断相处纵向零序阻抗大于纵向正序阻抗；（C）断相处纵向零序阻抗等于纵向正序阻抗；（D）均不正确。

答案：A

Je2A1044　根据 Q/GDW 441－2010《智能变电站继电保护技术规范》，每台过程层交换机的光纤接入数量不宜超过（　　）对。

（A）8；（B）12；（C）16；（D）24。

答案：B

Je2A1045　下面（　　）时间最短。

（A）保护装置收到故障起始数据的时刻到保护发出跳闸命令的时刻；（B）保护装置收到故障起始数据的时刻到智能终端出口动作时刻；（C）一次模拟量数据产生时刻到保护发出跳闸命令的时刻；（D）一次模拟量数据产生时刻到智能终端出口动作时刻。

答案：A

Je2A1046　根据 Q/GDW 441－2010《智能变电站继电保护技术规范》的要求，下列描述正确的是（　　）。

（A）智能电子设备的相互启动、相互闭锁信息可通过 GOOSE 网传输，双重化配置的保护可直接交换信息；　（B）变压器保护跳母联、分段断路器，只能采用直跳方式；（C）变压器非电量保护采用就地直接电缆跳闸，信息通过本体智能终端上送过程层 GOOSE 网。

答案：C

Je2A2047　一个逻辑设备可能分布于（　　）个不同的 IED 中。

（A）1；（B）2；（C）3；（D）4。

答案：A

Je2A2048 智能变电站对光纤发送功率和接受灵敏度的要求是光波长为 1310nm 的光纤，其光纤发送功率和光接收灵敏度分别是( )。

（A）20～－14dBm 和－24～－10dBm；　（B）20～－14dBm 和－31～－14dBm；（C）20～－14dBm 和－19～－10dBm；（D）19～－10dBm 和－24～－10dBm。

答案：B

Je2A2049 合并单元数据品质位（无效、检修等）异常时，保护装置应( )。

（A）延时闭锁可能误动的保护；（B）瞬时闭锁可能误动的保护，并且在数据恢复正常后尽快恢复被闭锁的保护；（C）瞬时闭锁可能误动的保护，并且一直闭锁；（D）不闭锁保护。

答案：B

Je2A2050 电子式互感器采样数据的品质标志通过( )反映自检状态。

（A）瞬时置品质位，延时返回；（B）延时置品质位，瞬时返回；（C）实时反映，不带延时展宽；（D）延时置品质位，延时返回。

答案：C

Je2A2051 允许式线路纵联保护与闭锁式线路纵联保护相比，( )。

（A）前者的动作速度相对较快，但对通道的要求也较高；（B）后者的动作速度相对较快，但对通道的要求也较高；（C）前者的动作速度相对较快，且对通道的要求也较低；（D）后者的动作速度相对较快，且对通道的要求也较低。

答案：A

Je2A2052 线路单相断相运行时，两健全相电流之间的夹角与系统纵向阻抗 $Z_0\sum/Z_2\sum$ 之比有关。当 $Z_0\sum/Z_2\sum=1$ 时，两电流间夹角( )。

（A）大于 $120°$；（B）等于 $120°$；（C）小于 $120°$；（D）无法确认。

答案：B

Je2A2053 接地方向阻抗继电器中，目前大多使用了零序电抗继电器进行组合，其作用是( )。

（A）保证正、反向出口接地故障时，不致因较大的过渡电阻而使继电器失去方向性；（B）保证保护区的稳定，使保护区不受过渡电阻的影响；（C）可提高保护区内接地故障时继电器反应过渡电阻的能力；（D）躲过系统振荡的影响。

答案：B

Je2A2054 相间距离阻抗继电器( )。

（A）能够正确反映三相短路、两相短路、两相接地短路等故障，不能正确反映单相接地短路故障；（B）能够正确反映三相短路、两相短路等故障，不能正确反映两相接地短路、单相接地短路等故障；（C）能够正确反映三相短路、两相短路、两相接地短路、单相接地短路等故障；（D）能够正确反映三相短路故障，不能正确反映两相短路、两相接地短路、单相接地短路等故障。

答案：A

Je2A2055 对线路纵联方向（距离）保护而言，以下说法不正确的是（　　）。

（A）当线路某一侧纵联方向（距离）保护投入压板退出后，该线路两侧纵联方向（距离）保护均退出；（B）当线路两侧纵联方向（距离）保护投入压板均投入后，该线路两侧纵联方向（距离）保护方投入；（C）当线路一侧纵联方向（距离）保护投入压板退出时，该线路另一侧纵联方向（距离）保护仍在正常运行状态；（D）在运行中为安全起见，当线路某一侧纵联方向（距离）保护投入压板退出时，该线路另一侧纵联方向（距离）保护投入压板也退出。

答案：C

Je2A2056 主接线为 3/2 接线，重合闸采用单相方式，当线路发生瞬时性单相故障时，（　　）。

（A）线路保护动作，单跳与该线路相连的边开关及中开关，并启动其重合闸，边开关首先重合，然后中开关再重合；（B）线路保护动作，单跳与该线路相连的边开关及中开关，并启动其重合闸，中开关首先重合，然后边开关再重合；（C）线路保护动作，单跳与该线路相连的边开关及中开关，并启动其重合闸，边开关及中开关同时重合；（D）线路保护动作，三跳与该线路相连的边开关及中开关，并启动其重合闸，边开关首先重合，然后中开关再重合。

答案：A

Je2A2057 BP-2B 母差保护采集母联开关的双位置信息以准确判断其实际位置状态，若输入装置的合闸、分闸位置信息相互矛盾，BP-2P 装置认定母联开关处于（　　）。

（A）合闸位置；（B）分闸位置；（C）装置记忆的合闸、分闸信息不矛盾时的位置；（D）任意位置。

答案：A

Je2A2058 为防止过励磁时变压器差动保护的误动，通常引入（　　）进行制动。
（A）二次谐波；（B）三次谐波；（C）五次谐波；（D）七次谐波。
答案：C

Je2A2059 对各类双断路器接线方式，线路重合闸装置及断路器失灵保护装置应按（　　）为单元配置。
（A）线路；（B）间隔；（C）断路器；（D）母线。
答案：C

Je2A2060　为了从时间上判别断路器失灵故障的存在，失灵保护动作时间的整定原则为(　)。

(A) 大于故障元件的保护动作时间和断路器跳闸时间之和；(B) 大于故障元件的断路器跳闸时间和保护返回时间之和；(C) 大于故障元件的保护动作时间和返回时间之和；(D) 大于故障元件的保护动作、返回时间和断路器跳闸时间之和。

答案：**B**

Je2A3061　当微机型光纤纵差保护采用专用光纤通道或 2M 速率的复用光纤通道时，两侧保护装置的时钟方式应采用(　)方式。

(A) 主－主；(B) 主－从；(C) 从－从；(D) 任意。

答案：**A**

Je2A3062　如果系统振荡时阻抗继电器会动作，则该阻抗继电器的动作行为是在每一个振荡周期内(　)。

(A) 多次动作返回；(B) 动作返回一次；(C) 动作返回两次；(D) 动作返回的次数视系统振荡周期的长短而定。

答案：**B**

Je2A3063　母线故障时，关于母差保护 TA 饱和程度，以下说法正确的是(　)。
(A) 故障电流越大，TA 饱和越严重；(B) 故障初期 3～5msTA 保持线性传变，以后饱和程度逐步减弱；(C) 故障电流越大，且故障所产生的非周期分量越大和衰减时间常数越长，TA 饱和越严重；(D) 故障电流持续时间越长，TA 饱和越严重。

答案：**C**

Je2A3064　三相电压互感器均接在线路上，当 A 相断路器断开时，(　)。
(A) B 相和 C 相的全电压与断开前相差不大；(B) B 相和 C 相的全电压与断开前相差较大；(C) B 相和 C 相的全电压与断开前幅值相等；(D) B 相和 C 相的全电压与断开前相位相等。

答案：**A**

Je2A3065　PST-1200 主变保护，复压闭锁方向元件交流回路采用(　)接线。
(A) 30°；(B) 45°；(C) 90°；(D) 120°。

答案：**C**

Je2A3066　超范围允许式纵联保护，在本侧判断为正方向故障时，向对侧发送(　)。
(A) 远方跳闸信号；(B) 闭锁信号；(C) 允许跳闸信号；(D) 视故障远近发送以上

信号。

答案：C

Je2A3067 LFP901A 微机保护和 11 型微机保护启动、停讯、远方启动及每日交换信号的操作逻辑的设置方式为（　　）。

（A）LFP-901A 型保护和 11 型保护均设置在保护装置内；（B）11 型保护设置在保护装置内，LFP901A 型保护设置在收发讯机中；（C）LFP901A 型保护和 11 型保护均设置在收发讯机中；（D）LFP901A 型保护设置在保护装置内，11 型保护设置在收发讯机中。

答案：D

Je2A3068 RCS978 中的零序方向过流保护面向系统时，零序方向控制字应设为 0，此时的灵敏角为（　　）。

（A）45°；（B）75°；（C）225°；（D）255°。

答案：B

Je2A3069 若某单元的刀闸辅助接点在接入母差保护装置时接错（Ⅰ母刀闸与Ⅱ母刀闸对调），假设母差保护的其他接线均正确，当该单元运行在Ⅰ段母线并带有负荷时，以下说法正确的是（　　）。

（A）Ⅰ母小差有差流，Ⅱ母小差无差流，大差无差流；（B）Ⅰ母小差有差流，Ⅱ母小差有差流，大差无差流；（C）Ⅰ母小差有差流，Ⅱ母小差有差流，大差有差流；（D）Ⅰ母小差无差流，Ⅱ母小差无差流，大差有差流。

答案：B

Je2A3070 变压器差动保护差动继电器内的平衡线圈消除（　　）不平衡电流。

（A）励磁涌流产生的不平衡电流；（B）两侧相位不同产生的不平衡电流；（C）二次回路额定电流不同产生的不平衡电流；（D）两侧电流互感器的型号不同产生的不平衡电流。

答案：C

Je2A3071 在 RCS 978 中的差动保护是利用（　　）的五次谐波含量作为过激磁的判断。

（A）相电流；（B）三相电流；（C）相间电流；（D）差电流。

答案：D

Je2A3072 RCS 978 系列变压器差动保护识别励磁涌流的判据中，若三相中某一相被判为励磁涌流时将闭锁（　　）比率差动元件。

（A）三相；（B）本相；（C）任一相；（D）其他两相。

答案：B

Je2A3073 纵联保护的通道异常时，其后备保护中（　　）。

（A）距离保护可以继续运行；（B）方向零序电流保护可以继续运行；（C）距离及零序电流保护均可以继续运行；（D）距离及零序电流保护均须停用。

答案：**C**

Je2A3074 RCS 901A 采用了 I_0 和 I_2A 比相的选相元件，当（　　）发生相间接地故障时，I_0 和 I_2A 同相。

（A）AB；（B）BC；（C）CA；（D）ABC。

答案：**B**

Je2A3075 如果母差保护中，母联开关回路的电流取自 Ⅱ 母侧流变 TA，在母联开关合上时，若母联开关与 TA 之间发生故障，则（　　）。

（A）Ⅰ 母母差保护动作，切除故障，Ⅰ 母失电、Ⅱ 母母差保护不动作，Ⅱ 母不失电；（B）Ⅱ 母母差保护动作，切除故障，Ⅱ 母失电、Ⅰ 母母差保护不动作，Ⅰ 母不失电；（C）Ⅰ 母母差保护动作，Ⅰ 母失电，但故障仍存在，随后 Ⅱ 母母差保护动作，切除故障，Ⅱ 母失电；（D）Ⅰ 母母差保护动作，Ⅰ 母失电，但故障仍存在，随后母联死区保护动作，切除故障，Ⅱ 母失电。

答案：**D**

Je2A3076 BP-2B 母差保护装置用于双母线接线的系统，当 Ⅰ 母上隔离开关辅助接点接触不良时，则（　　）可能出现非正常差流。

（A）Ⅰ 母小差；（B）Ⅱ 母小差；（C）大差；（D）Ⅰ 母小差、Ⅱ 母小差及大差。

答案：**A**

Je2A3077 大接地电流系统中发生接地短路时，在零序网图中没有发电机的零序阻抗，这是由于（　　）。

（A）发电机没有零序阻抗；（B）发电机零序阻抗很小可忽略；（C）发电机零序阻抗近似于无穷大；（D）发电机零序阻抗中没有流过零序电流。

答案：**A**

Je2A3078 为解决母联断路器热备用时发生保护死区的问题，当母联断路器断开时，微机型母差保护采取的方法是（　　）。

（A）在小差判据中计入母联开关电流；（B）在小差判据中不计入母联开关电流；（C）在大差判据中增加母联开关电流；（D）与传统电磁型固定连接式母差保护一样，采用专门的母联死区后备保护。

答案：**B**

Je2A3079 PSL-621C 线路保护的振荡检测元件之阻抗变化率元件（dz/dt），能开放系统振荡时的（　　）。

（A）三相故障；（B）单相故障；（C）跨线故障；（D）所有故障。

答案：B

Je2A3080 某接地距离继电器整定二次阻抗为 2Ω，其零序补偿系数 $K=0.50$，从 A—N 通入 5A 电流测试其动作值，最高的动作电压为（　　）。

（A）10V；（B）20V；（C）15V；（D）12V。

答案：C

Je2A3081 母线分列运行时，BP-2B 微机母线保护装置小差比率系数为（　　）。

（A）比率高值；（B）比率低值；（C）内部固化定值；（D）不判比率系数。

答案：A

Je2A3082 某线路发生短路故障，通常情况下故障线路中的电流含有非周期分量，该线路所在母线电压也含有非周期分量，关于非周期分量相对含量的大小，下列说法正确的是（　　）。

（A）电压中的非周期分量的含量相对较大；（B）电流、电压中的非周期分量相对含量相当；（C）电流中的非周期分量的含量相对较大；（D）无法断定哪个较大。

答案：C

Je2A3083 同一保护装置同一原因在短时间（　　）内发生多次误动，经专业负责人认可，按 1 次评价。

（A）1h；（B）12h；（C）24h；（D）36h。

答案：C

Je2A3084 油浸自冷、风冷变压器规定油箱上层油温不得超过（　　）。

（A）95℃；（B）85℃；（C）105℃；（D）100℃。

答案：A

Je2A4085 在进行电流继电器冲击试验时，冲击电流值应为（　　）。

（A）保护安装处的最大短路电流；（B）保护安装处的最小短路电流；（C）线路的最大负荷电流；（D）反方向故障时的最大短路电流。

答案：A

Je2A4086 双母线接线系统中，采用隔离开关辅助接点启动继电器实现电压自动切换的作用是（　　）。

（A）避免两组母线电压互感器二次侧误并列；（B）防止电压互感器二次侧向一次系统

反充电；（C）避免电压二次回路短时停电；（D）减少运行人员手动切换电压的工作量，并使保护装置的二次电压回路随主接线一起进行切换，避免电压回路一、二次不对应造成保护误动或拒动。

答案：D

Je2A4087 在保护柜端子排上（外回路断开），用 1000V 摇表测量保护各回路对地的绝缘电阻值应（　　）。

（A）大于 10MΩ；（B）大于 5MΩ；（C）大于 0.5MΩ；（D）大于 2MΩ。

答案：A

Je2A4088 电流保护采用不完全星形接线方式，当遇有 Y，d11 接线变压器时，可在保护电流互感器的公共线上再接一个继电器，其作用是为了提高保护的（　　）。

（A）选择性；（B）速动性；（C）灵敏性；（D）可靠性。

答案：C

Je2A4089 一台二次额定电流为 5A 的电流互感器，其额定容量是 30V·A，二次负载阻抗不超过（　　）才能保证准确等级。

（A）1.2Ω；（B）1.5Ω；（C）2Ω；（D）6Ω。

答案：A

Je2A4090 测量时间用仪表：当测量时间不大于 1s 时，分辨率不低于（　　）。

（A）0.1ms；（B）0.2ms；（C）0.5ms；（D）1ms。

答案：A

Je2A4091 （　　）及以上电压等级的母联、母线分段断路器应按断路器配置专用的、具备瞬时和延时跳闸功能的过电流保护装置。

（A）10kV；（B）220kV；（C）330kV；（D）500kV。

答案：B

Je2A4092 变压器过励磁保护的启动、反时限和定时限元件应根据变压器的过励磁特性曲线进行整定计算并能分别整定，其返回系数不应低于（　　）。

（A）0.9；（B）0.96；（C）0.89；（D）0.95。

答案：B

Je2A4093 断路器失灵保护的电流判别元件的动作和返回时间均不宜大于（　　）ms，其返回系数也不宜低于（　　）。

（A）10，0.9；（B）10，0.85；（C）20，0.9；（D）20，0.85。

答案：C

Je2A4094 当小接地电流系统中发生单相金属性接地时，中性点对地电压为（   ）。

（A）U_φ；（B）$-U_\varphi$；（C）0；（D）U_φ。

答案：**B**

Je2A4095 断路器非全相运行时，负序电流的大小与负荷电流的大小关系为（   ）。

（A）成正比；（B）成反比；（C）不确定。

答案：**A**

Je2A4096 在所有圆特性的阻抗继电器中，当整定阻抗相同时，（   ）保护过渡电阻能力最强。

（A）全阻抗继电器；（B）方向阻抗继电器；（C）工频变化量阻抗继电器。

答案：**C**

Je2A4097 当电压互感器接于母线上时，线路出现非全相运行，如果断线相又发生接地故障，两端负序方向元件（   ）。

（A）不能正确动作；（B）能正确动作；（C）动作特性不确定。

答案：**B**

Je2A4098 线路发生单相接地故障，保护启动至发出跳闸脉冲时间为 40ms，断路器的灭弧为 60ms，重合闸时间继电器整定为 0.8s，断路器合闸时间为 100ms，从事故发生至故障相恢复电压的时间为（   ）。

（A）0.94s；（B）1.0s；（C）0.96s。

答案：**B**

Je2A4099 采用 IEC 61850-9-2 点对点模式的智能变电站，若仅合并单元投检修将对线路差动保护产生的影响有（   ）（假定保护线路差动保护只与间隔合并单元通信）。

（A）差动保护闭锁，后备保护开放；（B）所有保护闭锁；（C）所有保护开放；（D）差动保护开放，后备保护闭锁。

答案：**B**

Je2A5100 GOOSE 事件时标的具体含义为（   ）。

（A）GOOSE 报文发送时刻；（B）GOOSE 报文接收时刻；（C）GOOSE 事件发生时刻；（D）GOOSE 报文生存时刻。

答案：**C**

Je2A5101 安装在通信室的保护专用光电转换设备与通信设备间应使用屏蔽电缆，并按敷设等电位接地网的要求，沿这些电缆敷设截面积不小于（   ）mm² 的铜排（缆）可靠与通信设备的接地网紧密连接。

(A) 50；(B) 100；(C) 80；(D) 150。

答案：B

Je2A5102 保护装置之间、保护装置至开关场就地端子箱之间联系电缆以及高频收发信机的电缆屏蔽层应（　　）。

(A) 不接地；(B) 一端接地；(C) 双端接地；(D) 一端或两端接地。

答案：C

Je2A5103 建立和完善继电保护故障信息和故障录波管理系统，严格按照国家有关网络安全规定，做好有关安全防护。在保证安全的前提下，可开放保护装置远方修改定值区、（　　）功能。

(A) 远方投退压板；(B) 远方遥控；(C) 远方跳闸；(D) 远方调取报告。

答案：A

Je2A5104 主变压器或线路支路间隔合并单元检修状态与母差保护装置检修状态不一致时，母线保护装置（　　）。

(A) 闭锁；(B) 检修状态不一致的支路不参与母线保护差流计算；(C) 母线保护直接跳闸；(D) 保护不做任何处理。

答案：A

Je2A5105 报告服务中触发条件为 integrity 类型，代表着（　　）。

(A) 由于数据属性的变化触发；(B) 由于品质属性值变化触发；(C) 由于冻结属性值的冻结或任何其他属性刷新值触发；(D) 由于设定周期时间到后触发。

答案：D

Je2A5106 （　　）不是 SV 的 APPID。

(A) 46D0；(B) 11D0；(C) 41D0；(D) 41C0。

答案：B

Je2A5107 断路器失灵启动母差、变压器断路器失灵启动等重要回路宜采用（　　）接口。

(A) 单开入经光耦；(B) 单开入经大功率继电器；(C) 双开入经光耦；(D) 三开入经光耦。

答案：C

Je2A5108 根据 Q/GDW 715－2012《110～750kV 智能变电站网络报文记录分析装置通用技术规范》，网络报文监测终端对时精度应小于等于（　　）μS，网络报文管理机对时精度应小于等于( )mS。

(A) 10，1；(B) 1，10；(C) 100，1；(D) 100，10。

答案：B

Je2A5109 IEEE802.1Q 的标记报头将随着介质不同而发生变化，按照 IEEE802.1Q 标准，标记实际上( )。

(A) 不固定；(B) 嵌在源 MAC 地址和目标 MAC 地址前；(C) 嵌在源 MAC 地址和目标 MAC 地址后；(D) 嵌在源 MAC 地址和目标 MAC 地址中间。

答案：C

Jf2A2110 某台主变压器允许在系统频率为 50.0Hz 时长期运行在 1.10 倍额定电压下，若系统频率下降到 49.0Hz，则该主变压器可以长期在( )倍额定电压下运行。

(A) 1.10；(B) 1.08；(C) 1.12；(D) 1.05。

答案：B

Jf2A3111 电磁式测量仪表，可以用来测量( )。

(A) 直流电；(B) 交流电；(C) 交、直流电；(D) 高频电压。

答案：C

Jf2A3112 变压器短路阻抗百分数与其阻抗电压百分数的关系是( )。

(A) 前者大于后者；(B) 两者相等；(C) 前者小于后者；(D) 大小不确定。

答案：B

Jf2A4113 新安装的阀控密封蓄电池组，应进行全核对性放电试验；以后每隔( )进行一次核对性放电试验；运行了( )以后的蓄电池组，每年做一次核对性放电试验。

(A) 1年，3年；(B) 2年，4年；(C) 2年，6年；(D) 3年，6年。

答案：D

Jf2A4114 ( )及以上的油浸式变压器，均应装设气体（瓦斯）保护。

(A) 0.8MV·A；(B) 1MV·A；(C) 0.5MV·A；(D) 2MV·A。

答案：A

Jf2A5115 直流总输出回路、直流分路均装设熔断器时，直流熔断器应( )。

(A) 按容配置，逐级配合；(B) 分级配置，逐级配合；(C) 分组配置，按间隔配合；(D) 分层配置，按间隔配合。

答案：B

1.2 判断题

La2B1001 小接地电流系统，当频率降低时，过补偿和欠补偿都会引起中性点过电压。（×）

La2B1002 在小接地电流系统中，某处发生单相接地时，母线电压互感器开口三角电压幅值大小与故障点距离母线的远近无关。（√）

La2B1003 大电流接地系统单相接地故障时，故障相接地点处的 U_0 与 U_2 相等。（×）

La2B1004 在大电流接地系统中，当相邻平行线停运检修并在两侧接地时，电网接地故障线路通过零序电流，将在该运行线路上产生零序感应电流，此时在运行线路中的零序电流将会减少。（×）

La2B1005 大接地电流系统中接地短路时，系统零序电流的分布与中性点接地点的多少有关，而与其位置无关。（×）

La2B1006 在大接地电流系统中，线路始端发生两相金属性短路接地时，零序方向电流保护中的方向元件将因零序电压为零而拒动。（×）

La2B2007 线路出现断相，当断相点纵向零序阻抗大于纵向正序阻抗时，单相断相零序电流小于负序电流。（√）

La2B2008 系统振荡时，线路发生断相，零序电流与两侧电势角差的变化无关，与线路负荷电流的大小有关。（×）

La2B2009 五次谐波电流的大小或方向可以作为中性点非直接接地系统中，查找故障线路的一个判据。（√）

La2B2010 快速切除线路和母线的短路故障是提高电力系统静态稳定的重要手段。（×）

La2B2011 大接地电流系统与小接地电流系统的划分标准，是系统的零序电抗 X_0 与正序电抗 X_1 的比值。（√）

La2B2012 中性点经消弧线圈接地系统普遍采用全补偿运行方式，即补偿后电感电流等于电容电流。（×）

La2B2013 无论线路末端开关是否合入，始端电压必定高于末端电压。（×）

La2B3014 在系统发生接地故障时，相间电压中会出现零序电压分量。（×）

La2B3015 某 35kV 线路发生两相接地短路，则其零序电流保护和距离保护都应动作。（×）

La2B3016 在大接地电流系统中，线路发生单相接地短路时，母线上电压互感器开口三角形的电压，就是母线的零序电压 $3U_0$。（√）

La2B3017 接地距离保护不仅能反映单相接地故障，而且也能反映两相接地故障。（√）

La2B3018 在大接地电流系统中，线路的相间电流速断保护比零序速断保护的范围大得多，这是因为线路的正序阻抗值比零序阻抗值小得多。（×）

La2B3019 如果不考虑电流和线路电阻，在大电流接地系统中发生接地短路时，零序电流超前零序电压 $90°$。（√）

La2B3020 相间 $0°$ 接线的阻抗继电器，在线路同一地点发生各种相间短路及两相接

地短路时，继电器所测得的阻抗相同。（√）

La2B3021　在数字电路中，正逻辑"1"表示低电位，"0"表示高电位。（×）

La2B3022　只要电压或电流的波形不是标准的正弦波，其中必定包含高次谐波。（√）

La2B3023　线路保护应直接采样，经GOOSE网络跳断路器。（×）

La2B4024　电流互感器励磁阻抗小，电抗变压器励磁阻抗大。（×）

La2B4025　如果变压器中性点直接接地，且在中性点接地线流有电流，该电流一定是三倍零序电流。（√）

La2B4026　YN，d11接线的变压器低压侧发生BC两相短路时，高压侧B相电流是其他两相电流的两倍。（×）

La2B4027　在大接地电流系统中，变压器中性点接地的数量和变压器在系统中的位置，是经综合考虑变压器的绝缘水平、降低接地短路电流、保证继电保护可靠动作等要求而决定的。（√）

La2B4028　在母线保护和断路器失灵保护中，一般共用一套出口继电器和断路器跳闸回路，但作用于不同的断路器。（√）

La2B4029　双重化配置保护使用的GOOSE（SV）网络应遵循相互独立的原则，当一个网络异常或退出时不应影响另一个网络的运行。（√）

La2B4030　变压器保护应直接采样，直接跳各侧断路器。（√）

La2B5031　当功率因数角越小，电磁式电压互感器的角误差和幅值误差就越小。（×）

La2B5032　同一故障地点、同一运行方式下，三相短路电流一定大于单相短路电流。（×）

La2B5033　只要系统中出现非周期分量，一定会出现负序和零序电流。（×）

Lb2B1034　正序电压是越靠近故障点数值越小，负序电压和零序电压是越靠近故障点数值越大。（√）

Lb2B1035　运行中的电压互感器二次侧某一相熔断器熔断时，该相电压值为零。（×）

Lb2B1036　按"六统一"设计，为防止保护装置先上电而操作箱后上电时，断路器位置不对应误启动重合闸，宜采用"断路器合后"接点开入方式来闭锁重合闸。（×）

Lb2B1037　按"六统一"设计，电压切换箱隔离刀闸辅助接点采用单位置输入方式。（√）

Lb2B1038　按"六统一"设计，操作箱内不设置两组操作电源的切换回路。（√）

Lb2B1039　当微机保护逆变电源稳压输出端任一组发生短路故障，电源保护应使逆变电源在5ms内停止工作。（√）

Lb2B1040　发生不对称故障时，故障点距保护安装点越近，保护感受的负序电压越高。（√）

Lb2B1041　如果微机保护室与通信机房间，二次回路存在电气联系，就应敷设截面积不小于100cm^2的接地铜排。（√）

Lb2B1042　在中性点不接地系统中，发生单相接地时，电压互感器开三角电压有零序电压产生，是因为一次系统电压不平衡产生的。（×）

Lb2B1043　在中性点不接地系统中，如果忽略电容电流，发生单相接地时，系统一

定不会有零序电流。（√）

Lb2B1044 中性点直接接地系统，单相接地故障时，两个非故障相的故障电流一定为零。（×）

Lb2B1045 当线路出现不对称运行时，因为没有发生接地故障，所以线路没有零序电流。（×）

Lb2B2046 只要系统零序阻抗和零序网络不变，无论系统运行方式如何变化，零序电流的分配和零序电流的大小都不会发生变化。（×）

Lb2B2047 大接地电流系统中，单相接地故障电流大于三相短路电流的条件是：故障点零序综合阻抗小于正序综合阻抗，假设正序阻抗等于负序阻抗。（√）

Lb2B2048 电流接地系统发生三相短路的短路电流一定大于发生单相接地故障的故障电流。（×）

Lb2B2049 接地故障时零序电流的分布，与一次系统零序阻抗的分布及发电机的开、停有关。（×）

Lb2B2050 线路发生两相短路时，短路点处正序电压与负序电压的关系为 $UK1 > UK2$。（×）

Lb2B2051 在双侧电源线路上，短路点的零序电压始终是最低的，短路点的正序电压始终是最高的。（×）

Lb2B2052 在大接地电流系统中，如果正序阻抗与负序阻抗相等，则单相接地故障电流大于三相短路电流的条件是：故障点零序综合阻抗小于正序综合阻抗。（√）

Lb2B2053 同一运行方式的大电流接地系统，在线路同一点发生不同类型短路，那么短路点三相短路电流一定比单相接地短路电流大。（×）

Lb2B2054 有零序互感的平行线路中，一条检修停运，并在两侧挂有接地线，如果运行线路发生了接地故障，出现零序电流，会在停运检修的线路上产生感应电流，反过来又会在运行线路上产生感应电动势，使运行线路零序电流减小。（×）

Lb2B2055 中性点经消弧线圈接地系统采用过补偿方式时，由于接地点的电流是感性的，熄弧后故障相电压恢复速度加快。（×）

Lb2B2056 空载长线路充电时，末端电压会升高。这是由于对地电容电流在线路自感电抗上产生了电压降。（√）

Lb2B2057 中性点经消弧线圈接地系统，不采用欠补偿和全补偿的方式，主要是为了避免并联谐振和铁磁共振引起过电压。（×）

Lb2B2058 线路发生接地故障，正方向时零序电压滞后零序电流，反方向时，零序电压超前零序电流。（√）

Lb2B2059 线路发生单相接地故障，其保护安装处的负序、零序电流，大小相等，方向相同。（×）

Lb2B2060 接地故障时零序电流的分布与发电机的开停机有关。（×）

Lb2B2061 中性点不接地系统中，单相接地故障时，故障线路上的容性无功功率的方向为由母线流向故障点。（×）

Lb2B2062 220kV 终端变电站主变的中性点接地与否都不再影响其进线故障时送电

侧的接地短路电流值。（×）

Lb2B2063 中性点经消弧线圈接地的系统普遍都采用全补偿方式，因为此时接地故障电流最小。（×）

Lb2B2064 单相接地短路时流过保护安装处的两个非故障相电流一定为零。（×）

Lb2B2065 电流互感器的角度误差与二次所接负载的大小和功率因数有关。（×）

Lb2B2066 在双侧电源系统中，如忽略分布电容，当线路非全相运行时一定会出现零序电流和负序电流。（×）

Lb2B2067 在小接地电流系统中，线路上发生金属性单相接地时故障相电压为零，两非故障相电压升高 3 倍，中性点电压变为相电压。三个线电压的大小和相位与接地前相比都发生了变化。（×）

Lb2B3068 电流互感器容量大表示其二次负载阻抗允许值大。（√）

Lb2B3069 保护用电流互感器（不包括中间变流器）的稳态比误差不应大于 10%，必要时还应考虑暂态误差。（√）

Lb2B3070 按"六统一"要求，220kV 双母线接线的两套线路保护均应含重合闸功能，为保证重合闸的可靠性，防止二次重合，采用两套重合闸相互启动和相互闭锁方式。（×）

Lb2B3071 开关位置不对应启动重合闸是指开关位置和开关控制把手位置不对应启动重合闸。（√）

Lb2B3072 距离保护安装处分支与短路点所在分支连接处还有其他分支电源时，流经故障线路的电流，大于流过保护安装处的电流，其增加部分称之为汲出电流。（×）

Lb2B3073 接入负载的四端网络的输入阻抗，等于输入端电压与电流之比，它与网络系数及负载有关。（√）

Lb2B3074 综合重合闸中接地判别元件，一般由零序过电流或零序过电压继电器构成，它的作用是区别出非对称接地短路故障。（√）

Lb2B3075 失灵保护是当主保护或断路器拒动时用来切除故障的保护。（√）

Lb2B3076 综合重合闸中，低电压选相元件仅仅用在短路容量很小的一侧以及单电源线路的弱电侧。（√）

Lb2B3077 断路器失灵保护，是近后备保护中防止断路器拒动的一项有效措施，只有当远后备保护不能满足灵敏度要求时，才考虑装设断路器失灵保护。（√）

Lb2B3078 在双母线母联电流比相式母线保护中，任一母线故障，只要母联断路器中电流 $I_b = 0$，母线保护将拒绝动作，因此为了保证保护装置可靠动作，两段母线都必须有可靠电源与之连接。（√）

Lb2B3079 保护用电流互感器（不包括中间电流互感器）的稳态比误差不应大于 10%，必要时还应考虑暂态误差。（×）

Lb2B3080 220kV 智能变电站线路保护，用于检同期的母线电压一般由母线合并单元点对点通过间隔合并单元转接给各间隔保护装置。（√）

Lb2B3081 相对于变压器容量而言，大容量变压器的励磁涌流大于小容量变压器的励磁涌流。（×）

Lb2B3082 在变压器中性点直接接地系统中，当发生单相接地故障时，将在变压器中性点产生很大的零序电压。（×）

Lb2B3083 变电所发生接地故障时，故障零序电流与母线零序电压之间的相位差大小主要取决于变电所内中性点接地的变压器的零序阻抗角，与接地点弧光电阻的大小也有关。（×）

Lb2B3084 在中性点不接地的变压器中，如果忽略电容电流，相电流中一定不会出现零序电流分量。（√）

Lb2B3085 在中性点接地大电流系统中，增加中性点接地变压器台数，在发生接地故障时，零序电流将变小。（×）

Lb2B3086 新投运变压器充电前，应停用变压器差动保护，待相位测定正确后，才允许将变压器差动保护投入运行。（×）

Lb2B3087 新安装的变压器差动保护在变压器充电时，应将变压器差动保护停用，瓦斯保护投入运行，待差动保护带负荷检测正确后，再将差动保护投入运行。（×）

Lb2B4088 与励磁涌流无关的变压器差动保护有：高、中压分相差动保护、零序差动保护。（√）

Lb2B4089 静止元件（线路和变压器）的负序和正序阻抗是相等的，零序阻抗则不同于正序或负序阻抗；旋转元件（如发电机和电动机）的正序、负序和零序阻抗三者互不相等。（√）

Lb2B4090 瓦斯保护能反应变压器油箱内的任何故障，如铁芯过热烧伤、油面降低等，但差动保护对此无反应。（√）

Lb2B4091 电力变压器正、负、零序阻抗值均相等而与其接线方式无关。（×）

Lb2B4092 完全纵差保护不能反映发电机定子绕组和变压器绕组匝间短路。（×）

Lb2B4093 任意两台智能电子设备之间的数据传输路由不应超过 4 个交换机。当采用级联方式时，允许短时丢失数据。（×）

Lb2B4094 智能变电站母线保护按双重化进行配置。各间隔合并单元、智能终端均采用双重化配置。（√）

Lb2B4095 智能变电站采用分布式母线保护方案时，各间隔合并单元、智能终端以点对点方式接入对应母线保护子单元。（√）

Lb2B4096 智能终端不需要实现防跳功能。断路器的防跳功能宜在断路器本体机构中实现。（√）

Lb2B4097 智能终端通过回采跳合闸继电器的接点来判断出口的正确。（√）

Lb2B4098 智能终端应能记录输入、输出的相关信息。（√）

Lb2B4099 智能终端应以虚遥信点方式转发收到的跳合闸命令。（√）

Lb2B4100 智能终端遥信上送序号应与外部遥信开入序号一致。（√）

Lb2B4101 保护装置、智能终端等智能电子设备间的相互启动、相互闭锁、位置状态等交换信息可通过 GOOSE 网络传输，双重化配置的保护之间可直接通过 GOOSE 网络交换信息。（×）

Lb2B4102 智能终端具有断路器控制功能，根据工程需要只能选择三相控制模

式。（×）

Lb2B4103 智能终端的断路器防跳、三相不一致保护功能以及各种压力闭锁功能宜在断路器本体操作机构中实现。（√）

Lb2B4104 TA采用减极性标注的概念是：一次侧电流从极性端通入，二次侧电流从极性端流出。（√）

Lb2B4105 振荡时，系统任何一点电流与电压之间的相位角都随功角的变化而变化，而短路时，电流与电压的角度基本不变。（√）

Lb2B4106 振荡时系统任何一点电流与电压之间的相位角都随功角δ的变化而改变；而短路时，电流与电压之间的角度保持为功率因数角是基本不变的。（×）

Lb2B4107 发生各种不同类型短路时，电压各序对称分量的变化规律是，三相短路时，母线上正序电压下降得最厉害，单相短路时正序电压下降最少。（√）

Lb2B4108 新投运带有方向性的保护只需要用负荷电流来校验电流互感器接线的正确性。（×）

Lb2B4109 相电流差突变量选相元件，当选相为B相时，说明ΔI_{AB}或ΔI_{BC}动作。（×）

Lb2B4110 流过保护的零序电流的大小仅决定于零序序网图中的参数，而与电源的正负序阻抗无关。（×）

Lb2B5111 按"六统一"设计，3/2接线失灵保护动作经母差保护出口时，为防止接点抖动和电磁干扰，应在母差保护装置中设置20ms的固定延时。（×）

Lb2B5112 在220kV双母线运行方式下，当任一母线故障，母线差动保护动作而母联断路器拒动时，母差保护将无法切除故障，这时需由断路器失灵保护或对侧线路保护来切除故障母线。（√）

Lb2B5113 智能终端开关量外部输入信号宜选用DC$_2$20/110V，进入装置内部时应进行光电隔离，隔离电压不小于2000V，软硬件滤波。信号输入的滤波时间常数应保证在接点抖动（反跳或振动）以及存在外部干扰情况下不误发信，时间常数可调整。（√）

Lb2B5114 智能终端宜具备断路器操作箱功能，包含分合闸回路、合闸后监视、重合闸、操作电源监视和控制回路断线监视等功能。断路器防跳、断路器三相不一致保护功能以及各种压力闭锁功能宜在断路器本体操作机构中实现。（√）

Lb2B5115 智能终端宜具备断路器操作箱功能，包含分合闸回路、合闸后监视、重合闸、操作电源监视和控制回路断线监视、断路器防跳等功能。断路器三相不一致保护功能以及各种压力闭锁功能宜在断路器本体操作机构中实现。（×）

Lb2B5116 智能终端应具有信息转换和通信功能，支持以GOOSE方式上传一次设备的状态信息，同时接收来自二次设备的GOOSE下行控制命令，实现对一次设备的实时控制功能。（√）

Lc2B1117 变压器的上层油温不得超过85℃。（×）

Lc2B1118 电流互感器二次回路采用多点接地，易造成保护拒绝动作。（√）

Jd2B1119 保护装置直流电源正常运行时由所用电380V交流系统供电，所用电全停时才由直流系统蓄电池供电。（√）

Jd2B1120 按《反措》要求，主保护的双重化主要是指两套主保护的交流电流、电压和直流电源彼此独立；有独立的选相功能；有两套独立的保护专（复）用通道；断路器有两个跳闸线圈，两套主保护同时启动两组跳闸线圈。（×）

Jd2B1121 直流馈线屏带直流分电屏直流负荷，由于某种原因，造成直流馈线屏直流空开跳闸，应迅速把直流空开合上，强按直流空开几秒，以躲过多套保护的逆变电源同时启动的冲击电流，确保直流空开可靠合闸，快速恢复保护供电。（×）

Jd2B1122 保护装置及控制回路的分支直流馈线宜采用快速开关，为获得配合关系，其上一级馈线宜采用快速开关。（×）

Jd2B1123 中性点经放电间隙接地的半绝缘 110kV 变压器的间隙零序电压保护，$3U_0$ 定值一般整定为 $150\sim180$V。（√）

Jd2B1124 在变压器中性点接地数量固定后，零序电流保护的保护范围就固定了。（×）

Jd2B1125 信号回路由专用直流空气开关（熔断器）供电，不得与其他回路混用。（√）

Jd2B1126 当继电保护配置有第三套独立的保护装置时，该套保护装置应由专用的直流空气开关（熔断器）供电。（√）

Jd2B1127 变压器纵差保护经 Y－△相位补偿后，虽然滤除了零序电流分量，但是变压器纵差保护还是能反映变压器 Y 侧内部的单相接地故障。（√）

Jd2B1128 如果假设变压器的励磁阻抗为无穷大，在接线的变压器的侧线路上发生接地短路时在变压器的侧线圈上将出现零序电流。（×）

Jd2B1129 对设有可靠稳压装置的厂站直流系统，经确认稳压性能可靠后，进行整组试验时，应按额定电压进行。（√）

Jd2B2130 一般情况下，对 $220\sim500$kV 线路，线路变压器组的变压器保护动作，应传送远方跳闸命令。（√）

Jd2B2131 系统中发生接地故障时，对大接地电流系统而言，零序电流的大小和分布主要取决于变压器中性点接地的多少与位置。（×）

Jd2B2132 当直流回路有一点接地的状况下，允许长期运行。（×）

Jd2B2133 在中性点直接接地的系统中，如果各元件的阻抗角都是 $80°$，当正方向发生接地故障时，$3U_0$ 落后 $3I_0110°$；当反方向发生接地故障时，$3U_0$ 超前 $3I_080°$。（√）

Jd2B2134 在大电流接地系统中，在接地故障线路上，零序功率的方向与正序功率同方向。（×）

Jd2B2135 在现场进行继电保护装置或继电器试验所需的直流可以从保护屏上的端子上取得。（×）

Jd2B2136 对于 220kV 及以上电力系统的母线，母线差动保护是其主保护，变压器或线路后备保护是其后备保护。（√）

Jd2B2137 中性点经消弧线圈接地的小电流接地系统中，消弧线圈采用过补偿方式。（√）

Jd2B2138 对保护装置或继电器的直流、交流回路必须用 1000V 绝缘电阻表进行绝缘电阻测量。（×）

Jd2B2139 当变压器中性点采用经过间隙接地的运行方式时，变压器接地保护应采用零序电流继电器和零序电压继电器串联的方式，保护的动作时限选用 0.5s。（×）

Jd2B2140 当发生单相接地故障时，若相间距离保护与接地保护同时动作，则相间距

离属不正确动作。（×）

Jd2B2141 220kV 变压器保护动作后均应启动断路器失灵保护。（×）

Jd2B2142 继电保护和安全自动装置的直流电源，电压纹波系数应不大于 3%。（×）

Jd2B2143 中性点经放电间隙接地的 220kV 变压器的零序电压保护，其 $3U_0$ 定值一般可整定为 180V。（√）

Jd2B2144 采用母联开关冲击新主变时，要求母联开关投入带时延的过流保护，同时将主变保护投信号。（×）

Jd2B2145 220kV 终端变电所主变的中性点，不论其接地与否不会对其电源进线的接地短路电流值有影响。（×）

Jd2B2146 当双电源侧线路发生带过渡电阻接地时，送电侧感受的测量阻抗附加分量是感性的，受电侧感受的测量阻抗是容性的。（×）

Jd2B2147 对没有任何补偿的线路在单相重合闸的过程中存在潜供电流，如不考虑相间存在互感，则潜供电流的大小与故障点的位置无关。（√）

Jd2B2148 最佳的单相重合闸时间与线路送电负荷潮流的大小无关。（×）

Jd2B2149 对选择三相重合闸方式的线路，应选定对系统稳定冲击较小的一侧先重合。（√）

Jd2B3150 对于线路纵联保护原因不明的不正确动作，不论一侧或两侧，若线路两侧同属一个单位则评为不正确动作一次，若线路两侧属于两个单位则各侧均按不正确动作一次评价。（√）

Jd2B3151 某 220kV 线路开关端子相内 B 相合闸电缆芯在正常运行中锈断，此缺陷不能自动监视到。（√）

Jd2B3152 电力系统中的电力设备和线路，应针对短路故障装设保护装置，针对异常运行装设安全自动装置。（×）

Jd2B3153 为保证选择性，对相邻设备和线路有配合要求的保护，其灵敏系数及动作时间应相互配合。但在重合闸后加速的时间内以及单相重合闸过程中发生区外故障时，允许被加速的线路保护无选择性。（√）

Jd2B3154 110kV 电压等级的继电保护装置的直流电源和断路器控制回路的直流电源应分别由专用的直流空气开关（熔断器）供电。当继电保护配置有两套独立的保护装置时，其中一套和断路器控制回路的直流空气开关（熔断器）共用。（√）

Jd2B3155 非电量保护电源应单独设置直流空气开关（熔断器）。（√）

Jd2B3156 电流分支系数是相邻线路短路时，流过相邻线路的短路电流与流过本线路短路电流之比。（×）

Jd2B3157 500kV 系统由于系统时间常数较大，短路过程中非周期分量大且衰减时间长，因此 500kV 系统中各类保护装置均应优先选用 TPY 级电流互感器。（×）

Jd2B3158 220kV 及 110kV 均采用 GIS 设备的变电站，GIS 设备的电气连锁回路，需设置主变间隔主刀受其他两侧间隔接地刀闸合位的联锁回路。（√）

Jd2B3159 在大接地电流系统中母线上发生单相金属性接地短路时，母线电压互感器开口三角输出的电压为 100V。（×）

Jd2B3160 大接地电流系统中发生接地短路时，在复合序网的零序序网图中没有出现发电机的零序阻抗，这是由于发电机的零序阻抗很小可忽略不计。（×）

Jd2B3161 大接地系统中有接地故障时一定会出现零序电流。（×）

Jd2B3162 直流回路一点接地时可能会由于电缆的分布电容而引起开关误分。（√）

Jd2B3163 中性点经消弧线圈接地系统采用过补偿方式时，是为了防止系统方式发生变化时形成全补偿。（√）

Jd2B3164 对于差动保护而言，无论各 TA 之间是否有电气联系，其接地点均须接在保护盘上。（×）

Jd2B3165 大电流接地系统中线路空载发生 A 相接地短路时，B 相和 C 相的故障电流为零。（×）

Jd2B3166 发生各种不同类型短路时，故障点电压各序对称分量的变化规律是：三相短路时正序电压下降最多，单相接地时正序电压下降最少。不对称短路时，负序电压和零序电压是越靠近故障点数值越大。（√）

Jd2B3167 如系统未发生接地故障，则不会出现零序电流。（×）

Jd2B3168 对采用金属氧化物避雷器接地的电压互感器的二次回路，定期检查时可用兆欧表检验金属氧化物避雷器的工作状态是否正常。一般当用 1000V 兆欧表时，金属氧化物避雷器不应击穿；而用 2500V 兆欧表时，则应可靠击穿。（√）

Jd2B3169 在大接地电流系统中，如果正序阻抗与负序阻抗相等，则单相接地故障电流大于两相接地故障电流的条件是：故障点零序综合阻抗大于正序综合阻抗。（√）

Jd2B3170 接地距离保护的零序电流补偿系数 K 应按线路实测的正序、零序阻抗 Z_1、Z_0，用式 $K = (Z_0 - Z_1)/3Z_1$ 计算获得。装置整定值应大于或接近计算值。（×）

Jd2B3171 智能变电站继电保护技术规范规定，线路保护直接采样，直接跳断路器；经 GOOSE 网络启动断路器失灵、重合闸。（√）

Jd2B3172 输电线路 BC 两相金属性短路时，短路电流 k 滞后于 BC 相间电压的角度为线路阻抗角。（√）

Jd2B3173 智能变电站中合并单元失去同步时，母线保护、主变保护将闭锁。（×）

Jd2B3174 "远方修改定值"软压板只能在装置本地修改。"远方修改定值"软压板投入时，装置参数、装置定值可远方修改。（√）

Jd2B3175 新安装保护、合并单元、智能终端装置验收时应检验其检修状态及组合行为。（√）

Jd2B3176 对于有多路（MU）SV 输入的保护和安全自动装置检验，应模拟被检装置的两路及以上 SV 输入，检查装置的采样同步性能。（√）

Jd2B3177 合并单元采样的同步误差应不大于 $\pm 1\mu s$。（√）

Jd2B3178 SV 主要用于实现在多 IED 之间的信息传递，包括传输跳合闸信号，具有高传输成功概率。（×）

Jd2B3179 SV 输入虚端子采用 DA 方式定义。（×）

Jd2B3180 合并单元应能够接收 IEC 61588 或 B 码同步对时信号。合并单元应能够实现采集器间的采样同步功能，采样的同步误差应不大于 $\pm 1ms$。在外部同步信号消失后，

至少能在 10min 内继续满足 4ms 同步精度要求。（×）

Jd2B3181　保护装置采样值采用点对点接入方式，采样同步应由合并单元实现。（×）

Jd2B4182　变压器发生过激磁故障时，并非每次都造成设备的明显损坏，但多次反复过激磁将会降低变压器的使用寿命。（√）

Jd2B4183　在电力系统运行方式变化时，如果中性点接地的变压器数目不变，则系统零序阻抗和零序等效网络就是不变的。（×）

Jd2B4184　在 220kV 线路发生接地故障时，故障点的零序电压最高，而 220kV 变压器中性点的零序电压最低。（√）

Jd2B4185　在进行整组试验时，还应检查断路器跳闸、合闸线圈的压降均不小于90％的电源电压才为合格。（√）

Jd2B4186　系统运行方式越大，保护装置的动作灵敏度越高。（×）

Jd2B4187　在微机保护中，加装了自恢复电路以后，若被保护对象发生内部故障，同时发生程序出格，不会影响保护动作的快速性和可靠性。（√）

Jd2B4188　对于中性点直接接地的三绕组自耦变压器，中压侧母线发生单相接地故障时，接地中性线的电流流向、大小要随高压侧系统零序阻抗大小而发生变化。（×）

Jd2B4189　当变压器铁芯过热烧伤，差动保护无反应。（√）

Jd2B4190　"远方修改定值""远方切换定值区""远方控制压板"只能在装置就地修改，当某个远方软压板投入时，装置相应操作只能在远方进行，不能在就地进行。（×）

Jd2B4191　根据 IEC 61850 标准，定值激活定值区从 0 开始。（×）

Jd2B4192　用于标识 GOOSE 控制块的 appID 必须全站唯一。（√）

Jd2B5193　当电流互感器饱和时，测量电流比实际电流小，有可能引起差动保护拒动，但不会引起差动保护误动。（×）

Jd2B5194　母差停信应使用保护装置内动作接点进行停信。（×）

Je2B1195　电压互感器中性点引出线上，一般不装设熔断器或自动开关。（√）

Je2B1196　在开关场至控制室的电缆主沟内敷设一至两根横截面积为 100mm² 的铜电缆，除了可以降低在开关场至控制室之间的地电位差，减少电缆屏蔽层所流过的电流之外，还可以对开关场内空间电磁场产生的干扰起到一定的屏蔽作用。（√）

Je2B1197　电压互感器中性点引出线上，一般不装设熔断器或自动开关。（√）

Je2B1198　直流熔断器的配置原则要求信号回路由专用熔断器供电，不得与其他回路混用。（√）

Je2B1199　在振荡过程中，利用所见阻抗轨迹的变化方向，可以判定本侧是处于加速侧还是减速侧。（√）

Je2B1200　故障信息子站系统不允许进行远程维护。（×）

Je2B1201　对双重化保护配置的双跳闸线圈的控制回路，两套系统不应合用一根多芯电缆。（√）

Je2B1202　母线倒闸操作时，电流相位比较式母线差动保护退出运行。（×）

Je2B1203　一般规定在电容式电压互感器安装处发生短路故障一次电压降为零时，二次电压要求 20ms 内下降到 10％以下。（√）

Je2B1204 独立的或与监控系统一体化设计的保护故障信息处理系统子站，置于安全防护Ⅱ区。（×）

Je2B1205 鉴于继电保护故障信息主站系统的重要性，应置于安全防护Ⅰ区。（×）

Je2B2206 故障信息系统子站可以向站内自动化系统（监控系统）传送保护装置动作信息。（√）

Je2B2207 故障信息子站系统可根据需要，对接入设备进行远程控制，包括定值区切换、定值修改、软压板投退。（√）

Je2B2208 在大接地电流系统中，输电线路的断路器，其触头一相或两相先接通的过程中，与组成零序电流滤过器的电流互感器的二次两相或一相断开，流入零序电流继电器的电流相等。（√）

Je2B2209 双端供电线路两侧均安装有同期重合闸，为了防止非同期重合，两侧重合闸连接片（压板）均应投在检同期方式进行。（×）

Je2B2210 平行线路中，一条检修停运，并在两侧挂有接地线，如果运行线路发生了接地故障，出现零序电流，会在停运检修的线路上产生零序感应电流，反过来又会在运行线路上产生感应电动势，使运行线路零序电流减小。（×）

Je2B2211 必须利用钳形电流表检查屏蔽线的接地电流，以确定其是否接地良好。（√）

Je2B2212 零序电流保护Ⅵ段定值一般整定较小，线路重合过程非全相运行时，可能误动，因此在重合闸周期内应闭锁，暂时退出运行。（×）

Je2B2213 输电线路 BC 两相金属性短路时，短路电流 I_{bc} 滞后于 BC 相间电压一线路阻抗角。（√）

Je2B2214 在大电流接地系统中，当相邻平行线停运检修并在两侧接地时，电网接地故障时，将在该运行线路上产生零序感应电流，此时在运行线路中的零序电流将会减少。（×）

Je2B2215 大接地电流系统中发生接地短路时，在复合序网的零序序网图中没有出现发电机的零序阻抗，这是由于发电机的零序阻抗很小可忽略。（×）

Je2B2216 断路器失灵保护的相电流判别元件的整定值，在了满足线路末端单相接地故障时有足够灵敏度，可以不躲过正常运行负荷电流。（√）

Je2B2217 当一个半断路器接线方式一串中的中间断路器拒动，启动失灵保护，并采用远方跳闸装置，使线路对端断路器跳闸并闭锁其重合闸。（√）

Je2B2218 当线路一侧的纵联保护无故障掉闸时，则评价该侧保护误动一次。（×）

Je2B2219 当由于从保护端子排至开关端子箱间电缆接地而造成开关无故障跳闸时，无论该电缆由谁维护，均评价保护装置误动。（×）

Je2B2220 可以用电缆备用芯两端接地的方法作为抗干扰措施。（×）

Je2B2221 保护屏跳闸连接片的开口端应安装在下方，接到断路器的跳闸线圈回路。（×）

Je2B2222 直流系统接地时，采用拉路寻找、分段处理办法：先拉信号，后拉操作，先拉室外、后拉室内原则。在切断各专用直流回路时，切断时间不得超过 3s，一旦拉路寻找到就不再合上，立即处理。（×）

Je2B3223 不允许用电缆中的备用芯两端接地的方法作为微机型和集成电路型保护抗干扰措施。（√）

Je2B3224 直流回路是绝缘系统，而交流回路是接地系统，因此二者不能共用一条电缆。（√）

Je2B3225 为提高抗干扰能力，微机型保护的电流引入线，应采用屏蔽电缆，屏蔽层和备用芯应在开关场和控制室同时接地。（×）

Je2B3226 塑胶无屏蔽层的电缆，允许将备用芯两端接地来减小外界电磁场的干扰。（×）

Je2B3227 在检定同期和检定无压重合闸装置中两侧都要装检定同期和检定无压继电器。（√）

Je2B3228 允许用电缆中的备用芯两端接地的方法作为微机型和集成电路型保护抗干扰措施。（×）

Je2B3229 查找直流接地时，所用仪表内阻不应低于 $2000\Omega/V$。（√）

Je2B3230 查找直流接地若无专用仪表，可用灯泡寻找的方法。（×）

Je2B3231 为保证弱电源端能可靠快速切除故障，线路两侧均投入"弱电源回答"回路。（×）

Je2B3232 不允许用电缆芯两端同时接地方式作为抗干扰措施。（√）

Je2B3233 保护屏必须有接地端子，并用截面积不小于 $5mm^2$ 的多股铜线和接地网直接连通，装设静态保护的保护屏间应用截面积不小于 $90mm^2$ 的专用接地铜排直接连通。（×）

Je2B3234 直流系统接地时，通常采用拉路寻找、分段处理的办法，应按照先拉信号后拉操作回路；先拉室外后拉室内的原则。在切断各保护直流电源回路时，切断时间不得超过 5s，一旦拉路寻找到接地点，立即向调度申请将相关保护装置退出运行。（×）

Je2B3235 电力系统中，各电力设备和线路的原有继电保护和安全自动装置，凡能满足可靠性、选择性、灵敏度和速动性要求的，均应予以保留；凡是不能满足要求的，应逐步进行改造。（√）

Je2B3236 采用"近后备"原则，只有一套纵联保护和一套后备保护的线路，纵联保护和后备保护的直流回路应分别由专用的直流熔断器供电。（√）

Je2B3237 电力设备的保护装置，在系统振荡时，因现阶段无法解决的保护原理问题，允许部分保护动作，线路保护装置则不允许误动。（×）

Je2B3238 500kV 线路后备保护一般采用远后备方式，其配置应能反应线路上各种类型故障。（×）

Je2B3239 对 500kV 并联电抗器内部及其引出线的相间短路和单相接地短路，应装设纵联差动保护，保护瞬时动作与跳闸。（√）

Je2B3240 当断路器断流容量允许时，给重要 110kV 及以下用户供电而无备用电源的单回线路可采用两次重合闸方式。（√）

Je2B3241 500kV 线路并联电抗器无专用断路器时，其动作于跳闸的保护应采取使对侧断路器跳闸的措施。（√）

Je2B3242 采用单相重合闸方式的线路，在单相跳闸后，潜供电流的大小正比于线路的运行电压和长度。（√）

Je2B3243 平行线路之间的零序互感，对线路零序电流的幅值有影响，对零序电流与零序电压之间的相量关系无影响。（×）

Je2B3244 高压输电线路的故障，绝大部分是单相接地故障。（√）

Je2B3245 向变电所的母线空充电操作时，有时出现误发接地信号，其原因是变电所内三相带电体对地电容量不等，造成中性点位移，产生较大的零序电压。（√）

Je2B3246 在大接地系统中，发生接地故障的线路，其电源端零序功率的方向与正序功率的方向正好相反。故障线路零序功率的方向是由母线流向线路。（×）

Je2B3247 在中性点不接地系统中，发生单相接地故障时，流过故障线路始端的零序电流滞后零序电压 $90°$。（√）

Je2B3248 线路上发生 A 相金属性接地短路时，电压侧 A 相母线上正序电压等于该母线上 A 相负序电压与零序电压之和。（×）

Je2B3249 线路保护经 GOOSE 网络启动断路器失灵、重合闸。（√）

Je2B3250 变压器投产时，进行五次冲击合闸前，应投入瓦斯保护，停用差动保护。（×）

Je2B3251 在变压器差动保护 CT 范围以外，改变一次电路的相序时，变压器差动保护用 CT 的二次接线也应做相应改动。（×）

Je2B3252 中性点接地的三绕组变压器与自耦变压器的零序电流保护的差别是电流互感器装设的位置不同。三绕组变压器的零序电流保护装于变压器的中性线上，而自耦变压器的零序电流保护，则分别装于高、中压侧的零序电流滤过器上。（√）

Je2B3253 对于分级绝缘的变压器，中性点不接地或经放电间隙接地时应装设零序过电压和零序电流保护，以防止发生接地故障时因过电压而损坏变压器。（√）

Je2B3254 三绕组自耦变压器一般各侧都应装设过负荷保护，至少要在送电侧和低压侧装设过负荷保护。（√）

Je2B3255 电抗器差动保护动作值应躲过励磁涌流。（×）

Je2B3256 电压互感器二次输出回路 A、B、C、N 相均应装设熔断器或自动小开关。（×）

Je2B3257 相间阻抗继电器的测量阻抗与保护安装处至故障点的距离成正比，而与电网的运行方式无关，并不随短路故障的类型而改变。（√）

Je2B3258 对变压器差动保护进行六角图相量测试，应在变压器带负载时进行。（√）

Je2B4259 短路电流暂态过程中含有非周期分量，电流互感器的暂态误差比稳态误差大得多。因此，母线差动保护的暂态不平衡电流也比稳态不平衡电流大得多。（√）

Je2B4260 系统震荡时，变电站现场观察到表计每秒摆动两次，系统的振荡周期应该是 $0.5s$。（√）

Je2B4261 在正常工况下，发电机中性点无电压。因此，为防止强磁场通过大地对保护的干扰，可取消发电机中性点电压互感器二次（或消弧线圈、配电变压器二次）的接地点。（×）

Je2B4262 变压器纵差保护经 Y－△相位补偿后，滤去了故障电流中的零序电流，因此，不能反映变压器 YN 侧内部单相接地故障。（×）

Je2B4263 软压板的功能压板，如保护功能投退，保护出口压板，是通过逻辑置位参与内部逻辑运算。（√）

Je2B4264 变压器保护跳母联、分段断路器及闭锁备自投、启动失灵等可采用 GOOSE 网络传输。（√）

Je2B4265　变压器保护可通过 GOOSE 网络接收失灵保护跳闸命令，并实现失灵跳变压器各侧断路器。（√）

Je2B4266　智能变电站变压器非电量保护信息通过本体智能终端上送过程层 GOOSE 网。（√）

Je2B4267　母线保护直接采样、直接跳闸，当接入元件数较多时，可采用分布式母线保护。（√）

Je2B4268　断路器保护在本断路器失灵时，经 GOOSE 网络通过相邻断路器保护或母线保护跳相邻断路器。（√）

Je2B4269　母联（分段）保护跳母联（分段）断路器采用 GOOSE 网络跳闸方式。（×）

Je2B4270　母联（分段）保护启动母线失灵可采用 GOOSE 网络传输。（√）

Je2B4271　GOOSE 报文在以太网中通过 TCP/IP 协议进行传输。（×）

Je2B4272　GOOSE 报文中可以同时传输单位置遥信、双位置遥信及测量值等信息。（√）

Je2B4273　SV 报文中可以同时传输单位置遥信、双位置遥信及测量值等信息。（√）

Je2B4274　IEEE 为 IEC 61850 报文分配的组播地址前三位为 01-CD-0C。（×）

Je2B4275　根据 IEC 61850 工程继电保护应用模型规范中规定，保护装置应具备"远方修改定值""远方切换定值区"和"远方控制压板"三块软压板，且只能在装置本地修改。（√）

Je2B4276　根据 IEC 61850 工程继电保护应用模型规范中规定，GOOSE 双网冗余机制中两个网络发送的 GOOSE 报文的多播地址、APPID 不应一致。（×）

Je2B4277　虚端子解决了数字化变电所保护装置 GOOSE 信息无触点、无端子、无接线等问题。（√）

Je2B5278　在对停电的线路 CT 进行伏安特性试验时，必须将该 CT 接至母差保护的二次线可靠短接后，再断开 CT 二次的出线，以防止母差保护误动。（×）

Je2B5279　当线路断路器与电流互感器之间发生故障时，本侧母差保护动作三跳。为使线路对侧的高频保护快速跳闸，采用母差保护动作三跳停信措施。（√）

Je2B5280　母差保护与失灵保护共用出口回路时，闭锁元件的灵敏系数应按失灵保护的要求整定。（√）

Je2B5281　对带分支的 110～220kV 线路，在装设与不带分支相同的保护时，当母差动作后，不应停发高频闭锁信号，以免线路对侧跳闸。（√）

Je2B5282　对于微机型母线保护，在母线连接元件进行切换时，不应退出母差保护，应合上互联压板。（√）

Je2B5283　智能终端的告警信息通过 GOOSE 上送。（√）

Je2B5284　智能终端应至少带有 1 个本地通信接口（调试口）、2 个独立的 GOOSE 接口（并可根据工程需要扩展）；必要时还可设置 1 个独立的 MMS 接口（用于上传状态监测信息）。通信规约遵循 DL/T 860（IEC 61850）标准。（√）

Je2B5285　智能终端应具有完善的自诊断功能，并能输出装置本身的自检信息，自检项目可包括：出口继电器线圈自检、开入光耦自检、控制回路断线自检、断路器位置不对应自检、定值自检、程序 CRC 自检等。（√）

Je2B5286 智能终端可具备状态监测信息采集功能，能够接收安装于一次设备和就地智能控制柜传感元件的输出信号，比如温度、湿度、压力、密度、绝缘、机械特性以及工作状态等，支持以 MMS 方式上传一次设备的状态信息。（√）

Je2B5287 主变本体智能终端包含完整的本体信息交互功能（非电量动作报文、调挡及测温等），并可提供用于闭锁调压、启动风冷、启动充氮灭火等出口接点，同时还宜具备就地非电量保护功能；所有非电量保护启动信号均应经大功率继电器重动，非电量保护跳闸通过控制电缆以直跳方式实现。（√）

Je2B5288 母差保护的某间隔"间隔投入软压板"必须在该间隔无流情况下才能退出。（√）

Jf2B1289 安装在电缆上的零序电流互感器，电缆的屏蔽引线应穿过零序电流互感器接地。（√）

Jf2B1290 在现场工作过程中，遇到异常现象或断路器跳闸时，不论与本身工作是否有关，应立即停止工作，保持现状。（√）

Jf2B1291 计算机监控系统的基本功能就是为运行人员提供站内运行设备在正常和异常情况下的各种有用信息。（×）

Jf2B2292 一次设备倒闸前，必须先将母差保护退出。（×）

1.3 多选题

La2C1001 微机保护中采用的全周积分算法，其正确的是( )。

(A) 有滤去高次谐波电流的作用，并且随采样点数的增大滤波作用也增大；(B) 有一定抑制非周期分量的作用，但作用并不十分明显；(C) 计算出的电压或电流值随采样频率的增高，正确度也相对增大。

答案：AC

La2C1002 高压电网继电保护短路电流计算可以忽略( )等阻抗参数中的电阻部分。

(A) 发电机；(B) 变压器；(C) 架空线路；(D) 电缆。

答案：ABCD

La2C2003 改进电流互感器饱和的措施通常为( )。

(A) 选用二次额定电流较小的电流互感器；(B) 铁芯设置间隙；(C) 减小二次负载阻抗；(D) 缩小铁芯面积。

答案：ABC

La2C2004 突变量继电器的动作特点有( )。

(A) 能保护各种故障，不反应负荷和振荡；(B) 一般做瞬时动作的保护，但也可做延时段后备保护；(C) 两相稳定运行状态不会启动，再故障能灵敏动作；(D) 振荡再三相故障，能可靠动作。

答案：AC

La2C2005 根据励磁涌流的特点构成的变压器差动保护有( )种。

(A) 带速饱和变流器的差动保护；(B) 鉴别涌流间断角的差动保护；(C) 带二次谐波制动的差动保护；(D) 比较波形对称的差动保护；(E) 按躲最大励磁涌流整定的差动速断保护。

答案：ABCD

Lb2C1006 变压器励磁涌流具有( )特点。

(A) 包含有很大成分的非周期分量，往往使涌流偏于时间轴的一侧；(B) 包含有大量的高次谐波，并以二次谐波成分最大；(C) 涌流波形之间存在间断角；(D) 涌流在初始阶段数值很大，以后逐渐衰减。

答案：ABCD

Lb2C1007 对解决线路高阻接地故障的切除问题，可以选择( )。

（A）分相电流差动保护；（B）高频距离保护；（C）高频零序保护；（D）零序电流保护。

答案：**CD**

Lb2C1008 运行中母差保护不平衡电流大，处理方法是（　　）。

（A）征得调度同意，切除有关直流跳闸压板后进行；（B）利用负荷电流，检测各分路元件电流平衡情况是否正常，相位是否正确，负荷潮流一、二次是否对应；（C）复查CT接地点，有无两点接地现象；（D）母差端子箱各电流互感器投切压板是否紧固，接触良好；（E）回路接线是否有误；（F）对微机型回差保护，应检查采样精度。

答案：**ABCDEF**

Lb2C2009 变压器空载合闸或外部短路故障切除时，会产生励磁涌流，关于励磁涌流的说法正确的是（　　）。

（A）励磁涌流总会在三相电流中出现；（B）励磁涌流在三相电流中至少在两相中出现；（C）励磁涌流在三相电流中可在一相电流中出现，也可在两相电流中出现，也可在三相电流中出现；（D）励磁涌流与变压器铁芯结构有关，不同铁芯结构的励磁涌流是不同的；（E）励磁涌流与变压器接线方式有关。

答案：**BDE**

Lb2C2010 对综合重合闸中的选相元件有（　　）基本要求。

（A）在被保护范围内发生非对称接地故障时，故障相选相元件必须可靠动作，并应有足够的灵敏度；（B）在被保护范围内发生单相接地故障以及在切除故障相后的非全相运行状态下，非故障相的选相元件不应误动作；（C）选相元件的灵敏度及动作时间都不应影响线路主保护的性能；（D）个别选相元件拒动时，应能保证正确跳开三相断路器，并进行三相重合闸，不允许因选相元件拒动，造成保护拒动，从而扩大事故；（E）选相元件动作后在主保护不动作的情况下允许直接三相跳闸。

答案：**ABCD**

Lb2C2011 在区外线路故障时，可造成主变差动保护误动作跳闸的原因有（　　）。

（A）主变差动保护所用CT选型不当，其暂态误差大，保护定值没有躲过暂稳态误差；（B）主变保护设备硬件故障；（C）主变保护差动用CT回路接触不良；（D）三次谐波制动回路未起作用。

答案：**ABC**

Lb2C2012 SV采样值报文接收方应根据采样值数据对应的品质中的（　　）位，来判断采样数据是否有效，以及是否为检修状态下的采样数据。

（A）validity；（B）test；（C）samplesynched；（D）snmplecount。

答案：**AB**

Lb2C2013　智能变电站中合并单元与保护装置通信及合并单元级联的两种常用规约为(　　)。

(A) IEC 61850-9-2；(B) IEC 61850-9-1；(C) IEC 60044-8；(D) IEC 1588。

答案：AC

Lb2C3014　设系统各元件的正、负序阻抗相等，在两相金属性短路情况下，其特征是(　　)。

(A) 故障点的负序电压高于故障点的正序电压；(B) 没有零序电流；(C) 没有零序电压；(D) 非故障相中没有故障分量电流。

答案：BCD

Lb2C3015　在超高压系统中，提高系统稳定水平措施为(　　)。

(A) 电网结构已定，提高线路有功传输；(B) 尽可能快速切除故障；(C) 采用快速重合闸或采用单重；(D) 串补电容。

答案：BCD

Lb2C3016　电力系统振荡时，电压要降低、电流要增大，与短路故障时相比，特点为(　　)。

(A) 振荡时电流增大与短路故障时电流增大相同，电流幅度值增大保持不变；(B) 振荡时电压降低与短路故障时电压降低相同，电压幅值减小保持不变；(C) 振荡时电流增大与短路故障时电流增大不同，前者幅值要变化，后者幅值不发生变化；(D) 振荡时电流增大是缓慢的，与振荡周期大小有关，短路故障电流增大是突变的。

答案：CD

Lb2C3017　220kV 大接地电流系统中带负荷电流某线路断开一相，其余线路全相运行，下列正确的是(　　)。

(A) 非全相线路中有负序电流，全相运行线路中无负序电流；(B) 非全相线路、全相运行线路中均有负序电流；(C) 非全相线路中的负序电流大于全相运行线路中的负序电流；(D) 非全相线路中有零序电流。

答案：BCD

Lb2C3018　电力系统振荡时，两侧等值电动势夹角 δ 作 $0\sim360°$ 变化，其电气量变化特点为(　　)。

(A) 离振荡中心愈近，电压变化越大；(B) 测量阻抗中的电抗变化率大于电阻变化率；(C) 测量阻抗中的电阻变化率大于电抗变化率；(D) δ 偏离 $180°$ 愈大，测量阻抗变化率愈小。

答案：AC

Lb2C3019 超高压输电线单相接地两侧保护动作单相跳闸后，故障点有潜供电流，潜供电流大小与多种因素有关，正确的是(   )。

（A）与线路电压等级有关；（B）与故障点的过渡电阻大小有关；（C）与线路长度有关；（D）与负荷电流大小有关；（E）与故障点位置有关。

答案：ACDE

Lb2C3020 综合比相阻抗继电器中采用的相量是(   )。

（A）工作电压；（B）带记忆功能的正序电压；（C）负序电压；（D）零序电压。

答案：ABCD

Lb2C3021 MN 线路上装设了超范围闭锁式方向纵联保护，若线路 M 侧的结合滤波器的放电间隙击穿，则可能出现的结果是(   )。

（A）MN 线路上发生短路故障时，保护拒动；（B）MN 线路外部发生短路故障，两侧保护误动；（C）N 侧线路外部发生短路故障，M 侧保护误动；（D）M 侧线路外部发生短路故障，N 侧保护误动。

答案：CD

Lb2C3022 在不计负荷电流情况下，带有浮动门槛的相电流差突变量启动元件，下列情况正确的是(   )。

（A）双侧电源线路上发生各种短路故障，线路两侧的元件均能启动；（B）单侧电源线路上发生相间短路故障，当负荷侧没有接地中性点时，负荷侧元件不能启动；（C）单侧电源线路上发生接地故障，当负荷侧有接地中性点时，负荷侧元件能启动；（D）系统振荡时，元件不动作。

答案：ABCD

Lb2C3023 在发电机、变压器差动保护中，下列正确的说法是(   )。

（A）发电机过励磁时，差动电流增大；（B）变压器过励磁时，差动电流增大；（C）发电机过励磁时差动电流基本不变化，变压器过励磁时差动电流增大；（D）发电机和变压器过励磁时，差动电流均增大。

答案：BC

Lb2C4024 系统运行方式变化时，对过电流及低电压保护有(   )影响。

（A）电流保护在运行方式变小时，保护范围会缩小，甚至变得无保护范围；（B）电流保护在运行方式变小时，保护范围会变大，但不可能无保护范围；（C）电压保护在运行方式变大时，保护范围会缩小，甚至变得无保护范围；（D）电压保护在运行方式变大时，保护范围会缩短，但不可能无保护范围。

答案：AD

Lb2C4025 系统运行方式变化时，下列说法正确的是(　　)。

(A)电流保护在运行方式变小时，保护范围会缩小；(B)电压保护在运行方式变大时，保护范围会缩短；(C)电流保护在运行方式变小时，保护范围会缩大；(D)电压保护在运行方式变大时，保护范围会伸长。

答案：**AB**

Lb2C4026 变压器空载合闸或外部短路故障切除时，会产生励磁涌流，关于励磁涌流的说法正确的是(　　)。

(A)励磁涌流总会在三相电流中出现；(B)励磁涌流在三相电流中至少在两相中出现；(C)励磁涌流在三相电流中可在一相电流中出现，也可在两相电流中出现，也可在三相电流中出现；(D)励磁涌流与变压器铁芯结构有关，不同铁芯结构的励磁涌流是不同的；(E)励磁涌流与变压器接线方式有关。

答案：**BDE**

Lb2C4027 下列情况中出现三次谐波的是(　　)。

(A)TA稳态饱和时二次电流中有三次谐波；(B)TA暂态饱和时二次电流中有三次谐波；(C)发电机过励磁时差动电流中有三次谐波；(D)变压器过励磁时差动电流中有三次谐波。

答案：**ABD**

Lb2C4028 大接地电流系统中，AC相金属性短路直接接地时，故障点序分量电压间的关系是(　　)。

(A)B相负序电压超前C相正序电压的角度是120°；(B)A相正序电压与C相负序电压同相位；(C)B相零序电压超前A相序电压的角度是120°；(D)B相正序电压滞后C相零序电压的角度是120°。

答案：**ABC**

Lb2C4029 断路器失灵保护的动作条件是(　　)。

(A)故障线路或者设备的保护装置出口继电器动作后不返回；(B)故障线路或者设备的保护装置出口继电器动作后及时返回；(C)在被保护范围内仍然存在故障；(D)在被保护范围内仍然故障消失。

答案：**AC**

Lb2C4030 超范围闭锁式纵联距离保护中，设有远方启动发信措施，其作用的正确说法是(　　)。

(A)提高内部短路故障时正确动作的可靠性；(B)防止区内故障时靠近故障点侧启动发信元件因故未动作带来的拒动；(C)便于通道试验检查；(D)防止防止区外故障时靠近故障点侧启动发信元件因故未动作带来的误动。

答案：**CD**

Lb2C4031 超范围允许式方向纵联保护，跳闸开放的条件正确说法是(   )。

(A) 本侧正方向元件动作，收到对侧允许信号 8～10ms；(B) 本侧正方向元件动作，本侧反方向元件不动作，收到对侧允许信号 8～10ms；(C) 本侧正方向元件动作，本侧反方向元件不动作，收不到对侧监频信号而收到跳频信号；(D) 本侧正方向元件动作，本侧反方向元件不动作，监频信号和跳频信号均收不到时，在 100ms 窗口时间内延时 30ms。

答案：CD

Lb2C4032 电力系统发生两相金属性短路故障，正序、负序电流间的正确关系（不计负荷电流）是(   )。

(A) 当各元件正、负序阻抗相等时，系统各分支正、负序电流相等；(B) 因系统中发电机的正、负序阻抗不等，所以系统各分支正、负序电流不等；(C) 计及发电机正、负序阻抗不等后，故障支路正、负序电流仍然是相等的；(D) 两相金属性短路故障时无零序电流、电压分量。

答案：ABCD

Lb2C4033 按照 Q/GDW 441—2010《智能变电站继电保护技术规范》，母线保护 GOOSE 组网接收(   )信号。

(A) 智能终端母线隔刀；(B) 保护装置断路器信号；(C) 保护装置启动失灵信号；(D) 主变保护解复压闭锁信号。

答案：CD

Lb2C5034 零序电流只有在电力系统发生(   )或(   )时才会出现。
(A) 接地故障；(B) 非全相运行；(C) 三相短路；(D) 两相短路。

答案：AB

Lb2C5035 在平行双回路上发生短路故障时，非故障线发生功率倒方向，功率倒方向发生在(   )。

(A) 故障线发生短路故障时；(B) 故障线一侧断路器三相跳闸后；(C) 故障线一侧断路器单相跳闸后；(D) 故障线两侧断路器三相跳闸后，负荷电流流向发生变化。

答案：BC

Lb2C5036 大接地电流系统中单相金属性接地时，有如下特点(   )。
(A) 当 $X_{0\Sigma} > X_{1\Sigma}$ 时，非故障相电压要升高；(B) 当 $X_{0\Sigma} < X_{1\Sigma}$ 时，单相短路电流要大于该点的三相短路电流；(C) 非故障相中只有负荷电流，没有故障分量电流。

答案：AB

Lb2C5037 大接地电流系统中，C 相发生金属性单相接地故障时，故障点序分量电流间的关系是( )。

(A) A 相负序电流超前 C 相正序电流的角度是 120°；（B）C 相负序电流超前 A 相正序电流的角度是 120°；（C）B 相负序电流滞后 A 相零序电流的角度是 120°；（D）B 相正序电流滞后 C 相零序电流的角度是 120°。

答案：**ABC**

Lb2C5038 大接地电流系统中单相金属性接地时，有如下特点( )。

(A) 当 $X_{0\Sigma}$ 大于 $X_{1\Sigma}$ 时，非故障相电压要升高；（B）当 $X_{0\Sigma}$ 小于 $X_{1\Sigma}$ 时，单相短路电流要大于该点的三相短路电流；（C）非故障相中只有负荷电流，肯定没有故障分量电流；（D）当 $X_{0\Sigma}$ 小于 $X_{1\Sigma}$ 时，单相短路电流要大于该点的两相接地短路电流。

答案：**AB**

Lb2C5039 某条 220kV 输电线路，保护安装处的零序方向元件，其零序电压由母线电压互感器二次电压的自产方式获取，对正向零序方向元件来说，当该线路保护安装处 A 相断线时，下列说法正确的是( )。（说明：－j80 表示容性无功）

(A) 断线前送出 80－j80MV·A 时，零序方向元件动作；（B）断线前送出 80＋j80MV·A 时，零序方向元件动作；（C）断线前送出－80－j80MV·A 时，零序方向元件动作；（D）断线前送出－80＋j80MV·A 时，零序方向元件动作。

答案：**ABCD**

Jd2C1040 压板安装的要求有( )。

(A) 压板开口端必须向上；（B）应将"＋"电源或跳合闸线接至不连连片的一端，可动片一般不带电；（C）两个压板之间必须有足够的距离，防止互相碰触；（D）各个压板的用途要明确标明。

答案：**ABCD**

Jd2C2041 简述在故障录波装置的统计评价中，录波完好的标准是( )。

(A) 故障录波记录时间与故障时间吻合；（B）数据准确，波形清晰完整，标记正确；（C）开关量清楚，与故障过程相符；（D）上报及时，可作为故障分析的依据。

答案：**ABCD**

Jd2C3042 断路器和隔离开关经新安装装置检验及检修后，继电保护试验人员需要了解( )调整试验结果。

(A) 与保护回路有关的辅助触点的开、闭情况或这些触点的切换时间；（B）与保护回路相连接的回路绝缘电阻；（C）断路器跳闸及辅助合闸线圈的电阻值及在额定电压下的跳、合闸电流；（D）断路器最低跳闸电压及最低合闸电压。其值不低于30％额定电压，且不大于65％额定电压；（E）断路器的跳闸时间、合闸时间以及合闸时三相触头不同时闭合的最大时间差。

答案：**ABCDE**

Jd2C4043 一般保护与自动装置动作后应闭锁重合闸的有( )。

（A）母线差动保护动作；（B）变压器差动保护动作；（C）自动按频率减负荷装置动作；（D）联切装置、远跳装置动作；（E）低压减载装置动作；（F）3/2 接线的线路保护动作。

答案：ABCDE

Je2C1044 智能变电站母差保护一般配置有( )压板。

（A）MU 接收压板；（B）启动失灵接收软压板；（C）失灵联跳发送软压板；（D）跳闸 GOOSE 发送压板。

答案：ABCD

Je2C2045 根据《智能变电站通用技术条件》，GOOSE 开入软压板除双母线和单母线接线( )开入软压板设在接收端外，其他皆应设在发送端。

（A）启动失灵；（B）断路器位置；（C）失灵联跳；（D）闭锁重合闸。

答案：AC

Je2C2046 母联开关位置接点接入母差保护，作用是( )。

（A）母联开关合于母线故障问题；（B）母差保护死区问题；（C）母线分裂运行时的选择性问题；（D）母线并联运行时的选择性问题。

答案：BD

Je2C2047 当发生电压回路断线后，RCS931 型保护中需要保留的保护元件有( )。

（A）工频变化量距离元件 ΔZ；（B）非断线相的 ΔF 方向元件；（C）不带方向的三段过流元件；（D）自动投入一段 TV 断线下零序电流和相电流过流元件。

答案：ABCD

Je2C3048 新投入的电压互感器在接入系统电压后需要做的检查试验有( )。

（A）测量每一个二次绕组的电压；（B）测量相间电压；（C）测量零序电压，对小电流接地系统的电压互感器，在带电测量前，应于零序电压回路接入一合适的电阻负载，避免出现铁磁谐振现象；（D）检验相序；（E）定相。

答案：ABCDE

Je2C3049 智能站线路保护接收合并器的两路 AD 采样数据，以下( )方式保护需要闭锁出口。

（A）第一路 AD 采样数据达到启动值，第二路 AD 采样数据未达到启动值；（B）第一路 AD 采样数据未达到启动值，第二路 AD 采样数据达到启动值；（C）两路 AD 采样数据均达到启动值，两者数值差异很大；（D）两路 AD 采样数据均达到启动值，两者数值差异很小。

答案：ABC

Je2C4050 某 220kV 线路间隔停役检修时，在不断开光缆连接的情况下，可做的有意义的安全措施有（　　）。

（A）投入该线路两套线路保护、合并单元和智能终端检修压板；（B）退出该线路两套线路保护启动失灵压板；（C）退出两套线路保护跳闸压板；（D）退出两套母差保护该支路启动失灵接收压板。

答案：ABD

Je2C4051 某 220kV 线路第一套保护装置故障不停电消缺时，可做的安全措施有（　　）。

（A）退出第一套母差保护该支路启动失灵接收压板；（B）退出第一套线路保护 SV 接收压板；（C）投入该装置检修压板；（D）断开该装置 GOOSE 光缆。

答案：ACD

Je2C4052 某 220kV 线路第一套智能终端故障不停电消缺时，可做的安全措施有（　　）。

（A）退出该线路第一套线路保护跳闸压板；（B）退出该智能终端出口压板；（C）投入该智能终端检修压板；（D）断开该智能终端 GOOSE 光缆。

答案：BCD

Je2C4053 某 220kV 母差保护不停电消缺时，可做的安全措施有（　　）。

（A）投入该母差保护检修压板；（B）退出该母差保护所有支路 SV 接收压板；（C）退出该母差保护所有支路出口压板；（D）断开该母差保护 GOOSE 光缆。

答案：AD

Je2C4054 智能站中对于 220kV 变压器保护装置正常运行时，当保护接收的采样数据出现下列（　　）情况时，保护装置应闭锁差动保护。

（A）高压侧间隙电流数据无效；（B）中压侧电压数据无效；（C）低压侧开关相电流数据无效；（D）中压侧相电流数据同步异常。

答案：CD

Je2C5055 保护回路中，串接信号继电器应（　　）选择。

（A）要求在额定直流电压下，信号继电器的动作灵敏度 $K_m > 1.4$；（B）要求在 $0.8Un$ 下，因信号继电器的串接而引起的回路总压降不大于 $0.1Un$；（C）考虑信号继电器的热稳定；（D）信号继电器电阻不大于 10Ω。

答案：ABC

1.4 计算题

La2D1001 根据系统阻抗图，计算 k 点短路时保护安装点的两相短路电流 $I_k^{(2)} =$ _____ A。（$S_b = 100\text{MV} \cdot \text{A}$，$U_b = X_1 \text{kV}$）。（保留小数点后一位）

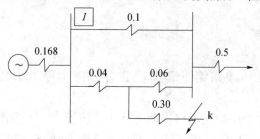

X_1 取值范围：550，571.4，580

计算公式： $X_* = 0.168 + \dfrac{0.16 \times 0.04}{0.16 + 0.04} + 0.3 = 0.5$

$$I_* = \frac{1}{X_*} = \frac{1}{0.5} = 2$$

$$I_k^{(2)} = 2 \times \frac{100 \times 10^3}{\sqrt{3} \times X_1} \times \frac{0.04}{0.04 + 0.16} \times \frac{\sqrt{3}}{2}$$

La2D1002 如图所示负序电压滤过器，当通入单相电压 $X_1 \text{V}$ 时的负序电压时，该滤过器的输出端 mn 上的电压将达到 $U_{mn} =$ _____ V。

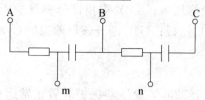

X_1 取值范围：56，57，58
计算公式： $U_{mn} = 1.5 \times X_1$

La2D1003 如图所示内阻为 Z_s 的电源和阻抗为 Z 的负载相连，假设 $Z_s = Z = X_1 \Omega$，若用电平表高阻档跨接在 Z 两端进行测量的电平为 L_U，则比用电平表 75 欧姆档跨接在 Z 两端进行测量的电平 $L_{U'}$ 低 _____ dB。

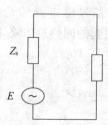

X_1 取值范围：70，72，75

计算公式：$U = \dfrac{E}{Z_s + Z}Z = \dfrac{E}{X_1 + X_1}X_1 = \dfrac{E}{2X_1}X_1 = \dfrac{E}{2}$

$$U' = \dfrac{E}{Z_s + \dfrac{Z}{2}}\dfrac{Z}{2} = \dfrac{E}{3X_1}X_1 = \dfrac{E}{3}$$

$$L_U - L_U{'} = 20\lg\dfrac{U}{U'} = 20\lg\dfrac{\dfrac{E}{2}}{\dfrac{E}{3}}$$

La2D2004 星形接线的三相负载，单相的电阻 $R = X_1\,\Omega$，电抗 $X_L = 8\,\Omega$，电源相电压 $U_{ph} = 220\text{V}$，则每相的电流大小 $I = $ _____ A，负载阻抗角 $\varphi = $ _____。（保留两位小数）

X_1 取值范围：4，6，8，10

计算公式：$I = \dfrac{U}{|Z|} = \dfrac{U}{\sqrt{R^2 + (X_L)^2}} = \dfrac{220}{\sqrt{X_1{}^2 + 8^2}}$

$$\varphi = \arctan\dfrac{8}{X_1}$$

La2D2005 中性点直接接地系统中某线路，正常负荷电流 I_{fh} 为 X_1 A，已知零序保护的接线方式，其中 CT 变比 n_{CT} 为 600/5，则当正常运行情况下，有一只 CT 极性二次接线接反，则此时流过继电器的电流为 $I_0 = $ _____ A。（小数点后保留两位）

X_1 取值范围：50～1000 的整数

计算公式：$I_0 = \dfrac{2 \times X_1}{600/5}$

La2D2006 有一个线圈接在正弦交流 50Hz、220V 电源上，电流为 5A，当接在直流 220V 电源上时，电流为 X_1 A，求：线圈电感 $L = $ _____ H。

X_1 取值范围：1～10 的整数

计算公式：（1）接直流回路时只有电阻

$$R = \dfrac{U}{I} = \dfrac{220}{X_1}$$

（2）接交流时为阻抗

$$Z = \dfrac{U}{I} \qquad X = \sqrt{Z^2 - R^2} \qquad L = \dfrac{X}{2\pi f}$$

La2D3007 三只电容器组成的混联电路，如图所示，$C_1 = X_1\,\mu\text{F}$，$C_2 = C_3 = 20\,\mu\text{F}$，则等效电容 $C = $ _____ μF。

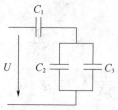

X_1 取值范围：40，50，60，70

计算公式： $C = \dfrac{C_1(C_2 + C_3)}{C_1 + (C_2 + C_3)} = \dfrac{X_1 \times (20 + 20)}{X_1 + (20 + 20)}$

La2D3008 设线路每公里正序阻抗 Z_1 为 $0.4\Omega/\mathrm{km}$，保护安装点到故障点的距离 L 为 $X_1\mathrm{km}$，对采用 $0°$ 接线方式的距离保护中的阻抗继电器，试分析在保护范围内发生三相短路时，其测量阻抗为 $Z^{(3)} = \underline{\hspace{2cm}} \ \Omega$。（设 $n_{TV}=1$，$n_{TA}=1$）

X_1 取值范围：$5\sim50$ 的整数

计算公式： 三相短路时，加入到三个继电器的电压和电流均为

$$U_K^{(3)} = \sqrt{3}\, I^{(3)} Z_1 L \qquad I_K^{(3)} = \sqrt{3}\, I^{(3)}$$

故测量阻抗为 $Z^{(3)} = \dfrac{U_K^{(3)}}{I_K^{(3)}} = Z_1 L = 0.4 \times X_1$

La2D3009 如图所示，有对称 T 形四端网络，$R_1 = R_2 = 200\Omega$，$R_3 = 800\Omega$，其负载电阻 $R = X_1\Omega$，计算可得知该四端网络的衰耗值是 $L = \underline{\hspace{2cm}}$ dB。（保留小数点后两位）

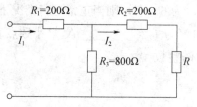

X_1 取值范围：200，400，600，800

计算公式： $I_2 = I_1 \times \dfrac{800}{200 + 800 + X_1}$

$$L = 20\lg\dfrac{I_1}{I_2} = 20\lg\dfrac{I_1}{\frac{1}{2}I_1}$$

La2D3010 如图所示，已知 $E_1 = X_1\mathrm{V}$，$E_2 = 2\mathrm{V}$，$R_1 = R_2 = 10\Omega$，$R_3 = 20\Omega$，则电路中的电流：$I_1 = \underline{\hspace{1.5cm}}$ A，$I_2 = \underline{\hspace{1.5cm}}$ A，$I_3 = \underline{\hspace{1.5cm}}$ A。

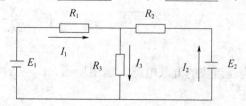

X_1 取值范围：2，4，5，6

计算公式：$E_1 - E_2 = I_1 R_1 - I_2 R_2$

$\qquad\qquad E_1 = I_1 R_1 + I_3 R_3$

$\qquad$又 $I_1 + I_2 = I_3$

$\qquad$得 $I_2 = \dfrac{E_1}{R_1 + 2R_3} - \dfrac{E_1 - E_2}{(R_1 + 2R_3)R_2}(R_1 + R_3)$

$\qquad\qquad = \dfrac{X_1}{10 + 2 \times 20} - \dfrac{X_1 - 2}{(10 + 2 \times 20) \times 10}(10 + 20)$

$\qquad I_1 = \dfrac{E_1 - E_2}{R_1} + I_2 \dfrac{R_2}{R_1} = \dfrac{X_1 - 2}{10} + 0.04 \times \dfrac{10}{10}$

$\qquad I_3 = I_1 + I_2$

La2D4011　电力系统接线如图所示，K 点 A 相接地电流为 X_1kA，T1 中性线电流为 1.2kA，如果此时线路 M 侧的三相电流 $I_A = $ _____ A，$I_B = $ _____ A，则 $I_C = $ _____ A。

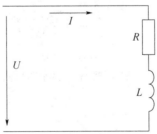

X_1 取值范围：1.5，1.6，1.8

计算公式：$I_0 = (X_1 - 1.2) \times \dfrac{1}{3}$

$\qquad\qquad I_{MA} = X_1 - 0.2$

La2D4012　如图所示电路中，已知 $L = X_1$H，$R = 10\Omega$，$U = X_2$V，试求该电路的时间常数 $\tau = $ _____ s，电路进入稳态后电阻上的电压 $U_R = $ _____ V。

X_1 取值范围：2，4，6，8

X_2 取值范围：80，90，100，110

计算公式：$\tau = \dfrac{L}{R} = \dfrac{X_1}{10}$

$\qquad\qquad U_R = U$

La2D4013　如图所示，已知：$I_K = X_1$A，$K_c = 1$，$n_{TA} = 600/5$，经计算过流保护定值

是 $I_{set}=$ _____ A，并核算本线路末端故障时，该保护的灵敏度为 $K=$ _____。（设返回系数为 0.85，可靠系数为 1.2）（保留小数点后两位）

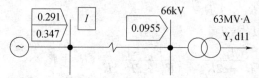

X_1 取值范围：$500\sim1000$

计算公式： $I_{gmax}=\dfrac{W_g}{U_e\times\sqrt{3}}=\dfrac{63}{66\times\sqrt{3}}=551.12$

$$I_{set}=\frac{K_{rel}K_c}{K_r n_{TA}}I_{gmax}=\frac{1.2\times1}{0.85\times600/5}\times551.12=6.48$$

$$X_{X\Sigma}=0.347+0.095=0.4425$$

$$I_K^{(2)}=\frac{1}{X_{X\Sigma}}I_K\times\frac{\sqrt{3}}{2}=\frac{1}{0.4425}\times X_1\times\frac{\sqrt{3}}{2}$$

$$K=\frac{I_K^{(2)}}{n_{TA}I_{set}}=\frac{I_K^{(2)}}{\dfrac{600}{5}\times6.48}$$

La2D4014 如图所示，已知 k1 点最大三相短路电流 I_{k1} 为 1300A（折合到 110kV 侧），k2 点的最大接地短路电流 I_{k2} 为 2000A，最小接地短路电流为 2000A，1 号断路器零序保护 Ⅰ 段的一次整定值为 $I'_{op(1)}=X_1$A，0s；Ⅱ 段 330A，0.5s。计算 3 号断路器零序电流保护 Ⅱ 段的一次动作电流值 $I=$ _____ A，动作时间 $t=$ _____ s。（取可靠系数 K_{rel} = 1.3，配合系数 K_{co} = 1.1）。

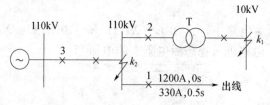

X_1 取值范围：2000，2200，2400，2600，2800

计算公式： 动作电流按与 1 号断路器零序 Ⅰ 段相配合，即

$$I=K_{co}I'_{op(1)}$$

$$t=t'_2+\Delta t$$

La2D4015 已知加在 $C=X_1\mu$F 电容器上的电压 $U_C=20\sin(10^3t+60°)$，求电流的有效值 $I=$ _____ A、无功功率 $Q_C=$ _____ V·A 以及 U_C 到达最大值时，电容所储存的能量 W = _____ J。（保留小数点后一位）

X_1 取值范围：$90\sim110$ 的整数

计算公式： $X_C=\dfrac{1}{\omega C}=\dfrac{1}{10^3\times X_1\times10^{-6}}$ $\qquad I=\dfrac{U}{X_C}=\dfrac{20}{\sqrt{2}\times10}=\sqrt{2}=1.4$

$$Q_C = I^2 X_C = 1.4^2 \times 10 = 19.6$$

$$W = \frac{1}{2}CU_m^2 = \frac{1}{2} \times X_1 \times 10^{-6} \times 20^2$$

Lb2D2016　某一电流互感器的变比为 600/5，某一次侧通过最大三相短路电流 4800A，如测得该电流互感器某一点的伏安特性为 $I_e = 3A$ 时，$U_2 = 150V$，试问二次接入 $X_1\Omega$ 负载阻抗（包括电流互感器二次漏抗及电缆电阻）时，其变比误差是 $\Delta I = $ _____。

X_1 取值范围：1～10 的整数

计算公式： 二次电流为 $\dfrac{4800}{600/5} = 40$

$$U_1' = (40 - X_1) \times 3 = 111$$

因 111V＜150V 相应，$I_e'＜3A$，若 I_e' 按 3A 计算，则

$$I_2 = 40 - 3 = 37(A)$$

$$\Delta I = (40 - 3)/40$$

Lb2D2017　如图所示为一结合滤过器，工作频率为 380kHz，从线路侧测量时，$U_1 = 10V$，$U_2 = X_1 V$，$U_3 = 2.4V$。求输入阻抗 $Z = $ _____。

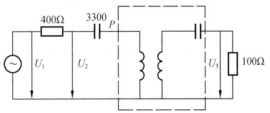

X_1 取值范围：5.00～6.00 带两位小数的值

计算公式： $Z = \dfrac{400}{\dfrac{U_1}{U_3} - 1} = \dfrac{400}{\dfrac{10}{X_1} - 1}$

Lb2D2018　某时间继电器的延时是利用电阻电容充电电路实现。设时间继电器在动作时的电压 $U_C = 20V$，直流电源电动势 $E = 24V$，电容 $C = 20\mu F$，电阻 $R = X_1 k\Omega$。则时间继电器在开关 K 合上后 $T = $ _____秒动作。

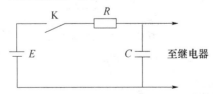

X_1 取值范围：280，418.59，446.49，558.11

计算公式： $U_C = E(1 - e^{-\frac{T}{RC}})$，则 $-\dfrac{T}{RC} = \ln\dfrac{E - U_C}{E}$

$$T = RC \cdot \ln\frac{E}{E - U_C} = X_1 \times 10^3 \times 20 \times 10^{-6}\ln\frac{24}{24 - 20}$$

Lb2D2019 设线路每公里正序阻抗 Z_1 为 $X_1\Omega$，保护安装点到故障点的距离 L 为 25km，对采用线电压、相电流接线方式的距离保护中的阻抗继电器，当在保护范围内发生两相短路时，其测量阻抗将是 $Z^{(2)} = $＿＿＿＿＿ Ω。（设 $n_{TV}=1$ $n_{TA}=1$）（保留小数点后两位）

X_1 取值范围：0.2～0.5 带 1 位小数的值

计算公式： $U_K^{(2)} = 2I^{(2)}Z_1LI_K^{(2)} = 2I^{(2)}$

$$Z^{(2)} = \frac{\sqrt{3}U_K^{(2)}}{I_K^{(2)}} = \sqrt{3}Z_1L = \sqrt{3} \times X_1 \times 25$$

Lb2D2020 有一表头，满偏电流 $I_1=100\mu A$，内阻 $R_0=1k\Omega$。若要改装成量程为 $X_1 V$ 的直流电压表，问应该串联 $R_{fi}=$＿＿＿＿＿ Ω 的电阻。

X_1 取值范围：1～5 的整数

计算公式： $I = \dfrac{U}{R_0 + R_{fi}}$

$I = I_1 = 100\mu A$，

$$100 \times 10^{-6} = \frac{X_1}{1000 + R_{fi}} ，即 R_{fi} = \frac{X_1}{100 \times 10^{-6}} - 1000$$

Lb2D2021 对额定电压为 100V 的同期检查继电器，其整定角度为 $X_1°$ 时，用单相电源试验，其动作电压 $U_{op}=$＿＿＿＿＿ V。

X_1 取值范围：20～60 的整数

计算公式： $U_{op} = 2U\sin\dfrac{\delta}{2} = 2 \times 100\sin\dfrac{X_1°}{2}$

Lb2D3022 如图所示系统，已知 $X_G* = 0.14$，$X_T* = 0.094$，$X_{0T}* = 0.08$，线路 L 的 $X_1* = 0.126$，（上述参数均已统一归算至 100MV·A 为基准的标幺值），且线路的 $X_0 = 3X_1$，（已知 220kV 基准电流 $I_{B1}=263A$，13.8kV 基准电流 $I_{B2}=4.19kA$）。试求：K 点发生三相短路时，线路 L 的短路电流 $I_L=$＿＿＿＿＿ A。

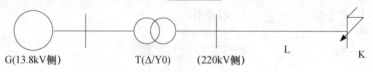

G(13.8kV侧)　　　　　T(Δ/Y0)　　　(220kV侧)　　　　L　　　　K

X_1 取值范围：0.1，0.2，0.3，0.4，0.5

计算公式： $I = \dfrac{1}{X_1 + 0.094 + 0.126}$

$$I_{B1} = 263$$
$$I_L = I \times 263$$

Lb2D3023 如图所示，母线 A 处装有距离保护，当 k1 处发生短路故障时，已知每公里正序阻抗为 $X_1\,\Omega/\mathrm{km}$，I_{AB} 为 1000A，I_{CB} 为 1800A，L_{AB} 和 L 分别为 25km、10km，请计算 A 处的距离保护的测量阻抗为 $Z=$ _____ Ω。

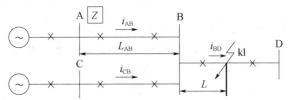

X_1 取值范围：0.3，0.4，0.5

计算公式：$Z=\dfrac{I_{AB}Z_1L_{AB}+I_{BD}Z_1L}{I_{AB}}=\dfrac{1000\times0.4\times X_1+(1800+1000)\times0.4\times10}{1000}$

Lb2D3024 如图所示系统，其保护的电流定值是相互配合的，已知 6kV 出线电流保护的动作时间为 X_1 s，3 号、4 号断路器的保护的动作时间分别为 1.5s 和 2.0s，试计算 5 号、6 号、7 号断路器过流保护的动作时间分别是 $t_1=$ _____ s、$t_2=$ _____ s、$t_3=$ _____ s（Δt 取 0.5s）

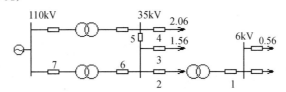

X_1 取值范围：0.3，0.4，0.5

计算公式：$t_1=t_2=0.5+X_1$

$\qquad\qquad t_5=t_4+X_1$

$\qquad\qquad t_6=t_7=t_5+X_1$

Lb2D3025 设电流互感器变比为 200/1，微机故障录波器预先整定好正弦电流波形基准值（峰值）为 1.0A/mm。在一次线路接地故障中录得电流正半波为 17mm，负半波为 X_1 mm，试计算其一次值的直流分量 $I_-=$ _____ A、交流分量 $I_\sim$ _____ A 及全渡的有效值 $I=$ _____ A。

X_1 取值范围：1～10 的整数

计算公式：已知电流波形基准峰值为 1.0A/mm，则有效值基准值 $I=1/\sqrt{2}$ A/mm

$\qquad\qquad$ 直流分量为 $I_-=\dfrac{17-X_1}{2}\times1.0\times\dfrac{200}{1}$

$\qquad\qquad$ 交流分量为 $I_\sim=\dfrac{17+X_1}{2}\times1.0\times\dfrac{1}{\sqrt{2}}\times\dfrac{200}{1}$

Lb2D4026 已知 GZ-800 型高频阻波器的电感量 $L=200\mu H$，工作频率为 X_1 kHz，求调谐电容 $C=$ _____ pF。

X_1 取值范围：$90 \sim 130$ 的整数

计算公式：$C = \dfrac{1}{4\pi^2 f^2 L} = \dfrac{1}{4 \times 3.14^2 \times (X_1 \times 10^3)^2 \times 200 \times 10^{-6}}$

Lb2D4027 如图所示，已知 k1 点最大三相短路电流 I_{k1} 为 1300A（折合到 110kV 侧），k2 点的最大接地短路电流 I_{k2} 为 2400A，最小接地短路电流为 2000A，1 号断路器零序保护 Ⅰ 段的一次整定值为 1200A，0s；Ⅱ 段 $I'_{op(1)}$ X_1A，0.5s。计算 3 号断路器零序电流保护Ⅲ段的一次动作电流值 $I = $ _____ A，动作时间 $t = $ _____ s。（取可靠系数 $K_{rel} = 1.3$，配合系数 $K_{co} = 1.1$）。（结果保留两位小数）

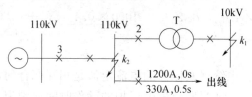

X_1 取值范围：300，330，400，500

计算公式：$I = K_{co} I'_{op(1)} = 1.1 \times X_1$

$\qquad\qquad\quad t = t''_1 + \Delta t = 0.5 + 0.5$

Jd2D2028 设线路每公里正序阻抗 Z_1 为 0.3Ω，保护安装点到故障点的距离 L 为 X_1km，对采用 0° 接线方式的距离保护中的阻抗继电器，试分析在保护范围内发生三相短路时，其测量阻抗为 $Z^{(3)} = $ _____ Ω。（设 $n_{TV} = 1$，$n_{TA} = 1$）

X_1 取值范围：$5 \sim 50$ 的整数

计算公式：$U_K^{(3)} = \sqrt{3} I^{(3)} Z_1 L I_K^{(3)} = \sqrt{3} I^{(3)}$

$\qquad\qquad\quad Z^{(3)} = \dfrac{U_K^{(3)}}{I_K^{(3)}} = Z_1 L = 0.3 \times X_1$

Jd2D3029 一条 220kV 线路，相差高频工作频率 $f = 159$kHz，线路 $L = X_1$km。计算高频信号在传送中的衰耗是 $b = $ _____ Np。

X_1 取值范围：$50 \sim 100$ 的整数

计算公式：$b = k\sqrt{f} L + 0.3 = 0.75 \times 10^{-3} \times \sqrt{159} \times X_1 + 0.3$

Jd2D3030 已知合闸电流 $I = X_1$A，合闸线圈电压 $U_{de} = 220$V；当蓄电池承受冲击负荷时，直流母线电压为 $U_{cy} = 194$V，铝的电阻系数 $\rho = 0.0283$Ω·mm²/m，电缆长度为 110m，计算合闸电缆的截面积应是 $S = $ _____ mm²。

X_1 取值范围：$75 \sim 85$ 的整数

计算公式：$\Delta U = U_{cy} - K_i U_{de} = 194 - 0.8 \times 220 = 18$

$\qquad$ 式中 $\quad K_i$——断路器合闸允许电压百分比，取 0.8；

$\qquad\qquad\quad S = \dfrac{2\rho L I}{\Delta U} = \dfrac{2 \times 0.0283 \times 110 \times X_1}{18}$

Jd2D3031 有一铜导线，其长度 $L=10\mathrm{km}$，截面积 $S=X_1\mathrm{mm}^2$，经查表知铜在温度 $20\mathrm{℃}$ 时的电阻率为 $0.0175\Omega \cdot \mathrm{mm}^2/\mathrm{m}$，试求此导线在温度 $30\mathrm{℃}$ 时的电阻值是 $R_{30}=$ _____ Ω（铜的温度系数为 $0.004/\mathrm{℃}$）。

X_1 取值范围：$20\sim50$ 的整数

计算公式： $R_{20}=\rho\dfrac{L}{S}=0.0175\dfrac{10\times10^3}{X_1}$

$R_{30}=R_{20}\left[1+\alpha(t_2-t_1)\right]=8.75\times\left[1+0.004\times(30-20)\right]$

Jd2D4032 有一台 SFL1-50000/110 双绕组变压器，高低压侧的阻抗压降 10.5%，短路损耗 ΔP_0 为 $X_1\mathrm{kW}$，请计算变压器绕组的电阻值是 $R_\mathrm{T}=$ _____ Ω，漏抗值是 $X_\mathrm{T}=$ _____ Ω。

X_1 取值范围：$200\sim300$ 的整数

计算公式： $R_\mathrm{T}=\Delta P_0\times10^3\dfrac{U_\mathrm{e}^2}{S_\mathrm{e}^2}=X_1\times10^3\times\dfrac{110^2}{50000^2}$

$X_\mathrm{T}=U_0\%U_\mathrm{e}^2\dfrac{10^3}{S_\mathrm{e}}=10.5\%\times110^2\times\dfrac{10^3}{50000}$

Jd2D4033 一组电压互感器，变比（$110000/\sqrt{3}$）/（$100/\sqrt{3}$）/X_1，其接线如图所示，试计 S 端对 a 的电压 $\dot{U}_\mathrm{a}=$ _____ V、b 的电压 $\dot{U}_\mathrm{b}=$ _____ V、c 的电压 $\dot{U}_\mathrm{c}=$ _____ V、N 的电压 $\dot{U}_\mathrm{n}=100\mathrm{V}$。

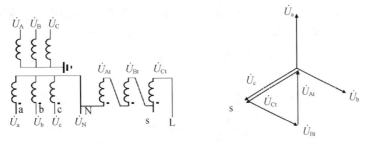

X_1 取值范围：99，100，101

计算公式： $\dot{U}_\mathrm{a}=\dot{U}_\mathrm{b}=\dot{U}_\mathrm{c}=58V$

$\dot{U}_\mathrm{At}=\dot{U}_\mathrm{Bt}=\dot{U}_\mathrm{Ct}=X_1$

$\dot{U}_\mathrm{Sa}=\dot{U}_\mathrm{Sb}=\sqrt{X_1{}^2+58^2-2\times X_1\times58\cos120°}$

$\dot{U}_\mathrm{Sc}=X_1-58$

$\dot{U}_\mathrm{Sn}=X_1$

Je2D1034 如图所示，有一台自耦变压器接入一负载，当二次电压调到 $X_1\mathrm{V}$ 时，负载电流为 20A，试计算 $I_1 =$ _____ A，$I_2 =$ _____ A。

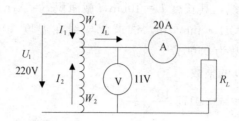

X_1 取值范围：7，9，11，12

计算公式：$P_1 = P_1 = P_2$ 而 $\quad P_1 = U_1 I_1$

$$P_2 = U_2 I_1 = X_1 \times 20$$

$$I_1 = \frac{P_2}{U_1} = \frac{220}{220} = 1$$

$$I_2 = I_L - I_1 = 20 - 1 = 19$$

Je2D2035 某 110kV 线路距离保护 I 段定值 $Z_{op} = X_1 \Omega/\text{ph}$，电流互感器的变比是 600/5，电压互感器的变比是 110/0.1。因某种原因电流互感器的变比改为 1200/5，则改变后第 I 段的动作阻抗为 $Z'_{op} =$ _____ Ω。（保留整数）

X_1 取值范围：2～6 的整数

计算公式：$Z'_{op} = Z_{op} \times \dfrac{n_{TV}}{n_{TA}} \times \dfrac{n'_{TA}}{n_{TV}} = X_1 \times \dfrac{110/0.1}{600/5} \times \dfrac{1200/5}{110/0.1}$

Je2D3036 设某 110kV 线路装有距离保护装置（保护采用线电压、相电流差的接线方式），其一次动作阻抗整定值为 $Z_{op} = 19.41\Omega/\text{ph}$，电流互感器的变比 $n_{TA} = X_1$，电压互感器的变比为 $n_{TV} = 110/0.1$。则其二次动作阻抗值是 $Z'_{op} =$ _____ Ω。（保留小数点后一位）

X_1 取值范围：60，120，200，240

计算公式：$Z'_{op} = \dfrac{n_{TA} \times Z_{op}}{n_{TV}} = \dfrac{X_1}{110/0.1} \times 19.41$

Je2D3037 设某 110kV 线路装有距离保护装置（保护采用线电压、相电流差的接线方式），其一次动作阻抗整定值为 $Z_{op} = 18.32\Omega/\text{ph}$，电流互感器的变比 $n_{TA} = X_1$，电压互感器的变比为 $n_{TV} = 110/0.1$。则其二次动作阻抗值是 $Z'_{op} =$ _____ Ω。（保留一位小数）

X_1 取值范围：60，120，200，240

计算公式：$Z'_{op} = \dfrac{n_{TA} \times Z_{op}}{n_{TV}} = \dfrac{X_1}{110/0.1} \times 18.32$

Je2D4038 如图所示，有一台自耦变压器接入一负载，当二次电压调到 X_1 V 时，负载电流为 20A，试计算 $I_1 =$ _____ A，$I_2 =$ _____ A。

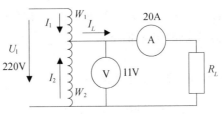

X_1 取值范围：7，9，11，12

计算公式：$P_1 = P_1 = P_2$ 而　　$P_1 = U_1 I_1$

$$P_2 = U_2 I_1 = X_1 \times 20$$

$$I_1 = \frac{P_2}{U_1} = \frac{220}{220} = 1$$

$$I_2 = I_L - I_1 = 20 - 1 = 19$$

Je2D4039　有一台 SFL1-50000/110 双绕组变压器，高、低压侧的阻抗压降 11.5%，短路损耗 ΔP_0 为 X_1kW，请计算变压器绕组的电阻值是 $R_\mathrm{T}=$ _____ Ω，漏抗值是 $X_\mathrm{T}=$ _____ Ω。

X_1 取值范围：200～300 的整数

$$R_\mathrm{T} = \Delta P_0 \times 10^3 \frac{U_\mathrm{e}^2}{S_\mathrm{e}^2} = X_1 \times 10^3 \times \frac{110^2}{50000^2}$$

$$X_\mathrm{T} = U_0 \% U_\mathrm{e}^2 \frac{10^3}{S_\mathrm{e}} = 11.5\% \times 110^2 \times \frac{10^3}{50000}$$

Je2D4040　已知合闸电流 $I = X_1$A，合闸线圈电压 $U_\mathrm{de} = 220$V；当蓄电池承受冲击负荷时，直流母线电压为 $U_\mathrm{cy} = 194$V，铝的电阻系数 $\rho = 0.0283 \Omega \mathrm{mm}^2/\mathrm{m}$，电缆长度为 100m，计算合闸电缆的截面积应是 $S=$ _____ mm^2。

X_1 取值范围：75～85 的整数

计算公式：允许压降为

$$\Delta U = U_\mathrm{cy} - K_\mathrm{i} U_\mathrm{de} = 194 - 0.8 \times 220$$

式中　　K_i——断路器合闸允许电压百分比，取 0.8；

$$S = \frac{2\rho L I}{\Delta U} = \frac{2 \times 0.0283 \times 100 \times X_1}{18}$$

Je2D5041　已知控制电缆型号为 kVV29-500 型，回路最大负荷电流 $I_{1 \cdot \max} = 2.5$A，额定电压 $U_\mathrm{e} = 220$V，电缆长度 $L = 250$m，铜的电阻率 $\rho = 0.0184 \Omega \cdot \mathrm{mm}^2/\mathrm{m}$，导线的允许压降 ΔU 不应超过额定电压的 X_1。计算控制信号馈线电缆的截面积将是 $S=$ _____ mm^2。（保留两位小数）

X_1 取值范围：0.03，0.05，0.10

计算公式：$S = \dfrac{2\rho L I}{\Delta U} = \dfrac{2 \times 0.0184 \times 250 \times 2.5}{220 \times X_1}$

Je2D4042　有一台 SFL1-50000/110 双绕组变压器，高低压侧的阻抗压降 X_1，短路损耗为 230kW，请计算变压器绕组的电阻值 $R_T =$ _____ Ω，漏抗值 $X_T =$ _____ Ω。（保留小数点后两位）

X_1 取值范围：0.075～0.145 带 3 位小数的值

计算公式：$R_T = \Delta P_0 \times 10^3 \dfrac{U_e^2}{S_e^2} = 230 \times 10^3 \times \dfrac{110^2}{50000^2}$

$$X_T = U_0\% U_e^2 \frac{10^3}{S_e} = X_1 \times 110^2 \times \frac{10^3}{50000}$$

Je2D4043　一台变压器容量为 $X_1/180/90$ MV·A，电压变比为 $220 \pm 8 \times 1.25\%/121/10.5$kV，YN/YN/△-11 接线，高压加压中压开路阻抗值为 64.8Ω，高压开路中压加压阻抗值为 6.5Ω，高压加压中压短路阻抗值为 36.7Ω，高压短路中压加压阻抗值为 3.5Ω。计算用于短路变压器的高压侧零序阻抗 $X_{I_0 *} =$ _____，中压侧零序阻抗 $X_{II_0 *} =$ _____，低压侧零序阻抗 $X_{III_0 *} =$ _____（标幺值）。基准容量 $S_j = 1000$ MV·A，基准电压为 230/121/10.5kV。

X_1 取值范围：180，200，240

计算公式：高压加压中压开路阻抗 $Z_a = 64.8$Ω，

$$Z_a\% = \frac{Z_a}{Z_j} \times 100\% = \frac{64.8}{230^2/180} \times 100\% = 22\%$$

高压加压中压短路阻抗 $Z_d = 36.7$Ω，

$$Z_d\% = \frac{Z_d}{Z_j} \times 100\% = \frac{36.7}{230^2/180} \times 100\% = 12.5\%$$

中压加压高压开路阻抗 $Z_b = 6.5$Ω

$$Z_b\% = \frac{Z_b}{Z_j} \times 100\% = \frac{6.5}{121^2/180} \times 100\% = 8\%$$

中压加压高压短路阻抗 $Z_c = 3.5$Ω

$$Z_c\% = \frac{Z_c}{Z_j} \times 100\% = \frac{3.5}{121^2/180} \times 100\% = 4.3\%$$

低压侧 $Z_D = \sqrt{Z_b \times (Z_a - Z_d)} = 8.71\%$

高压侧 $Z_G = Z_a - Z_D = 13.3\%$

中压侧 $Z_Z = Z_b - Z_D = -0.71\%$

$$X_{I_0 *} = \frac{Z_G}{100} \times \frac{S_j}{S_e} \times \frac{U_e^2}{U_j^2} = 0.133 \times \frac{1000}{X_1}$$

$$X_{II_0 *} = \frac{Z_Z}{100} \times \frac{S_j}{S_e} \times \frac{U_e^2}{U_j^2} = -0.0071 \times \frac{1000}{X_1}$$

$$X_{III_0 *} = \frac{Z_D}{100} \times \frac{S_j}{S_e} \times \frac{U_e^2}{U_j^2} = 0.0871 \times \frac{1000}{X_1}$$

Je2D5044　有一条长度为 100km，额定电压为 110kV 的双回输电线路，单回路每公里电阻 $r_0 = 0.17$Ω，电抗 $X_0 = X_1$Ω，电纳 $b_0 = (2.78E-6)$ S，试求双回线路总电阻 R

$=$ _____ Ω、电抗 $X=$ _____ Ω、电纳 $B=$ _____ S，电容功率 $Q_C=$ _____ MVar。（保留小数点后一位）（保留小数点后一位并可用科学计数方式表达）

X_1 取值范围：0.2～0.6 带一位小数的值

计算公式：$R=\dfrac{r_0 L}{2}=\dfrac{0.17\times100}{2}$

$$X=\frac{X_0 L}{2}=\frac{X_1\times100}{2}$$

$$B=2b_0 L=2\times2.78\times10^{-6}\times100$$

$$Q_C=\frac{U^2}{C}=U^2 B=(110\times10^3)^2\times B\times10^{-9}$$

Je2D5045　有一台额定容量为 120000kV·A 的电力变压器，安装在某地区变电所内，该变压器的额定电压为 $X_1/121/11$kV，连接组别为 YN，yn12，d11，当该变压器在额定运行工况下，请计算高压侧相电流 $I_{11}=$ _____ A，中压侧相电流 $I_{12}=$ _____ A，低压侧相电流 $I_{13}=$ _____ A。（保留整数）

X_1 取值范围：220，330，500

计算公式：$I_{11}=\dfrac{S_n}{\sqrt{3}U_{1n}}=\dfrac{120000}{\sqrt{3}\times X_1}$

$$I_{12}=\frac{S_n}{\sqrt{3}U_{2n}}=\frac{120000}{\sqrt{3}\times121}$$

$$I_{13}=\frac{S_n}{\sqrt{3}U_{3n}}=\frac{120000}{\sqrt{3}\times11\times\sqrt{3}}$$

Je2D5046　有一台 Y，d11 接线，容量 S_e 为 31.5MV·A，电压为 110/35kV 的变压器，高压侧 n_{TAH} 变比为 X_1，低压侧 n_{TAL} 变比为 800/5，计算变压器差动回路中高压侧二次电流是 $I_1=$ _____ A，低压侧二次电流是 $I_2=$ _____ A，差动保护回路中不平衡电流是 $I_{b1}=$ _____ A。（保留小数点后两位）

X_1 取值范围：60，120，150

计算公式：$I_1=\dfrac{\sqrt{3}I_{e1}}{n_{TA}}=\dfrac{\sqrt{3}}{n_{TA}}\times\dfrac{S_e}{\sqrt{3}U_e}=\dfrac{\sqrt{3}}{X_1}\times\dfrac{31500}{\sqrt{3}\times110}$

$$I_2=\frac{I_{e2}}{n_{TA}}=\frac{1}{n_{TA}}\times\frac{S_e}{\sqrt{3}U_e}=\frac{1}{800/5}\times\frac{31500}{\sqrt{3}\times35}$$

$$I_{b1}=I_1-I_2$$

1.5 识图题

La2E4001 如图所示系统经一条 220kV 线路供一终端变电站，该变电站为一台 150MV·A，220/110/35kV，Y0/Y0/D 三绕组变压器，变压器 220kV 侧与 110kV 侧的中性点均直接接地，中、低压侧均无电源且负荷不大。系统、线路、变压器的正序、零序标幺值分别为 X_1S/X_0S、X_1L/X_0L、X_1T/X_0T，图中是当在变电站出口发生 220kV 线路 A 相接地故障时的复合序网图，是(   )的。

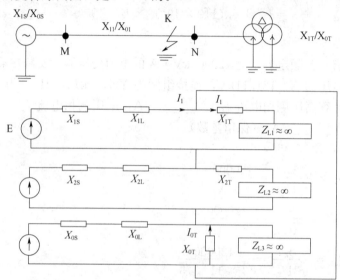

（A）正确；（B）错误。

答案：A

Jd2E4002 如图所示系统为大接地电流系统，当 k 点发生金属性接地故障时，在 M 处流过线路 MN 的 $3I_0$ 与 M 母线 $3U_0$ 的相位关系是(   )。

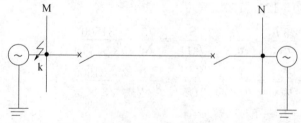

（A）$3I_0$ 超前 M 母线 $3U_0$ 约为 110^0；（B）取决于线路 MN 的零序阻抗角；（C）$3I_0$ 滞后 M 母线 $3U_0$ 约为 70^0；（D）$3I_0$ 滞后 M 母线 $3U_0$ 约为 110^0。

答案：C

Je2E3003 如图所示为电流互感器的两相三继电器接线方式，在此方式下，三相短路时，A、C 两相电流互感器的二次视在负载 Z_f 等于(   )。

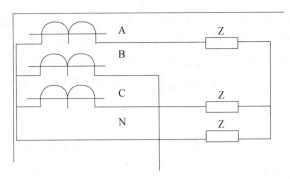

（A）$\sqrt{3}Z$；（B）Z；（C）$3Z$；（D）$2Z$。

答案：**A**

Je2E3004 如图所示有寄生回路，说明正确的是（　　）。

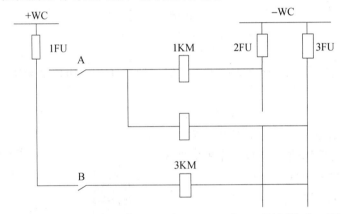

（A）当 3FU 熔断时，可以产生寄生回路；（B）当 2FU 熔断时，可以产生寄生回路；（C）当 1FU 熔断时，可以产生寄生回路；（D）当 1FU 和 3FU 熔断时，可以产生寄生回路。

答案：**A**

Je2E3005 如图所示接线中，（　　）。

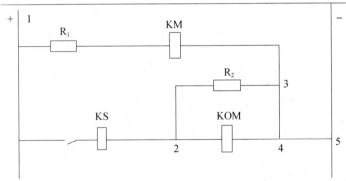

（A）当图中 4、5 点连线断线时，会产生寄生回路，引起出口继电器 KOM 误动作；解决措施是将 KM 与 KOM 线圈分别接到负电源；（B）当图中 3、4 点连线断线时，会产生

寄生回路，引起出口继电器 KOM 拒动；解决措施是将 KM 与 KOM 线圈分别接到负电源；（C）当图中 3、4 点连线断线时，会产生寄生回路，引起出口继电器 KOM 误动作；解决措施是将 KM 与 KOM 线圈分别接到负电源；（D）当图中 4、5 点连线断线时，会产生寄生回路，引起出口继电器 KOM 拒动；解决措施是将 KM 与 KOM 线圈分别接到负电源。

答案：C

Je2E3006 如图所示，在断路器的操作回路中，已知操作电压为 220V，绿灯为 8W、110V，附加电阻为 2.5kΩ，合闸接触器线圈电阻为 600Ω，最低动作电压为，当绿灯 HG 短路后，合闸接触器（   ）。

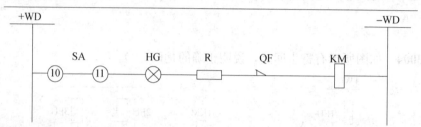

（A）肯定启动；（B）不会启动；（C）可能启动；（D）是否启动无法确定。

答案：B

Je2E3007 如图所示，采样值畸变测试。双 A/D 的情况，一路采样值畸变时，保护装置不应误动作，同时发告警信号（   ）。

（A）正确；（B）错误。

答案：A

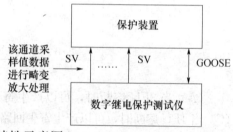

Je2E4008 图为比率制动原理差动继电器制动特性示意图（   ）。

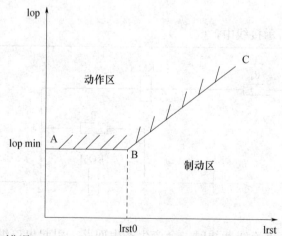

（A）正确；（B）错误。

答案：A

Je2E4009 如图所示，一次系统为双母线接线（断路器均合上），如母联断路器的跳闸熔丝熔断（即断路器无法跳闸），现Ⅱ母线发生故障，在保护正确工作的前提下，以下说法最准确的是（　　）。

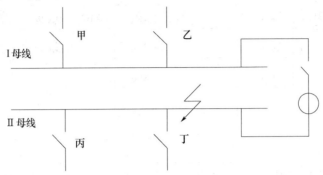

（A）Ⅱ母线差动保护动作，丙、丁断路器跳闸，甲、乙线路因母差保护停信由对侧高频闭锁保护在对侧跳闸，切除故障，全站失压；（B）Ⅱ母线差动保护动作，丙、丁断路器跳闸，母联开关失灵保护动作，跳甲、乙断路器，切除故障，全站失压；（C）Ⅱ母线差动保护动作，丙、丁断路器跳闸，母联开关死区保护动作，跳甲、乙断路器，切除故障，全站失压；（D）Ⅱ母线差动保护动作，丙、丁断路器跳闸，母联开关无法跳开，Ⅰ母线差动又无法动作，只能由甲、乙线路Ⅱ段后备保护延时切除故障，全站失压。

答案：B

Je2E4010 零序方向继电器的最大灵敏角度为 $70°$，动作方向指向线路。如图所示，利用 PT 开口三角绕组模拟产生 $3U_0$ 电压，分别对方向继电器通入 I_a、I_b、I_c 电流，以测定其方向的正确性，其动作情况应为（　　）。

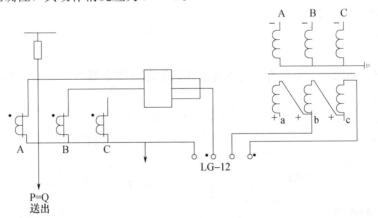

（A）通 I_a 时不动，通 I_b 时动，通 I_c 时不动；（B）通 I_a 时不动，通 I_b 时不动，通 I_c 时动；（C）通 I_a 时动，通 I_b 时临界状态（可能动，可能不动），通 I_c 时不动；（D）通 I_a 时动，通 I_b 时不动，通 I_c 时临界状态（可能动，可能不动）。

答案：C

Je2E4011 图为常规接线的双母线接线的断路器失灵保护启动回路图，其中 KA_A、

KA$_B$、KA$_C$ 是电流继电器接点，KRC$_A$、KRC$_B$、KRC$_C$ 是分相跳闸继电器，KRCQ、KRCR 为三相跳闸继电器。（　　）

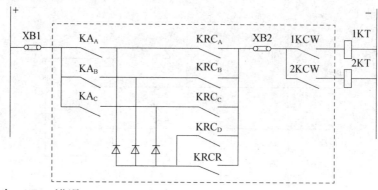

（A）正确；（B）错误。

答案：B

Je2E4012　图是 2M 光纤传输通道误码、时延测试连接图，是（　　）的。

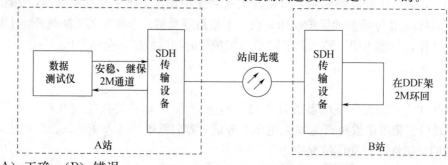

（A）正确；（B）错误。

答案：A

Je2E5013　如图所示为具有方向特性的四边形阻抗继电器的动作特性图，简述四边形各边界的作用（　　）。

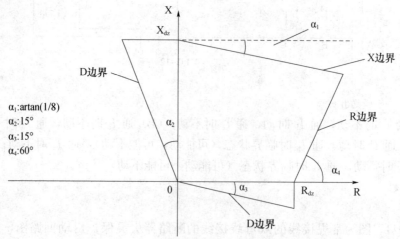

（A）X 边界：躲负荷；R 边界：测量距离；D 边界：判断方向；（B）X 边界：测量距离；R 边界：躲负荷；D 边界：判断方向；（C）X 边界：判断方向；R 边界：躲负荷；D 边界：测量距离；（D）X 边界：测量距离；R 边界：判断方向；D 边界：躲负荷。

答案：B

Je2E5014 如图所示为直流电源为 220V，出口中间继电器线圈电阻为 10kΩ，并联电阻 $R＝1.5$kΩ，可选用（　　）信号继电器。

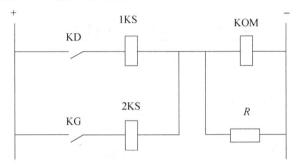

（A）额定电流为 0.05A、内阻为 70Ω ；（B）额定电流为 0.015A、内阻为 1000Ω ；（C）额定电流为 0.025A、内阻为 329Ω ；（D）额定电流为 0.1A、内阻为 18Ω 。

正确答案：A

2 技能操作

2.1 技能操作大纲

继电保护工技能鉴定 技能操作考核大纲

等级	考核方式	能力种类	能力项	考核项目	考核主要内容
技师	技能操作	基本技能	01. 电气识图、绘图	01. 简单 SCD 组态的配置	使用南瑞继保公司 SCL Configurator 软件进行简单的 SCD 组态配置
		专业技能	01. 常规变电站检验和调试	01. RCS978 型主变差动保护检验	（1）对 RCS978 型主变差动保护进行试验 （2）根据要求进行试验接线、差动保护相关参数计算、制动曲线校核等 （3）消除装置及回路上的各类缺陷
				02. PST1200 型主变差动保护检验	（1）对 PST1200 型主变差动保护进行试验 （2）根据要求进行试验接线、差动保护相关参数计算、制动曲线校核 （3）消除装置及回路上的各类缺陷
				03. RCS978 型主变后备保护（复压过流及零序方向过流保护）检验	按照要求的定值及方向对主变后备保护进行试验
				04. PST1200 型主变后备保护（复压过流及零序方向过流保护）检验	按照要求的定值及方向对主变后备保护进行试验
				05. RCS915 型母差保护检验	（1）对 RCS915 型母差保护进行试验 （2）根据要求验证母差保护功能 （3）消除装置及回路上的各类缺陷
				06. BP-2CS 型母差保护检验	（1）能够对 BP-2CS 型母差保护进行试验 （2）根据要求验证母差保护功能 （3）消除装置及回路上的各类缺陷

等级	考核方式	能力种类	能力项	考核项目	考核主要内容
技师	技能操作	专业技能	02. 智能变电站检验和调试	01. PST1200U 智能型主变差动保护检验	（1）能够对 PST1200U 智能型主变差动保护进行试验 （2）根据要求进行试验接线、差动保护 （3）相关参数计算、制动曲线校核 （4）消除装置及回路上的各类缺陷
				02. PST1200U 智能型主变后备保护（复压过流及零序方向过流保护）检验	按照要求的定值及方向对 PST1200U 智能型主变后备保护进行试验
				03. BP-2C-D 智能型母差保护检验	（1）对 BP-2C-D 智能型母差保护进行试验 （2）根据要求验证母差保护功能 （3）消除装置及回路上的各类缺陷

2.2 技能操作项目

2.2.1 JB2JB0101 简单 SCD 组态的配置

一、作业

（一）工器具、材料、设备

（1）工器具：无。

（2）材料：无。

（3）设备：电脑（已安装南瑞继保公司 SCD 配置工具软件 SCL Configurator），相关保护、合并单元、智能终端的 ICD 文件。

（二）安全要求

无。

（三）操作步骤及工艺要求（含注意事项）

利用 SCL Configurator 软件进行某 220kV 线路间隔 SCD 组态的配置（只考虑间隔本身，不考虑母差等外回路的联系）。

设备配置情况为线路保护配置 PCS-931 保护（IED 名称为 PL2201A），线路间隔合并单元配置为 PCS-221G-I（IED 名称为 ML2201A），线路间隔智能终端配置为 PCS-222B-I（IED 名称为 IL2201A），合并单元级联采用 9-2 协议。

该间隔为 220kV 出线，一次接线为双母线方式。

二、考核

（一）考核场地

考场可设在电脑机房。

（二）考核时间

考核时间为 45min。

（三）考核要点

（1）本考核项目由一人独立完成。

（2）能够较熟练的使用 SCD 配置工具软件 SCL Configurator。

（3）熟悉 220kV 线路保护的数据流，熟悉 SCD 组态中 IP 地址、MAC 地址、APPID、GOID、SMVID 等参数的含义和配置方法。

三、评分标准

行业：电力工程 工种：继电保护工 等级：技师

编号	JB2JB0101	行为领域	e	鉴定范围			
考核时限	45min	题型	B	满分	100 分	得分	

试题名称	简单 SCD 组态的配置
考核要点及其要求	（1）本考核项目由一人独立完成 （2）能够较熟练地使用 SCD 配置工具软件 SCL Configurator （3）熟悉 220kV 线路保护的数据流，熟悉 SCD 组态中 IP 地址、MAC 地址、APPID、GOID、SMVID 等参数的含义和配置方法 （4）保护装置、智能终端、合并单元只需要配置第一套并且不考虑母差等外回路的联系，线路保护配置 PCS-931 保护（IED 名称为 PL2201A）、线路间隔合并单元配置为 PCS-221G-I（IED 名称为 ML2201A），线路间隔智能终端配置为 PCS-222B-I（IED 名称为 IL2201A），合并单元级联采用 9-2 协议。该间隔为 220kV 出线（命名为培训线 231），一次接线为双母线方式 （5）制作好的 SCD 文件命名为"培训线 231.scd"
现场设备、工器具、材料	电脑（已安装南瑞继保公司 SCD 配置工具软件 SCL Configurator）、相关 ICD 文件（PCS931、PCS-221G-I、PCS-222B-I）
备注	

评分标准

序号	考核项目名称	质量要求	分值	扣分标准	扣分原因	得分
1	SCD 组态配置软件的使用	能够正确熟练使用 SCL Configurator 软件	10	不能正确使用配置软件，找不到各参数设置位置，每项 2 分，扣完为止		
2	"Communication" 项的设置	能够正确添加 MMS、SV、GOOSE 网络，并能够正确配置三个网络中 IP 地址、MAC 地址、APPID、GOID、SMVID 等参数	40	每错一个参数扣 4 分，扣完为止		
3	"IED" 项的设置	能够正确添加 IED 装置并正确命名，并能够正确完整的对各装置进行 SV、GOOSE 连线	40	每错或缺少一条连线以及出现配置或描述等不符合规范扣 4 分，扣完为止		
4	SCD 文件命名及提交	按要求进行 SCD 命名并保存提交	10	SCD 文件命名不正确或不能正确提交，每项 5 分，扣完为止		

2.2.2 JB2ZY0101 RCS978型保护装置主变差动保护校验

一、作业

（一）工器具、材料、设备

（1）工器具：万用表、一字改锥、十字改锥。

（2）材料：绝缘胶带、二次措施箱。

（3）设备：继电保护试验台（常规型）、RCS978型保护装置。

（二）安全要求

（1）试验所用设备均视为运行状态，试验操作过程均需满足相关安全技术规程要求。

（2）安全措施要完善齐备，特别要防止电压回路短路、电流回路开路，并对其他相关运行回路做好隔离。

（3）继电保护试验台电源接线等要满足低压安全用电要求。

（三）操作步骤及工艺要求（含注意事项）

（1）操作步骤

①执行现场安全措施。

②进行题目要求的校验工作（包括定值打印核对、试验接线、保护项目及定值校验、整组传动等）。

③恢复现场。

④试验报告编写。

（2）注意事项

①编写安措、验收及编写验收报告时间共60min，考生自行分配。

②整组传动时开关均在操作回路所在屏完成，模拟断路器的分合闸，在考生需要时由监考人员负责处理。

③如发现故障点，需及时告知监考人员现象后才可处理。无法处理的缺陷可放弃，由监考人员恢复后继续进行操作，放弃的缺陷不得分。

二、考核

（一）考核场地

满足要求的RCS978型保护屏一面，含操作箱、开关等必须的二次回路。

（二）考核时间

考核时间为60min。

（三）考核要点

（1）变压器为三圈变压器（Y/Y/△-11）；差动保护比率制动整组试验使用高压侧和低压侧进行。

（2）根据河北南网《继电保护验收细则》，对本型号主变差动保护及相关二次回路进行保护校验、反措检查及带开关整组传动等。

（3）安全文明生产。听从现场监考人员指挥，按规定时间完成，时间到后停止操作，按所完成的内容计分，未完成部分不得分。操作过程应熟练、有序并满足有关安全规程要求。

三、评分标准

行业：电力工程　　　　　　　　工种：继电保护工　　　　　　　　等级：技师

编号	JB2ZY0101	行为领域	e		鉴定范围	
考核时限	60min	题型	B	满分	100 分	得分
试题名称	RCS978 型保护装置主变差动保护校验					
考核要点及其要求	（1）变压器为三圈变压器（Y/Y/△-11） （2）差动保护比率制动整组试验使用高压侧和低压侧进行 （3）制动电流由监考人员指定，需计算出差动电流 I_{cd} 及高低压侧实通电流（要求计算过程）					
现场设备、工器具、材料	万用表、一字改锥、十字改锥、绝缘胶带、二次措施箱、继电保护试验台（常规型）					
备注						

评分标准

序号	考核项目名称	质量要求	分值	扣分标准	扣分原因	得分
1	工作前/后安措	按照规程要求，做好保护校验前后安全措施	10	（1）未核对定值（打印定值） （2）未退出全部压板 （3）CT 短接后未断开连片，PT 未断开（断开连片） （4）未解开启动失灵回路 （5）试验仪未接地 每项 2 分，扣完为止		
2	试验接线	正确阅读端子排图、原理图，按图接线	10	未正确连接高、低压侧电流输入端子		
3	校验项目	校验主变差动保护比率制动特性定值及带开关传动	40	（1）未正确投退软硬压板，5 分 （2）开关未正确传动，5 分 （3）计算值与实测值不正确，计算过程不正确，15 分 （4）计算值与实测值正确，5 分 （5）校验 K 值正确，10 分		
4	现场恢复	拆除试验接线，恢复安全措施到开工前状态，整理继电保护试验台及工器具等	10	（1）未正确恢复安全措施至开工前状态，每项 2 分，扣完为止 （2）未整理现场，5 分		
5	报告	根据试验要求正确编写试验报告	10	试验报告缺项漏项，每项 2 分，扣完为止		
6	故障	故障设置方法	20	故障现象（以下故障任取 4 个，每项 5 分）		

序号	考核项目名称	质量要求	分值	扣分标准	扣分原因	得分
	故障1	将高压侧A、B相电流交换	5	A、B相电流采样相反		
	故障2	将定值中"主保护投入"置零	5	差动保护不动作		
	故障3	将主保护投入压板一端虚接	5	差动保护无法投入,开入量为0		
	故障4	解开高压侧C相跳闸压板(下端)连线	5	保护动作,但C相不出口		
	故障5	短接保护+110V电源与高压侧"压力降低禁止操作"开入	5	压力降低禁止操作,高压侧开关不能出口		
	故障6	将装置参数中"电流二次额定值"改为1A	5	采样不正确		

2.2.3　JB2ZY0102　PST1200 型保护装置主变差动保护校验

一、作业

（一）工器具、材料、设备

（1）工器具：万用表、一字改锥、十字改锥。

（2）材料：绝缘胶带、二次措施箱。

（3）设备：继电保护试验台（常规型）、PST1200 型保护装置。

（二）安全要求

（1）试验所用设备均视为运行状态，试验操作过程均需满足相关安全技术规程要求。

（2）安全措施要完善齐备，特别要防止电压回路短路、电流回路开路，并对其他相关运行回路做好隔离。

（3）继电保护试验台电源接线等要满足低压安全用电要求。

（三）操作步骤及工艺要求（含注意事项）

（1）操作步骤

①执行现场安全措施。

②进行题目要求的校验工作（包括定值打印核对、试验接线、保护项目及定值校验、整组传动等）。

③恢复现场。

④试验报告编写。

（2）注意事项

①编写安措、验收及编写验收报告时间共 60min，考生自行分配。

②整组传动时开关均在操作回路所在屏完成，模拟断路器的分合闸，在考生需要时由监考人员负责处理。

③如发现故障点，需及时告知监考人员现象后才可处理。无法处理的缺陷可放弃，由监考人员恢复后继续进行操作，放弃的缺陷不得分。

二、考核

（一）考核场地

满足要求的 PST1200 型保护屏一面，含操作箱、开关等必须的二次回路。

（二）考核时间

考核时间为 60min。

（三）考核要点

（1）变压器为三圈变压器（Y/Y/△-11）；差动保护比率制动整组试验使用高压侧和低压侧进行。

（2）根据河北南网《继电保护验收细则》，对本型号主变差动保护及相关二次回路进行保护校验、反措检查及带开关整组传动等。

（3）安全文明生产。听从现场监考人员指挥，按规定时间完成，时间到后停止操作，按所完成的内容计分，未完成部分不得分。操作过程应熟练、有序并满足有关安全规程要求。

三、评分标准

编号	JB2ZY0102	行为领域	e	鉴定范围		
考核时限	60min	题型	B	满分	100 分	得分
试题名称	PST1200 型保护装置主变差动保护校验					
考核要点及其要求	(1) 变压器为三圈变压器（Y/Y/△-11） (2) 差动保护比率制动整组试验使用高压侧和低压侧进行 (3) 制动电流由监考人员指定，需计算出差动电流 Icd 及高低压侧实通电流（要求计算过程）					
现场设备、工器具、材料	万用表、一字改锥、十字改锥、绝缘胶带、二次措施箱、继电保护试验台（常规型）					
备注						

评分标准

序号	考核项目名称	质量要求	分值	扣分标准	扣分原因	得分
1	工作前/后安措	按照规程要求，做好保护校验前后安全措施	10	(1) 未核对定值（打印定值） (2) 未退出全部压板 (3) CT 短接后未断开连片，PT 未断开（断开连片） (4) 未解开启动失灵回路 (5) 试验仪未接地 每项 2 分，扣完为止		
2	试验接线	正确阅读端子排图、原理图，按图接线	10	未正确连接高、低压侧电流输入端子		
3	校验项目	校验主变差动保护比率制动特性定值及带开关传动	40	(1) 未正确投退软硬压板，5 分 (2) 开关未正确传动，5 分 (3) 计算值与实测值不正确，计算过程不正确，15 分 (4) 计算值与实测值正确，5 分 (5) 校验 K 值不正确，10 分		
4	现场恢复	拆除试验接线，恢复安全措施到开工前状态，整理继电保护试验台及工器具等	10	(1) 未正确恢复安全措施至开工前状态，每项 2 分，扣完为止 (2) 未整理现场，5 分		
5	报告	根据试验要求正确编写试验报告	10	试验报告缺项漏项，每项 2 分，扣完为止		
6	故障	故障设置方法	20	故障现象（以下故障任取 4 个，每项 5 分）		

序号	考核项目名称	质量要求	分值	扣分标准	扣分原因	得分
	故障 1	将高压侧 A、B 相电流交换	5	A、B 相电流采样相反		
	故障 2	将定值中"主保护投入"置零	5	差动保护不动作		
	故障 3	将主保护投入压板一端虚接	5	差动保护无法投入，开入量为 0		
	故障 4	解开高压侧 C 相跳闸压板（下端）连线	5	保护动作，但 C 相不出口		
	故障 5	短接保护＋110V 电源与高压侧"压力降低禁止操作"开入	5	压力降低禁止操作，高压侧开关不能出口		
	故障 6	将装置参数中"电流二次额定值"改为 1A	5	采样不正确		

2.2.4 JB2ZY0103 RCS978 型保护装置主变后备保护校验

一、作业

（一）工器具、材料、设备

（1）工器具：万用表、一字改锥、十字改锥。

（2）材料：绝缘胶带、二次措施箱。

（3）设备：继电保护试验台（常规型）、RCS978 型保护装置。

（二）安全要求

（1）试验所用设备均视为运行状态，试验操作过程均需满足相关安全技术规程要求。

（2）安全措施要完善齐备，特别要防止电压回路短路、电流回路开路，并对其他相关运行回路做好隔离。

（3）继电保护试验台电源接线等要满足低压安全用电要求。

（三）操作步骤及工艺要求（含注意事项）

（1）操作步骤

①执行现场安全措施。

②进行题目要求的校验工作（包括定值打印核对、试验接线、保护项目及定值校验、整组传动等）。

③恢复现场。

④试验报告编写。

（2）注意事项

①编写安措、验收及编写验收报告时间共 60min，考生自行分配。

②整组传动时开关均在操作回路所在屏完成，模拟断路器的分合闸，在考生需要时由监考人员负责处理。

③如发现故障点，需及时告知监考人员现象后才可处理。无法处理的缺陷可放弃，由监考人员恢复后继续进行操作，放弃的缺陷不得分。

二、考核

（一）考核场地

满足要求的 RCS978 型保护屏一面，含操作箱、开关等必须的二次回路。

（二）考核时间

考核时间为 60min。

（三）考核要点

（1）本考核项目由一人独立完成。

（2）根据河北南网《继电保护验收细则》，对本型号主变后备保护及相关二次回路进行保护校验、反措检查及带开关整组传动等。

（3）安全文明生产。听从现场监考人员指挥，按规定时间完成，时间到后停止操作，按所完成的内容计分，未完成部分不得分。操作过程应熟练、有序并满足有关安全规程要求。

三、评分标准

行业：电力工程　　　　　　　**工种：继电保护工**　　　　　　　**等级：技师**

编号	JB2ZY0103	行为领域	e	鉴定范围		
考核时限	60min	题型	B	满分	100分	得分

试题名称	RCS978型保护装置主变后备保护校验
考核要点及其要求	根据河北南网《继电保护验收细则》，对本型号主变后备保护及相关二次回路进行保护校验、反措检查及带开关整组传动等
现场设备、工器具、材料	万用表、一字改锥、十字改锥、绝缘胶带、二次措施箱、继电保护试验台（常规型）
备注	

评分标准

序号	考核项目名称	质量要求	分值	扣分标准	扣分原因	得分
1	工作前/后安措	按照规程要求，做好保护校验前后安全措施	10	（1）未核对定值（打印定值） （2）未退出全部压板 （3）CT短接后未断开连片，PT未断开（断开连片） （4）未解开启动失灵回路 （5）试验仪未接地 每项2分，扣完为止		
2	试验接线	正确阅读端子排图、原理图，按图接线	10	未正确连接高、低压侧电流输入端子		
3	校验项目1	高压侧复压方向过流I保护	20	（1）未正确投退软硬压板，5分 （2）开关未正确传动，5分 （3）低电压闭锁值和I段过流值不正确，5分 （4）不能校验正方向正确动作、反方向不动作及最大灵敏角，5分		
4	校验项目2	高压侧零序方向过流I保护	20	（1）未正确投退软硬压板，5分 （2）开关未正确传动，5分 （3）I段零序过流值不正确，5分 （4）不能校验正方向正确动作反方向不动作及最大灵敏角，5分		
5	现场恢复	拆除试验接线，恢复安全措施到开工前状态，整理继电保护试验台及工器具等	10	（1）未正确恢复安全措施至开工前状态，每项2分，扣完为止 （2）未整理现场，5分		

序号	考核项目名称	质量要求	分值	扣分标准	扣分原因	得分
6	报告	根据试验要求正确编写试验报告	10	试验报告缺项漏项，每项2分，扣完为止		
7	故障	故障设置方法	20	故障现象（以下故障任取4个，每项5分）		
	故障1	将高压侧A、B相电流交换	5	A、B相电流采样相反，复压方向过流方向元件动作不正确		
	故障2	高压侧后备保护定值中"过流保护经Ⅲ侧复压闭锁"置1	5	在高压侧校验复压定值无法校验，低压侧不加电压时，复压始终开放高压侧		
	故障3	将高压侧电压在端子排虚接	5	PT断线无法复归闭锁后备保护		
	故障4	解开高压侧C相跳闸压板（下端）连线	5	保护动作，但C相不出口		
	故障5	短接保护+110V电源与高压侧"压力降低禁止操作"开入	5	压力降低禁止操作，高压侧开关不能出口		
	故障6	将定值中"过流Ⅰ段经方向闭锁"置零	5	无法校验过流Ⅰ段方向性		
	故障7	将定值中"零序过流Ⅰ段经方向闭锁"置零	5	无法校验零序过流Ⅰ段方向性		

2.2.5 JB2ZY0104 PST1200 型保护装置主变后备保护校验

一、作业

（一）工器具、材料、设备

（1）工器具：万用表、一字改锥、十字改锥。

（2）材料：绝缘胶带、二次措施箱。

（3）设备：继电保护试验台（常规型）、PST1200 型保护装置。

（二）安全要求

（1）试验所用设备均视为运行状态，试验操作过程均需满足相关安全技术规程要求。

（2）安全措施要完善齐备，特别要防止电压回路短路、电流回路开路，并对其他相关运行回路做好隔离。

（3）继电保护试验台电源接线等要满足低压安全用电要求。

（三）操作步骤及工艺要求（含注意事项）

（1）操作步骤

①执行现场安全措施。

②进行题目要求的校验工作（包括定值打印核对、试验接线、保护项目及定值校验、整组传动等）。

③恢复现场。

④试验报告编写。

（2）注意事项

①编写安措、验收及编写验收报告时间共 60min，考生自行分配。

②整组传动时开关均在操作回路所在屏完成，模拟断路器的分合闸，在考生需要时由监考人员负责处理。

③如发现故障点，需及时告知监考人员现象后才可处理。无法处理的缺陷可放弃，由监考人员恢复后继续进行操作，放弃的缺陷不得分。

二、考核

（一）考核场地

满足要求的 PST1200 型保护屏一面，含操作箱、开关等必须的二次回路。

（二）考核时间

考核时间为 60min。

（三）考核要点

（1）本考核项目由一人独立完成。

（2）根据河北南网《继电保护验收细则》，对本型号主变后备保护及相关二次回路进行保护校验、反措检查及带开关整组传动等。

（3）安全文明生产。听从现场监考人员指挥，按规定时间完成，时间到后停止操作，按所完成的内容计分，未完成部分不得分。操作过程应熟练、有序并满足有关安全规程要求。

三、评分标准

行业：电力工程　　　　　　　工种：继电保护工　　　　　　　等级：技师

编号	JB2ZY0104	行为领域	e		鉴定范围	
考核时限	60min	题型	B	满分	100 分	得分
试题名称	PST1200 型保护装置主变后备保护校验					
考核要点及其要求	根据河北南网《继电保护验收细则》，对本型号主变后备保护及相关二次回路进行保护校验、反措检查及带开关整组传动等					
现场设备、工器具、材料	万用表、一字改锥、十字改锥、绝缘胶带、二次措施箱、继电保护试验台（常规型）					
备注						

评分标准

序号	考核项目名称	质量要求	分值	扣分标准	扣分原因	得分
1	工作前/后安措	按照规程要求，做好保护校验前后安全措施	10	（1）未核对定值（打印定值） （2）未退出全部压板 （3）CT 短接后未断开连片，PT 未断开（断开连片） （4）未解开启动失灵回路 （5）试验仪未接地 每项 2 分，扣完为止		
2	试验接线	正确阅读端子排图、原理图，按图接线	10	未正确连接高、低压侧电流输入端子		
3	校验项目 1	高压侧复压方向过流 I 保护	20	（1）未正确投退软硬压板，5 分 （2）开关不正确传动，5 分 （3）低电压闭锁值和 I 段过流值不正确，5 分 （4）不能校验正方向正确动作反方向不动作及最大灵敏角，5 分		
4	校验项目 2	高压侧零序方向过流 I 保护	20	（1）未正确投退软硬压板，5 分 （2）开关不正确传动，5 分 （3）I 段零序过流值不正确，5 分 （4）不能校验正方向正确动作反方向不动作及最大灵敏角，5 分		
5	现场恢复	拆除试验接线，恢复安全措施到开工前状态，整理继电保护试验台及工器具等	10	（1）未正确恢复安全措施至开工前状态，每项 2 分，扣完为止 （2）未整理现场，5 分		

序号	考核项目名称	质量要求	分值	扣分标准	扣分原因	得分
6	报告	根据试验要求正确编写试验报告	10	试验报告缺项漏项,每项2分,扣完为止		
7	故障	故障设置方法	20	故障现象(以下故障任取4个,每项5分)		
	故障1	将高压侧A、B相电流交换	5	A、B相电流采样相反,复压方向过流方向元件动作不正确		
	故障2	高压侧后备保护定值中"复压过流Ⅰ段指向母线"置1	5	在高压侧校验复压定值无法校验,始终反方向		
	故障3	将高压侧电压在端子排虚接	5	PT断线无法复归闭锁后备保护		
	故障4	解开高压侧C相跳闸压板(下端)连线	5	保护动作,但C相不出口		
	故障5	短接保护+110V电源与高压侧"压力降低禁止操作"开入	5	压力降低禁止操作,高压侧开关不能出口		
	故障6	将定值中"过流Ⅰ段带方向"置零	5	无法校验过流Ⅰ段方向性		
	故障7	将定值中"零序过流Ⅰ段带方向"置零	5	无法校验零序过流Ⅰ段方向性		

2.2.6　JB2ZY0105　RCS915 型母差保护装置校验

一、作业

（一）工器具、材料、设备

（1）工器具：万用表、一字改锥、十字改锥。

（2）材料：绝缘胶带、二次措施箱。

（3）设备：继电保护试验台（常规型）、RCS915 型保护装置。

（二）安全要求

（1）试验所用设备均视为运行状态，试验操作过程均需满足相关安全技术规程要求。

（2）安全措施要完善齐备，特别要防止电压回路短路、电流回路开路，并对其他相关运行回路做好隔离。

（3）继电保护试验台电源接线等要满足低压安全用电要求。

（三）操作步骤及工艺要求（含注意事项）

（1）操作步骤

①执行现场安全措施。

②进行题目要求的校验工作（包括定值打印核对、试验接线、保护项目及定值校验、整组传动等）。

③恢复现场。

④试验报告编写。

（2）注意事项

①编写安措、验收及编写验收报告时间共 60min，考生自行分配。

②整组传动时开关均在操作回路所在屏完成，模拟断路器的分合闸，在考生需要时由监考人员负责处理。

③如发现故障点，需及时告知监考人员现象后才可处理。无法处理的缺陷可放弃，由监考人员恢复后继续进行操作，放弃的缺陷不得分。

二、考核

（一）考核场地

满足要求的 RCS915 型保护屏一面，含操作箱、开关等必须的二次回路。

（二）考核时间

考核时间为 60min。

（三）考核要点

（1）本考核项目由一人独立完成。

（2）根据河北南网《继电保护验收细则》，对本型号母差保护及相关二次回路进行保护校验、反措检查及带开关整组传动等。

（3）安全文明生产。听从现场监考人员指挥，按规定时间完成，时间到后停止操作，按所完成的内容计分，未完成部分不得分。操作过程应熟练、有序并满足有关安全规程要求。

三、评分标准

行业：电力工程　　　　　　　　工种：继电保护工　　　　　　　　等级：技师

编号	JB2ZY0105	行为领域	e	鉴定范围		
考核时限	60min	题型	B	满分	100分	得分
试题名称	RCS915型母差保护装置校验					
考核要点及其要求	运行方式：支路L3、L2运行在Ⅰ母，支路L4、L5运行在Ⅱ母，双母线并列运行；L2、L4支路的TA变比为1000/5，L5支路的TA变比为600/5，L3支路和母联的TA变比为1200/5，其他间隔备用 （1）模拟上述运行方式下L2支路的B相故障，Ⅰ、Ⅱ母电压正常时，大小差电流的平衡，要求用B相校验，L2支路故障电流为3A（其余运行支路均有电源） （2）模拟上述运行方式下L2支路的B相故障，L2支路开关失灵，母差保护动作行为，母联开关动作正常					
现场设备、工器具、材料	万用表、一字改锥、十字改锥、绝缘胶带、二次措施箱、继电保护试验台（常规型）					
备注						

评分标准

序号	考核项目名称	质量要求	分值	扣分标准	扣分原因	得分
1	工作前/后安措	按照规程要求，做好保护校验前后安全措施	10	（1）未核对定值（打印定值） （2）未退出全部压板 （3）CT短接后未断开连片，PT未断开（断开连片） （4）试验仪未接地 每项3分，扣完为止		
2	试验接线	正确阅读端子排图、原理图，按图接线	10	未正确连接高、低压侧电流输入端子		
3	校验项目1	模拟上述运行方式下L2支路的B相故障，Ⅰ、Ⅱ母电压正常时，大小差电流的平衡（其余运行支路均有电源）	20	（1）未正确投退软硬压板，5分 （2）L3支路电流大小及方向不正确，5分 （3）L4支路电流大小及方向不正确，5分 （4）L5支路电流大小及方向不正确，5分 （5）母联支路电流大小及方向不正确，5分 （6）不满足装置无差流及告警、动作信号，5分 每项5分，扣完为止		

序号	考核项目名称	质量要求	分值	扣分标准	扣分原因	得分
4	校验项目2	模拟上述运行方式下L2支路的B相故障，L2支路开关失灵，母差保护动作行为，母联开关动作正常	20	（1）未正确投退软硬压板，5分 （2）不满足故障前电压正常、故障后电压未正确开放，5分 （3）未正确模拟L2直路失灵开入，5分 （4）母差保护动作逻辑不正确，5分		
5	现场恢复	拆除试验接线，恢复安全措施到开工前状态，整理继电保护试验台及工器具等	10	（1）未正确恢复安全措施至开工前状态，每项2分，扣完为止 （2）未整理现场，5分		
6	报告	根据试验要求正确编写试验报告	10	试验报告缺项漏项，每项2分，扣完为止		
7	故障	故障设置方法	20	故障现象（以下故障任取4个，每项5分）		
	故障1	将L4支路A、B相电流交换	5	A、B相电流采样相反		
	故障2	定值单中"基准CT二次值"整定为1A	5	电流采样异常		
	故障3	将Ⅰ、Ⅱ母A相电压在端子排交换	5	电压采样异常		
	故障4	将L3支路B相电流在端子排内侧将头尾短接	5	B相电流有分流		
	故障5	失灵投入压板下口虚接	5	失灵保护无法投入		
	故障6	模拟盘上端的A2和A3交换	5	L2支路Ⅰ母刀闸开入灯不亮		
	故障7	在装置背板插座中短接1A15与1n1A1	5	L5运行在Ⅱ母时母线互联		

2.2.7 JB2ZY0106 BP2CS 型母差保护装置校验

一、作业

（一）工器具、材料、设备

（1）工器具：万用表、一字改锥、十字改锥。

（2）材料：绝缘胶带、二次措施箱。

（3）设备：继电保护试验台（常规型）、BP2CS 型保护装置。

（二）安全要求

（1）试验所用设备均视为运行状态，试验操作过程均需满足相关安全技术规程要求。

（2）安全措施要完善齐备，特别要防止电压回路短路、电流回路开路，并对其他相关运行回路做好隔离。

（3）继电保护试验台电源接线等要满足低压安全用电要求。

（三）操作步骤及工艺要求（含注意事项）

（1）操作步骤

①执行现场安全措施。

②进行题目要求的校验工作（包括定值打印核对、试验接线、保护项目及定值校验、整组传动等）。

③恢复现场。

④试验报告编写。

（2）注意事项

①编写安措、验收及编写验收报告时间共 60min，考生自行分配。

②整组传动时开关均在操作回路所在屏完成，模拟断路器的分合闸，在考生需要时由监考人员负责处理。

③如发现故障点，需及时告知监考人员现象后才可处理。无法处理的缺陷可放弃，由监考人员恢复后继续进行操作，放弃的缺陷不得分。

二、考核

（一）考核场地

满足要求的 BP2CS 型保护屏一面，含操作箱、开关等必须的二次回路。

（二）考核时间

考核时间为 60min。

（三）考核要点

（1）本考核项目由一人独立完成。

（2）根据河北南网《继电保护验收细则》，对本型号母差保护及相关二次回路进行保护校验、反措检查及带开关整组传动等。

（3）安全文明生产。听从现场监考人员指挥，按规定时间完成，时间到后停止操作，按所完成的内容计分，未完成部分不得分。操作过程应熟练、有序并满足有关安全规程要求。

三、评分标准

行业：电力工程		工种：继电保护工			等级：技师	

编号	JB2ZY0106	行为领域	e	鉴定范围		
考核时限	60min	题型	B	满分	100 分	得分
试题名称	BP-2CS型母差保护装置校验					
考核要点及其要求	运行方式：支路 L2、L4 运行在 I 母，支路 L3、L5 运行在 II 母，双母线分列运行；L2、L5 支路的 TA 变比为 600/5，L1 母联、L4 支路的 TA 变比为 2400/5，L3 支路的 TA 变比为 1200/5，其他间隔备用 （1）给各支路 A 相二次加电流；L2 电流为 2A，L3 电流为 2A；I、II 母电压正常，各相电压 57.7V；要求保护装置大小差电流为零，屏上无任何告警及保护动作信号 （2）模拟 I 母线运行时（L2 支路运行在 I 母），当 I 母线对 II 母线充电至 B 相死区故障时，校验母差保护的动作行为					
现场设备、工器具、材料	万用表、一字改锥、十字改锥、绝缘胶带、二次措施箱、继电保护试验台（常规型）					
备注						

评分标准

序号	考核项目名称	质量要求	分值	扣分标准	扣分原因	得分
1	工作前/后安措	按照规程要求，做好保护校验前后安全措施	10	（1）未核对定值（打印定值） （2）未退出全部压板 （3）CT 短接后未断开连片，PT 未断开（断开连片） （4）试验仪未接地 每项 3 分，扣完为止		
2	试验接线	正确阅读端子排图、原理图，按图接线	10	未正确连接高、低压侧电流输入端子		
3	校验项目 1	给各支路 A 相二次加电流；L2 电流为 2A，L3 电流为 2A；I、II 母电压正常，各相电压 57.7V；要求保护装置大小差电流为零，屏上无任何告警及保护动作信号	20	（1）未正确投退软硬压板，5 分 （2）L3 支路电流大小及方向不正确，5 分 （3）L4 支路电流大小及方向不正确，5 分 （4）L5 支路电流大小及方向不正确，5 分 （5）支路刀闸开入不正确，5 分 （6）不满足装置无差流及告警、动作信号，5 分 每项 5 分，扣完为止		

序号	考核项目名称	质量要求	分值	扣分标准	扣分原因	得分
4	校验项目2	模拟Ⅰ母线运行时（L2支路运行在Ⅰ母线），当Ⅰ母线对Ⅱ母线充电至B相死区故障时，校验母差保护的动作行为	20	（1）未正确投退软硬压板，5分 （2）不满足故障前电压正常、故障后电压不正确开放，5分 （3）未正确模拟手合开入，5分 （4）母差保护充电死区动作逻辑不正确，5分		
5	现场恢复	拆除试验接线，恢复安全措施到开工前状态，整理继电保护试验台及工器具等	10	（1）未正确恢复安全措施至开工前状态，每项2分，扣完为止 （2）未整理现场，5分		
6	报告	根据试验要求正确编写试验报告	10	试验报告缺项漏项，每项2分，扣完为止		
7	故障	故障设置方法	20	故障现象（以下故障任取4个，每项5分）		
	故障1	将L4支路A、B相电流交换	5	A、B相电流采样相反		
	故障2	将Ⅰ、Ⅱ母线A相电压在端子排交换	5	电压采样异常		
	故障3	将L3支路B相电流在端子排内侧将头尾短接	5	B相电流有分流		
	故障4	操作电源正负反接	5	所有开入无效		
	故障5	虚接1n125（母联手合开入）	5	母联手合无法开入		
	故障6	在端子排内侧短接正电源与L3间隔失灵解闭锁开入	5	L3间隔主变2失灵解闭锁长期开入，装置报主变失灵解闭锁误启动，且运行异常灯亮		

2.2.8 JB2ZY0201 PST1200U 智能型主变差动保护检验

一、作业

（一）工器具、材料、设备

（1）工器具：万用表、一字改锥、十字改锥。

（2）材料：无。

（3）设备：继电保护试验台（智能型）、PST1200U 智能型保护装置、SCD 文件。

（二）安全要求

（1）试验所用设备均视为运行状态，试验操作过程均需满足相关安全技术规程要求。

（2）安全措施要完善齐备，对其他相关运行回路做好隔离。

（3）继电保护试验台电源接线等要满足低压安全用电要求。

（三）操作步骤及工艺要求（含注意事项）

（1）操作步骤

①执行现场安全措施。

②进行题目要求的校验工作（包括定值打印核对、试验接线、保护项目及定值校验、整组传动等）。

③恢复现场。

④试验报告编写。

（2）注意事项

①编写安措、验收及编写验收报告时间共 60min，考生自行分配。

②消除缺陷时应向监考人员指明缺陷位置及现场。无法处理的缺陷可向监考人员申请跳过，但跳过的缺陷不得分。模拟断路器的分合闸，在选手要时由监考人员负责处理。

二、考核

（一）考核场地

满足要求的 PST1200U 智能型保护屏一面，含配套的合并单元、智能终端、开关等必须的二次设备和回路。

（二）考核时间

考核时间为 60min。

（三）考核要点

（1）本考核项目由一人独立完成。

（2）根据河北南网《继电保护验收细则》，对本型号保护进行保护校验、反措检查及带开关整组传动等。

（3）安全文明生产。听从现场监考人员指挥，按规定时间完成，时间到后停止操作，按所完成的内容计分，未完成部分不得分。操作过程应熟练、有序并满足有关安全规程要求。

三、评分标准

行业：电力工程　　　　　　　工种：继电保护工　　　　　　　等级：技师

编号	JB2ZY0201	行为领域	e	鉴定范围		
考核时限	60min	题型	B	满分	100分	得分
试题名称	PST1200U智能型主变差动保护检验					
考核要点及其要求	（1）变压器为三圈变压器（Y/Y/△-11） （2）差动保护比率制动整组试验使用高压侧和低压侧进行 （3）制动电流由监考人员指定，需计算出差动电流 I_{cd} 及高低压侧实通电流（要求计算过程）					
现场设备、工器具、材料	万用表、一字改锥、十字改锥、继电保护试验台（智能型）、SCD文件					
备注						

评分标准

序号	考核项目名称	质量要求	分值	扣分标准	扣分原因	得分
1	工作前/后安措	按照规程要求，做好保护校验前后安全措施	10	（1）未核对定值（打印定值）、定值区 （2）软硬压板（启动失灵、跳运行开关或闭锁备自投） （3）未正确执行隔离措施 （4）试验仪未接地 每项3分，扣完为止		
2	试验接线	正确阅读光纤连接图、SCD文件等，并按图进行光纤接线	10	（1）未正确连接保护SV输入光纤 （2）未正确操作继电保护试验台 （3）不会导入SCD文件、选择相关装置并关联 （4）未正确关联相关电压、电流通道，无法输出至保护 每项3分，扣完为止		
3	校验项目	校验主变差动保护比率制动特性定值及带开关传动	40	（1）未正确投退软硬压板，5分 （2）开关未正确传动，5分 （3）计算值与实测值不正确，计算过程不正确，15分 （4）计算值与实测值不正确，5分 （5）校验 K 值不正确，10		

395

序号	考核项目名称	质量要求	分值	扣分标准	扣分原因	得分
5	现场恢复	拆除试验接线，恢复安全措施到开工前状态，整理继电保护试验台及工器具等	10	（1）未正确恢复安全措施至开工前状态，每项2分，扣完为止 （2）未整理现场，5分		
6	报告	根据试验要求正确编写试验报告	10	试验报告缺项漏项，每项2分，扣完为止		
7	故障	故障设置方法	20	故障现象（以下故障任取4个，每项5分）		
	故障1	将装置"主保护"软压板置零	5	差动保护退出		
	故障2	将装置"高压侧SV接收"软压板置零	5	装置无高压侧采样		
	故障3	将装置至高压侧智能终端光纤收发反接	5	无法跳高压侧开关且高压侧智能终端报"GOOSE断链"		
	故障4	将装置"低压侧GOOSE出口"软压板置零	5	低压侧无法出口		
	故障5	将"差动保护控制字"中"纵差差动保护"置零	5	差动保护退出		

2.2.9 JB2ZY0202 PST1200U 智能型主变后备保护检验

一、作业

（一）工器具、材料、设备

（1）工器具：万用表、一字改锥、十字改锥。

（2）材料：无。

（3）设备：继电保护试验台（智能型）、PST1200U 智能型保护装置、SCD 文件。

（二）安全要求

（1）试验所用设备均视为运行状态，试验操作过程均需满足相关安全技术规程要求。

（2）安全措施要完善齐备，对其他相关运行回路做好隔离。

（3）继电保护试验台电源接线等要满足低压安全用电要求。

（三）操作步骤及工艺要求（含注意事项）

（1）操作步骤

①执行现场安全措施。

②进行题目要求的校验工作（包括定值打印核对、试验接线、保护项目及定值校验、整组传动等）。

③恢复现场。

④试验报告编写。

（2）注意事项

①编写安措、验收及编写验收报告时间共 60min，考生自行分配。

②消除缺陷时应向监考人员指明缺陷位置及现场。无法处理的缺陷可向监考人员申请跳过，但跳过的缺陷不得分。模拟断路器的分合闸，在选手要时由监考人员负责处理。

二、考核

（一）考核场地

满足要求的 PST1200U 智能型保护屏一面，含配套的合并单元、智能终端、开关等必须的二次设备和回路。

（二）考核时间

考核时间为 60min。

（三）考核要点

（1）本考核项目由一人独立完成。

（2）根据河北南网《继电保护验收细则》，对本型号保护进行保护校验、反措检查及带开关整组传动等。

（3）安全文明生产。听从现场监考人员指挥，按规定时间完成，时间到后停止操作，按所完成的内容计分，未完成部分不得分。操作过程应熟练、有序并满足有关安全规程要求。

三、评分标准

行业：电力工程		工种：继电保护工			等级：技师	

编号	JB2ZY0202	行为领域	e	鉴定范围		
考核时限	60min	题型	B	满分	100 分	得分
试题名称	PST1200U 智能型主变后备保护检验					
考核要点及其要求	根据河北南网《继电保护验收细则》，对本型号主变后备保护及相关二次回路进行保护校验、反措检查及带开关整组传动等					
现场设备、工器具、材料	万用表、一字改锥、十字改锥、继电保护试验台（智能型）、SCD 文件					
备注						

评分标准

序号	考核项目名称	质量要求	分值	扣分标准	扣分原因	得分
1	工作前/后安措	按照规程要求，做好保护校验前后安全措施	10	（1）未核对定值（打印定值）、定值区 （2）软硬压板（启动失灵、跳运行开关或闭锁备自投） （3）未正确执行隔离措施 （4）试验仪未接地 每项 3 分，扣完为止		
2	试验接线	正确阅读光纤连接图、SCD 文件等，并按图进行光纤接线	10	（1）未正确连接保护 SV 输入光纤 （2）未正确操作继电保护试验台 （3）不会导入 SCD 文件、选择相关装置并关联 （4）未正确关联相关电压、电流通道，无法输出至保护 每项 3 分，扣完为止		
3	校验项目1	校验主变差动保护比率制动特性定值及带开关传动	20	（1）未正确投退软硬压板，5 分 （2）开关未正确传动，5 分 （3）低电压闭锁值和Ⅰ段过流值不正确，5 分 （4）不校验正方向正确动作、反方向不动作及最大灵敏角，5 分		

398

序号	考核项目名称	质量要求	分值	扣分标准	扣分原因	得分
4	校验项目2	高压侧零序方向过流I保护	20	（1）未正确投退软硬压板，5分 （2）开关未正确传动，5分 （3）I段零序过流值不正确，5分 （4）不能校验正方向正确动作、反方向不动作及最大灵敏角，5分		
5	现场恢复	拆除试验接线，恢复安全措施到开工前状态，整理继电保护试验台及工器具等	10	（1）未正确恢复安全措施至开工前状态，每项2分，扣完为止 （2）未整理现场，5分		
6	报告	根据试验要求正确编写试验报告	10	试验报告缺项漏项，每项2分，扣完为止		
7	故障	故障设置方法	20	故障现象（以下故障任取4个，每项5分）	故障排除	
	故障1	将装置"高压侧PT退出"软压板置1	5	高压侧复压过流不再判断电压，无法校验方向性		
	故障2	将装置"高压侧SV接收"软压板置零	5	装置无高压侧采样		
	故障3	将装置至高压侧智能终端光纤收发反接	5	无法跳高压侧开关且高压侧智能终端报"GOOSE断链"		
	故障4	将装置GOOSE连线中跳高压侧开关与跳低压侧开关反接	5	高压侧复压过流，高压侧出口跳低压侧开关（此缺陷无需消除，只需对监考人员指明缺陷位置和现象）		
	故障5	将"保护跳闸控制字"中将高压侧复压过流I时限跳高压侧开关取消	5	无法跳高压侧开关		

2.2.10 JB2ZY0203 BP-2C-D 智能型母差保护保护检验

一、作业

（一）工器具、材料、设备

（1）工器具：万用表、一字改锥、十字改锥。

（2）材料：无。

（3）设备：继电保护试验台（智能型）、BP-2C-D 智能型保护装置、SCD 文件。

（二）安全要求

（1）试验所用设备均视为运行状态，试验操作过程均需满足相关安全技术规程要求。

（2）安全措施要完善齐备，对其他相关运行回路做好隔离。

（3）继电保护试验台电源接线等要满足低压安全用电要求。

（三）操作步骤及工艺要求（含注意事项）

（1）操作步骤

①执行现场安全措施。

②进行题目要求的校验工作（包括定值打印核对、试验接线、保护项目及定值校验、整组传动等）。

③恢复现场。

④试验报告编写。

（2）注意事项

①编写安措、验收及编写验收报告时间共 60min，考生自行分配。

②消除缺陷时应向监考人员指明缺陷位置及现场。无法处理的缺陷可向监考人员申请跳过，但跳过的缺陷不得分。模拟断路器的分合闸，在选手要时由监考人员负责处理。

二、考核

（一）考核场地

满足要求的 BP-2C-D 智能型保护屏一面，含配套的合并单元、智能终端、开关等必须的二次设备和回路。

（二）考核时间

考核时间为 60min。

（三）考核要点

（1）本考核项目由一人独立完成。

（2）根据河北南网《继电保护验收细则》，对本型号保护进行保护校验、反措检查及带开关整组传动等。

（3）安全文明生产。听从现场监考人员指挥，按规定时间完成，时间到后停止操作，按所完成的内容计分，未完成部分不得分。操作过程应熟练、有序并满足有关安全规程要求。

三、评分标准

行业：电力工程	工种：继电保护工	等级：技师

编号	JB2ZY0203	行为领域	e	鉴定范围	
考核时限	60min	题型	B	满分	100分	得分	
试题名称	BP-2C-D智能型母差保护检验				

考核要点及其要求	运行方式：支路 L2、L4 运行在 I 母线，支路 L3、L5 运行在 II 母线，双母线分列运行；L2、L5 支路的 TA 变比为 600/5，L1 母联、L4 支路的 TA 变比为 2400/5，L3 支路的 TA 变比为 1200/5，其他间隔备用 （1）给各支路 A 相二次加电流，L2 电流为 2A，L3 电流为 2A。I、II 母线电压正常，各相电压 57.7V；要求保护装置大小差电流为零，屏上无任何告警及保护动作信号 （2）模拟 I 母线运行时（L2 支路运行在 I 母线），当 I 母线对 II 母线充电至 B 相死区故障时，校验母差保护的动作行为
现场设备、工器具、材料	万用表、一字改锥、十字改锥、继电保护试验台（智能型）、SCD 文件
备注	

评分标准

序号	考核项目名称	质量要求	分值	扣分标准	扣分原因	得分
1	工作前/后安措	按照规程要求，做好保护校验前后安全措施	10	（1）未核对定值（打印定值）、定值区 （2）软硬压板（启动失灵、跳运行开关或闭锁备自投） （3）未正确执行隔离措施 （4）试验仪未接地 每项 3 分，扣完为止		
2	试验接线	正确阅读光纤连接图、SCD 文件等，并按图进行光纤接线	10	（1）未正确连接保护 SV 输入光纤 （2）未正确操作继电保护试验台 （3）不会导入 SCD 文件、选择相关装置并关联 （4）未正确关联相关电压、电流通道，无法输出至保护 每项 3 分，扣完为止		

序号	考核项目名称	质量要求	分值	扣分标准	扣分原因	得分
3	校验项目1	给各支路A相二次加电流；L2电流2A，L3电流2A；Ⅰ、Ⅱ母线电压正常，各相电压为57.7V；要求保护装置大小差电流为零，屏上无任何告警及保护动作信号	20	（1）未正确投退软硬压板，5分 （2）L3支路电流大小及方向不正确，5分 （3）L4支路电流大小及方向不正确，5分 （4）L5支路电流大小及方向不正确，5分 （5）支路刀闸开入不正确，5分 （6）不满足装置无差流及告警、动作信号，5分 每项5分，扣完为止		
4	校验项目2	模拟Ⅰ母线运行时（L2支路运行在Ⅰ母线），当Ⅰ母线对Ⅱ母线充电至B相死区故障时，校验母差保护的动作行为	20	（1）未正确投退软硬压板，5分 （2）不满足故障前电压正常、故障后电压正确开放，5分 （3）未正确模拟手合开入，5分 （4）母差保护充电死区动作逻辑不正确，5分		
5	现场恢复	拆除试验接线，恢复安全措施到开工前状态，整理继电保护试验台及工器具等	10	（1）未正确恢复安全措施至开工前状态，每项2分，扣完为止 （2）未整理现场，5分		
6	报告	根据试验要求正确编写试验报告	10	试验报告缺项漏项，每项2分，扣完为止		
7	故障	故障设置方法	20	故障现象（以下故障任取4个，每项5分）		
	故障1	将装置"差动保护"软压板置1	5	差动保护退出		

序号	考核项目名称	质量要求	分值	扣分标准	扣分原因	得分
	故障 2	退出装置"L2 间隔 SV 接收"软压板	5	装置无 L2 间隔采样		
	故障 3	退出装置"Ⅰ母线 SV 接收"软压板	5	装置无Ⅰ母线电压采样		
	故障 4	将装置"L3 支路Ⅰ母线强制使能"置 1	5	L3 支路强制在Ⅰ母线		
	故障 5	将 L4 支路 CT 一次值设为 0	5	L4 支路电流采样常为 0		

第五部分　高级技师

1 ▽ 理论试题

1.1 单选题

La1A3001 对大电流接地系统，在系统运行方式不变的前提下，假设某线路同一点分别发生两相短路及两相接地短路，且正序阻抗等于负序阻抗，关于故障点的负序电压，下列说法正确的是(   )。

(A) 两相接地短路时的负序电压比两相短路时的大；(B) 两相接地短路时的负序电压比两相短路时的小；(C) 两相接地短路时的负序电压与两相短路时的相等；(D) 孰大孰小不确定。

答案：**B**

La1A3002 三相桥式整流中，每个二极管导通的时间是(   )个周期。
(A) 1/4；(B) 1/6；(C) 1/3；(D) 1/2。
答案：**C**

La1A3003 通常我们把传输层、网络层、数据链路层、物理层的数据依次称为(   )。

(A) 帧（frame），数据包（packet），段（segment），比特流（bit）；(B) 段（segment），数据包（packet），帧（frame），比特流（bit）；(C) 比特流（bit），帧（frame），数据包（packet），段（segment）；(D) 数据包（packet），段（segment），帧（frame），比特流（bit）。

答案：**B**

La1A3004 TCP/IP 通过"三次握手"机制建立一个连接，其中第二次握手过程为：目的主机 B 收到源主机 A 发出的连接请求后，如果同意建立连接，则会发回一个 TCP 确认，报文的确认位 ACK 如何设置(   )。

(A) ACK 翻转；(B) ACK 不变；(C) ACK 置 1；(D) ACK 置 0。
答案：**C**

Lb1A3005 距离保护"瞬时测量"装置是指防止(   )的影响的一个有效措施。
(A) 振荡；(B) 助增电流；(C) 过渡电阻；(D) 暂态超越。
答案：**C**

Lb1A3006 固定连接的母线完全差动保护，下列说法正确的是(　　)。

（A）固定连接破坏后，发生区外故障时，选择元件和启动元件都可能动作，所以差动保护可能误动作；（B）固定连接破坏后，发生区外故障时，启动元件可能动作，选择元件不会动作，所以差动保护不会动作；（C）固定连接破坏后，发生区外故障时，选择元件和启动元件不会动作，所以差动保护不会动作；（D）固定连接破坏后，发生区外故障时，选择元件可能动作，启动元件不会动作，所以差动保护不会动作。

答案：D

Lb1A3007 根据 Q/GDW 715—2012《110kV～750kV 智能变电站网络报文记录分析装置通用技术规范》，网络报文分析仪的异常报文记录就地存储，存储容量不少于(　　)条，存储方式采用双存储器双备份存储。

（A）1000；（B）1500；（C）2000；（D）2500。

答案：A

Lb1A5008 下列哪组 MAC 地址(　　)为 DL/T 860.9—2 推荐 SV 使用的 MAC 地址。

（A）01：0C：CD：04：00：00—01：0C：CD：04：01：FF；　（B）01：0C：CD：04：00：00—01：0C：CD：04：02：FF；　（C）01：0C：CD：01：00：00—01：0C：CD：01：01：FF；（D）01：0C：CD：01：00：00—01：0C：CD：01：02：FF。

答案：A

Lb1A5009 直流总输出回路、直流分路均装设自动开关时，必须确保上、下级自动开关有选择性地配合，自动开关的额定工作电流应按最大动态负荷电流（即保护三相同时动作、跳闸和收发信机在满功率发信的状态下）的(　　)倍选用。

（A）2.0；（B）1.5；（C）2.5；（D）1.8。

答案：A

Lb1A5010 线路两侧或主设备差动保护各侧的电流互感器的相关特性宜一致，避免在遇到较大短路电流时因各侧电流互感器的(　　)不一致导致保护不正确动作。

（A）暂态特性；（B）稳态特性；（C）电磁特性；（D）伏安特性。

答案：A

Lb1A5011 高压并联电抗器配置独立的电流互感器，主电抗器首端、末端电流互感器(　　)。

（A）分别配置独立的合并单元；（B）共用 1 个独立的合并单元；（C）首端与线路电压共用合并单元；（D）首、末端与线路电压共用合并单元。

答案：B

Lb1A5012 下面有关采样值变电站配置语言定义的描述不正确的是(　　)。

（A）APPID：应用标识，可选项，应为 4 个字各个符，字符应限定为 0～9 和 A～F；（B）MAC－Adress：介质访问地址值，可选项，成为 6 组通过连接符（-）的可显示字符，字符应限定为 0～9 或 A～F；（C）VLAN－PRIORITY：VLAN 用户优先级，条件性支持项目，应为单个字符，字符应限定为 A～F；（D）VLAN－ID：VLAN 标识，可选项，应为 3 字符，字符应限定为 0～9 和 A～F。

答案：C

Lb1A5013 报告服务中触发条件 GI 类型，代表着（　　）。

（A）由于数据属性的变化触发；（B）客户启动总召后触发；（C）由于冻结属性值得冻结或任何其他属性刷新值触发；（D）由于设定周期时间到后触发。

答案：B

Lb1A5014 当采用变电站一体化电源系统时，通信设备的供电时间应按（　　）个小时设计。

（A）1；（B）·2；（C）3；（D）4。

答案：D

Lb1A5015 根据 Q/GDW 715－2012《110～750kV 智能变电站网络报文记录分析装置通用技术规范》，网络报文监测终端记录 GOOSE、MMS 报文，至少可以连续记录（　　）天。

（A）7；（B）10；（C）14；（D）30。

答案：C

Lb1A5016 有源电子式电流互感器采用的是什么技术（　　）。

（A）空心线圈、低功率线圈（LPCT）、分流器；（B）电容分压、电感分压、电阻分压；（C）Faraday 磁光效应；（D）Pockels 电光效应。

答案：A

Lb1A5017 某 500kV 智能变电站，5031、5032 开关（5902 出线）间隔停役检修时，必须将（　　）退出。

（A）500kV Ⅰ母母差检修压板；（B）500kV Ⅰ母 5031 支路"SV 接收"压板；（C）5031 断路器保护跳本开关出口压板；（D）5902 线线路保护 5031 支路"SV 接收"压板。

答案：B

Lc1A3018 500kV 三相并联电抗器的中性点经小电抗器接地，其主要目的是为了（　　）。

（A）减小单相接地故障时潜供电流，加快熄弧；（B）降低线路接地故障时的零序电流；（C）防止并联电抗器过负荷；（D）限制正常运行时的过电压。

答案：A

Jd1A3019 对负序电压元件进行试验时，采用单相电压做试验电源，短接 BC 相电压输入端子，在 A 相与 BC 相电压端子间通入 12V 电压，相当于对该元件通入(　　)的负序电压。

(A) 4V/相；(B) 43V/相；(C) 23V/相；(D) 3V/相。

答案：A

Jd1A3020 当某电路有 n 个节点，m 条支路时，用基尔霍夫第一定律可以列出 $n-1$ 个独立的电流方程，(　　)个独立的回路电压方程。

(A) $m-(n-1)$；(B) $m-n-1$；(C) $m-n$；(D) $m+n+1$。

答案：A

Jd1A3021 接于并列运行的同塔双回线和电流的距离继电器，在线路末端金属性故障时的测量阻抗等于每回线路阻抗的(　　)。

(A) 100%；(B) 200%；(C) 80%；(D) 50%。

答案：D

Jd1A3022 主变铭牌上的短路电压是(　　)。

(A) 换算到基准容量为 100MV·A 下的短路电压百分数；(B) 换算到基准容量为 100MV·A 下的短路电压标幺值；(C) 换算到基准容量为该主变额定容量下的短路电压百分数；(D) 换算到基准容量为该主变额定容量下的短路电压标幺值。

答案：C

Jd1A3023 终端变电所的变压器中性点直接接地，在向该变电所供电的线路上发生两相接地故障，若不计负荷电流，则下列说法正确的是(　　)。

(A) 线路供电侧有正、负序电流；(B) 线路终端侧有正、负序电流；(C) 线路终端侧三相均没有电流；(D) 线路供电侧非故障相没有电流。

答案：A

Je1A1024 GOOSE 报文变位后立即补发的时间间隔由 GOOSE 网络通信参数中的 MinTime(　　)设置。

(A) T0；(B) T1；(C) T2；(D) T3。

答案：B

Je1A1025 智能变电站的故障录波文件格式采用(　　)。

(A) GB/T 22386；(B) Q/GDW 131；(C) DL/T 860.72；(D) Q/GDW 1344。

答案：A

Je1A1026 一台保护用电子式电流互感器，额定一次电流 4000A（有效值），额定输出为 SCP＝01CFH（有效值，RangFlag＝0）。对应于样本 2DF0H 的瞬时模拟量电流值为（　　）。

（A）4000A；（B）463A；（C）11760A；（D）101598A。

答案：**B**

Je1A1027 报告服务中触发条件为 qchg 类型，代表着（　　）。

（A）由于数据属性的变化触发；（B）由于品质属性值变化触发；（C）由于冻结属性值的冻结或任何其他属性刷新值触发；（D）由于设定周期时间到后触发。

答案：**B**

Je1A1028 IEC 60044-8 标准电压用的标度因子（SV）是（　　）。

（A）11585；（B）463；（C）231；（D）23170。

答案：**A**

Je1A1029 合并单元正常情况下，对时精度应是（　　）。

（A）±1μs；（B）±lms；（C）±1s；（D）±1ns。

答案：**A**

Je1A1030 智能变电站 SV 组网连接方式且合并单元接收外同步的情况下，多间隔合并单元采样值采用（　　）实现同步。

（A）采样计数器同步；（B）插值同步；（C）外接信号同步；（D）不需要同步。

答案：**A**

Je1A1031 500kV 主变压器低压侧套管电流数据无效时，以下（　　）保护必须闭锁。

（A）分相差；（B）分侧差；（C）低压侧开关过流；（D）纵差。

答案：**A**

Je1A2032 组网条件下，高压侧边开关电流失步，以下（　　）保护可以保留。

（A）纵差保护；（B）分相差；（C）高压侧过流；（D）公共绕组零流。

答案：**D**

Je1A2033 500kV 智能变电站的断路器失灵保护和 220kV 母联保护的配置为（　　）。

（A）500kV 单套，220kV 单套；（B）500kV 双套，220kV 单套；（C）500kV 单套，220kV 双套；（D）500kV 双套，220kV 双套。

答案：**D**

Je1A2034 YN，d11 接线组别的变压器，三角形侧 ab 两相短路，星形侧装设两相三继电器过流保护，设 ZL（包括流变二次漏抗）和 ZK 分别为二次电缆和过流继电器的阻抗，则电流互感器的二次负载阻抗为（　　）。

（A）ZL＋ZK；（B）1.5（ZL＋ZK）；（C）2（ZL＋ZK）；（D）3（ZL＋ZK）。

答案：D

Je1A2035 允许式线路纵联保护通常采取（　　）的方法来防止功率倒向造成其误动。

（A）延时停信或延时跳闸；（B）延时发信或延时跳闸；（C）延时停信或加速跳闸；（D）延时发信或加速跳闸。

答案：B

Je1A2036 对相阻抗继电器，当正方向发生两相短路经电阻接地时，超前相阻抗继电器（　　）。

（A）保护范围缩短；（B）保护范围增加；（C）拒绝动作；（D）动作状态不确定。

答案：B

Je1A2037 当 500kV 自耦变压器采用单相分体变压器组时，（　　）故障不可能发生。

（A）变压器高、中压侧绕组相间短路；（B）变压器高、中压侧绕组单相接地短路；（C）变压器绕组匝间短路；（D）变压器过励磁。

答案：A

Je1A2038 为保证允许式纵联保护能够正确动作，要求收信侧的通信设备在收到允许信号时（　　）。

（A）须将其展宽至 200～500ms；（B）须将其展宽至 100～200ms；（C）不需要展宽；（D）将信号脉宽固定为 100ms。

答案：C

Je1A2039 当线路末端发生接地故障时，对于有零序互感的平行双回线路中的每回线路，其零序阻抗在下列四种方式下最小的是（　　）。

（A）一回线运行，一回线处于热备用状态；（B）一回线运行，另一回线处于接地检修状态；（C）二回线并列运行状态；（D）二回线分列运行状态。

答案：B

Je1A2040 当线路末端发生接地故障时，对于有零序互感的平行双回线路中的每回线路，其零序阻抗在下列四种方式下最大的是（　　）。

（A）一回线运行，一回线处于热备用状态；（B）一回线运行，另一回线处于接地检修状态；（C）二回线并列运行状态；（D）一回线运行，一回线处于冷备用状态。

答案：C

Je1A2041 500kV 系统联络变压器为切除外部相间短路故障，其高、中压侧均应装设（   ）保护。

（A）阻抗；（B）过励磁；（C）差动；（D）过负荷。

答案：A

Je1A2042 当双电源侧线路发生经过渡电阻单相接地故障时，受电侧感受的测量阻抗附加分量是（   ）。

（A）容性；（B）纯电阻；（C）感性；（D）不确定。

答案：C

Je1A2043 对于 500kV3/2 接线，线路开关三相不一致保护时间整定有什么要求（   ）

（A）母线侧开关 2.5s，中间开关 2.5s；（B）母线侧开关 3.5s，中间开关 2s；（C）母线侧开关 2s，中间开关 2s；（D）母线侧开关 3.5s，中间开关 3.5s。

答案：A

Je1A2044 关于自耦变压器零序差动保护，以下说法正确的是（   ）。

（A）零序差动保护只能反映该自耦变压器高压侧内部的接地短路故障；（B）零序差动保护只能反映该自耦变压器中压侧内部的接地短路故障；（C）零序差动保护只能反映该自耦变压器公共绕组的接地短路故障；（D）零序差动保护能反映以上所有接地故障。

答案：D

Je1A2045 某 YN，y0 的变压器，其高压侧电压为 220kV 且变压器的中性点接地，低压侧为 10kV 的小接地电流系统，变压器差动保护采用内部未进行 Y/△变换的静态型变压器保护，如两侧 TA 二次侧均接成星型接线，则（   ）。

（A）高压侧区外发生故障时差动保护可能误动；（B）低压侧区外发生故障时差动保护可能误动；（C）此种接线无问题；（D）高、低压侧区外发生故障时差动保护均可能误动。

答案：A

Je1A2046 负载功率为 800W，功率因数为 0.6，电压为 200V，用一只 5A/10A，250V/500V 的功率表去测量，应选（   ）量程的表。

（A）5A，500V；（B）5A，250V；（C）10A，250V；（D）10A，500V。

答案：C

Je1A2047 当微机型光纤纵差保护采用 64k 速率的复用光纤通道时，两侧保护装置的时钟方式应采用（   ）方式。

（A）主－主；（B）主－从；（C）从－从；（D）任意。

答案：C

Je1A2048 三相并联电抗器可以装设纵差保护，但该保护不能保护电抗器的故障类型是( )。

(A) 两相接地短路；(B) 匝间短路；(C) 三相短路；(D) 两相短路。

答案：B

Je1A2049 关于自耦变压器分侧差动保护，以下说法正确的是( )。

(A) 分侧差动保护只能反映该自耦变压器高、中压侧内部的接地短路故障；(B) 分侧差动保护只能反映该自耦变压器高、中压侧内部的相间及接地短路故障；(C) 分侧差动保护能反映该自耦变压器高、中压侧内部的相间、接地短路故障及低压侧内部的相间短路故障；(D) 分侧差动保护只能反映该自耦变压器高、中压侧内部的相间短路故障。

答案：B

Je1A2050 BP-2B 型母差保护带负荷试验，一次运行方式如下安排：主变总开关运行在Ⅰ母线，通过母联开关向Ⅱ母线上的某线路供电，若装置设定主变间隔为相位基准间隔，装置显示上述三个开关同一相电流的相角，其中正确的是( )。

(A) 主变开关电流相角为 0°、母联开关电流相角为 0°、线路开关电流相角为 180°；(B) 主变开关电流相角为 0°、母联开关电流相角为 180°、线路开关电流相角为 180°；(C) 主变开关电流相角为 0°、母联开关电流相角为 180°、线路开关电流相角为 0°；(D) 主变开关电流相角为 180°、母联开关电流相角为 0°、线路开关电流相角为 0°。

答案：A

Je1A3051 如果一台三绕组自耦变压器的高中绕组变比为 2.5，S_n 为其额定容量，则低压绕组的最大容量为( )。

(A) $0.5S_n$；(B) $0.6S_n$；(C) $0.4S_n$；(D) $0.3S_n$。

答案：B

Je1A3052 对两个具有两段折线式差动保护的动作灵敏度进行比较，正确的说法是( )。

(A) 初始动作电流小的差动保护动作灵敏度高；(B) 比率制动系数较小的差动保护动作灵敏度高；(C) 拐点电流较大，且比率制动系数小的差动保护动作灵敏度高；(D) 当拐点电流及比率制动系数相等时，初始动作电流小者，其动作灵敏度高。

答案：D

Je1A3053 某 220kV 线路甲侧流变变比为 1250/1A，乙侧流变变比为 1200/5A，两侧保护距离Ⅱ段一次定值均为 22Ω，则甲、乙两侧距离Ⅱ段二次侧定值分别为( )。

(A) 38.7Ω，201.7Ω；(B) 12.5Ω，12.0Ω；(C) 2.5Ω，2.4Ω；(D) 12.5Ω，2.4Ω。

答案：D

Je1A3054 极化电压带记忆功能的方向阻抗继电器，（   ）。

（A）正、反向故障时的动态特性均为抛球特性；（B）正、反向故障时的动态特性均为偏移阻抗特性；（C）正向故障时的动态特性为抛球特性，反向故障时的动态特性为偏移阻抗特性；（D）正向故障时的动态特性为偏移阻抗特性，反向故障时的动态特性为抛球特性。

答案：D

Je1A3055 PSL-621C 接地偏移阻抗定值 Z_{zd} 按段分别整定，灵敏角三段共用一个定值。Ⅲ段的电阻分量为 R_{zd}，接地阻抗Ⅰ、Ⅱ段的电阻分量为（   ）。

（A）R_{zd}；（B）R_{zd} 的 1.5 倍；（C）R_{zd} 的两倍；（D）R_{zd} 的一半。

答案：A

Je1A3056 固定连接式的双母线差动保护中每一组母线的差电流选择元件整定原则是应可靠躲过另一组母线故障时的（   ）。

（A）最大故障电流；（B）最小不平衡电流；（C）最大不平衡电流；（D）最小故障电流。

答案：C

Je1A3057 不灵敏零序Ⅰ段的主要功能是（   ）。

（A）在全相运行情况下作为接地短路保护；（B）在非全相运行情况下作为接地短路保护；（C）作为相间短路保护；（D）作为匝间短路保护。

答案：B

Je1A4058 Ethereal 抓捕到 mmsWrite 报文，可能是由以下（   ）服务映射产生的。
（A）使能报告；（B）遥控操作；（C）定值修改；（D）定值召唤。

答案：C

Je1A4059 0.2s 级光学电流互感器在 $100\%In$ 点的相位误差限值为（   ）。
（A）$\pm30°$；（B）$\pm10°$；（C）$\pm15°$；（D）$\pm5°$。

答案：B

Je1A4060 下列关于光学电流互感器采集单元（或称电气单元）的说法（   ）是正确的。

（A）采集单元（或称电气单元）只能就地布置；（B）采集单元（或称电气单元）只能布置于控制室；（C）采集单元（或称电气单元）可就地布置，亦可布置于控制室；（D）采集单元（或称电气单元）采用激光供能。

答案：C

Je1A4061 数字量输出电子式电流互感器的极性( )。

(A) 以输出数字量的符号位表示；(B) 以二次端子的标识反映；(C) 以一次端子的标识反映；(D) 用专用信号通道表示。

答案：**A**

Je1A4062 虚端子的逻辑连接关系在 CID 的( )部分。

(A) Inputs；(B) DataSet；(C) Communication；(D) Header。

答案：**A**

Je1A4063 在运行和检修中应加强对直流系统的管理，严格执行有关规程、规定及反措，防止系统故障，特别要防止交流电压、电流窜入( )，造成电网事故。

(A) 二次回路；(B) 直流回路；(C) 接地回路；(D) 一次回路。

答案：**B**

Je1A4064 已在控制室一点接地的电压互感器二次线圈，宜在开关场将二次线圈中性点经放电间隙或氧化锌阀片接地，其击穿电压峰值应大于 [( )·Imax] V (Imax 为电网接地故障时通过变电站的可能最大接地电流有效值，单位为 kA)。

(A) 30；(B) 40；(C) 50；(D) 20。

答案：**A**

Je1A4065 继电保护专业和通信专业应密切配合。注意校核继电保护通信设备（光纤、微波、载波）传输信号的可靠性和冗余度及通道( )，防止因通信问题引起保护不正确动作。

(A) 频差；(B) 传输时间；(C) 传输带宽；(D) 传输衰耗。

答案：**B**

Je1A4066 直流总输出回路、直流分路均装设熔断器时，直流熔断器应( )。

(A) 按容配置，逐级配合；(B) 分级配置，逐级配合；(C) 分组配置，按间隔配合；(D) 分层配置，按间隔配合。

答案：**B**

Je1A4067 ( )及以下变电站宜采用通信电源与变电站电源一体化设计，即厂站直流系统经 DC/DC 转换向通信设备供电。

(A) 110kV；(B) 220kV；(C) 330kV；(D) 500kV。

答案：**B**

Je1A4068 大接地电流系统与小接地电流系统划分标准之一是零序电抗 X_0 与正序电抗 X_1 的比值，满足 X_0/X_1 ( )且 $R_0/X_1 \leqslant 1$ 的系统属于大接地电流系统。

（A）大于 5；（B）小于 3；（C）小于或等于 3；（D）大于 3。

答案：**C**

Je1A4069 DL/T 860 系列标准中定义的下列逻辑节点名称含义错误的是（　　）。

（A）PDIF：距离保护逻辑节点；（B）PTOC：过流保护逻辑节点；（C）TCTR：电流互感器逻辑节点；（D）ATCC：自动分接开关控制。

答案：**A**

Je1A4070 智能变电站的 A/D 回路设计在（　　）。

（A）保护；（B）测控；（C）智能终端；（D）合并单元或 ECVT。

答案：**D**

Je1A4071 采用 IEC 61850-9-2 点对点模式的智能变电站，若合并单元任意启动电压通道无效将对线路差动保护产生的影响有（　　）（假定保护线路差动保护只与间隔合并单元通信）。

（A）差动保护闭锁，后备保护开放；（B）所有保护闭锁；（C）所有保护开放；（D）切换到由保护电流开放 24V 正电源。

答案：**D**

Je1A4072 采用 IEC 61850-9-2 点对点模式的智能变电站，任意侧零序电流数据无效将对主变压器保护产生的影响有（　　）（假定主变压器为双绕组变压器，保护主变压器保护仅与高低侧合并单元通信）。

（A）闭锁差动保护；（B）闭锁本侧过流保护；（C）闭锁本侧自产零序过流保护；（D）闭锁本侧外接零序保护。

答案：**D**

Jf1A3073 当 PT 中性点经金属氧化物避雷器接地时，应定期用摇表检验该避雷器的工作状态是否正常。一般当用（　　）摇表时，该避雷器不应击穿；而当用（　　）摇表时，该避雷器应可靠击穿。

（A）500V，1000V；（B）1000V，2500V；（C）500V，2000V；（D）1500V，2000V。

答案：**B**

Jf1A3074 变压器大盖沿气体继电器方向的升高坡度应为（　　）。

（A）1‰～1.5‰；（B）0.5‰～1‰；（C）2‰～2.5‰；（D）2.5‰～3‰。

答案：**A**

Jf1A3075 某变电站电压互感器的开口三角形侧 B 相接反，则正常运行时，如一次侧运行电压为 20kV，且该 20kV 系统采用中性点经消弧线圈接地，则开口三角形的输出为（　　　）。

（A）0V；（B）100V；（C）200V；（D）67V。

答案：D

Jf1A3076　220～500kV 线路分相操作断路器使用单相重合闸，要求断路器三相合闸不同期时间不大于（　　　）。

（A）1ms；（B）5ms；（C）10ms。

答案：B

Jf1A3077　有一台新投入的 Y，yn 接线的变压器，测得三相相电压、三相线电压均为 380V，对地电压 $U_{aph}=U_{bph}=380V$，$U_{cph}=0V$，该变压器发生了（　　　）故障。

（A）变压器零点未接地，C 相接地；（B）变压器零点接地；（C）变压器零点未接地，B 相接地；（D）变压器零点未接地，A 相接地。

答案：A

Jf1A3078　通常 GPS 装置中同步信号 IRIG-B（AC）码可以有（　　　）电接口类型。

（A）TTL；（B）RS-485；（C）20mA 电流环；（D）AC 调制。

答案：D

1.2 判断题

La1B1001 振荡时系统任何一点电流与电压的相角都随功角 δ 的变化而变化。（√）

La1B2002 零序、负序功率元件不反应系统振荡和过负荷。（√）

La1B3003 在小电流接地系统线路发生单相接地时，非故障线路的零序电流超前零序电压 90°，故障线路的零序电流滞后零序电压 90°。（√）

La1B4004 对定时限过电流保护进行灵敏度校验时一定要考虑分支系数的影响，且要取实际可能出现的最小值。（×）

La1B4005 自动低频减载装置切除的负荷总数量应小于系统中实际可能发生的最大功率缺额。（√）

La1B4006 对线路变压器组，距离Ⅰ段的保护范围不允许伸到变压器内部。（×）

La1B5007 GOOSE 报文只能用于传输开关跳闸、开关位置等单位置遥信或双位置遥信。（×）

Lb1B1008 电流互感器本身造成的量测误差是由于有励磁电流的存在。（√）

Lb1B1009 电流互感器因二次负载大，误差超过 10% 时，可将两组同级别、同型号、同变比的电流互感器二次串联，以降低电流互感器的负载。（√）

Lb1B1010 工频变化量保护只在乎电流（或电压）值的变化量的绝对值，它不在乎电流（或电压）值是由小变大，还是由大变小。（×）

Lb1B1011 当电流互感器 10% 误差超过时，可用两种同变比的互感器并接以减小电流互感器的负担。（×）

Lb1B1012 大电流接地系统单相接地时，故障点的正、负、零序电流一定相等，各支路中的正、负、零序电流可不相等。（√）

Lb1B1013 由母线向线路送出有功功率 100MW，无功功率 100MV·A。电压超前电流的角度是 45°。（√）

Lb1B1014 系统零序阻抗和零序网络不变，接地故障时的零序电流大小就不变。（×）

Lb1B1015 高压线路上 F 点的 B、C 两相各经电弧电阻 R_B 与 R_C（$R_B \neq R_C$）短路后再金属性接地时，仍可按简单的两相接地故障一样，在构成简单的复合序网图后来计算故障电流。（×）

Lb1B1016 由于互感的作用，平行双回线外部发生接地故障时，该双回线中流过的零序电流要比无互感时小。（√）

Lb1B1017 输电线路采用串联电容补偿，可以增加输送功率、改善系统稳定及电压水平。（√）

Lb1B1018 当输送功率为 10MW 的线路出现不对称断相时，因为线路没有发生接地故障，所以线路没有零序电流。（×）

Lb1B2019 在不接地电流系统中，某处发生单相接地时，母线 PT 开口三角的电压不管距离远近，基本上电压一样高。（√）

Lb1B2020 在 330～500kV 线路一般采用带气隙的 TPY 型电流互感器。（√）

Lb1B2021 长距离输电线路为了补偿线路分布电容的影响，以防止过电压和发电机的自励磁，需装设并联电抗补偿装置。（√）

Lb1B2022 发生金属性接地故障时，保护安装点距故障点越近，零序电压越高。（√）

Lb1B2023 线路上发生单相接地故障时，短路电流中存在着正、负、零序分量，其中只有正序分量才受线路两端电势角差的影响。（√）

Lb1B2024 当线路发生 BC 相间短路时，输电线路上的压降 $U_{BC}=(I_{BC}+K3I_0)Z_1$。其中，$K=(Z_0-Z_1)/3Z_1$。（√）

Lb1B2025 一般允许式纵联保护比用同一通道的闭锁式纵联保护安全性更好。（√）

Lb1B2026 当线路出现非全相运行时，由于没有发生接地故障，所以零序保护不会发生误动。（×）

Lb1B2027 允许式的纵联保护较闭锁式的纵联保护易拒动，但不易误动。（√）

Lb1B2028 助增电流的存在，使距离保护的测量阻抗增大，保护范围缩短。（√）

Lb1B2029 采用检无压、检同期重合闸的线路，投检无压的一侧，没有必要投检同期。（×）

Lb1B2030 自动重合闸装置动作后必须手动复归。（×）

Lb1B2031 综合重合闸装置在保护启动前及启动后断路器发合闸压力闭锁信号时均闭锁重合闸。（×）

Lb1B2032 接于并联电抗器中性点的接地电抗器不宜装设瓦斯保护。（×）

Lb1B2033 在微机保护装置中，距离保护Ⅱ段必须经振荡闭锁控制。（×）

Lb1B2034 为使接地距离保护的测量阻抗能正确反映故障点到保护安装处的距离应引入补偿系数 $K=(Z_0-Z_1)/3Z_0$。（×）

Lb1B2035 对采用单相重合闸的线路，当发生永久性单相接地故障时，保护及重合闸的动作顺序是：先跳故障相，重合单相，后加速跳单相。（×）

Lb1B3036 不论是单侧电源线路，还是双侧电源的网络上，发生短路故障是故障短路点的过渡电阻总是使距离保护的测量阻抗增大。（×）

Lb1B3037 在系统发生故障而振荡时，只要距离保护的整定值大于保护安装点至振荡中心之间的阻抗值就不会误动作。（×）

Lb1B3038 一般距离保护振荡闭锁工作情况是正常与振荡时不动作、闭锁保护，系统故障时开放保护。（√）

Lb1B3039 与电流电压保护相比，距离保护主要优点在于完全不受运行方式影响。（×）

Lb1B3040 在双侧电源线路上发生接地短路故障，考虑负荷电流情况下，线路接地距离保护由于故障短路点的接地过渡电阻的影响使其测量阻抗增大。（×）

Lb1B3041 采用检无压、检同期重合闸方式的线路，投检同期的一侧，还要投检无压。（×）

Lb1B3042 零序电流保护能反映各种不对称短路，但不反映三相对称短路。（×）

Lb1B3043 采用检无压、同期重合闸方式的线路，检无压侧不用重合闸后加速回路。（×）

Lb1B3044 阻抗保护动作区末端相间短路的最小短路电流应大于相应段最小精工电

流的两倍。（√）

Lb1B3045 零序电流保护逐级配合是指零序电流定值的灵敏度和时间都要相互配合。（√）

Lb1B3046 配有两套重合闸的220kV线路，如正常时只投入一套重合闸，另一套重合闸切换把手可以放在任意位置。（×）

Lb1B3047 单侧电源线路所采用的三相重合闸时间，除应大于故障点熄弧时间及周围介质去游离时间外，还应大于断路器及操作机构复归原状准备好再次动作的时间。（√）

Lb1B3048 外部故障转换时的过渡过程是造成距离保护暂态超越的因素之一。（√）

Lb1B3049 零序电流保护可以作为所有类型故障的后备保护。（×）

Lb1B3050 距离保护的振荡闭锁，是在系统发生振荡时才启动去闭锁保护的。（×）

Lb1B3051 采用检同期、检无压重合闸方式的线路，投检无压的一侧，还要投检同期。（√）

Lb1B3052 零序电流保护灵敏Ⅰ段在重合、永久故障时将瞬时跳闸。（×）

Lb1B3053 距离保护受系统振荡的影响且与保护安装位置有关，当振荡中心在保护范围外或位于保护的反方向时，距离保护会因系统振荡而误动作。（×）

Lb1B3054 接地距离保护在受端母线经电阻三相短路时，不会失去方向性。（×）

Lb1B3055 电力系统发生振荡时，可能会导致阻抗元件误动作，因此突变量阻抗元件动作出口时，同样需经振荡闭锁元件控制。（×）

Lb1B3056 线路过电压保护的作用在于线路电压高于定值时，跳开本侧线路开关。（×）

Lb1B3057 线路横差保护由于可反应线路内任意一点的故障，且无时间元件，故属于全线速动的主保护。（×）

Lb1B3058 阻抗保护受系统振荡的影响与保护的安装地点有关，当振荡中心在保护范围之外或反方向时，方向阻抗保护就不会因系统振荡而误动。（√）

Lb1B3059 零序电流保护的逐级配合是指零序电流保护各段的时间要严格配合。（×）

Lb1B3060 距离保护原理上受振荡的影响，因此距离保护必须经振荡闭锁。（×）

Lb1B3061 线路开关合闸后正常运行（包括空充线路）时，突变量保护即能作为快速主保护。（√）

Lb1B3062 在线路三相跳闸后，采用三相重合闸的线路在重合前经常需要在一侧检查无压，另一侧检查同期。在检查无压侧同时投入检查同期功能的目的在于断路器跳闸后可以用重合闸进行补救。（√）

Lb1B3063 在小接地电流系统中，零序电流保护动作时，除有特殊要求（如单相接地对人身和设备的安全有危险的地方）者外，一般动作于信号。（√）

Lb1B4064 三相三柱式变压器的零序磁通由于只能通过油箱作回路，所以磁阻大，零序阻抗比正序阻抗小。（√）

Lb1B4065 由三个单相构成的变压器（Yn/D）正序电抗与零序电抗相等。（√）

Lb1B4066 变压器不正常工作状态主要包括：油箱里面发生的各种故障和油箱外部绝缘套管及其引出线上发生的各种故障。（×）

Lb1B4067 主保护双重化主要是指两套主保护的交流电流、电压和直流电源彼此独

立，有独立的选相功能，有两套独立的保护专（复）用通道，断路器有两个跳闸线圈、每套保护分别启动一组。（×）

Lb1B4068 所有涉及直接跳闸的重要回路应采用动作电压在额定直流电源电压的 55％～70％范围以内的中间继电器，并要求其动作功率不低于 5W。（√）

Lb1B4069 微机光纤纵联保护的保护跳闸，必须经就地判别。（√）

Lb1B4070 傅里叶算法可以滤去多次谐波，但受输入模拟量中非周期分量的影响较大。（√）

Lb1B4071 智能变电站内双重化配置的两套保护电压、电流采样值应分别取自相互独立的 MU。（√）

Lb1B4072 根据《智能变电站通用技术条件》，GOOSE 开入软压板除双母线和单母线接线启动失灵、失灵联跳开入软压板即可设在接收端，也可设在发送端。（×）

Lb1B4073 合并单元的时钟输入只能是光信号。（×）

Lb1B4074 现场检修工作时，SV 采样值网络与 GOOSE 网络可以连通。（×）

Lb1B4075 当交换机用于传输 SV 或 GOOSE 等可靠性要求较高的信息时应采用光接口。（√）

Lb1B4076 智能终端在电源电压缓慢上升或缓慢下降时，装置均不应误动作或误发信号；当电源恢复正常后，装置应自动恢复正常运行。（√）

Lb1B4077 智能终端的开关量外部输入信号应进行光电隔离，隔离电压不小于 2000V。（√）

Lb1B4078 智能终端可以通过调整信号输入的滤波时间常数，保证在接点抖动（反跳或振动）以及外部存在干扰下不误发信。（√）

Lb1B4079 智能终端收到 GOOSE 跳闸报文后，以遥信的方式转发跳闸报文来进行跳闸报文的反校。（√）

Lb1B4080 智能终端不设置软压板是因为智能终端长期处于开关场就地，液晶面板容易损坏，同时也是为了符合运行人员的操作习惯，所以智能终端不设软压板，而设置硬压板。（√）

Lb1B4081 本体智能终端的信息交互功能应包含非电量动作报文、调挡及测温等。（√）

Lb1B4082 智能终端响应正确报文的延时不应大于 1ms。（√）

Lb1B4083 对于双套保护配置，智能终端应与保护装置的 GOOSE 跳合闸一一对应；智能终端双套操作回路的跳闸硬接点开出应与断路器的跳闸线圈一一对应，且双重化智能终端跳闸线圈回路应保持完全独立。（√）

Lb1B4084 智能终端可通过 GOOSE 单帧实现跳闸功能。（√）

Lb1B4085 智能终端 GOOSE 订阅支持的数据集不应少于 15 个。（√）

Lb1B4086 智能终端动作时间不大于 7ms（包含出口继电器的时间）。（√）

Lb1B4087 智能终端发送的外部采集开关量应带时标。（√）

Lb1B4088 智能终端动作时间是指智能终端从接收到 GOOSE 控制命令（如保护的跳合闸）到相应硬接点动作所经历的时间。通常包括智能终端订阅 GOOSE 信息后的处理响应处理时间和智能终端开出硬接点的所用时间。（√）

Lb1B4089 采用 GOOSE 服务传输温度等模拟量信号时，如何避免模拟量信号频繁变化？模拟量死区，死区范围内不主动上送。（√）

Lb1B5090 过程层包括变压器、断路器、隔离开关、电流/电压互感器等一次设备及其所属的智能组件以及独立的智能电子设备。（√）

Lb1B5091 当负载阻抗等于 600Ω 时，功率电平与电压电平相等。（√）

Lb1B5092 正序电压和负序电压是越靠近故障点数值越小，零序电压是越靠近故障点数值越大。（×）

Lb1B5093 当电力系统发生严重的低频事故时，为迅速使电网恢复正常，低频减负荷装置在达到动作值后，可以不经时限立即动作，快速切除负荷。（×）

Lb1B5094 当电网（$Z\Sigma1=Z\Sigma2$）发生两相金属性短路时，若某变电站母线的正序电压标幺值应为 0.55，那么其负序电压标幺值为 0.45。（√）

Jd1B1095 母线电流差动保护的最大不平衡电流出现在短路的最初瞬间。（×）

Jd1B1096 线路出现断相，当断相点纵向零序阻抗大于纵向正序阻抗时，单相断相零序电流应小于两相断相时的零序电流。（√）

Jd1B2097 超高压线路电容电流对线路两侧电流大小和相位的影响可以忽略不计。（×）

Jd1B2098 振荡中发生不对称故障时，零序电流和负序电流只可能比无振荡时小。（√）

Jd1B2099 可以用检查零序电压回路是否有不平衡电压的方法来确认零序电压回路的良好性。（×）

Jd1B2100 在负序网络或零序网络中，只在故障点有电动势作用于网络，所以故障点有时称为负序或零序电流的发生点。（√）

Jd1B2101 技术规程规定，技术上无特殊要求及无特殊情况时，保护装置中的零序电流方向元件应采用自产零序电压，不应接入电压互感器的开口三角电压。（√）

Jd1B2102 母线充电保护只是在对母线充电时才投入使用，充电完毕后要退出。（√）

Jd1B2103 独立于母线保护的母联（分段）充电过流保护，不宜启动失灵保护。（×）

Jd1B3104 双母线接线母线保护均需配置由负序电压及零序电压构成的复合电压闭锁回路。（×）

Jd1B3105 大电流接地系统单相接地故障时，故障点零序电流的大小只与系统中零序网络有关，与运行方式大小无关。（×）

Jd1B3106 零序电流保护不反应电网正常负荷、振荡和相间短路。（√）

Jd1B3107 GOOSE 通信是通过重发相同数据来获得额外的可靠性。（√）

Jd1B3108 MU 输出数据极性应与互感器一次极性一致。间隔层装置如需要反极性输入采样值时，应建立负极性 SV 输入虚端子模型。（√）

Jd1B3109 合并单元故障不停电消缺时，应退出与该合并单元相关的所有 SV 接收压板。（×）

Jd1B3110 母线合并单元通过 GOOSE 接收母联断路器位置实现电压并列功能，双母线接线的间隔合并单元通过 GOOSE 接收间隔刀闸位置实现电压切换功能。（√）

Jd1B3111 双母线接线的间隔合并单元通过 GOOSE 接收母联断路器位置实现电压切换功能。（×）

Jd1B3112 根据《智能变电站继电保护技术规范》，对于接入了两段及以上母线电压的母线电压合并单元，母线电压并列功能宜由合并单元完成。（√）

Jd1B3113 将合并单元的直流电源正负极性颠倒，要求合并单元无损坏，并能正常工作。（√）

Jd1B3114 当外部同步信号失去时，合并单元应该利用内部时钟进行守时。（√）

Jd1B4115 电力变压器通常在其低压侧绕组中引出分接抽头，与分接开关相连用来调节低压侧电压。（×）

Jd1B4116 MU采样值发送间隔离散值应小于10μs；智能终端的动作时间应不大于10ms。（×）

Jd1B5117 为了保证在电流互感器与断路器之间发生故障时，母差保护跳开本侧断路器后对侧纵联保护能快速动作，应采取的措施是母差保护动作停信或发允许信号。（√）

Jd1B5118 只有支路停役断路器分开时，母差相关支路的SV接收压板才可以退出。（√）

Je1B1119 母线差动保护为防止误动作而采用的电压闭锁元件，正常的做法是闭锁总启动回路。（×）

Je1B1120 母线保护、断路器失灵保护做现场定检工作前，只要填写工作票，履行工作许可手续即可进行工作。（×）

Je1B1121 母线差动及断路器失灵保护，允许用导通方法分别证实到每个断路器接线的正确性。（√）

Je1B1122 双母线系统中电压切换的作用是为了保证二次电压与一次电压的对应。（√）

Je1B1123 如断路器与电流互感器之间发生故障，不能由该回路主保护切除，而由其他线路保护和变压器后备保护切除又将扩大停电范围，并引起严重后果时的情况下应装设断路器失灵保护装置。（√）

Je1B2124 新安装变压器，在进行5次冲击合闸试验时，必须投入差动保护。（√）

Je1B2125 变压器的瓦斯与纵差保护范围相同，二者互为备用。（×）

Je1B2126 为防止保护误动作，变压器差动保护在进行相量检查之前不得投入运行。（×）

Je1B2127 新安装的变压器在第一次充电时，为防止变压器差动向量接反造成误动，比率差动保护应退出，但需投入差动速断保护和重瓦斯保护。（×）

Je1B2128 变压器油箱内部常见短路故障的主保护是差动保护。（×）

Je1B2129 传统（完全）纵差保护只能对定子绕组和变压器绕组的相间短路起作用，不反应匝间短路。（×）

Je1B2130 为使变压器差动保护在变压器过激磁时不误动，在确定保护的整定值时，应增大差动保护的五次谐波制动比。（×）

Je1B2131 设置变压器差动速断元件的主要原因是防止区内故障TA饱和产生高次谐波致使差动保护拒动或延缓动作。（√）

Je1B2132 对于发电机定子绕组和变压器原、副边绕组的小匝数匝间短路，短路处电流很大，所以阻抗保护可以做它们的后备。（×）

Je1B2133 变压器差动保护对绕组匝间短路没有保护作用。（×）

Je1B2134 变压器瓦斯保护是防御变压器油箱内各种短路故障和油面降低的保护。（√）

Je1B2135 母线充电保护是指母线故障的后备保护。（×）

Je1B2136 在双母线母联电流比相式母线保护中，任一母线故障只要母联断路器中电流为零，母线保护将拒动。为此要求两条母线都必须有可靠电源与之连接。（√）

Je1B2137 母联电流相位比较式母线差动保护当母联断路器和母联断路器的电流互感器之间发生故障时将会切除非故障母线，而故障母线反而不能切除。（√）

Je1B2138 双母线差动保护按要求在每一单元出口回路加装低电压闭锁。（×）

Je1B2139 母联电流相位比较式母线保护只与电流的相位有关，而与电流幅值大小无关。（×）

Je1B2140 正常运行时，不得投入母线充电保护的压板。（√）

Je1B2141 由于变压器在 1.3 倍额定电流时还能运行 10s，因此变压器过流保护的过电流定值按不大于 1.3 倍额定电流值整定，时间按不大于 9s 整定。（×）

Je1B2142 变压器差动电流速断保护的动作电流可取为 6～8 倍变压器额定电流，不问其容量大小，电压高低和系统等值阻抗大小。（×）

Je1B2143 为了防止差动继电器误动作或误碰出口中间继电器造成母线保护误动作，应采用电压闭锁元件。（√）

Je1B2144 高压侧电压为 500kV 的变压器，对频率降低和电压升高引起的变压器工作磁密度过高，应装设过励磁保护。（√）

Je1B2145 正常情况下，变压器纵联差动保护范围应包括变压器套管及其引出线。（√）

Je1B2146 变压器差动保护需要对 △/丫 接线变压器的两侧电流进行相角补偿，对丫0/丫型变压器不需要进行任何补偿。（×）

Je1B2147 微机型接地距离保护，输入电路中没有零序电流补偿回路，即不需要考虑零序补偿。（×）

Je1B2148 采用检无压、检同期重合闸的线路，投检无压的一侧，不能投检同期。（×）

Je1B3149 智能终端装置应是模块化、标准化、插件式结构；大部分板卡应容易维护和更换，且允许带电插拔；任何一个模块故障或检修时，应不影响其他模块的正常工作。（√）

Je1B3150 智能控制柜内宜设置截面积不小于 $100mm^2$ 的接地铜排，并使用截面积不小于 $100mm^2$ 的铜缆和电缆沟道内的接地网连接。控制柜内装置的接地端子应用截面积不小于 $4mm^2$ 的多股铜线和接地铜排连接。（√）

Je1B3151 PT 合并单元故障或失电，线路保护装置收电压采样无效，闭锁部分保护（如过流和距离）。（×）

Je1B3152 线路合并单元故障或失电，线路保护装置收线路电流采样无效，闭锁所有保护。（√）

Je1B3153 智能化站双重化配置的线路间隔一套智能终端检修或故障，不影响另一套。（√）

Je1B4154 当变压器发生少数绕组匝间短路时，匝间短路电流很大，因而变压器瓦斯保护和 BCH 型纵差保护均动作跳闸。（×）

Je1B4155 变压器各侧电流互感器型号不同，变流器变比与计算值不同，变压器调压分接头不同，所以在变压器差动保护中会产生暂态不平衡电流。（×）

Je1B4156 对 Y/△-11 接线的变压器，当变压器△侧出口发生两相短路故障，Y 侧保护的低电压元件接相间电压，该元件不能正确反映故障相间电压。（√）

Je1B4157 对三绕组变压器的差动保护各侧电流互感器的选择，应按各侧的实际容量来选择电流互感器的变比。（×）

Je1B4158 变压器的后备方向过电流保护的动作方向须指向变压器。（×）

Je1B4159 全星形接线的三相三柱式变压器，由于各侧电流同相位，差动电流互感器无需相位补偿，所以集成或晶体管型差动保护各侧电流互感器可接成星形或三角形。（×）

Je1B4160 变压器瓦斯保护的保护范围不如差动保护大，对电气故障的反应也比差动保护慢。所以，差动保护可以取代瓦斯保护。（×）

Je1B4161 变压器投产时，进行五次冲击合闸前，要投入瓦斯保护。先停用差动保护，待做过负荷试验，验明正确后，再将它投入运行。（×）

Je1B4162 新安装的变压器充电时，应将差动保护停用，瓦斯保护投入运行，在测试差动保护极性正确后再将差动保护投入运行。（×）

Je1B4163 为防御变压器过励磁应装设负序过电流保护。（×）

Je1B4164 变压器内部故障系指变压器线圈内发生故障。（×）

Je1B4165 220kV 及以上电压等级变压器配置两套独立完整的保护（含非电量保护），以满足双重化原则。（×）

Je1B4166 新安装变压器，在第一次充电时，为防止变压器差动 CT 极性接反造成误动，差动保护必须退出，但需投入差动速断保护。（×）

Je1B4167 变压器差动保护（包括无制动的电流速断部分）的定值应能躲过励磁涌流和外部故障的不平衡电流。（×）

Je1B4168 新投或改动了二次回路的变压器，在由第一次投入充电时必须退出差动保护，以免保护误动。（×）

Je1B4169 在变压器高压侧引线单相接地故障时，短路电流将导致变压器油热膨胀，从而使瓦斯保护动作跳闸。（×）

Je1B4170 新安装变压器，在第一次充电时，为防止变压器差动向量接反造成误动，差动保护必须退出，但需投入差动速断保护。（×）

Je1B4171 主变压器保护动作解除失灵保护电压闭锁，主要解决失灵保护电压闭锁元件对主变压器中、低压侧故障的灵敏度不足问题。（√）

Je1B4172 对 Yd11 接线的变压器，当变压器 d 侧出口故障，Y 侧绕组低电压接相间电压，不能正确反映故障相间电压。（√）

Je1B4173 电容式电压互感器的稳态工作特性与电磁式电压互感器基本相同，暂态特性比电磁式电压互感器差。（×）

Je1B4174 阻抗保护可作为变压器或发电机所有内部短路时有足够灵敏度的后备保护。（×）

Je1B4175 变压器气体继电器的安装，要求变压器顶盖沿气体继电器方向与水平面具有 1%～1.5% 的升高坡度。（√）

Je1B4176 Yd11 组别的变压器差动保护，高压侧电流互感器的二次绕组必须三角形

接线或在保护装置内采取相位补偿等。（√）

Je1B4177 并联谐振应具备以下特征：电路中的总电流 I 达到最小值，电路中的总电抗达到最大值。（√）

Je1B4178 发电机负序反时限保护与系统后备保护无配合关系。（√）

Je1B4179 P 级电流互感器 10％误差是指额定负载情况下的最大允许误差。（×）

Je1B4180 YN，d11 接线的变压器低压侧发生 bc 两相短路时，高压侧 B 相电流是其他两相电流的两倍。（×）

Je1B4181 对输入采样值的抗干扰纠错，不仅可以判别各采样值是否可信，同时还可以发现数据采集系统的硬件损坏故障。（√）

Je1B4182 智能终端将输入直流工作电源的正负极性颠倒，装置无损坏，并能正常工作。（√）

Je1B4183 220kV 及以上变压器各侧的智能终端均按双重化配置；110kV 变压器各侧智能终端宜按双套配置。（√）

Je1B4184 智能保护装置信号状态是指：保护交直流回路正常，主保护、后备保护及相关测控功能软压板投入，跳闸、启动失灵等 GOOSE 软压板退出，保护检修状态硬压板投入。（×）

Je1B4185 智能保护装置停用状态是指：主保护、后备保护及相关测控功能软压板退出，跳闸、启动失灵等 GOOSE 软压板退出，保护检修状态硬压板放上。（×）

Je1B4186 变压器一侧断路器改检修时，先拉开该断路器，由于一次已无电流，对主变保护该间隔"SV 接收软压板"及该间隔合并单元"检修状态压板"的操作可由运行人员根据操作方便自行决定操作顺序。（×）

Je1B4187 保护装置、MU 和智能终端均应能接收 IRIG-B 码同步对时信号，保护装置、智能终端的对时精度误差应不大于 ± 1ms，MU 的对时精度误差应不大于 $\pm 1\mu$s。（√）

Je1B4188 采用光纤 IRIG-B 码对时方式时，宜采用 ST 接口；采用电 IRIG-B 码对时方式时，采用交流 B 码，通信介质为屏蔽双绞线。（√）

Je1B4189 当存在外部时钟同步信号时，在同步秒脉冲时刻，采样点的样本计数应翻转置零。（√）

Je1B4190 智能终端的跳位监视功能利用跳位监视继电器并在合闸回路中实现。（√）

Je1B4191 智能变电站跨间隔的母线保护、主变保护、光纤差动保护的模拟量采集，需依赖外部时钟。（×）

Je1B4192 智能变电站断路器保护失灵逻辑实现与传统站原理相同，本断路器失灵时，经 GOOSE 网络通过相邻断路器保护或母线保护跳相邻断路器。（√）

Je1B4193 智能变电站主变故障时，非电量保护通过电缆接线直接作用于主变各侧智能终端的"其他保护动作三相跳闸"输入端口。（√）

Je1B4194 智能变电站中当"GOOSE 出口软压板"退出后，保护装置可以发送 GOOSE 跳闸命令，但不会跳闸出口。（×）

Je1B4195 智能变电站主变保护当某一侧 MU 压板退出后，该侧所有的电流电压采样数据显示为 0，同时闭锁与该侧相关的差动保护，退出该侧后备保护。（√）

Je1B4196 合并单元电压数据异常后，主变保护闭锁使用该电压的后备保护。（×）

Je1B4197 智能变电站变压器非电量保护采用就地直接电缆跳闸。（√）

Je1B4198 智能变电站中合并单元失去同步时，母线保护、主变保护将闭锁。（×）

Je1B4199 间隔层包括变压器、断路器、隔离开关、电流、电压互感器等一次设备及其所属的智能组件以及独立的智能电子设备。（×）

Je1B4200 直接采样是指智能电子设备（IED）间不经过以太网交换机而以点对点连接方式直接进行采样值传输。（√）

Je1B4201 直接跳闸是指智能电子设备（IED）间不经过以太网交换机而以点对点连接方式直接进行跳合闸信号的传输。（√）

Je1B4202 智能终端与一次设备采用电缆连接，与保护、测控等二次设备采用光纤连接，实现对一次设备（如断路器、刀闸、主变压器等）的测量、控制等功能。（√）

Je1B5203 双母线接线的母差保护采用电压闭锁元件是因为有二次回路切换问题；一个半断路器接线的母差保护不采用电压闭锁元件是因为没有二次回路切换问题。（×）

Je1B5204 固定连接方式的母差保护，当运行的双母线的固定连接方式被破坏时，此时发生任一母线故障，该母差保护能有选择故障母线的能力即只切除接于该母线的元件，另一母线可以继续运行。（×）

Je1B5205 双母线接线形式的变电站，当母联断路器断开运行时，如一条母线发生故障，对于母联电流相位比较式母差保护仅选择元件动作。（×）

Je1B5206 母线故障，母差保护动作，由于断路器拒跳，最后由母差保护启动断路器失灵保护消除母线故障。此时，断路器失灵保护装置按正确动作1次统计，母差保护不予评价。（×）

Je1B5207 母线接地时母差保护动作，但断路器拒动，母差保护评价为正确动作。（×）

Je1B5208 母线发生故障，母差保护装置正确动作，但应跳开的开关中有一个因压板接触不良未跳，此时应评价母差保护正确动作一次，未跳开关的出口不正确一次。（×）

Je1B5209 智能终端在任何网络运行工况流量冲击下，装置均不应死机或重启，不发出错误报文，响应正确报文的延时不应大于1ms。（√）

Je1B5210 智能终端装置的SOE分辨率应小于2ms。（√）

Je1B5211 智能终端装置控制操作输出正确率应为100%。（√）

Je1B5212 智能终端应具备三跳硬接点输入接口，可灵活配置的保护点对点接口（最大考虑10个）和GOOSE网络接口。（√）

Je1B5213 智能终端至少提供两组分相跳闸接点和一组合闸接点。（√）

Je1B5214 智能终端具备跳、合闸命令输出的监测功能。当智能终端接收到跳闸命令后，应通过GOOSE网发出收到跳令的报文。（√）

Je1B5215 智能终端配置单工作电源。（√）

Je1B5216 智能终端不配置液晶显示屏，但应具备（断路器位置）指示灯位置显示和告警。（√）

Je1B5217 智能终端配置液晶显示屏，并应具备（断路器位置）指示灯位置显示和告警。（×）

Je1B5218 智能终端柜内应配置足够端子排。端子排、电缆夹头、电缆走线槽均应由阻燃型材料制造。端子排的安装位置应便于接线，距柜底不小于 300mm，距柜顶不小于 150mm。每组端子排应留有不少于端子总量 15％的备用端子。端子排上的操作回路引出线与操作电源不能接在相邻的端子上，直流电源正、负极也不能接在相邻端子上。（√）

Je1B5219 智能终端具有开关量（DI）和模拟量（AI）采集功能，输入量点数可根据工程需要灵活配置；开关量输入宜采用强电方式采集；模拟量输入应能接收 4～20mA 电流量和 0～5V 电压量。（√）

Je1B5220 智能终端应具备 GOOSE 命令记录功能，记录收到 GOOSE 命令时刻、GOOSE 命令来源及出口动作时刻等内容，并能提供便捷的查看方法。（√）

Je1B5221 智能终端 GOOSE 的单双网模式可灵活设置，宜统一采用 ST 型接口。（√）

Je1B5222 智能终端安装处应保留总出口压板和检修压板。（√）

Je1B5223 智能终端应有完善的闭锁告警功能，包括电源中断、通信中断、通信异常、GOOSE 断链、装置内部异常等信号；其中装置异常及直流消失信号在装置面板上宜直接有 LED 指示灯。（√）

Je1B5224 智能终端应具备接收 IEC 61588 或 B 码时钟同步信号功能，装置的对时精度误差应不大于±1ms。（√）

Je1B5225 智能终端应提供方便、可靠的调试工具与手段，以满足网络化在线调试的需要。（√）

Je1B5226 智能化变电站中不破坏网络结构的二次回路隔离措施是拔下相关回路光纤。（×）

Je1B5227 智能保护装置跳闸状态是指：保护交直流回路正常，主保护、后备保护及相关测控功能软压板投入，GOOSE 跳闸、启动失灵及 SV 接收等软压板投入，保护装置检修硬压板取下。（√）

Je1B5228 为保证母差保护正常运行，某运行间隔改检修时，应先投入该间隔合并单元"检修状态压板"，再退出母差保护内该间隔的"间隔投入软压板"。（×）

Je1B5229 母线电压 SV 品质位与母差保护现状态不一致或任一间隔电流报文中品质位为无效时，母线保护将闭锁差动保护。（×）

Je1B5230 智能变电站母线保护在采样通信中断时不应该闭锁母差保护。（×）

Je1B5231 智能变电站 220kV 母差保护需设置失灵启动和解除复压闭锁接收压板。（×）

Jf1B1232 工频变化量方向纵联保护需要振动闭锁。（×）

1.3 多选题

La1C1001 大电网在技术和经济上具有( )优越性。

（A）提高供电可靠性和电能质量；（B）可减少系统备用容量，提高设备利用率；（C）有利于采用制造和运行经济的大型机组；（D）可合理利用动力资源，提高运行的经济性；（E）优化保护配置，有利于保护正确动作。

答案：ABCD

La1C1002 突变量继电器与常规继电器的不同在于( )。

（A）突变量保护与故障的初相角有关，因而继电器的启动值离散较大，动作时间也有离散；（B）突变量继电器在短暂动作后仍需保持到故障切除；（C）突变量保护在故障切除时会再次动作；（D）在进入正常稳定状态时再次返回。

答案：AC

La1C1003 微机保护的常用基本算法有( )。

（A）半周积分法；（B）采样和导数算法；（C）傅里叶算法；（D）微分方程算法。

答案：ABCD

La1C1004 提高继电保护装置的可靠性的方法有( )。

（A）正确选择保护方案，使保护接线简单而合理，采用的继电器及串联触点应尽量少；（B）加强经常性维护和管理，使保护装置随时处于完好状态；（C）提高保护装置安装和调试的质量；（D）采用质量高、动作可靠的继电器和元件。

答案：ABCD

La1C2005 设 I_a，I_b，I_c 为一组工频负序电流，当采样频率是 $600Hz$ 时，采样电流表示为 $I_a(0)$，$I_b(0)$，$I_c(0)$；$I_a(1)$，$I_b(1)$，$I_c(1)$；$I_a(2)$，$I_b(2)$，$I_c(2)$；…$I_a(12)$，$I_b(12)$，$I_c(12)$；$I_a(13)$，$I_b(13)$，$I_c(13)$；…。下列正确的等式是( )。

（A）$I_a(3) = I_b(9) = I_c(12)$；（B）$I_a(2) = I_b(10) = I_c(6)$；（C）$I_a(4) = I_b(8) = I_c(4)$；（D）$I_a(7) = I_b(8) = I_c(16)$。

答案：BCD

La1C2006 变压器并联运行的条件是所有并联运行变压器的( )。

（A）变比相等；（B）短路电压相等；（C）绕组接线组别相同；（D）中性点绝缘水平相当。

答案：ABC

La1C3007 关于电力网中的变压器一、二次侧额定电压的规定，下面描述正确的是（　　）。

（A）变压器一次绕组的额定电压应等于接入电网的额定电压；（B）如变压器直接与发电机连接，其一次侧额定电压应与发电机额定电压相等；（C）对于阻抗大的变压器，二次侧额定电压应比线路额定电压高10%；（D）对于阻抗小的变压器，二次侧额定电压应比线路额定电压高5%。

答案：ABCD

La1C3008 距离保护中的振荡闭锁，其功能为（　　）。

（A）全相振荡时不开放保护；（B）振荡过程中发生不对称短路故障，保护开放，振荡过程中发生三相短路故障，保护也能开放；（C）非全相振荡时，不开放保护，全相发生短路故障时开放保护；（D）非全相振荡时，不开放元件，全相发生短路故障时，由全相上的保护动作不经振荡闭锁直接跳闸。

答案：ABC

La1C4009 逻辑节点 LLN0 里包含的内容有（　　）。

（A）数据集（DataSet）；（B）报告控制块（ReportControl）；（C）GOOSE 控制块（GSEControl）；（D）定值控制块（SettingControl）；（E）SMV 控制块（SMVControl）。

答案：ABCDE

Lb1C2010 大型变压器过励磁时，变压器差动回路电流发生变化，下列说法正确的是（　　）。

（A）差动电流随过励磁程度的增大而非线性增大；（B）差动电流中没有非周期分量及偶次谐波；（C）差动电流中含有明显的三～五次谐波；（D）五次谐波与基波的比值随着过励磁程度的增大而增大。

答案：ABC

Lb1C2011 IEC 61850 定义的变电站配置语言（SCL）用以描述（　　）等内容。

（A）一次接线图；（B）通信关系；（C）IED 能力；（D）将 IED 与一次设备联系起来。

答案：ABCD

Lb1C3012 变压器在（　　）时会造成工作磁通密度的增加，导致变压器的铁芯饱和。
（A）电压升高；（B）过负荷；（C）频率下降；（D）频率上升。

答案：AC

Lb1C3013 防止励磁涌流影响的方法有（　　）。
（A）采用具有速饱和铁芯的差动继电器；（B）采用间断角原理鉴别短路电流和励磁

涌流波形的区别；（C）利用二次谐波制动原理；（D）利用波形对称原理的差动继电器；（E）利用五次谐波制动原理的差动继电器。

答案：ABCD

Lb1C3014 变压器空载合闸或外部故障切除电压突然恢复时，会出现励磁涌流，对于 Y0/△-11 接线变压器，差动回路的涌流特点是（   ）。

（A）涌流幅值大并不断衰减；（B）三相涌流中含有明显的非周期分量并不断衰减；（C）涌流中含有明显的三次谐波和其他奇次谐波；（D）涌流中含有明显的二次谐波和其他偶次谐波。

答案：AD

Lb1C3015 电力系统短路故障时，电流互感器发生饱和，其二次电流波形特征是（   ）。

（A）波形失真，伴随谐波出现；（B）过零点提前，波形缺损；（C）一次电流越大时，过零点提前越多；（D）二次电流的饱和点可在该半周期内任何时刻出现，随一次电流大小而变。

答案：ABC

Lb1C3016 按频率自动减负荷装置，在供电电源中断时，防止由于用户电动机反馈电压而引起的误动作的方法有（   ）。

（A）采用加延时的办法；（B）采用电流闭锁的方法；（C）采用电压闭锁的方法；（D）采用无功闭锁的方法；（E）采用有功闭锁的方法。

答案：ABC

Lb1C3017 220kV 大接地电流系统中带负荷电流某线路断开一相，其余线路全相运行，下列正确的是（   ）。

（A）非全相线路中有负序电流，全相运行线路中无负序电流；（B）非全相线路、全相运行线路中均有负序电流；（C）非全相线路中的负序电流大于全相运行线路中的负序电流；（D）非全相线路中有零序电流。

答案：BCD

Lb1C4018 终端变电所的变压器中性点直接接地，在供电时该变电所线路上发生单相接地故障，不计负荷电流时，下列正确的是（   ）。

（A）线路终端侧有正序、负序、零序电流；（B）线路终端侧只有零序电流，没有正序、负序电流；（C）线路供电侧有正序、负序电流，可能没有零序电流；（D）线路供电侧肯定有正序、负序、零序电流；（E）线路终端侧三相均有电流且相等。

答案：BDE

Lb1C4019 电力系统振荡时，电压最低的一点是振荡中心，振荡中心的位置是( )。

（A）系统运行方式一定时，位置是固定不变的；（B）当系统各元件阻抗角相等时，在一定运行方式下位置固定与两侧等效电动势夹角大小无；（C）当系统各元件阻抗角不相等时，在一定运行方式下，位置随两侧等效电势夹角而发生变化。

答案：BC

Lb1C4020 在大接地电流系统中，当系统中各元件的正、负序阻抗相等时，则线路发生两相短路时，下列正确的是( )。

（A）非故障相中没有故障分量电流，保持原有负荷电流；（B）非故障相中除负荷电流外，还有故障分量电流；（C）非故障相电压要升高或降低，随故障点离电源的距离而变化；（D）非故障相电压保持不变。

答案：AD

Lb1C4021 设 Y/Y0-12 变压器，变比为1，不计负荷电流情况下，当 Y0 侧单相接地时，Y 侧的三相电流是( )。

（A）Y 侧故障相电流等于 Y0 侧故障相电流；（B）Y 侧故障相电流等于 Y0 侧故障相电流的 2/3；（C）Y 侧非故障相电流等于 Y0 侧故障相电流的 1/3；（D）Y 侧故障相电流等于 Y0 侧故障相电流的 3/2。

答案：BC

Lb1C4022 大接地电流系统中，AB 相金属性短路故障时，故障点序电流间的关系是( )。

（A）A 相负序电流与 B 相正序电流反相；（B）A 相正序电流与 B 相负序电流反相；（C）C 相正序电流与 C 相负序电流反相；（D）A 相正序电流与 B 相负序电流同相。

答案：ABC

Lb1C4023 电子式互感器的采样数据同步问题包括( )层面。

（A）同一间隔内的各电压电流量的采样数据同步；（B）变电站内关联间隔之间的采样数据同步；（C）线路两端电流电压量的采样数据同步；（D）变电站与调度之间的采样数据同步。

答案：ABC

Lb1C4024 高电压、长线路用暂态型电流互感器是因为( )。

（A）短路过度过程中非周期分量大，衰减时间常数大；（B）保护动作时间相对短，在故障暂态状时动作；（C）短路电流幅值大；（D）运行电压高。

答案：ABC

Lb1C4025 SCD 文件信息包含( )。

（A）与调度通信参数；（B）二次设备配置（包含信号描述配置、GOOSE 信号连接配置）；（C）通信网络及参数的配置；（D）变电站一次系统配置（含一、二次关联信息配置）。

答案：BCD

Lb1C4026 变电站的数据文件 SCD 文件包含的文件信息有( )。

（A）变电站一次系统配置（含一、二次关联信息配置）；（B）二次设备信号描述配置；（C）GOOSE 信号连接配置；（D）通信网络及参数的配置。

答案：ABCD

Lb1C4027 继电保护装置中采用正序电压做极化电压有以下( )优点。

（A）故障后各相正序电压的相位与故障前的相位基本不变，与故障类型无关，易取得稳定的动作特性；（B）除了出口三相短路以外，正序电压幅值不为零，死区较小；（C）可改善保护的选相性能；（D）可提高保护动作时间。

答案：ABC

Lb1C4028 在超范围闭锁式纵联距离保护中，收到高频闭锁信号一定时间后才允许停信，其作用的正确说法是( )。

（A）区外短路故障，远离故障点侧需等待对侧闭锁信号到达，可防止误动；（B）区外短路故障，靠近故障点侧在有远方启动情况下因故未启动发信时，可防止误动；（C）收到一定时间高频闭锁信号，可区别于干扰信号，提高保护工作可靠性；（D）区内短路故障，远离故障点侧需等待对侧闭锁信号到达，可防止误动。

答案：AC

Lb1C5029 助增电流的存在，使距离保护的测量阻抗及保护范围的变化如下( )。

（A）阻抗增大；（B）阻抗减小；（C）范围缩短；（D）范围扩大。

答案：AC

Lb1C5030 设 Y/△-11 变压器，不计负荷电流情况下，低压器（△侧）K 点两相短路时，Y 侧的三相电流为( )。

（A）Y 侧最大相电流等于 K 点三相短路时 Y 侧电流；（B）Y 侧最大相电流等于最小相电流的 2 倍；（C）Y 侧最大相电流等于 K 点三相短路时 Y 侧电流的 $\sqrt{3}/2$；（D）Y 侧最大相电流等于 K 点两相短路时 Y 侧电流。

答案：AB

Lb1C5031 设 Y/△-11 变压器，不计负荷电流情况下，低压器（△侧）K 点两相短路时，Y 侧的三相电流为( )。

（A）Y 侧最大相电流等于 K 点三相短路时 Y 侧电流；（B）Y 侧最大相电流等于最小

相电流的 2 倍；（C）Y 侧最大相电流等于 K 点三相短路时 Y 侧电流的 $\sqrt{3}/2$；（D）Y 侧最大相电流等于 K 点两相短路时 Y 侧电流。

答案：AB

Lb1C5032　Y0/△-11 接线升压变压器，变比为 1，不计负荷电流情况下，Y0 侧单相接地时，则△侧三相电流为（　　）。

（A）最小相电流为 0；（B）最大相电流等于 Y0 侧故障相电流的 $1/\sqrt{3}$；（C）最大相电流等于 Y0 侧故障相电流；（D）最大相电流等于 Y0 侧故障相电流的 2/3。

答案：AB

Lb1C5033　在大接地电流系统中，当系统中各元件的正、负序阻抗相等时，则双电源线路发生单相接地时，下列正确的是（　　）。

（A）非故障相中没有故障分量电流，保持原有负荷电流；（B）非故障相中除负荷电流外，一定有故障分量电流；（C）非故障相电压升高或降低，随故障点综合正序、零序阻抗相对大小而定；（D）非故障相电压保持不变；（E）非故障相中除负荷电流外，不一定有故障分量电流。

答案：CE

Je1C1034　发生母线短路故障时，关于电流互感器二次侧电流的特点以下说法正确的是（　　）。

（A）直流分量大；（B）暂态误差大；（C）不平衡电流最大值不在短路最初时刻；（D）低频分量大。

答案：ABC

Je1C2035　某保护单体调试时收不到继电保护测试仪发出的 SV 信号，可能是因为（　　）。

（A）继电保护测试仪与保护装置的检修状态不一致；（B）保护装置的相关 SV 接收压板没有投入；（C）继电保护测试仪的模拟量输出关联错误；（D）保护装置 SV 光口接线错误。

答案：ABCD

Je1C2036　某保护单体调试时收不到继电保护测试仪发出的 GOOSE 信号，可能是因为（　　）。

（A）继电保护测试仪与保护装置的检修状态不一致；（B）保护装置的相关 GOOSE 输入压板没有投入；（C）继电保护测试仪的开关量输出关联错误；（D）保护装置 GOOSE 光口接线错误。

答案：ABCD

Je1C3037 RCS-915AB 母差保护中当判断母联 CT 断线后，保护装置采用（　　）方式。

（A）母联 CT 电流仍计入小差；（B）母联 CT 电流不计入小差；（C）自动置互联方式；（D）差动跳母线受相应母线电压闭锁。

答案：ABCD

Je1C3038 某 220kV 线路第一套保护装置故障不停电消缺时，可做的安全措施有（　　）。

（A）退出第一套母差保护该支路启动失灵接收压板；（B）退出第一套线路保护 SV 接收压板；（C）投入该装置检修压板；（D）断开该装置 GOOSE 光缆。

答案：ACD

Je1C3039 某 220kV 线路第一套合并单元故障不停电消缺时，可做的安全措施有（　　）。

（A）退出该线路第一套线路保护 SV 接收压板；（B）退出第一套母差保护该支路 SV 接收压板；（C）投入该合并单元检修压板；（D）断开该合并单元 SV 光缆。

答案：CD

Je1C3040 某 220kV 线路第一套智能终端故障不停电消缺时，可做的安全措施有（　　）。

（A）退出该线路第一套线路保护跳闸压板；（B）退出该智能终端出口压板；（C）投入该智能终端检修压板；（D）断开该智能终端 GOOSE 光缆。

答案：BCD

Je1C3041 某 220kV 母差保护不停电消缺时，可做的安全措施有（　　）。

（A）投入该母差保护检修压板；（B）退出该母差保护所有支路 SV 接收压板；（C）退出该母差保护所有支路出口压板；（D）断开该母差保护 GOOSE 光缆。

答案：AD

Je1C3042 终端变电所的变压器中性点直接接地，在供电时该变电所线路上发生二相接地故障，不计负荷电流时，下列正确的是（　　）。

（A）线路终端侧有正、负序电流；（B）线路供电侧有正、负序电流；（C）线路终端侧三相均没有电流；（D）线路供电侧非故障相没有电流。

答案：BD

Je1C3043 某 220kV 线路第一套合并单元故障不停电消缺时，可做的安全措施有（　　）。

（A）退出该线路第一套线路保护 SV 接收压板；（B）退出第一套母差保护该支路 SV

接收压板；（C）投入该合并单元检修压板；（D）断开该合并单元 SV 光缆。

答案：CD

Je1C₃044 SCD 修改后，那些装置的配置文件可能需要重新下载（　　）。
（A）合并单元；（B）保护装置；（C）交换机；（D）智能终端。

答案：ABD

Je1C4045 线路保护动作后，对应的智能终端没有出口，可能的原因是（　　）。
（A）线路保护和智能终端 GOOSE 断链了；（B）线路保护和智能终端检修压板不一致；（C）线路保护的 GOOSE 出口压板没有投；（D）线路保护和合并单元检修压板不一致。

答案：ABC

1.4 计算题

La1D1001 系统各元件的参数如图所示，阻抗角都为 80°，两条线路各侧距离保护Ⅰ段均按本线路阻抗的 0.8 倍整定。继电器都用方向阻抗继电器。如果振荡周期 $T = X_1 s$ 且作匀速振荡，求振荡时距离保护 3 的Ⅰ段阻抗继电器的误动时间 $t =$ _____。（提示：$(42 + 72) 1/2 \approx 8$）

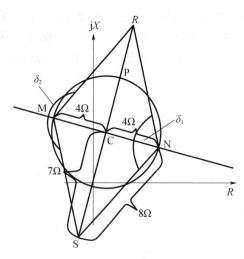

X_1 取值范围：1，1.2，1.5

计算公式：按系统参数振荡中心正好位于 3 号阻抗Ⅰ段动作特性圆的圆心，动作特性如图所示。振荡时测量阻抗端点变化的轨迹是 SR 线的垂直平分线。

$$\therefore CN = 4\Omega，SC = 7\Omega \quad \therefore SN = (42 + 72) 1/2 \approx 8\Omega$$

$$\therefore \angle CSN = 30°，故 \angle CNS = 60°$$

$$\therefore \angle RNS = \delta_1 = 120°$$

同理求得 $\delta_2 = 240°$

振荡时测量阻抗端点变化轨迹：

误动时间 $t = (\delta_1 + \delta_2)/360° \times T = (240° - 120°)/360° \times X_1$

La1D1002 根据系统阻抗图，计算 k 点短路时保护安装点的两相短路电流 $I_k^{(2)} =$ _____ A。（$S_b = 100 MV \cdot A，U_b = X_1 kV$）。（保留小数点后一位）

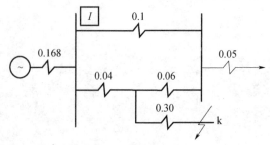

X_1 取值范围：550，571.4，580

计算公式： $X_* = 0.168 + \dfrac{0.16 \times 0.04}{0.16 + 0.04} + 0.3 = 0.5$

$$I_* = \frac{1}{X_*} = \frac{1}{0.5} = 2$$

$$I_k^{(2)} = 2 \times \frac{100 \times 10^3}{\sqrt{3} \times X_1} \times \frac{0.04}{0.04 + 0.16} \times \frac{\sqrt{3}}{2}$$

La1D3003 如图所示电路，四个电容器的电容各为 $C_1 = C_4 = 0.2\mu F$，$C_2 = C_3 = X_1 \mu F$。试求：（1）开关 K 打开时，ab 两点间的等效电容 $C_{ab} = $ _____ μF。（2）开关 K 合上时，ab 两点间的等效电容 $C_{ab} = $ _____ μF。

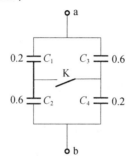

X_1 取值范围：$0.1 \sim 0.6$ 带 1 位小数的值

计算公式：（1）开关 K 打开时，

$$C_{ab} = \frac{C_1 C_2}{C_1 + C_2} + \frac{C_3 C_4}{C_3 + C_4} = \frac{0.2 \times X_1}{0.2 + X_1} + \frac{X_1 \times 0.2}{X_1 + 0.2}$$

（2）开关 K 合上时，

$$C_{ab} = \frac{(C_1 + C_3)(C_2 + C_4)}{C_1 + C_2 + C_3 + C_4}$$

La1D3004 有一组三相不对称量：$U_A = X_1 V$，$U_B = 33e^{-j150°} V$，$U_C = 33e^{j150°} V$，试计算其负序电压分量 $U_2 = $ _____ V。

X_1 取值范围：$30 \sim 60$ 的整数

计算公式： $U_A = X_1 V$

$U_B = 33e^{-j150°} V$

$U_C = 33e^{j150°} V$

α 为算子，$\alpha = e^{j120°}$ $\alpha^2 = e^{j240°} = e^{-j120°}$

$$U_2 = \frac{U_A + \alpha^2 U_B + \alpha U_C}{3} = \frac{X_1 + 33e^{-j150°} \cdot e^{-j120°} + 33e^{j150°} \cdot e^{j120°}}{3}$$

$$= \frac{X_1 + 33e^{-j270°} + 33e^{j270°}}{3}$$

$$= \frac{X_1 + 33e^{j90°} + 33e^{-j90°}}{3}$$

La1D3005　如图所示，有对称 T 形四端网络，$R_1 = R_2 = 200\Omega$，$R_3 = 800\Omega$，其负载电阻 $R = X_1\Omega$，计算可得知该四端网络的衰耗值是 $L =$ _____ dB。（保留小数点后两位）

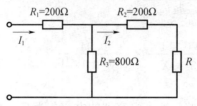

X_1 取值范围：200，400，600，800

计算公式：$I_2 = I_1 \times \dfrac{800}{200 + 800 + X_1}$

$$L = 20\lg\frac{I_1}{I_2} = 20\lg\frac{I_1}{I_1 \times \dfrac{800}{200 + 800 + X_1}}$$

La1D4006　有一个交流电路，供电电压为 $U = 200$V，频率为 $f = 50$Hz，负载由电阻 R 和电感 L 串联而成，已知 $R = X_1\Omega$，$L = 128$mH。则：负载电流 $I =$ _____ A，电阻上的压降 $U_R =$ _____ V，电感上的压降 $U_L =$ _____ V。

X_1 取值范围：20，30，40，50

计算公式：电路的等效阻抗 $|Z| = \sqrt{R^2 + (\omega L)^2} = \sqrt{30^2 + (2\pi \times 50 \times 128 \times 10^{-3})^2}$

负载电流为 $I = \dfrac{U}{|Z|}$

电阻上的压降为 $U_R = IR = 3.988 \times X_1$

电感上的压降为 $U_L = IX_L = 3.988 \times 40.17$

La1D4007　电力系统接线图，K 点 A 相接地电流为 X_1kA，T1 中性线电流为 1.2kA，如果此时线路 M 侧的三相电流 $I_A =$ _____ A，$I_B =$ _____ A，则 $I_C =$ _____ A。

X_1 取值范围：1.5，1.6，1.8

计算公式：$I_0 = (X_1 - 1.2) \times \dfrac{1}{3}$

$I_{MA} = X_1 - 0.2$

La1D4008　如图所示，已知：$I_K = X_1$A，$K_c = 1$，$n_{TA} = 600/5$，经计算过流保护定值是 $I_{set} =$ _____ A，并核算本线路末端故障时，该保护的灵敏度为 $K =$ _____ 。（设返回系数为 0.85，可靠系数为 1.2）（保留小数点后两位）

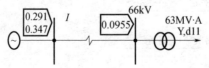

X_1 取值范围：$500 \sim 1000$ 的整数

计算公式： $I_{\text{gmax}} = \dfrac{W_g}{U_e \times \sqrt{3}} = \dfrac{63}{66 \times \sqrt{3}} = 551.12$

$$I_{\text{set}} = \frac{K_{\text{rel}} K_c}{K_r n_{\text{TA}}} I_{\text{gmax}} = \frac{1.2 \times 1}{0.85 \times 600/5} \times 551.12 = 6.48$$

$$X_{X\Sigma} = 0.347 + 0.095 = 0.4425$$

$$I_K^{(2)} = \frac{1}{X_{X\Sigma}} I_K \times \frac{\sqrt{3}}{2} = \frac{1}{0.4425} \times X_1 \times \frac{\sqrt{3}}{2}$$

$$K = \frac{I_K^{(2)}}{n_{\text{TA}} I_{\text{set}}} = \frac{I_K^{(2)}}{\dfrac{600}{5} \times 6.48}$$

Lb1D3009　如图所示系统

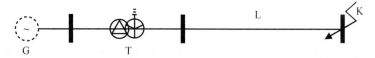

已知：正负序电抗：$X_G^* = 0.0911$，$X_T^* = X_1$，$X_1 L^* = 0.0384$；零序电抗：$X_0 T^* = 0.0945$，$X_0 L^* = 0.1152$

设正、负序电抗相等，基准容量为 $100 \text{MV} \cdot \text{A}$，基准电压为平均电压，求 K 点发生三相短路时，220kV 线路 L 的短路电流 $I =$ _____ A（有名值）。

X_1 取值范围：$0.1 \sim 3.0$ 带 1 位小数的值

计算公式： $I^* = \dfrac{1}{X_G^* + X_T^* + X_{1L}^*} = \dfrac{1}{0.0911 + X_1 + 0.0384}$

$$I = I^* \times \frac{S_B}{\sqrt{3} U_B} = I^* \times \frac{100000}{\sqrt{3} \times 230}$$

Lb1D3010　如图所示电路中，继电器的电阻 $r = 250\Omega$，电感 $L = 25\text{H}$（吸合时的值），$E = X_1 \text{V}$，$R_1 = 230\Omega$，已知此继电器的返回电流为 4mA。试问开关 K 合上后经过 $t =$ _____ s 时间继电器能返回。

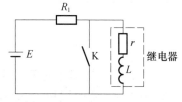

X_1 取值范围：$20 \sim 50$ 的整数

计算公式： $i = i(0) \text{e}^{-(t/\tau)} = \dfrac{E}{R_1 + r} \text{e}^{-[t/(L/r)]}$

$$= \frac{X_1}{230 + 250} \text{e}^{-[t/(25/250)]} = \frac{X_1}{480} \text{e}^{-\left(\frac{t}{0.1}\right)}$$

即 $t = 0.1\ln\dfrac{\dfrac{X_1}{480}}{i}$

Lb1D3011 如图所示，母线 A 处装有距离保护，当 K1 处发生短路故障时，已知每公里正序阻抗为 $X_1\Omega$，I_{AB} 为 1000A，I_{CB} 为 1800A，L_{AB} 和 L 分别是 25km、10km，请计算 A 处的距离保护的测量阻抗为 $Z=$ _____ Ω。

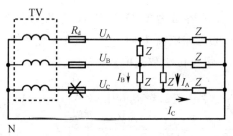

X_1 取值范围：0.3，0.4，0.5

计算公式：$Z = \dfrac{I_{AB}Z_1 L_{AB} + I_{BD}Z_1 L}{I_{AB}} = \dfrac{1000 \times 0.4 \times X_1 + (1800 + 1000) \times 0.4 \times 10}{1000}$

Lb1D4012 电压互感器（TV）的二次额定相电压为 X_1V，如图所示，TV 二次所接的负载为 Z，当 C 相熔断器（R_d）熔断后，分别求 $U_{AN}=$ _____ V、$U_{BN}=$ _____ V、$U_{CN}=$ _____ V。

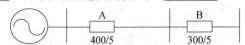

X_1 取值范围：57，57.7，58

计算公式：$\dot{I}_C = \dot{I}_A + \dot{I}_B = \dfrac{\dot{U}_{BN} - \dot{U}_{CN}}{Z} + \dfrac{\dot{U}_{AN} - \dot{U}_{CN}}{Z}$

$\dot{U}_{CN} = \dot{I}_C Z = (\dot{U}_{BN} - \dot{U}_{CN}) + (\dot{U}_{AN} - \dot{U}_{CN})$

$\dot{U}_{CN} = \dfrac{\dot{U}_{AN} + \dot{U}_{BN}}{3} = \dfrac{X_1\angle 0° + X_1\angle 120°}{3}$

$\dot{U}_{AN} = \dot{U}_{BN} = X_1$

Jd1D2013 如图，开关 A、开关 B 均配置时限速断，定时限过流保护，已知开关 B 的定值（二次值）：时限速断 X_1A，0.25s；定时限过流：4A，1.5s。请计算开关 A 的限时速断定值 $I_1=$ _____ A 和定时限过流定值 $I_2=$ _____ A。（要求提供二次值）

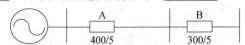

X_1 取值范围：9，10，11，12

计算公式：开关 A 定值：$I_1 = 1.15 \times \dfrac{X_1 \times 300/5}{400/5}$

定时限过流：$I_2 = 1.15 \times \dfrac{4 \times 300/5}{400/5}$

Jd1D3014 一组距离保护用的电流互感器变比为 600/5，二次漏抗 Z_2 为 $X_1\Omega$，其伏安特性如下表所示。经计算可得出，请计算该电流互感器励磁电压 $E=$ _____ V，该电流互感器最大允许负载是 $Z_e=$ _____ Ω。（保留小数点后一位）

I (A)	1	2	3	4	5	6	7
U (V)	80	120	150	175	180	190	210

X_1 取值范围：0.1，0.2，0.3

计算公式：计算电流倍数 $m_{10} = 1.5 \times \dfrac{4000}{600} = 10 \quad I_0 = 5$

励磁电压 $E = U - I_0 Z_{II} = 180 - 5 \times X_1$

励磁负载 $Z_e = \dfrac{E}{I_0}$

Jd1D3015 在某条 220kV 线路 K 点 A 相接地短路故障，如图所示，电源、线路阻抗标幺值已注明在图中，设正、负序电抗相等，基准电压为 X_1 kV，基准容量为 1000MV·A。可计算出短路点的 A 相故障电流 I_A（有名值）$I_A=$ _____ kA。（保留小数点后两位数）

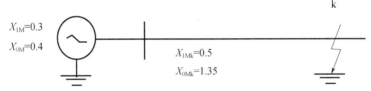

X_1 取值范围：220，225，230

计算公式：$X_{1M\Sigma} = X_{2M\Sigma} = X_{1M} + X_{1MK} = 0.3 + 0.5 = 0.8$

$X_{0M\Sigma} = X_{0M} + X_{0MK} = 0.4 + 1.35 = 1.75$

基准电流 $I = \dfrac{1000}{\sqrt{3} \times X_1}$

$I_A = \dfrac{3I}{2X_{1M\Sigma} + X_{0M\Sigma}} = \dfrac{3 \times I}{2 \times 0.8 + 1.75}$

Je1D1016 某一 220kV 输电线路送有功功率 $P = X_1$ MW，无功功率 $Q = 50$ MV·A，电压互感器 PT 变为 220kV/100V，电流互感器变比为 $n_{CT} = 600/5$。试计算出二次负荷电流 $I_2=$ _____ A。

X_1 取值范围：80~90 的整数

计算公式：$S = \sqrt{P^2 + Q^2} = \sqrt{X_1^2 + 50^2}$

$$I_1 = \frac{S}{\sqrt{3}U} = \frac{\sqrt{X_1{}^2 + 50^2} \times 1000}{\sqrt{3} \times 220}$$

$$I_2 = \frac{I_1}{n_{CT}}$$

Je1D2017 有一台降压变器额定容量为 3200kV·A，电压为 35/2×2.5%、6.3kV，$U_d = X_1\%$，系统阻抗忽略不计，继电器采用不完全星形接线，试计算电流速断保护的一次动作值 $I_{dz} =$ _____ （采用电磁型继电器）。

X_1 取值范围：1~10 的整数

计算公式： 变压器高压侧的额定电流

$$I_e = \frac{3200}{\sqrt{3} \times 35} = 52.8$$

低压侧三相短路流过高压侧的电流

$$I_d^{(3)} = 52.8/X_1$$

速断保护的一次电流整定值

$$I_{dz} = K_k I_d^{(3)}$$

式中　K_k——可靠系数取 1.4。

Je1D2018 F1、F2：$S_e = 200\text{MV·A}$，$U_e = 10.5\text{kV}$，$X_d'' = 0.2$，T1：接线 YN/Yn/△-11，$S_e = 200\text{MV·A}$，$U_e = X_1\text{kV}/115\text{kV}/10.5\text{kV}$，$U_k$ 高、中 % = 15%，U_k 高、中% = 5%，U_k 低、中 % = 10%（均为全容量下），T1：接线 Y/△-11，$S_e = 100\text{MV·A}$，$U_e = 115\text{kV}/10.5\text{kV}$，$U_k\% = 10\%$，基准容量 $S_j = 1000\text{MV·A}$；基准电压 230kV，115kV，10.5kV。如图所示：

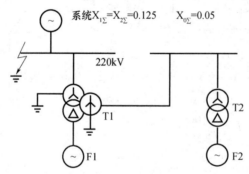

假设：①发电机、变压器 $X_1 = X_2 = X_0$；②不计发电机、变压器电阻值。

问题：计算出短路点的全电流（有名值）$I_K =$ _____ A。

X_1 取值范围：220，225，230

计算公式： F1、F2 的标幺值

$$X_{F'} = X''_d \frac{S_j}{S_e} = 0.2 \times \frac{100}{200} = 0.1$$

T1 的标幺值

$$X_{\text{I}*} = \frac{U_{\text{kI}}\%}{100} \times \frac{100}{200} = \frac{1}{2}(0.15 + 0.05 - 0.1) \times \frac{1}{200} = 0.025$$

$$X_{\text{II}*} = \frac{U_{\text{kII}}\%}{100} \times \frac{100}{200} = \frac{1}{2}(0.15 + 0.1 - 0.05) \times \frac{1}{200} = 0.05$$

$$X_{\text{III}*} = \frac{U_{\text{kIII}}\%}{100} \times \frac{100}{200} = \frac{1}{2}(0.1 + 0.05 - 0.15) \times \frac{1}{200} = 0$$

T2 的标幺值

$$X_{T*} = \frac{U_k\%}{100} \times \frac{S_j}{S_e} = \frac{10}{100} \times \frac{100}{100} = 0.1$$

220kV 母线 A 相接地故障，故障点总的故障电流

$$X_{1\sum*} = 0.125 // [0.1 // (0.05 + 0.1 + 0.1) + 0.025] = 0.0544$$

$$X_{1\sum*} = X_{2\sum*}$$

$$X_{0\sum*} = 0.05 // 0.025 = 0.0617$$

220kV 电流基准值

$$I_{B1} = \frac{S_B}{\sqrt{3}U_B} = \frac{100 \times 1000}{\sqrt{3} \times X_1}$$

故障点总的故障电流

$$I_k = \frac{3I_{B1}}{X_{\sum*}}$$

Je1D3019　某一主变器额定容量为 750MV·A，额定电压为 550kV/23kV，一次接线方式为 Y/△-11，550kV 侧 CT 变比为 $X_1/1$，23kV 侧为 23000/1，高压侧 CT 二次接线为三角形，低压侧 CT 二次接线为星形，试计算两侧电流的平衡系数应分别整定为 $K_{PH} = $
_____ 和 $K_{PL} = $ _____。

X_1 取值范围：1000，2000，3000

计算公式：高压侧二次额定电流

$$I_{BH} = \frac{S_B}{\sqrt{3}U_B n_{CTH}} = \frac{750 \times 1000}{\sqrt{3} \times 550 \times X_1}$$

高压侧 CT 二次接为三角形，流入差动继电器电流

$$I_{BH2} = \sqrt{3}\,I_{BH}$$

低压侧二次额定电流

$$I_{BL} = \frac{S_B}{\sqrt{3}U_B n_{CTH}}$$

低压侧 CT 二次接线为星形，流入差动继电器电流

$$I_{BL2} = I_{BL}$$

高压侧平衡系数：$K_{PH} = 1$

低压侧平衡系数：$K_{PL} = \dfrac{I_{BH2}}{I_{BL2}}$

Je1D4020　一台变压器容量为 $X_1/180/90\text{MV}\cdot\text{A}$，电压变比为 $220\pm8\times1.25\%/121/10.5\text{kV}$，$\text{YN/YN}/\triangle\text{-}11$ 接线，高压加压中压开路阻抗值为 64.8Ω，高压开路中压加压阻抗值为 6.5Ω，高压加压中压短路阻抗值为 36.7Ω，高压短路中压加压阻抗值为 3.5Ω。计算用于短路变压器的高压侧零序阻抗 $X_{\text{I}_0^*}=$＿＿＿＿＿＿，中压侧零序阻抗 $X_{\text{II}_0^*}=$＿＿＿＿＿＿，低压侧零序阻抗 $X_{\text{III}_0^*}=$＿＿＿＿＿＿（标幺值）。基准容量 $S_j=1000\text{MV}\cdot\text{A}$，基准电压为 $230/121/10.5\text{kV}$。

　　X_1 取值范围：180，200，240

　　计算公式： 高压加压中压开路阻抗 $Z_a=64.8\Omega$，

$$Z_a\% = \frac{Z_a}{Z_j}\times100\% = \frac{64.8}{230^2/180}\times100\% = 22\%$$

高压加压中压短路阻抗 $Z_d=36.7\Omega$，

$$Z_d\% = \frac{Z_d}{Z_j}\times100\% = \frac{36.7}{230^2/180}\times100\% = 12.5\%$$

中压加压高压开路阻抗 $Z_b=6.5\Omega$，

$$Z_b\% = \frac{Z_b}{Z_j}\times100\% = \frac{6.5}{121^2/180}\times100\% = 8\%$$

中压加压高压短路阻抗 $Z_c=3.5\Omega$，

$$Z_c\% = \frac{Z_c}{Z_j}\times100\% = \frac{3.5}{121^2/180}\times100\% = 4.3\%$$

低压侧 $Z_D = \sqrt{Z_b\times(Z_a-Z_d)} = 8.71\%$

高压侧 $Z_G = Z_a - Z_D = 13.3\%$

中压侧 $Z_Z = Z_b - Z_D = -0.71\%$

高压侧零序阻抗，$X_{\text{I}_0^*} = \dfrac{Z_G}{100}\times\dfrac{S_j}{S_e}\times\dfrac{U_e^{\,2}}{U_j^{\,2}} = 0.133\times\dfrac{1000}{X_1}$

中压侧零序阻抗，$X_{\text{II}_0^*} = \dfrac{Z_Z}{100}\times\dfrac{S_j}{S_e}\times\dfrac{U_e^{\,2}}{U_j^{\,2}} = -0.0071\times\dfrac{1000}{X_1}$

低压侧零序阻抗，$X_{\text{III}0^*} = \dfrac{Z_D}{100}\times\dfrac{S_j}{S_e}\times\dfrac{U_e^{\,2}}{U_j^{\,2}} = 0.0871\times\dfrac{1000}{X_1}$

Je1D5021　一容量为 $31.5/20/31.5\text{MV}\cdot\text{A}$ 的三卷变压器，电额定变比 $110/38.5/11\text{kV}$，接线为 YN, Y, d11，三侧 CT 的变比分别为 $X_1/5$、$1000/5$ 和 $2000/5$，求变压器差动保护三侧的二次额定电流 $I_{21}=$＿＿＿＿＿＿A、$I_{22}=$＿＿＿＿＿＿A、$I_{23}=$＿＿＿＿＿＿A。

　　X_1 取值范围：200，300，400

　　计算公式： 高压侧一次额定电流为 $I_{11} = \dfrac{S_B}{\sqrt{3}U_B} = \dfrac{31.5\times1000}{\sqrt{3}\times110} = 165.3$

中压侧一次额定电流为 $I_{12} = \dfrac{S_B}{\sqrt{3}U_B} = \dfrac{31.5\times1000}{\sqrt{3}\times38.5} = 472.4$

低压侧一次额定电流为 $I_{13} = \dfrac{S_B}{\sqrt{3}U_B} = \dfrac{31.5\times1000}{\sqrt{3}\times11} = 1653.4$

变压器差动保护三侧的二次额定电流，高压侧二次额定电流为

$$I_{21} = \frac{I_{11}}{n_{\text{CT1}}} = \frac{165.3}{\left(\dfrac{X_1}{5}\right)}$$

中压侧二次额定电流为 $I_{22} = \dfrac{I_{12}}{n_{\text{CT2}}} = \dfrac{472.4}{\left(\dfrac{1000}{5}\right)}$

低压侧二次额定电流为 $I_{23} = \dfrac{I_{13}}{n_{\text{CT3}}} = \dfrac{1653.4}{\left(\dfrac{2000}{5}\right)}$

Je1D5022 一台变压器容量为 $X_1/180/90\text{MV}\cdot\text{A}$，电压变比为 $220\pm8\times1.25\%/121/10.5\text{kV}$，$U_{\text{k1}-2}=13.5\%$，$U_{\text{k1}-3}=23.6\%$，$U_{\text{k2}-3}=7.7\%$，YN/YN/$\triangle$-11 接线，计算用于短路变压器的高压侧正序阻抗 $X_{\text{I}*}=$ _____，中压侧零序阻抗 $X_{\text{II}*}=$ _____，低压侧零序阻抗 $X_{\text{III}*}=$ _____（标幺值）。基准容量 $S_{\text{j}}=1000\text{MV}\cdot\text{A}$，基准电压为 230/121/10.5kV。

X_1 取值范围：180，200，240

计算公式：高压侧正序阻抗

$$U_{\text{k1}}\% = \frac{1}{2}(U_{\text{k1}-2}\% + U_{\text{k1}-3}\% - U_{\text{k2}-3}\%)$$

$$= \frac{1}{2}(0.135 + 0.236 - 0.077) = 14.7\%$$

$$X_{\text{I}*} = \frac{U_{\text{k1}}\%}{100} \times \frac{S_{\text{j}}}{S_{\text{e}}} \times \frac{U_{\text{e}}^2}{U_{\text{j}}^2} = 0.147 \times \frac{1000}{X_1}$$

中压侧正序阻抗

$$U_{\text{k2}}\% = \frac{1}{2}(U_{\text{k1}-2}\% + U_{\text{k2}-3}\% - U_{\text{k1}-3}\%)$$

$$= \frac{1}{2}(0.135 + 0.077 - 0.236) = -1.2\%$$

$$X_{\text{II}*} = \frac{U_{\text{k2}}\%}{100} \times \frac{S_{\text{j}}}{S_{\text{e}}} \times \frac{U_{\text{e}}^2}{U_{\text{j}}^2} = -0.012 \times \frac{1000}{X_1}$$

低压侧正序阻抗

$$U_{\text{k2}}\% = \frac{1}{2}(U_{\text{k1}-3}\% + U_{\text{k2}-3}\% - U_{\text{k1}-2}\%)$$

$$= \frac{1}{2}(0.236 + 0.077 - 0.135) = 8.9\%$$

$$X_{\text{III}*} = \frac{U_{\text{k2}}\%}{100} \times \frac{S_{\text{j}}}{S_{\text{e}}} \times \frac{U_{\text{e}}^2}{U_{\text{j}}^2} = 0.089 \times \frac{1000}{X_1}$$

1.5 识图题

Lb1E3001 如图所示系统中，选基准功率 $S_b = 100\text{MV} \cdot \text{A}$，基准电压 $U_b = 115\text{kV}$，发电机、变压器的电抗标幺值分别为（　　）。

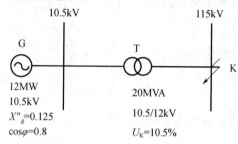

（A）0.83、0.53；（B）0.7、0.4；（C）1.0、0.6；（D）0.5、1.0。

答案：**A**

Lb1E3002 如图所示为零序电流滤过器接线图，该图是（　　）的。

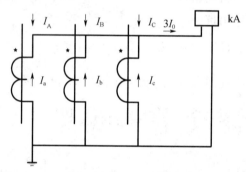

（A）正确；（B）错误。

答案：**A**

Lb1E4003 直馈输电线路，其零序网络与变压器的等值零序阻抗如图阻抗均换算至220kV 电压），变压器 220kV 侧中性点接地，110kV 侧不接地，K 点的综合零序阻抗为（　　）。

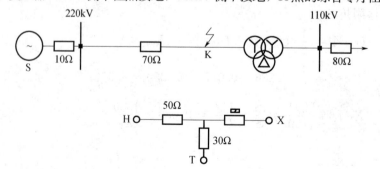

（A）80Ω；（B）40Ω；（C）30.7Ω。

答案：**B**

Je1E4004 如图所示为某变压器的断路器控制回路图，如按该图接线，传动时会发生（1）由于将断路器控制把手的接点用错，造成不能实现手动跳闸、手动合闸；（2）由于将反应断路器位置的指示灯接错，造成正常运行时红、绿信号灯不对；（3）TWJ 线圈的负极端接错，在 TBJ 返回前不能正确地反映断路器位置。将不对的地方改正后是（　）的。

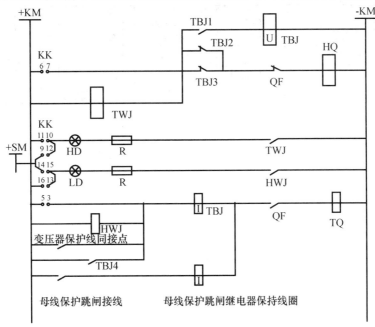

（A）正确；（B）错误。

答案：B

Je1E4005 如图所示，由图（a）所画出的零序功率方向保护交流回路展开图（b）是（　）的。

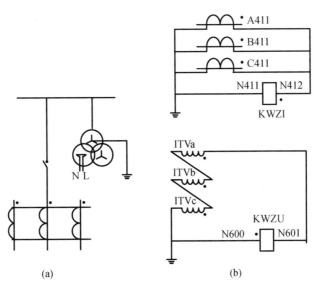

（A）正确；（B）错误。

答案：A

Je1E5006 如图所示是数字复接接口装置接收光功率测试连接图，是（ ）的。

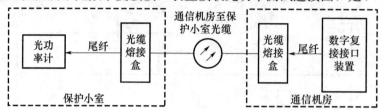

（A）正确；（B）错误。

答案：A

1.6 论述题

La1F1001 大接地电流系统、小接地电流系统的划分标准是什么？

答：大接地电流系统、小接地电流系统的划分标准是依据系统的零序电抗 X_0 与正序电抗 X_1 的比值来划分。$X_0/X_1 \leqslant 3$ 且 $R_0/X_1 < 1$ 的系统属于大接地电流系统；$X_0/X_1 > 3$ 且 $R_0/X_1 > 1$ 的系统属于小接地电流系统。

La1F2002 超高压远距离输电线两侧单相跳闸后为什么会出现潜供电流？对重合闸有什么影响？

答：单相接地故障，两侧单相跳闸后，非故障相仍处在工作状态。由于各相之间存在耦合电容，所以非故障相通过耦合电容向故障点供给电容性电流，同时由于各相之间存在互感，所以带负荷的两相将在故障相产生感应电动势，该感应电动势通过故障点及相对地电容形成回路，向故障点供给一电感性电流，这两部分电流总称为潜供电流。由于潜供电流的影响，使短路处的电弧不能很快熄灭，如果采用单相快速重合闸，将会又一次造成持续性的弧光接地而使单相重合闸失败。所以单相重合闸的时间，必须考虑到潜供电流的影响。

La1F3003 什么叫共模电压，何谓差模干扰、共模干扰，它们的主要危害是什么？

答：（1）共模电压是指在某一给定地点对一任意参考点（一般为地）所测得的为各导线共有的电压；

（2）差模干扰是指影响输入信号的干扰，共模干扰是指外引线对地之间的干扰；

（3）差模干扰的主要危害是影响输入信号的大小，产生误差；

（4）共模干扰的主要危害是影响逻辑功能，甚至使程序走乱、损坏芯片。

La1F4004 线路零序电抗为什么大于线路正序电抗或负序电抗？

答：线路的各序电抗都是线路某一相自感电抗 X_L 和其他两相对应相序电流所产生互感电抗 X_M 的相量和。对于正序或负序分量而言，因三相幅值相等，相位角互为 $120°$，任意两相电流正（负）序分量的相量和均与第三相正（负）序分量的大小相等，方向相反，故对于线路的正、负序电抗有 $X_1 = X_2 = X_L - X_M$。而由于零序分量三相同向，零序自感电动势和互感电动势相位相同，故线路的零序电抗 $X_0 = X_L + 2X_M$，因此线路的零序电抗 X_0 大于线路正序电抗 X_1 或负序电抗 X_2。

Lb1F1005 小接地电流系统中，为什么单相接地保护在多数情况下只是用来发信号，而不动作于跳闸？

答：小接地电流系统中，一相接地时并不破坏系统电压的对称性，通过故障点的电流仅为系统的电容电流，或是经过消弧线圈补偿后的残流，其数值很小，对电网运行及用户的工作影响较小。为了防止再发生一点接地时形成短路故障，一般要求保护装置及时发出预告信号，以便值班人员酌情处理。

Lb1F1006 某 35kV 干式电抗器、电流互感器交流电流通过屏蔽电缆穿 PVC 保护管引接至就地开关端子箱，某日，巡视发现开关端子箱内该电缆屏蔽层烧断，请分析其原因，并说明违反了《十八项反措》（修订版）哪些要求。

答：干式电抗器场地空间磁场非常强，电缆屏蔽层烧断的原因分析为该电缆屏蔽层两端接地，在空间磁场作用下感应出很大的屏蔽层电流，长期流过大电流造成电缆屏蔽层烧断。以下几点不满足《十八项反措》（修订版）要求：

（1）电流互感器至开关场就地端子箱之间的二次电缆应经金属管引接，而不能用 PVC 管；

（2）由电流互感器引下的金属管的上端应与电流互感器的底座和金属外壳良好焊接，下端就近与接地网良好焊接，由于采用 PVC 管，无法实现此抗干扰措施；

（3）从电流互感器引下的二次电缆屏蔽层应在就地端子箱处单端可靠连接至等电位接地网的铜排上，而不应两端均接地。

Lb1F2007 根据标准化设计规范，220kV 电压等级的变压器高压侧后备保护如何配置？动作行为如何？

答：（1）复压闭锁过流（方向）保护，保护为二段式：第一段带方向，方向可整定，设两个时限；第二段不带方向，延时跳开变压器各侧断路器；

（2）零序过流（方向）保护，保护为二段式：第一段带方向，方向可整定，设两个时限；第二段不带方向，延时跳开变压器各侧断路器；

（3）间隙电流保护，间隙电流和零序电压二者构成"或门"延时跳开变压器各侧断路器；

（4）零序电压保护，延时跳开变压器各侧断路器；

（5）变压器高压侧断路器失灵保护动作后跳变压器各侧断路器功能，变压器高压侧断路器失灵保护动作接点开入后，应经灵敏的、不需整定的电流元件并带 50 ms 延时后跳变压器各侧断路器；

（6）过负荷保护，延时动作于信号。

Lb1F2008 根据标准化设计规范，变压器各侧 TA 接线原则是什么？

答：（1）纵差保护应取各侧外附 TA 电流；

（2）330 kV 及以上电压等级变压器的分相差动保护低压侧应取三角内部套管（绕组）TA 电流；

（3）330 kV 及以上电压等级变压器的低压侧后备保护宜同时取外附 TA 电流和三角内部套管（绕组）TA 电流，两组电流由装置软件折算至以变压器低压侧额定电流为基准后共用电流定值和时间定值；

（4）220 kV 电压等级变压器低压侧后备保护取外附 TA 电流，当有限流电抗器时，宜增设低压侧电抗器后备保护，该保护取电抗器前 TA 电流。

Lb1F2009 对于距离保护，当采用线路电压互感器时应注意哪些问题？

答：（1）在线路合闸于故障线路时，在合闸前后电压互感器（TV）都没有电压，方向型阻抗继电器将不能动作，为此，应有合于故障线路的保护措施；

（2）在线路两相运行时，断开相电压很小，但有零序电流存在，导致断开相的接地距离继电器可能持续动作，因此，每相接地距离继电器都应配置该相的电流元件；

（3）在故障相单相跳闸进入两相运行时，故障相上储存的能量，在短路消失后不会立即释放掉，而会在线路电感、并联电抗器的电感和线路分布电容间振荡而逐渐衰减，其振荡率接近 $50Hz$，衰减时间常数相当长，所以，两相运行的保护最好不反映断开相的电压。

Lb1F2010 某双母线接线形式的变电站中，装设有母差保护和失灵保护，当一组母线电压互感器出现异常需要退出运行时，是否允许母线维持正常方式且仅将电压互感器二次并列运行？为什么？

答：不允许，此时应将母线倒为单母线方式或将母联断路器闭锁，而不能仅简单将电压互感器二次并列运行。因为如果一次母线为双母线方式且母联断路器能够正常跳开，使用单组电压互感器且电压互感器二次并列运行时，当无电压互感器母线上的线路故障且断路器失灵时，失灵保护将断开母联断路器，此时，非故障母线的电压恢复，尽管故障元件依然还在母线上，但由于复合电压闭锁的作用，将可能使得失灵保护无法动作出口。

Lb1F2011 为什么继电保护交流电流和电压回路要有接地点，并且只能一点接地？

答：（1）电流及电压互感器二次回路必须有一点接地，其原因是为了人身和二次设备的安全。如果二次回路没有接地点，接在互感器一次侧的高压电压，将通过互感器一、二次线圈间的分布电容和二次回路的对地电容形成分压，将高压电压引入二次回路，其值决定于二次回路对地电容的大小。如果互感器二次回路有了接地点，则二次回路对地电容将为零，从而达到了保证安全的目的。

（2）在有电连通的几台（包括一台）电流互感器或电压互感器的二次回路上，必须只能通过一点接于接地网。因为一个变电所的接地网并非实际的等电位面，因而在不同点间会出现电位差。当大的接地电流注入地网时，各点间可能有较大的电位差值。如果一个电连通的回路在变电所的不同点同时接地，地网上的电位差将窜入这个连通的回路，有时还造成不应有的分流。在有的情况下，可能将这个在一次系统并不存在的电压引入继电保护的检测回路中，使测量电压数值不正确，波形畸变，导致阻抗元件及方向元件的不正确动作。

（3）在电流二次回路中，如果正好在继电器电流线圈的两侧都有接地点，一方面两接地点和地所构成的并联回路，会短路电流线圈，使通过电流线圈的电流大为减少。另一方面，在发生接地故障时，两接地点间的工频地电位差将在电流线圈中产生极大的额外电流。这两种原因的综合效果，将使通过继电器线圈的电流，与电流互感器二次通入的故障电流有极大差异，当然会使继电器的反应不正常。

（4）电流互感器的二次回路应有一个接地点，并在配电装置附近经端子排接地。但对于有几组电流互感器连接在一起的保护装置，则应在保护屏上经端子排接地。

（5）在同一变电所中，常常有几台同一电压等级的电压互感器。常用的一种二次回路接线设计，是把它们所有由中性点引来的中性线引入控制室，并接到同一零相电压小母线上，然后分别向各控制、保护屏配出二次电压中性线。对于这种设计方案，在整个二次回路上，只能选择在控制室将零相电压小母线的一点接到地网。

Lb1F3012 试比较单相重合闸与三相重合闸的优缺点。

答：（1）使用单相重合闸时会出现非全相运行，除纵联保护需要考虑一些特殊问题外，对零序电流保护的整定和配合产生了很大影响，也使中、短线路的零序电流保护不能充分发挥作用。例如，一般环网三相重合闸线路的零序电流一段都能相继动作，即在线路一侧出口单相接地而三相跳闸后，另一侧零序电流立即增大并使其一段动作。利用这一特点，即使线路纵联保护停用，配合三相快速重合闸，仍然保持着较高的成功率。但当使用单相重合闸时，这个特点不存在了，而且为了考虑非全相运行，往往需要抬高零序电流一段的启动值，零序电流二段的灵敏度也相应降低，动作时间也可能增大。

（2）使用三相重合闸时，各种保护的出口回路可以直接动作于断路器。使用单相重合闸时，除了本身有选相能力的保护外，所有纵联保护、相间距离保护、零序电流保护等，都必须经单相重合闸的选相元件控制，才能动作于断路器。

（3）当线路发生单相接地，进行三相重合闸时，会比单相重合闸产生更大的操作过电压。这是由于三相跳闸，电流过零时断电，在非故障相上会保留相当于相电压峰值的残余电荷电压，而重合闸的断电时间较短，上述非故障相的电压变化不大，因而在重合时会产生较大的操作过电压。而当使用单相重合闸时，重合时的故障相电压一般只有17%左右（由于线路本身电容分压产生），因而没有操作过电压问题。然而，从较长时间在110kV及220kV电网采用三相重合闸的运行情况来看，对一般中、短线路操作过电压方面的问题并不突出。

（4）采用三相重合闸时，最不利的情况是有可能重合于三相短路故障。有的线路经稳定计算认为必须避免这种情况时，可以考虑在三相重合闸中增设简单的相间故障判别元件，使它在单相故障时实现重合，在相间故障时不重合。

Lb1F3013 以下图为例来说明母联断路器状态对差动元件动作灵敏度的影响。

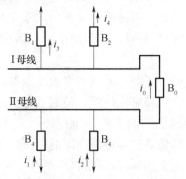

答：运行时，流入大差动元件的电流为 $i_1 \sim i_4$ 4 个电流；流入 I 母线小差元件的电流为 i_3、i_4 及 i_0 3 个电流；流入 II 母小差元件的电流为 i_1、i_2、i_3 3 个电流。

当母联运行时Ⅰ母线发生短路故障，Ⅰ母线小差动元件的差流为 $|i_3|+|i_4|+|i_0|=|i_3|+|i_4|+|i_1|+|i_2|$；Ⅰ母线小差动元件的制动电流也为 $|i_3|+|i_4|+|i_1|+|i_2|$。两者之比为1。大差动元件的差流与制动电流与Ⅰ母线小差动相同，两者之比也为1。

当母联断开时Ⅰ母线发生短路故障时，Ⅰ母线小差动元件的差流为 $|i_3|+|i_4|$，制动电流也为 $|i_3|+|i_4|$，两者之比为1。而大差动元件的制动电流仍为 $|i_3|+|i_4|+|i_1|+|i_2|$，但差流却只有 $|i_3|+|i_4|$。显然大差动元件的动作灵敏度大大下降。

Lb1F3014 某站220kV为双母线接线，如图所示，母差保护采用BP-2B，定值：差动动作值＝2A，比率高值KH＝0.7，比率低值KL＝0.5。某日两段母线并列运行时，站内Ⅰ母线K点发生A相接地故障，故障电流（二次值）、CT变比如图所示，试计算Ⅰ母线小差动电流值、大差动电流值，并校验Ⅰ母线差动是否能动作？

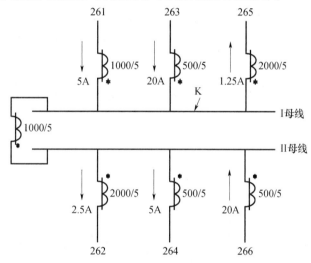

答：依题目可求得：母联一次流过500A电流，方向由Ⅱ母线流向Ⅰ母线。

则：Ⅰ母线小差动电流：

$I_{d1}=5/2+20/4+2.5/2-1.25=2.5+5+1.25-1.25=7.5$（A）

Ⅰ母线小差制动电流：$I_{r1}=5/2+20/4+2.5/2+1.25=2.5+5+1.25+1.25=10$（A）

$I_{d1}=7.5A>2A$（启动值）

$I_{d1}=7.5A>KH\times(I_{r1}-I_{d1})=0.7*(10-7.5)=1.75$（A）

Ⅰ母线小差满足动作条件。

大差动电流：$I_d=5/2+20/4+20/4-2.5-5/4-2.5/2=2.5+5+5-2.5-1.25-1.25=7.5$（A）

大差制动电流：$I_r=5/2+20/4+20/4+1.25+5/4+2.5/2=2.5+5+5+2.5+1.25+1.25=17.5$（A）

$I_d=7.5A>2A$（启动值）

$I_d=7.5A>KH\times(I_r-I_d)=0.7\times(17.5-7.5)=7$（A）

大差动元件满足动作条件。

结论：Ⅰ母线差动动作。

Lb1F3015 双母线完全电流差动保护在母线倒闸操作过程中应怎样操作？

答：（1）在母线配出元件倒闸操作的过程中，配出元件的两组隔离开关双跨两组母线，配出元件和母联断路器的一部分电流将通过新合上的隔离开关流入（或流出）该隔离开关所在母线，破坏了母线差动保护选择元件差流回路的平衡，而流过新合上的隔离开关的这一部分电流，正是它们共同的差电流。此时，如果发生区外故障，两组选择元件都将失去选择性，全靠总差流启动元件来防止整套母线保护的误动作。

（2）在母线倒闸操作过程中，为了保证在发生母线故障时，母线差动保护能可靠发挥作用，需将保护切换成由启动元件直接切除双母线的方式。但对隔离开关为就地操作的变电所，为了确保人身安全，此时，一般需将母联断路器的跳闸回路断开。

Lb1F3016 简述智能变电站通用技术条件中对时间同步的要求。

答：（1）变电站应配置一套时间同步系统，宜采用主备方式的时间同步系统，以提高时间同步系统的可靠性；

（2）保护装置、MU 和智能终端均应能接收 IRIG-B 码同步对时信号，保护装置、智能终端的对时精度误差应不大于 $\pm 1ms$，MU 的对时精度应不大于 $\pm 1\mu s$；

（3）保护装置应具备上送时钟当时值的功能；

（4）装置时钟同步信号异常后，应发告警信号；

（5）采用光纤 IRIG-B 码对时方式时，宜采用 ST 接口；采用电 IRIG-B 码对时方式时，采用直流 B 码，通信介质为屏蔽双绞线。

Lb1F3017 简述合并单元的同步机制。

答：合并单元时钟同步信号从无到有变化过程中，其采样周期调整步长应不大于 $1\mu s$。为保证与时钟信号快速同步，允许在 PPS 边沿时刻采样序号跳变一次，但必须保证采样值发送间隔离散值小于 $10\mu s$（采样率为 4kHz），同时合并单元输出的数据帧同步位由不同步转为同步状态。

Lb1F3018 假设每一条记录大小为 185 字节，时间差为 $250\mu s$。假设所有合并单元每帧大小一致，网络记录分析仪采用组网模式接入，交换机端口为 100Mbps，按智能站技术规范建议交换机单端口流量不宜超过带宽的 40%。请计算出单端口能接收的最大 MU 数是几个？

答：单端口每秒最大负荷为 100Mbps×40%＝40 Mbps；1s/250μs＝4000。

单个 MU 每秒发出的流量 bit 数 185×4000×8＝5.6 Mbps。

所以单端口能接收的最大 MU 数为 40 Mbps/5.6 Mbps＝7.1

所以单端口最多能接收 7 个 MU。

Lb1F3019 《智能化变电站通用技术条件》对智能终端有哪些要求？

答：（1）智能终端 GOOSE 订阅支持的数据集不应少于 15 个；

（2）智能终端可通过 GOOSE 单帧实现跳闸功能；

（3）智能终端动作时间不大于 7ms（包含出口继电器的时间）；

（4）开入动作电压应在额定直流电源电压的 55%～70% 范围内，可选择单开入或双位置开入，输出均采用双位置；

（5）智能终端发送的外部采集开关量应带时标；

（6）智能终端外部采集开关量分辨率应不大于 1ms，消抖时间不小于 5ms，动作时间不大于 10ms；

（7）智能终端应能记录输入、输出的相关信息；

（8）智能终端应以虚遥信点方式转发收到的跳合闸命令；

（9）智能终端遥信上送序号应与外部遥信开入序号一致。

Lb1F3020 某 220kV 变电站，主变压器采用双重化配置，非电量保护与第一套保护装置公用一套直流电源，第一套保护和非电量保护的出口跳闸回路相互并联后接与断路器第一组跳闸线圈，某日，由于下雨，主变压器瓦斯防雨罩由于长期使用已老化破损，雨水进入瓦斯继电器内部，造成端子短接，重瓦斯动作，由于主变压器断路器第一组跳闸线圈损坏，造成拒动，启动失灵保护，造成大面积停电。试分析，以上事故违反了《反措》（修订版）哪些内容？

答：以上事故造成的原因是因为违反了《反措》（修订版）中的 15.2.7、15.3.4。

（1）15.2.7 变压器非电量保护应同时作用于断路器的两个跳闸线圈。未采用就地跳闸方式的变压器非电量保护应设置独立的电源回路和出口跳闸回路，且必须与电气量保护完全分开。

（2）15.3.4 主设备非电量保护应防水、防振、防油渗漏、密封性好。气体继电器至保护柜的电缆应尽量减少中间转接环节。

（3）该案例中，由于防雨罩不严密，导致重瓦斯动作，又因为非电量保护与电气量保护出口没有完全分开，也没有作用于两个跳闸线圈，导致事故扩大。

Lb1F4021 举出三种区内故障因 TA 饱和有可能拒动的保护例子，并说明各采取何种措施来防止拒动？

答：（1）二次谐波制动的变压器差动保护；

区内故障时 TA 饱和二次电流中出现二次谐波，对差动保护制动，使差动保护拒动。

措施：

设差动电流速断保护，抢在 TA 饱和前动作，同时也可快速切除故障，对系统稳定有利；

减小 TA 二次负载阻抗，或采用二次额定电流为 1A 的电流互感器，使 TA1 发生饱和的时刻后移。

采用一次额定电流较大的 TA；

（以上说出两点即可）

（2）电流型母线差动保护，因饱和 TA 汲出差动回路电流，从而发生拒动可能：

措施：

用 ΔU 捕获故障发生时刻，如差动元件同时动作，表明在 TA 饱和前判出是内部故障，保护可出口，如差动元件延迟动作，表明发生的是外部故障，TA 饱和后差动元件动作，保护不出口。

用 ΔU 捕获故障发生时刻，如 ΔZ、差动元件同时动作，判出是内部故障，保护可出口，如 ΔZ、差动元件延迟动作，判外部故障，TA 饱和后差动元件才动作，保护不出口。

（以上说出一点即可）

（3）馈线电流保护，因 TA 饱和二次电流变小，饱和愈深，二次电流愈小，从而发生拒动。

措施：

减小 TA 二次负载阻抗；

采用二次额定电流为 1A 的 TA；

采用一次额定电流大的 TA；

当上述三项均不能实现时，由上一级保护动作切除故障。

（说明两点即可）

Lb1F4022 大接地电流系统中为什么要单独装设零序电流方向保护？

答：在大接地电流系统中发生接地故障后，就有零序电流、零序电压和零序功率出现，利用这些电量构成保护接地短路故障的继电保护装置统称为零序电流方向保护。三相星形接线的过电流保护虽然也能保护接地短路故障，但其灵敏度较低，保护时限较长。采用零序保护就可克服此不足。这是因为：

（1）系统接地故障占线路故障 90％以上，零序保护正确动作率达 97％以上，该保护简单可靠；

（2）过电流保护需躲最大负荷电流而零序过电流保护只躲最大不平衡电流，因此零序保护的动作电流可以整定的较小，有利于提高其灵敏度；

（3）Y，d 接线的降压变压器，三角形绕组侧以后的故障不会在星形绕组侧反映出零序电流，所以零序保护的时限可以不必与该变压器以后的线路保护相配合而取较短的动作时限；

（4）解决大过渡电阻接地时，其他保护灵敏度不足的问题。

Lb1F4023 试述 500kV 电力系统采用 TPY 型电流互感器的必要性。

答：（1）500kV 系统短路容量大，时间常数也大。造成了在短路时短路电流中非周期分量很多且衰减时间很长；

（2）500kV 系统稳定性要求高，要求主保护动作时间在 20ms 左右，总的切除时间不大于 100ms，因此保护是在暂态过程中动作的；

因此 500kV 保护必须考虑暂态过程的问题。因此要求电流互感器必须具有良好的暂态特性。

当前暂态特性电流互感器分为 TPS、TPX、TPY、TPZ 四个等级。

其中 TPS、TPX 级电流互感器二次时间常数较大，在线路保护动作跳闸至重合闸期间铁芯磁通衰减很有限，不满足双工循环要求，故不宜用于使用重合闸的线路；

TPZ 级不保证低频分量误差且励磁阻抗很小，不适于 500kV 系统。

TPY 级电流互感器控制剩磁不大于饱和磁通的 10%，同时满足 C—O—C—O 双工循环和重合闸的要求。但需注意在 500kV 系统失灵保护电流判别回路不宜使用 TPY 级，因其电流衰减时间较长，可能造成电流判别元件返回时间延长。

而 TPS、TPX 级暂态特性不满足要求，且不满足双工循环要求；TPZ 级不反映直流分量且励磁阻抗很小，不适于 500kV 系统。

注意在 500kV 系统失灵保护电流判别回路不宜使用 TPY 级，且因电流衰减时间较长，可能造成电流判别元件返回时间延长。

Lb1F4024 在输电线采用光纤分相电流差动保护中，回答下列问题：

（1）短路故障时，如另一侧启动元件不启动，有何现象发生？

（2）在各种运行方式下线路发生故障（含手合故障线），采用何种措施使两侧保护启动？

答：（1）设 A 侧启动元件动作，B 侧启动元件不动作。

内部故障时：B 侧不发差动元件动作信号，当然 A 侧收不到 B 侧的差动信号，虽 A 侧启动元件动作，但 A、B、C 三相差动不出口，于是内部故障时保护拒动。

外部故障时：A 侧差动元件动作，启动元件动作，向 B 侧发差动作允许信号，只是 A 侧收不到对侧差动动作信号，A 侧保护不出口，故不发生误动作。但 A 侧差动元件处动作状态，是一种危险的状态。

（2）从原理看：要保证保护正确动作，不论是线路内部，外部故障，也不论故障类型，两侧启动元件必须启动。采取如下 4 项措施：

①采用灵敏的带浮动门槛的相电流突变量启动元件（线路一侧无电源，该侧变压器中性点接地时，将不能启动）；

②零序电流启动元件，保证高阻接地时也能启动；

③低电压启动，启动方式为：收到对侧启动信号，同时本侧低电压（相电压或线电压），两条件满足就启动。这可保证线路一侧无电源本线故障时该侧启动；

④手合故障线，只要对侧三相开关断开，同时收到合闸侧发来的启动信号，则断开侧保护启动。这可保证合闸保护快速切除故障。

Lb1F4025 变压器零差保护相对于反映相同短路的纵差保护来说有什么优缺点？

答：（1）零差保护的不平衡电流与空载合闸的励磁涌流、调压分接头的调整无关，因此其最小动作电流小于纵差保护的最小动作电流，灵敏度较高；

（2）零差保护所用电流互感器比完全一致，与变压器变比无关；

（3）零差保护与变压器任一侧断线的非全相运行方式无关；

（4）由于零差保护反映的是零序电流有名值，因而当其用于自耦变压时，在高压侧接地故障时，灵敏度较低；

（5）由于组成零差保护的电流互感器多，其汲出电流（电流互感器励磁电流）较大，使灵敏度降低。

Lb1F4026 简述 GOOSE 双网冗余通信方法？

答：（1）发送方和接收方通过双网相连，两个网络同时工作；

（2）GOOSE 报文中，StNum 序号的增加表示传输数据的更新，SqNum 序号的增加表示重传报文的递增，接收方将新接收的报文 StNum 与上一帧进行比较；

（3）若 StNum 大于上一帧报文，则判断为新数据，更新老数据；

（4）若 StNum 等与上一帧报文、再将 SqNum 与上一帧进行比较，如果 SqNum 大于等于上一帧，则判断是重传报文而丢弃，如果 SqNum 小与上一帧，则判断发送方是否重启装置，是则更新数据，否则丢弃数据；

（5）若 StNum 小于上一帧报文，则判断发送方是否重启装置，是则更新数据，否则丢弃报文；

（6）在丢弃报文的情况下，判断该网络故障，通过网络切换装置切换到备用网络进行传输。

Lb1F4027 请简述 GOOSE 发送机制。

答：（1）装置上电时 GOCB 自动使能，待本装置所有状态确定后，按数据集变位方式发送一次，将自身的 GOOSE 信息初始状态迅速告知接收方；

（2）GOOSE 报文变位后立即补发的时间间隔应为 GOOSE 网络通信参数中的 MinTime 参数（即 T1）；

（3）GOOSE 报文中"timeAllowedtoLive"参数应为"MaxTime"配置参数的两倍（即 $2T_0$）；

（4）采用双重化 GOOSE 通信方式的两个 GOOSE 网口报文应同时发送，除源 MAC 地址外，报文内容应完全一致，系统配置时不必体现物理网口差异；

（5）采用直接跳闸方式的所有 GOOSE 网口同一组报文应同时发送，除源 MAC 地址外，报文内容应完全一致，系统配置时不必体现物理网口差异。

Lb1F4028 反措中，继电保护二次回路接地应满足哪些要求？

答：（1）公用电压互感器的二次回路只允许在控制室内有一点接地，为保证接地可靠，各电压互感器的中性线不得接有可能断开的开关或熔断器等。已在控制室一点接地的电压互感器二次线圈，宜在开关场将二次线圈中性点经放电间隙或氧化锌阀片接地，其击穿电压峰值应大于 $30 \cdot I\text{max}V$（$I\text{max}$ 为电网接地故障时通过变电站的可能最大接地电流有效值，单位为 kA）。应定期检查放电间隙或氧化锌阀片，防止造成电压二次回路多点接地的现象。

（2）公用电流互感器二次绕组二次回路只允许且必须在相关保护柜屏内一点接地。独立的、与其他电压互感器和电流互感器的二次回路没有电气联系的二次回路应在开关场一点接地。

（3）微机型继电保护装置柜屏内的交流供电电源（照明、打印机和调制解调器）的中性线（零线）不应接入等电位接地网。

Lb1F5029 简述智能变电站主变保护中插值同步的原理。

答：插值同步适用于点对点方式采样，由于点对点方式下采样值报文到达时间具有确定性（到达时间抖动在＋/－10us 以内），因此可以根据报文额定延时、报文到达时间戳与插值点三者之间的时间对应关系，通过插值计算出插值点的采样值，实现采样值同步。

例如变压器三侧合并单元的额定延时不同，保护装置根据接收到的合并单元的时间戳，通过报文解析其第一路通道中合并单元的额定延时，将该合并单元的采样回退到绝对时间，每个合并单元都是同样的方式，再根据保护需要的采样间隔设定插值点，以插值计算出插值点的采样值，从而实现了采样同步。

Lc1F1030 什么叫电压互感器反充电？对保护装置有什么影响？

答：通过电压互感器二次侧向不带电的母线充电称为反充电。

如 220kV 电压互感器，变比为 2200，停电的一次母线未接地，其阻抗（包括母线电容及绝缘电阻）虽然较大，假定为 1MΩ，但从电压互感器二次侧看到的阻抗只有 $[1000000/(2200)]^2 \approx 0.2\Omega$，近乎短路，故反充电电流较大（反充电电流主要决定于电缆电阻及两个电压互感器的漏抗），将造成运行中电压互感器二次侧小开关跳开或熔断器熔断，使运行中的保护装置失去电压，可能造成保护装置的误动或拒动。

Lc1F2031 什么叫负荷调节效应？如果没有负荷调节效应，当出现有功功率缺额时系统会出现什么现象？

答：当频率下降时，负荷吸取的有功功率随着下降；当频率升高时，负荷吸取的有功功率随着增高。这种负荷有功功率随频率变化的现象，称为负荷调节效应。

由于负荷调节效应的存在，当电力系统中因功率平衡破坏而引起频率变化时，负荷功率随之的变化起着补偿作用。如系统中因有功功率缺额而引起频率下降时，相应的负荷功率也随之减小，能补偿一些有功功率缺额，有可能使系统稳定在一个较低的频率上运行。如果没有负荷调节效应，当出现有功功率缺额系统频率下降时，功率缺额无法得到补偿，就不会达到新的有功功率平衡，所以频率会一直下降，直到系统瓦解为止。

Lc1F3032 造成电流互感器测量误差的原因是什么？

答：测量误差就是电流互感器的二次输出与其归算到二次侧的一次输入量的大小不相等幅角不相同所造成的差值。因此测量误差分为数值（变比）误差和相位（角度）误差两种。产生测量误差的原因一是电流互感器本身造成的，二是运行和使用条件造成的。电流互感器本身造成的测量误差是由于电流互感器有励磁电流的存在，而励磁电流是输入电流的一部分，它不传变到二次测，故形成了变比误差。励磁电流除了在铁芯中产生磁通外，还产生铁芯损耗，包括涡流损失和磁滞损失。励磁电流所流经的励磁支路是一个呈电感性的支路，励磁电流和折算到二次侧的一次输入量不同相位，这是造成角度误差的主要原因。运行和使用中造成的测量误差过大是电流互感器铁芯饱和和二次负载过大所致。

Lc1F3033 CVT 二次电压异常的原因是什么？

答：（1）二次输出为零，可能是中压回路开路或短路，电容单元内部连接断开，或二次接线短路；

（2）二次输出电压高。可能是电容器 C_1 有元件损坏，或电容单元低压端未接地。计算公式：$U_1/U_2 = 1 + C_2/C_1$；

（3）二次输出电压低。可能是电容器 C_2 有元件损坏，二次过负荷或连接接触不良或电磁单元故障；

（4）三相电压不平衡，开口三角有较高电压，设备有异常响声并发热，可能是阻尼回路不良引起自身谐振现象，应立即停止运行；

（5）二次电压波动，可能是二次连接松动，或分压器低压端子未接地或未接载波回路，如果是速饱和电抗型阻尼器，有可能是参数配合不当；

（6）N600 两点接地、保险击穿、开口三角短路等。

Jd1F2034 电缆敷设前应做哪些检查，敷设中注意什么？

答：（1）电缆敷设前应检查核对电缆的型号、规格是否符合设计要求，检查电缆线盘及其保护层是否完好，电缆两端有无受潮；

（2）检查电缆沟的深浅、与各种管道交叉、平行的距离是否满足有关规程的要求、障碍物是否消除等；

（3）确定电缆敷设方式及电缆线盘的位置；

（4）敷设直埋电缆时，注意电缆弯曲半径应符合规范要求，防止弯曲半径过小损伤电缆；电缆敷设在电缆沟或隧道的电缆支架上时，应提前安排好电缆在支架上的位置和各种电缆敷设的先后次序，避免电缆交叉穿越。注意电缆有伸缩余地。机械牵引时注意防止电缆与沟底弯曲转角处磨擦挤压损伤电缆。

Jd1F3035 变电站二次电缆芯线截面的选择应符合哪些要求？

答：按机械强度要求，控制电缆或绝缘导线的芯线最小截面积强电控制回路，不应小于 $1.5mm^2$，屏、柜内导线的芯线截面积应不小于 $1.0mm^2$；弱电控制回路，不应小于 $0.5mm^2$。

电缆芯线截面的选择还应符合下列要求：

电流回路：应使电流互感器的工作准确等级符合继电保护和安全自动装置的要求。无可靠依据时，可按断路器的断流容量确定最大短路电流；

电压回路：当全部继电保护和安全自动装置动作时（考虑到电网发展，电压互感器的负荷最大时），电压互感器到继电保护和安全自动装置屏的电缆压降不应超过额定电压的 3%；

操作回路：在最大负荷下，电源引出端到断路器分、合闸线圈的电压降，不应超过额定电压的 10%。

Je1F2036 如果在进行试验时将单相调压器的一个输入端接在交流 220V 电源的火线上，另一端（N 端）误接到变电站直流系统的负极上，请问会对哪些类型的保护装置造成影响？

答：（1）如果进行试验时，将单相调压器械的一个输入端接在交流 220V 火线上，另一端（N 端）误接到变电站直流的负极上，因交流 220V 是一个接地的电源系统，于是便会通过直流系统的对地电容及电缆与直流负极之间的元件构成回路，相当于交流信号串入直流系统；

（2）对线圈正端接有较大容量电容（或接入电缆较长，电缆分布电容较大）的继电器，如动作时间较快，动作功率较低，则当交流信号传奇时有可能误动；

（3）容易误动的继电器有变压器、电抗器的瓦斯保护、油温过高保护等继电器至跳闸出口继电器距离较长的保护，远方跳闸保护的收信继电器等。继电器的动作频率为 50Hz 或 100Hz。

Je1F2037 智能变电站通信网络光纤施工工艺要求主要有哪些？如何进行光纤链路测试？

答：主要要求如下：

（1）智能变电站内，除纵联保护通道外，还应采用多模光纤，采用无金属、阻燃、防鼠咬的光缆；

（2）双重化的两套保护应采用两根独立的光缆；

（3）光缆不宜与动力电缆同沟（槽）敷设；

（4）光缆应留有足够的备用芯。

进行光纤链路测试如下：

（1）检查确认光缆的型号正确、敷设与设计图纸相符、光纤弯曲曲率半径大于光纤外直径的 20 倍、光纤耦合器安装稳固；

（2）在被测光纤链路一端使用标准光发生器（与对侧光功率计配套）输入额定功率稳定光束；

（3）在接收端使用光功率计接收光束并测得输出功率，确认光功率衰耗满足要求。

Je1F3038 继电保护专业曾就双母线电压切换回路进行整改，存在"告警信号"与实际切换并不能完全等同的隐患；现假设正常运行时，某线路间隔电压切换回路切换继电器同时动作，导致电压并列，而告警信号未能实际上传，此时若发生 1 号母线故障，试分析造成什么后果？（故障发生时该线路于 2 号母线运行）

答：当发生上述情况时，1 号母线保护动作后，第一时限跳开母联，第二时限跳开 1 号母线上所有间隔。1 号母线失电，此时电压误并列，造成电压互感器反充电，若仅该线路间隔 2 号母线电压空开跳开，线路保护在区外故障启动情况下，特性过原点的距离三段动作跳开该线路；若 2 号母线电压二次总空开跳开，2 号母线上所有间隔失去电压，造成 2 号母线上所有间隔全停。

Je1F4039 现场进行 220kV 及以上线路保护带断路器传动试验中，通常采用如下方法，将试验仪交流量接入保护装置，保护装置备用跳闸接点、合闸接点反馈至试验仪。在单重方式下，模拟单相瞬时性故障，断路器跳、合闸正常；模拟单相永久性故障时，最终结果故障相断路器在合闸状态、其余两相断路器在跳闸状态。请对此进行分析，并提出改进方案。

答：要点：

（1）模拟单相瞬时性故障，断路器跳、合闸正常，说明保护装置有关逻辑正常，试验接线正确，至断路器的跳合闸回路正确。

（2）模拟单相永久性故障时，非故障两相断路器在跳闸状态，说明保护装置在重合后已发三跳令。而故障相断路器在合闸状态，可以推断保护在后加速动作发三跳令期间，故障相断路器尚未合上，跳闸回路不通。

（3）保护单跳令控制试验仪切除故障；而后重合闸动作，重合闸备用接点控制其再次输出故障量，此时故障相断路器尚未合上，但故障量已使保护加速跳闸，三相跳闸令又控制试验仪切除故障，于是当故障相断路器合好后，可能跳闸令已经收回了。因此出现了题目中所说的情况。根本原因是备用接点的动作快于断路器的实际跳合时间。

改进：

（1）在试验仪内模拟断路器合闸时间，保护重合令反馈后，经此延时再输出故障量。

（2）用断路器的跳闸位置接点来切除故障量。

（3）采用三相合闸位置继电器常开接点串联后，再与重合闸接点串接控制试验仪器再次输出故障量。

Je1F4040 如何测智能终端动作时间？

答：（1）测试仪器选择数字化继电保护测试仪或精确时间测试仪；

（2）将 GPS/北斗卫星时钟系统作为测试仪的标准时钟源；

（3）将精确时间测试仪的时间输出通道（IRIG-B 码/PTP 等）对智能终端进行时间同步；

（4）利用精确时间测试仪输出 IEC 61850 GOOSE 信息至智能终端（测试仪 GOOSE OUT 需进行参数配置）；

（5）利用测试仪的精确时间特性输出与被测 ICU 订阅虚端子连接相对应且带有跳合闸命令的 GOOSE 报文，同时将 ICU 相对应的跳合闸开出接点反馈至测试仪；

（6）测试仪接收到跳合闸接点时刻与测试仪发出 GOOSE 命令时刻的时间差，即为智能终端接收 GOOSE 跳合闸命令后的动作时间。

Je1F4041 智能变电站采样值传输模式试验方法是什么？

答：输入被测试设备以点对点方式运行的 SV 采样值报文：

（1）模拟最大采样值接收容量的 MU 以异步方式运行，以点对点方式接入到装置中，检测被测试设备采集的不同 MU 之间的相位关系。

（2）模拟被测试设备接收不同采样延时的多路采样值数据（异步数据），检测被测试设备采集的不同 MU 之间的相位关系。

输入被测试设备以组网方式运行的 SV 采样值报文：

（3）模拟最大采样值接收容量的 MU 以同步方式运行，分三组经过不同交换机的端口接入到装置中，检测被测试设备采集的不同 MU 之间的相位关系。

（4）模拟最大采样值接收容量的 MU 以同步方式运行，模拟其中一台 MU 失去时钟信号后失步，检测被试设备采集的不同 MU 之间的相位关系。

Je1F4042 智能变电站采样值接收容量试验方法是什么？

答：（1）在同步传输方式下，使用数字化继保测试仪模拟被测试设备最大接收容量的 MU 数量且 SV 通道总数也为最大接收容量，接入装置。

（2）在异步传输方式下，使用数字化继保测试仪模拟被测试设备最大接收容量的 MU 数量且 SV 通道总数也为最大接收容量，接入装置。

（3）分别在（1）和（2）条件下，所有接收的采样值按 10％额定值步长进行变化，变化若干次，检查被测试设备对采样值的解析正确性。

Je1F4043 简述合并单元发送 SV 报文检验内容及其要求。

答：（1）SV 报文丢帧率测试　检验 SV 报文的丢帧率，应满足十分钟内不丢帧。

（2）SV 报文完整性测试　检验 SV 报文中序号的联系性。SV 报文的序号应该从 0 连续增加到 50N-1（N 为每周波的采样点），再恢复到 0，任意相邻两帧 SV 报文的序号应连续。

（3）SV 报文发送频率测试　80 点采样时，SV 报文应每一个采样点一帧报文，SV 报文发送频率应与采样点频率一致，即一个 APDU 包含一个 ASDU。

（4）SV 报文间隔离散度检查　检验 SV 报文发送间隔离散度是否等于理论值（20/N ms，N 为每工频周期采样的点数）。

（5）SV 报文品质位检查　在电子式互感器工作正常时，SV 报文品质位应无置位；在电子式互感器工作异常时，SV 报文品质位应不附加任何延时正确置位。

Je1F5044 如图所示为一智能站 220kV 线路保护的 GOOSE 输入，请分析低气压闭锁重合闸和闭锁重合闸的区别和故障时保护开入的动作行为区别。

	External IED	External Signal	External Description	External Address	External Description
1	IL2201A	RPIT2/XCBR3.Pos.stVal	220kV 万花线智能终端 A/断路器 A 相_从 1	P101/GOING1.OPCS···	G_断路器 TWJA
2	IL2201A	RPIT2/XCBR5.Pos.stVal	220kV 万花线智能终端 A/断路器 B 相_从 1	P101/GOING1.OPCS···	G_断路器 TWJB
3	IL2201A	RPIT2/XCBR7.Pos.stVal	220kV 万花线智能终端 A/断路器 C 相_从 1	P101/GOING1.OPCS···	G_断路器 TWJC
4	IL2201A	RPIT2/MstGG101.Ind12.stVal	220kV 万花线智能终端 A/压力降低禁止重合闸逻辑_从 1	P101/GOING2.OPCS···	G_低气压闭锁重合闸
5	IL2201A	RPIT2/MstGG101.Ind5.stVal	220kV 万花线智能终端 A/闭锁本套保护重合闸	P101/GOING2.OPCS···	G_闭锁重合闸 1
6	PM2201A	PI_PROT/PTRC6.Tcgeneral	220kVI 段母差保护 A/凯文路 6	P101/GOING2.OPCS···	G_远传 1—1
7	PM2201A	PI_PROT/PTRC6.Tcgeneral	220kVI 段母差保护 A/凯文路 6	P101/GOING2.OPCS···	G_远方跳闸 1

答：低压气闭锁重合闸是机构压力接点到阀值时闭合；闭锁重合闸包括另一套智能终端的闭锁重合闸、手合手跳闭锁重合闸和其他保护动作闭锁重合闸。

低气压闭锁重合闸在重合闸启动前，经一定延时"放电"，重合闸启动后"低气压闭锁重合闸"开入后不"放电";"闭锁重合闸"开入后保护直接放电。

Je1F5045 如图所示为某母线保护的 SCD 连线，请解释额定延时的含义和保护的同步方式、电流双通道的意义。

15	MB5031A	MU/TVTR1.Vol	5031开关合并单元A/额定延迟时间	SVLD_PROT/SVINGGIO3...
16	MB5031A	MU/TCTR1.Amp	5031开关合并单元A/保护电流A相1	SVLD_PROT/SVINTCTR2...
17	MB5031A	MU/TCTR1.AmpChB	5031开关合并单元A/保护电流A相2	SVLD_PROT/SVINTCTR2...
18	MB5031A	MU/TCTR2.Amp	5031开关合并单元A/保护电流B相1	SVLD_PROT/SVINTCTR2...
19	MB5031A	MU/TCTR2.AmpChB	5031开关合并单元A/保护电流B相2	SVLD_PROT/SVINTCTR2...
20	MB5031A	MU/TCTR3.Amp	5031开关合并单元A/保护电流C相1	SVLD_PROT/SVINTCTR2...
21	MB5031A	MU/TCTR3.AmpChB	5031开关合并单元A/保护电流C相2	SVLD_PROT/SVINTCTR2...

答：额定延时：从电流或电压量输入的时刻到数字信号发送时刻之间的时间间隔。

保护采用插值同步的方式，不依赖于对时系统，由于点对点方式下采样值报文到达时间具有确定性（到达时间抖动在±10us以内），因此可以根据报文额定延时、报文到达时间戳与插值点三者之间的时间对应关系，通过一阶线性插值计算出插值点的采样值，实现采样值同步。

双 AD 采样为合并单元通过两个 AD 同时采样两路数据，如一路为电流 ABC，另一路为电流 A1，电流 B1，电流 C_1。两路数据同时参与逻辑运算，即相互校验。一路数据作为启动，一路作为逻辑运算。双 AD 采样的作用是使保护更加可靠，使保护不容易误出口。

Je1F5046 如图（某电网系统接线图）所示为某电网甲乙线配置 RCS-931AM 和 PSL-603G 光纤纵联差动保护，发生 B 相雷击瞬时故障，线路两侧两套保护动作单跳断路器 B 相；延时 600ms，甲站 5041 断路器保护重合闸出口，乙站 5002 断路器检有压顺序重合闸，合上线路两侧先重断路器，60ms 后线路两侧 RCS-931AM 装置零序后加速保护动作跳开线路三相断路器，PSL-603G 未动作。如图所示为甲乙线重合闸及三相跳闸过程中的电流波形。

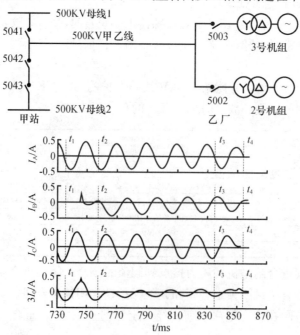

其中 RCS-931AM 零序后加速条件延时 60ms（延时固定不可整定），PSL-603G 零序后加速条件延时 t（t 可整定，为最小值 100ms）；其动作定值相同，在图 2 中零序电流基波有效值均达到动作条件。

1、试分析甲乙线图（三相电流及零序电流波形）中零序电流产生的原因；

2、试简述保护装置后加速的判别逻辑；

3、并分析 RCS-931AM 和 PSL-603G 保护后加速的动作行为。

答：（1）t_2 时刻，图中单相重合闸后零序电流明显偏向纵轴负半轴，表明此刻该零序电流叠加有衰减较大的直流分量，即暂态零序电流为主要构成部分，该零序电流包含的工频正弦分量即为稳态零序电流。暂态零序电流由线路非全相运行过程中的零序电流在重合闸后不能突变所致，以呈指数规律衰减的直流分量为主；稳态零序电流则由先重合闸后乙厂侧 5003 断路器所带 3 号机组非全相运行造成三相参数不等形成。

（2）线路保护通常依赖保护装置开入的开关位置状态（TWJ）或线路有电流来判断线路的运行状态。当 TWJ 动作且该相无电流时，经短延时后保护装置判断线路为非全相运行。在非全相运行过程中，若保护装置检测到断开相有电流或 TWJ 返回，则判断为合闸后状态并投入后加速保护逻辑。

（3）自线路 B 相产生电流后，延时 60ms，尚未到后重合闸延时，满足零序加速段延时动作条件，因此 RCS-931AM 保护零序后加速出口。与 RCS-931AM 相同 PSL-603G 也在 t_2 时刻开放零序加速段保护。PSL-603G 零序加速段电流定值相同，但零序加速段时间延时定值为 100ms。甲乙线 t_2 到 t_4 时刻的时间差为 95ms（未到 5 个周波），小于零序加速段时间定值 100ms，故线路零序电流值虽大于保护定值，但 PSL-603G 保护未误动，保护动作行为正确。

Jf1F5047 电流、电压互感器安装竣工后，继电保护检验人员应进行哪些方面的检查？

答：电流、电压互感器的变比、容量、准确级必须符合设计要求。

（1）测试互感器各绕组间的极性关系，核对铭牌上的极性标志是否正确。检查互感器各次绕组的连接方式及其极性关系是否与设计符合，相别标识是否正确。

（2）有条件时，可自电流互感器的一次分相通入电流，检查工作抽头的变比及回路是否正确（发、变组保护所使用的外附互感器、变压器套管互感器的极性与变比检验可在发电机做短路试验时进行）。

（3）自电流互感器的二次端子箱处向负载端通入交流电流，测定回路的压降，计算电流回路每相与零相及相间的阻抗（二次回路负担）。将所测得的阻抗值按保护的具体工作条件和制造厂提供的出厂资料来验算是否符合互感器 10% 误差的要求。

2 技能操作

2.1 技能操作大纲

继电保护工技能鉴定 技能操作考核大纲

等级	考核方式	能力种类	能力项	考核项目	考核主要内容
高级技师	技能操作	基本技能	01. 电气识图、绘图	01. 复杂 SCD 组态的配置	使用南瑞继保公司 SCL Configurator 软件进行全站的 SCD 组态配置
		专业技能	01. 常规变电站检验和调试	01. RCS931 型保护装置保护校验	（1）进行复杂的线路保护调试与维护 （2）完成装置及二次回路的异常处理 （3）完成保护及开关的整组传动
				02. PSL603G 型保护装置保护校验	（1）进行复杂的主变保护调试与维护 （2）完成装置及二次回路的异常处理 （3）完成保护及开关的整组传动
				03. RCS978 型保护装置主变保护校验	（1）进行复杂的母差保护调试与维护 （2）完成装置及二次回路的异常处理 （3）完成保护及开关的整组传动
				04. PST1200 型保护装置主变保护校验	（1）进行复杂的母差保护调试与维护 （2）完成装置及二次回路的异常处理 （3）完成保护及开关的整组传动
				05. RCS915 型母差保护装置校验	（1）进行复杂的母差保护调试与维护 （2）完成装置及二次回路的异常处理 （3）完成保护及开关的整组传动
				06. JB1ZY0106 BP2CS 型母差保护装置校验	（1）进行复杂的母差保护进行调试与维护 （2）完成装置及二次回路的异常处理 （3）完成保护及开关的整组传动

等级	考核方式	能力种类	能力项	考核项目	考核主要内容
高级技师	技能操作	专业技能	02. 智能变电站检验和调试	01. 智能化变电站新间隔的搭建和调试	（1）根据所提供的一、二次设备情况，各智能设备 ICD 文件等必要条件，制作 SCD 文件 （2）导出各智能设备的 CID 文件并下装到智能装置 （3）对各智能装置（保护装置、合并单元、智能终端等）进行光纤接线，并消除链路连接问题 （4）利用智能化继电保护测试仪、常规继电保护测试仪对已配置的智能装置进行调试，消除配置中存在的缺陷，保证装置能够顺利运行
				02. PCS931BM 智能型线路保护检验	（1）进行复杂的智能化保护（线路、主变、母差任选）调试与维护 （2）完成装置及二次回路的异常处理，完成保护及开关的整组传动。

2.2　技能操作项目

2.2.1　JB1JB0101　复杂 SCD 组态的配置

一、作业

（一）工器具、材料、设备

（1）工器具：无。

（2）材料：无。

（3）设备：电脑（已安装南瑞继保公司 SCD 配置工具软件 SCL Configurator），相关保护、合并单元、智能终端的 ICD 文件。

（二）安全要求

无。

（三）操作步骤及工艺要求（含注意事项）

利用 SCL Configurator 软件进行某变电站 SCD 组态的配置。其一次系统结构图如图所示，设备配置情况为线路保护配置 PCS-931、主变保护配置 PCS-978，母差保护配置 PCS-915，母联保护配置 PCS-923，线路、母联、主变间隔合并单元配置为 PCS-221G-I，线路、母联、主变间隔智能终端配置为 PCS-222B-I，母线合并单元配置为 PCS-221NA－I，母线智能终端配置为 PCS-222C-I，主变 110kV 侧合并单元配置为 PCS-221G-G-H2。现结合 220kV 一个线路间隔、主变间隔、母联、母差，完成相应功能要求。合并单元级联采用 9-2 协议。220kV 母线压变间隔配置合并单元与智能终端，需考虑母线电压并列判据；110kV 母线压变间隔配置合并单元，不考虑母线电压并列判据。

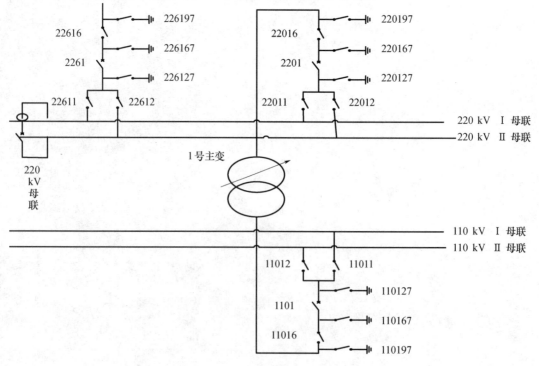

保护装置、智能终端、合并单元只需要配置第一套，IED 名称必须与下表一致。

序号	装置描述	ICD 文件名	命名
1	220kV 母线保护 A	PCS-915	PM2201A
2	220kV 线路保护 A	PCS-931GM-D＿1	PL2201A
3	1 号主变保护 A	PCS-978GE-D	PT2202A
4	220kV 母联保护 A	PCS-923A-D	PF2201A
5	220kV 线路合并单元 A	PCS-221G-I	ML2201A
6	220kV 线路智能终端 A	PCS-222B-I	IL2201A
7	♯1 主变 220kV 合并单元 A	PCS-221G-I	MT2202A
8	♯1 主变 220kV 智能终端 A	PCS-222B-I	IT2202A
9	♯1 主变 110kV 合并单元 A	PCS-221G-G-H2	MT1102A
10	220kV 母联合并单元 A	PCS-221G-I	MF2201A
11	220kV 母联智能终端 A	PCS-222B-I	IF2201A
12	220kV 母线合并单元 A	PCS-221NA-I	MM2201A
13	220kV 母线智能终端 A	PCS-222C-I	IM2201A

二、考核

（一）考核场地

考场可设在电脑机房。

（二）考核时间

考核时间为 120min。

（三）考核要点

（1）本考核项目由一人独立完成。

（2）能够较熟练地使用 SCD 配置工具软件 SCL Configurator。

（3）熟悉 220kV 线路保护的数据流，熟悉 SCD 组态中 IP 地址、MAC 地址、APPID、GOID、SMVID 等参数的含义和配置方法。

（4）220kV 母线压变间隔配置合并单元与智能终端，需考虑母线电压并列判据；110kV 母线压变间隔配置合并单元，不考虑母线电压并列判据。

三、评分标准

行业：电力工程　　　　　　工种：继电保护工　　　　　　等级：高级技师

编号	JB1JB0101	行为领域	e	鉴定范围		
考核时限	120min	题型	B	满分	100 分	得分	
试题名称	复杂 SCD 组态的配置					
考核要点 及其要求	（1）本考核项目由一人独立完成 （2）能够较熟练地使用 SCD 配置工具软件 SCL Configurator （3）熟悉 220kV 变电站保护的数据流，熟悉 SCD 组态中 IP 地址、MAC 地址、APPID、GOID、SMVID 等参数的含义和配置方法 （4）根据一次系统图进行配置，保护装置、智能终端、合并单元只需要配置第一套，220kV 母线压变间隔配置合并单元与智能终端，须考虑母线电压并列判据；110kV 母线压变间隔配置合并单元，不考虑母线电压并列判据 （5）制作好的 SCD 文件命名为"培训站．scd"					

试题名称	复杂 SCD 组态的配置
现场设备、工器具、材料	电脑（已安装南瑞继保公司 SCD 配置工具软件 SCL Configurator）、相关 ICD 文件（包含上述所有装置）
备注	

评分标准

序号	考核项目名称	质量要求	分值	扣分标准	扣分原因	得分
1	SCD 组态配置软件的使用	能够正确熟练使用 SCL Configurator 软件	10	不能正确使用配置软件，找不到各参数设置位置，每项 2 分，扣完为止		
2	"Communication" 项的设置	能够正确添加 MMS、SV、GOOSE 网络，并能够正确配置三个网络中 IP 地址、MAC 地址、APPID、GOID、SMVID 等参数	40	每错一个参数扣 4 分，扣完为止		
3	"IED" 项的设置	能够正确添加 IED 装置并正确命名，并能够正确完整对各装置进行 SV、GOOSE 连线	40	每错或缺少一条连线以及出现配置或描述等不符合规范扣 4 分，扣完为止		
4	SCD 文件命名及提交	按要求进行 SCD 命名并保存提交	10	SCD 文件命名不正确或不能正确提交，每项 5 分，扣完为止		

472

2.2.2　JB1ZY0101　RCS931型保护装置保护校验

一、作业

（一）工器具、材料、设备

（1）工器具：万用表、一字改锥、十字改锥。

（2）材料：绝缘胶带、二次措施箱。

（3）设备：继电保护试验台（常规型）、RCS931型保护装置。

（二）安全要求

（1）试验所用设备均视为运行状态，试验操作过程均需满足相关安全技术规程要求。

（2）安全措施要完善齐备，特别要防止电压回路短路、电流回路开路，并对其他相关运行回路做好隔离。

（3）继电保护试验台电源接线等要满足低压安全用电要求。

（三）操作步骤及工艺要求（含注意事项）

（1）操作步骤

①执行现场安全措施。

②进行题目要求的校验工作（包括定值打印核对、试验接线、保护项目及定值校验、整组传动等）。

③恢复现场。

④试验报告编写。

（2）注意事项

①编写安措、验收及编写验收报告时间共60min，考生自行分配。

②整组传动时开关均在操作回路所在屏完成，模拟断路器的分合闸，在考生需要时由监考人员负责处理。

③如发现故障点，需及时告知监考人员现象后才可处理。无法处理的缺陷可放弃，由监考人员恢复后继续进行操作，放弃的缺陷不得分。

二、考核

（一）考核场地

满足要求的RCS931型保护屏一面，含操作箱、开关等必需的二次回路。

（二）考核时间

考核时间为60min。

（三）考核要点

（1）本考核项目由一人独立完成。

（2）根据河北南网《继电保护验收细则》，对本型号光纤差动保护及相关二次回路进行保护校验、反措检查及带开关整组传动等。

（3）安全文明生产。听从现场监考人员指挥，按规定时间完成，时间到后停止操作，按所完成的内容计分，未完成部分不得分。操作过程应熟练、有序并满足有关安全规程要求。

三、评分标准

行业：电力工程　　　　　工种：继电保护工　　　　　等级：高级技师

编号	JB1ZY0101	行为领域	e	鉴定范围		
考核时限	60min	题型	B	满分	100分	得分
试题名称	RCS931型保护装置保护校验					
考核要点 及其要求	根据河北南网《继电保护验收细则》，对本型号光纤差动及相关二次回路进行保护校验、反措检查及带开关整组传动等					
现场设备、工 器具、材料	万用表、一字改锥、十字改锥、绝缘胶带、二次措施箱、继电保护试验台（常规型）					
备注						

评分标准

序号	考核项目名称	质量要求	分值	扣分标准	扣分原因	得分
1	工作前/ 后安措	按照规程要求，做好保护校验前后安全措施	10	（1）未核对定值（打印定值） （2）未退出全部压板 （3）CT短接后未断开连片，PT未断开（断开连片） （4）未正确进行光纤自环 （5）未解开启动失灵回路 （6）试验仪未接地 每项2分，扣完为止		
2	试验接线	正确阅读端子排图、原理图，按图接线	10	（1）未正确连接电流输入端子 （2）未正确连接电压输入端子 每项5分		
3	校验项目1	模拟AB相间故障，校验差动保护Ⅰ段的定值	15	（1）未正确投退软硬压板，5分 （2）差动保护Ⅰ段不正确动作，5分 （3）没有对差动保护Ⅰ段进行定值校验（1.05倍，0.95倍），5分		
4	校验项目2	整组传动，带开关模拟距离Ⅰ段保护C相故障、重合闸与故障，后加速动作	15	（1）未正确投退软硬压板，无法模拟C相距离Ⅰ段动作，5分 （2）重合闸无法正确充电、动作，5分 （3）后加速没有正确动作，5分 （4）开关没有按逻辑正确动作或未带开关传动，5分 每项5分，扣完为止		

474

序号	考核项目名称	质量要求	分值	扣分标准	扣分原因	得分
5	现场恢复	拆除试验接线，恢复安全措施到开工前状态，整理继电保护试验台及工器具等	10	（1）未正确恢复安全措施至开工前状态，每项2分，扣完为止 （2）未整理现场，5分		
6	报告	根据试验要求正确编写试验报告	10	试验报告缺项漏项，每项2分，扣完为止		
7	故障	故障设置方法	30	故障现象（以下故障任取6个，每项5分）		
	故障1	保护定值中把"投三相跳闸"整定为1	5	保护始终三相跳闸		
	故障2	把差动高定值整定得比 $4U_n/X_{c1}$ 小（可适当减小 X_{c1} 值）	5	校验高值不正确，差动保护Ⅰ段按 $4U_n/X_{c1}$ 动作），实际按低值动作		
	故障3	把"通道自环试验"整定为0	5	通道异常灯亮		
	故障4	1D92 和 1D46 连接，1D96 和 1D50 连接	5	保护单跳后启动远跳动作三跳		
	故障5	解开 C 相跳闸压板（下端）连线	5	保护动作，但 C 相不出口		
	故障6	短接保护＋110V 电源与"压力降低禁止操作"开入	5	压力降低禁止操作，不能出口		
	故障7	虚接 4D63 上的 N10	5	C 相不能合闸		
	故障8	将装置参数中"电流二次额定值"改为 1A	5	采样不正确		

2.2.3　JB1ZY0102　PSL603G 型保护装置保护校验

一、作业

（一）工器具、材料、设备

（1）工器具：万用表、一字改锥、十字改锥。

（2）材料：绝缘胶带、二次措施箱。

（3）设备：继电保护试验台（常规型）、PSL603G 型保护装置。

（二）安全要求

（1）试验所用设备均视为运行状态，试验操作过程均需满足相关安全技术规程要求。

（2）安全措施要完善齐备，特别要防止电压回路短路、电流回路开路，并对其他相关运行回路做好隔离。

（3）继电保护试验台电源接线等要满足低压安全用电要求。

（三）操作步骤及工艺要求（含注意事项）

（1）操作步骤

①执行现场安全措施。

②进行题目要求的校验工作（包括定值打印核对、试验接线、保护项目及定值校验、整组传动等）。

③恢复现场。

④试验报告编写。

（2）注意事项

①编写安措、验收及编写验收报告时间共 60min，考生自行分配。

②整组传动时开关均在操作回路所在屏完成，模拟断路器的分合闸，在考生需要时由监考人员负责处理。

③如发现故障点，需及时告知监考人员现象后才可处理。无法处理的缺陷可放弃，由监考人员恢复后继续进行操作，放弃的缺陷不得分。

二、考核

（一）考核场地

满足要求的 PSL603G 型保护屏一面，含操作箱、开关等必需的二次回路。

（二）考核时间

考核时间为 60min。

（三）考核要点

（1）本考核项目由一人独立完成。

（2）根据河北南网《继电保护验收细则》，对本型号距离保护及相关二次回路进行保护校验、反措检查及带开关整组传动等。

（3）安全文明生产。听从现场监考人员指挥，按规定时间完成，时间到后停止操作，按所完成的内容计分，未完成部分不得分。操作过程应熟练、有序并满足有关安全规程要求。

三、评分标准

行业：电力工程　　　　　　　工种：继电保护工　　　　　　　等级：高级技师

编号	JB1ZY0102	行为领域	e	鉴定范围		
考核时限	60min	题型	B	满分	100分	得分
试题名称	PSL603G型保护装置保护校验					
考核要点及其要求	根据河北南网《继电保护验收细则》，对本型号距离保护及相关二次回路进行保护校验、反措检查及带开关整组传动等					
现场设备、工器具、材料	万用表、一字改锥、十字改锥、绝缘胶带、二次措施箱、继电保护试验台（常规型）					
备注						

评分标准

序号	考核项目名称	质量要求	分值	扣分标准	扣分原因	得分
1	工作前/后安措	按照规程要求，做好保护校验前后安全措施	10	（1）未核对定值（打印定值） （2）未退出全部压板 （3）CT短接后未断开连片，PT未断开（断开连片） （4）未解开启动失灵回路 （5）试验仪未接地 每项2分，扣完为止		
2	试验接线	正确阅读端子排图、原理图，按图接线	10	（1）未正确连接电流输入端子 （2）未正确连接电压输入端子 每项5分		
3	校验项目1	模拟B相故障，校验距离保护Ⅱ段的定值	20	（1）未正确投退软硬压板，5分 （2）距离保护Ⅱ段不正确动作，10分 （3）没有对距离保护Ⅱ段进行定值校验（1.05倍，0.95倍，反方向），5分		
4	校验项目2	整组传动，带开关模拟A相故障（差动保护）、重合闸与故障，后加速动作	20	（1）未正确投退软硬压板，无法模拟A相差动保护动作，5分 （2）重合闸无法正确充电、动作，5分 （3）后加速没有正确动作，5分 （4）开关没有按逻辑正确动作或未带开关传动，5分		

序号	考核项目名称	质量要求	分值	扣分标准	扣分原因	得分
5	现场恢复	拆除试验接线，恢复安全措施到开工前状态，整理继电保护试验台及工器具等	10	（1）未正确恢复安全措施至开工前状态，每项2分，扣完为止 （2）未整理现场，5分		
6	报告	根据试验要求正确编写试验报告	10	试验报告缺项漏项，每项2分，扣完为止		
7	故障	故障设置方法	20	故障现象（以下故障任取4个，每项5分）		
	故障1	保护参数定值中整定"CT额定电流为1A"	5	与定值单不符，显示电流与实际值为1/5倍		
	故障2	电压N相虚接	5	电压采样值不准，导致距离保护定值校验出错		
	故障3	"距离保护投入"压板在装置背板虚接	5	距离保护开入量无变化		
	故障4	短接保护＋110V电源与"压力降低禁止操作"开入	5	压力降低禁止操作，不能出口		
	故障5	在装置背板上将"重合闸出口"虚接	5	保护重合，但开关不能重合		
	故障6	在端子排将"保护A相跳闸出口"接至手跳回路	5	开关三跳且三相跳闸信号灯不亮		
	故障7	在端子排将A、B相电流互换	5	A、B相电流采样不正确，距离保护不正确动作		
	故障8	保护控制字定值中整定"差动保护"为0	5	差动保护不动作		

2.2.4 JB1ZY0103 RCS978型保护装置主变保护校验

一、作业

（一）工器具、材料、设备

（1）工器具：万用表、一字改锥、十字改锥。

（2）材料：绝缘胶带、二次措施箱。

（3）设备：继电保护试验台（常规型）、RCS978型保护装置。

（二）安全要求

（1）试验所用设备均视为运行状态，试验操作过程均需满足相关安全技术规程要求。

（2）安全措施要完善齐备，特别要防止电压回路短路、电流回路开路，并对其他相关运行回路做好隔离。

（3）继电保护试验台电源接线等要满足低压安全用电要求。

（三）操作步骤及工艺要求（含注意事项）

（1）操作步骤

①执行现场安全措施。

②进行题目要求的校验工作（包括定值打印核对、试验接线、保护项目及定值校验、整组传动等）。

③恢复现场。

④试验报告编写。

（2）注意事项

①编写安措、验收及编写验收报告时间共60min，考生自行分配。

②整组传动时开关均在操作回路所在屏完成，模拟断路器的分合闸，在考生需要时由监考人员负责处理。

③如发现故障点，需及时告知监考人员现象后才可处理。无法处理的缺陷可放弃，由监考人员恢复后继续进行操作，放弃的缺陷不得分。

二、考核

（一）考核场地

满足要求的RCS978型保护屏一面，含操作箱、开关等必须的二次回路。

（二）考核时间

考核时间为60min。

（三）考核要点

（1）变压器为三圈变压器（Y/Y/△-11）；差动保护比率制动整组试验使用高压侧和低压侧进行。

（2）根据河北南网《继电保护验收细则》，对本型号主变差动保护及相关二次回路进行保护校验、反措检查及带开关整组传动等。

（3）安全文明生产。听从现场监考人员指挥，按规定时间完成，时间到后停止操作，按所完成的内容计分，未完成部分不得分。操作过程应熟练、有序并满足有关安全规程要求。

三、评分标准

行业：电力工程　　　　　　　工种：继电保护工　　　　　　　等级：高级技师

编号	JB1ZY0103	行为领域	e		鉴定范围		
考核时限	60min	题型	B	满分	100分	得分	
试题名称	RCS978型保护装置主变保护校验						
考核要点及其要求	（1）变压器为三圈变压器（Y/Y/△-11） （2）差动保护比率制动整组试验使用高压侧和低压侧进行 （3）制动电流由监考人员指定，需计算出差动电流 I_{cd} 及高、低压侧实通电流（要求计算过程）						
现场设备、工器具、材料	万用表、一字改锥、十字改锥、绝缘胶带、二次措施箱、继电保护试验台（常规型）						
备注							

评分标准

序号	考核项目名称	质量要求	分值	扣分标准	扣分原因	得分
1	工作前/后安措	按照规程要求，做好保护校验前后安全措施	10	（1）未核对定值（打印定值） （2）未退出全部压板 （3）CT短接后未断开连片，PT未断开（断开连片） （4）未解开启动失灵回路 （5）试验仪未接地 每项2分，扣完为止		
2	试验接线	正确阅读端子排图、原理图，按图接线	10	未正确连接高、低压侧电流输入端子		
3	校验项目1	校验主变差动保护比率制动特性定值及带开关传动	15	（1）未正确投退软硬压板，5分 （2）开关未正确传动，5分 （3）计算过程不正确，5分 （4）计算值与实测值不正确，5分 （5）不能校验 K 值正确，5分 每项5分，扣完为止		
4	校验项目2	高压侧复压方向过流Ⅰ保护	15	（1）未正确投退软硬压板，5分 （2）开关未正确传动，5分 （3）不能验证低电压闭锁值和Ⅰ段过流值不正确，5分 （4）不能校验正方向正确动作、反方向不动作及最大灵敏角，5分 每项5分，扣完为止		

序号	考核项目名称	质量要求	分值	扣分标准	扣分原因	得分
5	现场恢复	拆除试验接线，恢复安全措施到开工前状态，整理继电保护试验台及工器具等	10	（1）未正确恢复安全措施至开工前状态，每项2分，扣完为止 （2）未整理现场，5分		
6	报告	根据试验要求正确编写试验报告	10	试验报告缺项漏项，每项2分，扣完为止		
7	故障	故障设置方法	30	故障现象（每项5分）		
	故障1	将高压侧A、B相电流交换	5	A、B相电流采样相反		
	故障2	将定值中"主保护投入"置零	5	差动保护不动作		
	故障3	将主保护投入压板一端虚接	5	差动保护无法投入，开入量为0		
	故障4	解开高压侧C相跳闸压板（下端）连线	5	保护动作，但C相不出口		
	故障5	短接保护+110V电源与高压侧"压力降低禁止操作"开入	5	压力降低禁止操作，高压侧开关不能出口		
	故障6	将装置参数中"电流二次额定值"改为1A	5	采样不正确		

2.2.5 JB1ZY0104 PST1200 型保护装置主变保护校验

一、作业

（一）工器具、材料、设备

（1）工器具：万用表、一字改锥、十字改锥。

（2）材料：绝缘胶带、二次措施箱。

（3）设备：继电保护试验台（常规型）、PST1200 型保护装置。

（二）安全要求

（1）试验所用设备均视为运行状态，试验操作过程均需满足相关安全技术规程要求。

（2）安全措施要完善齐备，特别要防止电压回路短路、电流回路开路，并对其他相关运行回路做好隔离。

（3）继电保护试验台电源接线等要满足低压安全用电要求。

（三）操作步骤及工艺要求（含注意事项）

（1）操作步骤

①执行现场安全措施。

②进行题目要求的校验工作（包括定值打印核对、试验接线、保护项目及定值校验、整组传动等）。

③恢复现场。

④试验报告编写。

（2）注意事项

①编写安措、验收及编写验收报告时间共 60min，考生自行分配。

②整组传动时开关均在操作回路所在屏完成，模拟断路器的分合闸，在考生需要时由监考人员负责处理。

③如发现故障点，需及时告知监考人员现象后才可处理。无法处理的缺陷可放弃，由监考人员恢复后继续进行操作，放弃的缺陷不得分。

二、考核

（一）考核场地

满足要求的 PST1200 型保护屏一面，含操作箱、开关等必需的二次回路。

（二）考核时间

考核时间为 60min。

（三）考核要点

（1）变压器为三圈变压器（Y/Y/△-11）；差动保护比率制动整组试验使用高压侧和低压侧进行。

（2）根据河北南网《继电保护验收细则》，对本型号主变差动保护及相关二次回路进行保护校验、反措检查及带开关整组传动等。

（3）安全文明生产。听从现场监考人员指挥，按规定时间完成，时间到后停止操作，按所完成的内容计分，未完成部分不得分。操作过程应熟练、有序并满足有关安全规程要求。

三、评分标准

行业：电力工程		工种：继电保护工			等级：高级技师	

编号	JB1ZY0104	行为领域	e	鉴定范围		
考核时限	60min	题型	B	满分	100 分	得分
试题名称	PST1200 型保护装置主变保护校验					
考核要点及其要求	(1) 变压器为三圈变压器（Y/Y/△-11） (2) 差动保护比率制动整组试验使用高压侧和低压侧进行 (3) 制动电流由监考人员指定，需计算出差动电流 I_{cd} 及高低压侧实通电流（要求计算过程）					
现场设备、工器具、材料	万用表、一字改锥、十字改锥、绝缘胶带、二次措施箱、继电保护试验台（常规型）					
备注						

评分标准

序号	考核项目名称	质量要求	分值	扣分标准	扣分原因	得分
1	工作前/后安措	按照规程要求，做好保护校验前后安全措施	10	(1) 未核对定值（打印定值） (2) 未退出全部压板 (3) CT 短接后未断开连片，PT 未断开（断开连片） (4) 未解开启动失灵回路 (5) 试验仪未接地 每项 2 分，扣完为止		
2	试验接线	正确阅读端子排图、原理图，按图接线	10	未正确连接高、低压侧电流输入端子		
3	校验项目 1	校验主变差动保护比率制动特性定值及带开关传动	15	(1) 未正确投退软硬压板，5 分 (2) 开关未正确传动，5 分 (3) 计算过程正确，5 分 (4) 计算值与实测值不正确，5 分 (5) 不能校验 K 值正确，5 分 每项 5 分，扣完为止		
4	校验项目 2	高压侧复压方向过流 I 保护	15	(1) 未正确投退软硬压板，5 分 (2) 开关未正确传动，5 分 (3) 不能验证低电压闭锁值和 I 段过流值不正确，5 分 (4) 不能校验正方向正确动作，反方向不动作及最大灵敏角，5 分 每项 5 分，扣完为止		

序号	考核项目名称	质量要求	分值	扣分标准	扣分原因	得分
5	现场恢复	拆除试验接线,恢复安全措施到开工前状态,整理继电保护试验台及工器具等	10	(1)未正确恢复安全措施至开工前状态,每项2分,扣完为止 (2)未整理现场,5分		
6	报告	根据试验要求正确编写试验报告	10	试验报告缺项漏项,每项2分,扣完为止		
7	故障	故障设置方法	30	故障现象(每项5分)		
	故障1	将高压侧A、B相电流交换	5	A、B相电流采样相反		
	故障2	将定值中"主保护投入"置零	5	差动保护不动作		
	故障3	将主保护投入压板一端虚接	5	差动保护无法投入,开入量为0		
	故障4	解开高压侧C相跳闸压板(下端)连线	5	保护动作,但C相不出口		
	故障5	短接保护+110V电源与高压侧"压力降低禁止操作"开入	5	压力降低禁止操作,高压侧开关不能出口		
	故障6	将装置参数中"电流二次额定值"改为1A	5	采样不正确		

2.2.6 JB1ZY0105 RCS915型母差保护装置校验

一、作业

（一）工器具、材料、设备

（1）工器具：万用表、一字改锥、十字改锥。

（2）材料：绝缘胶带、二次措施箱。

（3）设备：继电保护试验台（常规型）、RCS915型保护装置。

（二）安全要求

（1）试验所用设备均视为运行状态，试验操作过程均需满足相关安全技术规程要求。

（2）安全措施要完善齐备，特别要防止电压回路短路、电流回路开路，并对其他相关运行回路做好隔离。

（3）继电保护试验台电源接线等要满足低压安全用电要求。

（三）操作步骤及工艺要求（含注意事项）

（1）操作步骤

①执行现场安全措施。

②进行题目要求的校验工作（包括定值打印核对、试验接线、保护项目及定值校验、整组传动等）。

③恢复现场。

④试验报告编写。

（2）注意事项

①编写安措、验收及编写验收报告时间共60min，考生自行分配。

②整组传动时开关均在操作回路所在屏完成，模拟断路器的分合闸，在考生需要时由监考人员负责处理。

③如发现故障点，需及时告知监考人员现象后才可处理。无法处理的缺陷可放弃，由监考人员恢复后继续进行操作，放弃的缺陷不得分。

二、考核

（一）考核场地

满足要求的RCS915型保护屏一面，含操作箱、开关等必需的二次回路。

（二）考核时间

考核时间为60min。

（三）考核要点

（1）本考核项目由一人独立完成。

（2）根据河北南网《继电保护验收细则》，对本型号母差保护及相关二次回路进行保护校验、反措检查及带开关整组传动等。

（3）安全文明生产。听从现场监考人员指挥，按规定时间完成，时间到后停止操作，按所完成的内容计分，未完成部分不得分。操作过程应熟练、有序并满足有关安全规程要求。

三、评分标准

行业：电力工程　　　　　　**工种：继电保护工**　　　　　　**等级：高级技师**

编号	JB1ZY0105	行为领域		e		鉴定范围		
考核时限	60min	题型		B	满分	100 分	得分	
试题名称	RCS915 型母差保护装置校验							
考核要点及其要求	运行方式：支路 L3、L2 运行在Ⅰ母，支路 L4、L5 运行在Ⅱ母，双母线并列运行。L2，L4 支路的 TA 变比为 1000/5，L5 支路的 TA 变比为 600/5，L3 支路和母联的 TA 变比为 1200/5，其全间隔备用 （1）模拟上述运行方式下 L2 支路的 B 相故障，Ⅰ、Ⅱ母电压正常时，大小差电流的平衡；要求用 B 相校验，L2 支路故障电流为 3A（其余运行支路均有电源） （2）模拟上述运行方式下 L2 支路的 B 相故障，L2 支路开关失灵，母差保护动作行为，母联开关动作正常							
现场设备、工器具、材料	万用表、一字改锥、十字改锥、绝缘胶带、二次措施箱、继电保护试验台（常规型）							
备注								

评分标准

序号	考核项目名称	质量要求	分值	扣分标准	扣分原因	得分
1	工作前/后安措	按照规程要求，做好保护校验前后安全措施	10	（1）未核对定值（打印定值） （2）未退出全部压板 （3）CT 短接后未断开连片，PT 未断开（断开连片） （4）试验仪未接地 每项 3 分，扣完为止		
2	试验接线	正确阅读端子排图、原理图，按图接线	10	未正确连接高、低压侧电流输入端子		
3	校验项目 1	模拟上述运行方式下 L2 支路的 B 相故障，Ⅰ、Ⅱ母电压正常时，大小差电流的平衡（其余运行支路均有电源）	20	（1）未正确投退软硬压板，5 分 （2）L3 支路电流大小及方向不正确，5 分 （3）L4 支路电流大小及方向不正确，5 分 （4）L5 支路电流大小及方向不正确，5 分 （5）母联支路电流大小及方向不正确，5 分 （6）不满足装置无差流及告警、动作信号，5 分 每项 5 分，扣完为止		

序号	考核项目名称	质量要求	分值	扣分标准	扣分原因	得分
4	校验项目2	模拟上述运行方式下L2支路的B相故障，L2支路开关失灵，母差保护动作行为，母联开关动作正常	20	（1）未正确投退软硬压板，5分 （2）不满足故障前电压正常、故障后电压正确开放，5分 （3）未正确模拟L2支路失灵开入，5分 （4）母差保护动作逻辑不正确，5分		
5	现场恢复	拆除试验接线，恢复安全措施到开工前状态，整理继电保护试验台及工器具等	10	（1）未正确恢复安全措施至开工前状态，每项2分，扣完为止 （2）未整理现场，5分		
6	报告	根据试验要求正确编写试验报告	10	试验报告缺项漏项，每项2分，扣完为止		
7	故障	故障设置方法	20	故障现象（以下故障任取4个，每项5分）		
	故障1	将L4支路A、B相电流交换	5	A、B相电流采样相反		
	故障2	定值单中"基准CT二次值"整定为1A	5	电流采样异常		
	故障3	将Ⅰ、Ⅱ母A相电压在端子排交换	5	电压采样异常		
	故障4	将L3支路B相电流在端子排内侧将头尾短接	5	B相电流有分流		
	故障5	失灵投入压板下口虚接	5	失灵保护无法投入		
	故障6	模拟盘上端的A2和A3交换	5	L2支路Ⅰ母线刀闸开入灯不亮		
	故障7	在装置背板插座中短接1A15与1n1A1	5	L5运行在Ⅱ母线时母线互联		

2.2.7　JB1ZY0106　BP2CS 型母差保护装置校验

一、作业

（一）工器具、材料、设备

（1）工器具：万用表、一字改锥、十字改锥。

（2）材料：绝缘胶带、二次措施箱。

（3）设备：继电保护试验台（常规型）、BP2CS 型保护装置。

（二）安全要求

（1）试验所用设备均视为运行状态，试验操作过程均需满足相关安全技术规程要求。

（2）安全措施要完善齐备，特别要防止电压回路短路、电流回路开路，并对其他相关运行回路做好隔离。

（3）继电保护试验台电源接线等要满足低压安全用电要求。

（三）操作步骤及工艺要求（含注意事项）

（1）操作步骤

①执行现场安全措施。

②进行题目要求的校验工作（包括定值打印核对、试验接线、保护项目及定值校验、整组传动等）。

③恢复现场。

④试验报告编写。

（2）注意事项

①编写安措、验收及编写验收报告时间共 60min，考生自行分配。

②整组传动时开关均在操作回路所在屏完成，模拟断路器的分合闸，在考生需要时由监考人员负责处理。

③如发现故障点，需及时告知监考人员现象后才可处理。无法处理的缺陷可放弃，由监考人员恢复后继续进行操作，放弃的缺陷不得分。

二、考核

（一）考核场地

满足要求的 BP2CS 型保护屏一面，含操作箱、开关等必需的二次回路。

（二）考核时间

考核时间为 60min。

（三）考核要点

（1）本考核项目由一人独立完成。

（2）根据河北南网《继电保护验收细则》，对本型号母差保护及相关二次回路进行保护校验、反措检查及带开关整组传动等。

（3）安全文明生产。听从现场监考人员指挥，按规定时间完成，时间到后停止操作，按所完成的内容计分，未完成部分不得分。操作过程应熟练、有序并满足有关安全规程要求。

三、评分标准

行业：电力工程		工种：继电保护工			等级：高级技师	

编号	JB1ZY0106	行为领域	e	鉴定范围		
考核时限	60min	题型	B	满分	100 分	得分
试题名称	BP-2CS 型母差保护装置校验					

考核要点及其要求	运行方式：支路 L2、L4 运行在Ⅰ母，支路 L3、L5 运行在Ⅱ母，双母线分列运行。L2、L5 支路的 TA 变比为 600/5，L1 母联、L4 支路的 TA 变比为 2400/5，L3 支路的 TA 变比为 1200/5，其他间隔备用。 （1）给各支路 A 相二次加电流；L2 电流为 2A，L3 电流为 2A；Ⅰ、Ⅱ母电压正常，各相电压 57.7V，要求保护装置大小差电流为零，屏上无任何告警及保护动作信号 （2）模拟Ⅰ母线运行时（L2 支路运行在Ⅰ母线），当Ⅰ母线对Ⅱ母线充电至 B 相死区故障时，校验母差保护的动作行为
现场设备、工器具、材料	万用表、一字改锥、十字改锥、绝缘胶带、二次措施箱、继电保护试验台（常规型）
备注	

评分标准

序号	考核项目名称	质量要求	分值	扣分标准	扣分原因	得分
1	工作前/后安措	按照规程要求，做好保护校验前后安全措施	10	（1）未核对定值（打印定值） （2）未退出全部压板 （3）CT 短接后未断开连片，PT 未断开（断开连片） （4）试验仪未接地 每项 3 分，扣完为止		
2	试验接线	正确阅读端子排图、原理图，按图接线	10	未正确连接高、低压侧电流输入端子		
3	校验项目1	给各支路 A 相二次加电流。L2 电流为 2A，L3 电流为 2A。Ⅰ、Ⅱ母电压正常，各相电压 57.7V；要求保护装置大小差电流为零，屏上无任何告警及保护动作信号	15	（1）未正确投退软硬压板，5 分 （2）L3 支路电流大小及方向不正确，5 分 （3）L4 支路电流大小及方向不正确，5 分 （4）L5 支路电流大小及方向不正确，5 分 （5）支路刀闸开入不正确，5 分 （6）不满足装置无差流及告警、动作信号，5 分 每项 5 分，扣完为止		

序号	考核项目名称	质量要求	分值	扣分标准	扣分原因	得分
4	校验项目2	模拟Ⅰ母线运行时（L2支路运行在Ⅰ母线），当Ⅰ母线对Ⅱ母线充电至B相死区故障时，校验母差保护的动作行为	15	（1）未正确投退软硬压板，5分 （2）不满足故障前电压正常、故障后电压正确开放，5分 （3）未正确模拟手合开入，5分 （4）母差保护充电死区动作逻辑不正确，5分 每项5分，扣完为止		
5	现场恢复	拆除试验接线，恢复安全措施到开工前状态，整理继电保护试验台及工器具等	10	（1）未正确恢复安全措施至开工前状态，每项2分，扣完为止 （2）未整理现场，5分		
6	报告	根据试验要求正确编写试验报告	10	试验报告缺项漏项，每项2分，扣完为止		
7	故障	故障设置方法	30	故障现象（每项5分）		
	故障1	将L4支路A、B相电流交换	5	A、B相电流采样相反		
	故障2	将Ⅰ、Ⅱ母A相电压在端子排交换	5	电压采样异常		
	故障3	将L3支路B相电流在端子排内侧将头尾短接	5	B相电流有分流		
	故障4	操作电源正负反接	5	所有开入无效		
	故障5	虚接1n125（母联手合开入）	5	母联手合无法开入		
	故障6	在端子排内侧短接正电源与L3间隔失灵解闭锁开入	5	L3间隔主变2失灵解闭锁长期开入，装置报主变失灵解闭锁误启动，且运行异常灯亮		

2.2.8 JB1ZY0201 智能化变电站新间隔的搭建和调试

一、作业

(一) 工器具、材料、设备

(1) 工器具: 无。

(2) 材料: 符合要求的各种规格尾纤。

(3) 设备: 笔记本电脑(已安装南瑞继保公司 SCD 配置工具软件 SCL Configurator、PCS-PC)、相关保护、合并单元、智能终端的 ICD 文件、继电保护试验台(常规型)、继电保护试验台(智能型)、南瑞继保公司调试线、线路保护装置 PCS-931、线路间隔智能终端 PCS-222B-I、线路间隔合并单元 PCS-221G-I。

(二) 安全要求

(1) 光纤严禁对人眼。

(2) 操作过程中注意防止电源接地或短路。

(3) CID 文件下载安装前需经过监考人员检查, 防止因 CID 文件错误导致装置损坏。

(三) 操作步骤及工艺要求(含注意事项)

设备配置情况为线路保护配置 PCS-931 保护(IED 名称为 PL2201A), 线路间隔合并单元配置为 PCS-221G-I(IED 名称为 ML2201A), 线路间隔智能终端配置为 PCS-222B-I(IED 名称为 IL2201A), 合并单元级联采用 9-2 协议。

利用 SCL Configurator 软件进行 220kV 线路间隔(培训线 231)SCD 组态的配置(只考虑间隔本身, 不考虑母差等外回路的联系), 导出各装置 CID 文件后下载安装。根据所配置的光口进行光纤连线, 并对完整的系统进行装置采样及跳合闸试验。

二、考核

(一) 考核场地

线路保护装置 PCS-931、线路间隔智能终端 PCS-222B-I、线路间隔合并单元 PCS-221G-I 应组屏或提供 220V 直流电源。

(二) 考核时间

考核时间为 120min。

(三) 考核要点

(1) 本考核项目由一人独立完成。

(2) 能够较熟练地使用 SCD 配置工具软件 SCL Configurator, 配置收发光口并导出 CID 文件等。

(3) 熟悉 220kV 线路保护的数据流, 熟悉 SCD 组态中 IP 地址、MAC 地址、APPID、GOID、SMVID 等参数的含义和配置方法。

(4) 熟悉线路保护装置 PCS-931、线路间隔智能终端 PCS-222B-I、线路间隔合并单元 PCS-221G-I 的结构、CID 文件下装方法、光纤连接及调试方法等。

(5) 制作好的 SCD 文件命名为"培训线 231.scd"。

三、评分标准

行业：电力工程　　　　　　　**工种：继电保护工**　　　　　　　**等级：高级技师**

编号	JB1ZY0201	行为领域	e	鉴定范围	
考核时限	120min	题型	B	满分	100 分	得分	

试题名称	智能化变电站新间隔的搭建和调试

考核要点及其要求	(1) 本考核项目由一人独立完成 (2) 能够较熟练地使用 SCD 配置工具软件 SCL Configurator，配置收发光口并导出 CID 文件等 (3) 熟悉 220kV 线路保护的数据流，熟悉 SCD 组态中 IP 地址、MAC 地址、APPID、GOID、SMVID 等参数的含义和配置方法 (4) 熟悉线路保护装置 PCS-931、线路间隔智能终端 PCS-222B-I、线路间隔合并单元 PCS-221G-I 的结构、CID 文件下装方法、光纤连接及调试方法等 (5) 制作好的 SCD 文件命名为"培训线 231.scd"
现场设备、工器具、材料	电脑（已安装南瑞继保公司 SCD 配置工具软件 SCL Configurator）、相关 ICD 文件（PCS931、PCS-221G-I、PCS-222B-I）、继电保护试验台（常规型）、继电保护试验台（智能型）、南瑞继保公司调试线、线路保护装置 PCS-931、线路间隔智能终端 PCS-222B-I、线路间隔合并单元 PCS-221G-I
备注	

评分标准

序号	考核项目名称	质量要求	分值	扣分标准	扣分原因	得分
1	SCD 组态配置软件的使用	能够正确熟练使用 SCL Configurator 软件并进行 SCD 组态的配置	20	不能正确使用配置软件，组态配置缺项漏项，每项 2 分，扣完为止		
2	CID 文件的导出和下载安装	能够正确从 SCD 文件中导出各智能装置的 CID 文件，并分别对各装置进行下载安装	20	CID 文件导出不正确或不完整，每个扣 2 分 CID 文件下载安装不正确或导致装置死机，每个扣 4 分，扣完为止		
3	IED 设备间光纤连线	能够正确根据光口收发的配置进行光纤连线	20	每错或缺少一条连线扣 4 分，扣完为止		

序号	考核项目名称	质量要求	分值	扣分标准	扣分原因	得分
4	完整的系统的装置采样及跳合闸试验	对配置好的整个系统使用继电保护试验台（常规型）通过合并单元进行整个系统的采样和跳合闸试验（以智能终端收到跳合闸命令为准）	30	（1）存在 SV 或 GOOSE 链路中断，每项 5 分，扣完为止 （2）交流采样不正确，5 分 （3）智能终端跳合闸不能正常进行，5 分		
5	现场恢复	拆除试验接线，恢复安全措施到开工前状态，整理继电保护试验台及工器具等	10	（1）未正确恢复安全措施至开工前状态，每项 2 分，扣完为止 （2）未整理现场，5 分		

2.2.9　JB1ZY0202　PCS931BM 智能型线路保护校验

一、作业

（一）工器具、材料、设备

（1）工器具：万用表、一字改锥、十字改锥。

（2）材料：无。

（3）设备：笔记本电脑（已安装南瑞继保公司 SCD 配置工具软件 SCL Configurator、PCS-PC）、南瑞继保公司调试线、继电保护试验台（智能型）、PCS931BM 智能型保护装置、PCS-221C-I 线路合并单元、PCS-222B 线路智能终端、SCD 文件。

（二）安全要求

（1）试验所用设备均视为运行状态，试验操作过程均需满足相关安全技术规程要求。

（2）安全措施要完善齐备，对其他相关运行回路做好隔离。

（3）继电保护试验台电源接线等要满足低压安全用电要求。

（4）CID 文件下载安装前需经过监考人员检查，防止因 CID 文件错误导致装置损坏。

（三）操作步骤及工艺要求（含注意事项）

（1）操作步骤

①执行现场安全措施。

②进行题目要求的校验工作（包括定值打印核对、试验接线、保护项目及定值校验、整组传动等）。

③恢复现场。

④试验报告编写。

（2）注意事项

①编写安措、验收及编写验收报告时间共 60min，考生自行分配。

②消除缺陷时应向监考人员指明缺陷位置及现场。无法处理的缺陷可向监考人员申请跳过，但跳过的缺陷不得分。模拟断路器的分合闸，在考生需要时由监考人员负责处理。

二、考核

（一）考核场地

满足要求的 PCS931BM 智能型保护屏一面，含配套的合并单元、智能终端、开关等必须的二次设备和回路。

（二）考核时间

考核时间为 60min。

（三）考核要点

（1）本考核项目由一人独立完成。

（2）根据河北南网《继电保护验收细则》，对本型号保护及相关二次回路进行保护校验、反措检查及带开关整组传动等

（3）安全文明生产。听从现场监考人员指挥，按规定时间完成，时间到后停止操作，按所完成的内容计分，未完成部分不得分。操作过程应熟练、有序并满足有关安全规程要求。

三、评分标准

行业：电力工程　　　　　　　　**工种：继电保护工**　　　　　　　　**等级：高级技师**

编号	JB1ZY0202	行为领域	e	鉴定范围	
考核时限	60min	题型	B	满分	100 分　得分

试题名称	PCS931BM 智能型保护装置校验
考核要点及其要求	根据河北南网《继电保护验收细则》，对本型号保护及相关二次回路进行保护校验、反措检查及带开关整组传动等
现场设备、工器具、材料	笔记本电脑（已安装南瑞继保公司 SCD 配置工具软件 SCL Configurator、PCS-PC）、南瑞继保公司调试线、万用表、一字改锥、十字改锥、继电保护试验台（智能型）、PCS-221C-I 线路合并单元、PCS-222B 线路智能终端、SCD 文件
备注	

评分标准

序号	考核项目名称	质量要求	分值	扣分标准	扣分原因	得分
1	工作前/后安措	按照规程要求，做好保护校验前后安全措施	10	（1）未核对定值（打印定值）、定值区 （2）软硬压板 （3）未正确执行隔离措施 （4）试验仪未接地 （5）未正确进行光纤自环 每项 3 分，扣完为止		
2	试验接线	正确阅读光纤连接图、SCD 文件等，并按图进行光纤接线	10	（1）未正确连接保护 SV 输入光纤 （2）未正确操作继电保护试验台 （3）不会导入 SCD 文件、选择相关装置并关联 （4）未正确关联相关电压、电流通道，无法输出至保护 每项 3 分，扣完为止		
3	校验项目 1	模拟 A 相故障，校验相间距离保护 Ⅰ 段的定值	20	（1）未正确投退软硬压板，5 分 （2）相间距离保护 Ⅰ 段不正确动作，5 分 （3）没有对距离保护 Ⅰ 段进行定值校验（1.05 倍，0.95 倍，反方向），10 分		

序号	考核项目名称	质量要求	分值	扣分标准	扣分原因	得分
4	校验项目2	整组传动，带开关光纤差动C相故障、重合闸与故障，后加速动作	20	（1）未正确投退软硬压板，无法模拟C相差动保护动作，5分 （2）重合闸无法正确充电、动作，5分 （3）后加速没有正确动作，5分 （4）开关没有按逻辑正确动作或未带开关传动，5分		
5	现场恢复	拆除试验接线，恢复安全措施到开工前状态，整理继电保护试验台及工器具等	10	（1）未正确恢复安全措施至开工前状态，每项2分，扣完为止 （2）未整理现场，5分		
6	报告	根据试验要求正确编写试验报告	10	试验报告缺项漏项，每项2分，扣完为止		
7	故障	故障设置方法	20	故障现象（以下故障任取4个，每项5分）		
	故障1	将装置"纵联差动保护"软压板置零	5	纵联差动保护退出		
	故障2	将装置"SV接收"软压板置零	5	装置无采样		
	故障3	将装置至智能终端光纤收发反接	5	无法跳闸且智能终端报"GOOSE断链"		
	故障4	将装置"A相GOOSE出口"软压板置零	5	A相无法出口		
	故障5	将SCD中跳BC相GOOSE连线倒接	5	跳C相时B相出口		
	故障6	将装置"三相跳闸方式"控制字置1	5	所有故障均三相跳闸		
	故障7	将装置"停用重合闸"控制字置1	5	所有故障均不重合		
	故障8	将SCD中AB相电流SV连线倒接	5	AB相电流采样相反，无法模拟A相故障		
	故障9	将SCD中跳A相GOOSE连线删除	5	A相无法出口		